"十二五"国家重点图书出版规划项目

本书由国家自然科学基金重点项目(批准号:50935002)资助

空间折展机构设计

邓宗全 著

哈尔滨工业大学出版社

内 容 提 要

本书在对空间折展机构多年理论研究和工程经验积累的基础上,密切结合航天事业发展对空间折展机构的需求,主要以空间折展机构为对象,对国内外航天工程应用的空间折展机构分类、技术发展与应用进行全面概括;基于图论和李群理论对折展机构的基本折展单元进行构型综合与设计,并提出大尺度空间折展机构组网方法及空间折展机构性能评价与优化设计方法;对两种典型的空间折展机构进行实例设计;结合工程应用介绍空间折展机构主要功能装置及地面模拟试验与测试方法。

本书可供科研院所、高等学校从事空间机构研究的工程设计人员、教师、研究生等阅读和参考。

图书在版编目(CIP)数据

空间折展机构设计/邓宗全著. ——哈尔滨:哈尔滨工业大学出版社,2013.6(2015.6重印)
ISBN 978-7-5603-4006-7

Ⅰ.①空… Ⅱ.①邓… Ⅲ.①航空航天器－空间机构－设计 Ⅳ.①V27

中国版本图书馆 CIP 数据核字(2013)第 025868 号

责任编辑　王桂芝　任莹莹　张　荣
封面设计　范继五
出版发行　哈尔滨工业大学出版社
社　　址　哈尔滨市南岗区复华四道街 10 号　邮编 150006
传　　真　0451 - 86414749
网　　址　http://hitpress.hit.edu.cn
印　　刷　哈尔滨工业大学印刷厂
开　　本　787mm×1092mm　1/16　印张 20.25　字数 520 千字
版　　次　2013 年 6 月第 1 版　2015 年 6 月第 2 次印刷
书　　号　ISBN 978-7-5603-4006-7
定　　价　80.00 元

前　　言

随着航天事业的发展,航天器结构越来越趋向于大型化。为减小航天器在发射阶段的包络体积,大型航天结构如雷达天线、桁架式伸展臂、太阳翼等,都需要折叠起来,待航天器入轨后再展开。空间折展机构的应用极大地拓展了航天器的功能,在空间通信、载人航天、对地观测、深空探测等方面均有重要的应用前景,已成为航天领域的研究热点之一。

本书是作者结合多年空间折展机构的理论研究和工程实践撰写而成的,书中提出了基于李群、李代数的机构运动度分析方法,建立了多转动副运动链的李代数运动度表达式,首次综合出9种具有对称运动度的基本运动链,研究解决了空间折展机构运动链的运动度分析难题;首次提出了单闭环机构可动性的判断准则,通过9种基本运动链构建出空间可动单闭环机构构型库,为构建大型空间折展机构提供了大量可选机构单元;首次定义了共连杆、共支链、共对称机构等可动连接方式及可动连接条件,基于运动度等价原则,用虚拟支链法将复杂多闭环机构代换为单闭环机构;创新性提出了复杂多闭环折展机构的组网方法,创建了直线型、平面型和曲面型等多种大型折展机构实用构型;提出了高刚度可重复单元刚化方法,发明了卡簧式可重复锁解刚化组件和多螺旋导引、交替消旋、依次展收的伸展臂驱动机构;提出了变角度模块单元构建大型空间曲面天线机构方法,设计出具有高刚度和高稳定性的平面单元。

本书主要包括空间折展机构设计方法、设计实例、主要功能部件及地面模拟试验与测试等内容,共分9章:第1章介绍空间折展机构的概念、主要结构形式与分类、技术发展与应用,以及本书的主要研究内容;第2章介绍图论、李群理论、螺旋理论等机构构型综合与分析的数学基础;第3章介绍基于图论、李群理论、螺旋理论对基本折展单元进行构型综合设计与自由度分析;第4章阐述多闭环机构的自由度分析方法,提出大尺度模块化空间折展机构的组网方法;第5章系统阐述折展机构的各种性能指标分析计算与评价方法,提出空间折展机构多目标优化设计方法;第6章对空间伸展臂进行实例设计,包括结构与机构设计、静力学与动力学建模分析、样机研制等;第7章对抛物面天线折展支撑桁架机构进行实例设计,包括方案设计与评价、空间几何建模方法、运动学与动力学分析、样机研制等;第8章介绍空间折展机构所应用的功能装置,包括驱动与传动装置、压紧释放装置、铰链组件等;第9章介绍空间折展机构地面模拟微重力环境方法、动力学试验方法与精度测试方法,结合伸展臂、抛物面天线支撑桁架机构进行地面模拟试验与测试。

本书作者均为从事空间折展机构研究的科研人员,第 1、3、8、9 章由邓宗全撰写,第 2、7 章由刘荣强撰写,第 4、5 章由李兵撰写,第 6 章由郭宏伟撰写。全书由邓宗全统稿,郭宏伟对全书进行了文字编辑和校对。作者指导的博士生和硕士生为本书的撰写做了大量工作,博士生黄海林提供了折展机构构型综合与连接组网的相关内容(第 3、4 章),博士生田大可提供了折展天线支撑桁架机构的相关内容(第 7 章),另外刘兆晶、王岩、赵浩江、张静、杨慧、王斌、王劲、江晋民、齐晓志等也为本书提供了相关资料,王丹丹、单明贺、武倩倩、夏艳等协助完成了本书的文字图表编辑工作,在此一并表示感谢。

本书所涉及的研究工作得到了国家自然科学基金重点项目"空间新型大尺度可折展式机构创新设计理论与方法研究"(50935002)的资助,同时得到了中国空间技术研究院总体部的项目资助。在此对项目资助单位表示感谢。

由于作者水平所限,书中难免存在疏漏或不当之处,恳请读者批评指正。

作　者

2013 年 1 月

目　　录

第1章　绪　论 ……………………………………………………………… 1

1.1　概　述 ………………………………………………………………… 1

1.2　空间折展机构主要结构形式 ………………………………………… 1

1.3　空间折展机构技术发展与应用 ……………………………………… 3

    1.3.1　空间伸展臂 ………………………………………………… 3

    1.3.2　平面型折展天线 …………………………………………… 12

    1.3.3　抛物面型折展天线 ………………………………………… 14

1.4　空间折展机构研究内容 ……………………………………………… 21

1.5　本章小结 ……………………………………………………………… 22

参考文献 …………………………………………………………………… 23

第2章　机构构型综合与分析的数学基础 ……………………………… 26

2.1　概　述 ………………………………………………………………… 26

2.2　图　论 ………………………………………………………………… 26

    2.2.1　图论在机构学中的常用定义 ……………………………… 26

    2.2.2　机构拓扑图的数学描述 …………………………………… 28

2.3　螺旋理论 ……………………………………………………………… 29

2.4　位移李群理论 ………………………………………………………… 31

    2.4.1　群、交换群和子群 ………………………………………… 31

    2.4.2　李群、李子群和李代数 …………………………………… 31

    2.4.3　特殊欧氏群 $SE(3)$ 及刚体运动描述 …………………… 32

2.5　本章小结 ……………………………………………………………… 36

参考文献 …………………………………………………………………… 36

第3章　折展机构单元的构型综合与几何设计 ………………………… 37

3.1　概　述 ………………………………………………………………… 37

3.2　基于图论的平面折展机构单元拓扑综合 …………………………… 38

    3.2.1　拓扑图模型的建立 ………………………………………… 38

    3.2.2　拓扑对称性判别 …………………………………………… 39

    3.2.3　构型的演化 ………………………………………………… 45

3.3　基于图论的空间折展单元拓扑综合 ………………………………… 46

    3.3.1　空间静定桁架图谱建立 …………………………………… 46

    3.3.2　空间折展单元图谱的建立 ………………………………… 50

3.4 空间折展机构单元的同构判别 ·· 55
    3.4.1 空间折展单元的关联度码表示 ··· 55
    3.4.2 空间折展单元同构判别方法 ··· 57
    3.4.3 平面折叠态的四棱锥单元的综合 ····································· 61
3.5 基于位移李群的机构单元构型综合 ·· 63
    3.5.1 开环运动链的自由度分析与综合 ····································· 63
    3.5.2 对称运动度闭环机构的分析与综合 ································· 67
3.6 折展机构单元的几何设计 ··· 75
    3.6.1 连杆构件的几何设计 ··· 75
    3.6.2 基本展开形貌的综合 ··· 76
    3.6.3 折展单闭环机构的几何设计 ··· 78
3.7 本章小结 ··· 89
参考文献 ··· 90

第4章 大尺度折展机构的组网方法 ··· 93
4.1 概　述 ··· 93
4.2 多闭环机构运动度分析 ·· 93
4.3 机构模块单元的可动连接方法 ··· 96
    4.3.1 共用支链连接 ·· 96
    4.3.2 共用连杆连接 ·· 96
    4.3.3 共用附加机构连接 ··· 98
4.4 典型机构的大尺度组网 ·· 103
    4.4.1 4R Bennett 机构的组网 ··· 103
    4.4.2 5R Myard 机构的组网 ··· 106
    4.4.3 6R Bricard 机构的组网 ··· 113
4.5 本章小结 ··· 117
参考文献 ··· 117

第5章 折展机构的性能分析与优化设计 ·· 118
5.1 概　述 ··· 118
5.2 折展机构的性能分析与评价 ··· 118
    5.2.1 性能评价指标 ·· 118
    5.2.2 折展机构运动学分析 ··· 121
    5.2.3 折展机构动力学分析 ··· 124
5.3 折展机构多目标优化设计 ··· 144
5.4 本章小结 ··· 152
参考文献 ··· 152

第6章 空间伸展臂设计实例 ·· 153
6.1 概　述 ··· 153
6.2 伸展臂及其驱动机构设计 ··· 153
    6.2.1 伸展臂展收与驱动原理 ·· 154

6.2.2　伸展臂展开过程受力分析 ……………………………… 157

6.2.3　伸展臂机构设计 ………………………………………… 160

6.2.4　伸展臂及驱动机构实物 ………………………………… 165

6.3　伸展臂静力学特性分析 …………………………………………… 166

6.3.1　伸展臂性能参数分析 …………………………………… 166

6.3.2　伸展臂静力学参数计算 ………………………………… 168

6.3.3　伸展臂结构参数对性能参数的影响 …………………… 176

6.3.4　伸展臂结构参数确定 …………………………………… 177

6.4　伸展臂动力学特性分析 …………………………………………… 180

6.4.1　连续梁等效模型 ………………………………………… 180

6.4.2　伸展臂动力学分析 ……………………………………… 189

6.4.3　伸展臂动力学有限元分析 ……………………………… 194

6.4.4　动力学模型对比分析 …………………………………… 200

6.5　本章小结 …………………………………………………………… 202

参考文献 …………………………………………………………………… 202

第7章　抛物面天线折展支撑桁架机构设计实例 …………………… 204

7.1　概　述 ……………………………………………………………… 204

7.2　折展支撑桁架机构方案设计与评价 ……………………………… 204

7.2.1　基本折展单元的设计与评价 …………………………… 204

7.2.2　折展支撑桁架机构方案设计 …………………………… 211

7.3　折展支撑桁架机构的空间几何建模 ……………………………… 212

7.3.1　天线工作表面拟合方法 ………………………………… 212

7.3.2　等尺寸模块的几何建模 ………………………………… 215

7.3.3　不等尺寸模块的几何建模 ……………………………… 218

7.3.4　模型的验证 ……………………………………………… 221

7.4　折展支撑桁架机构运动学分析 …………………………………… 223

7.4.1　折展支撑桁架机构尺寸关系 …………………………… 223

7.4.2　折展肋单元展开运动学分析 …………………………… 225

7.5　折展支撑桁架机构动力学分析 …………………………………… 231

7.5.1　有限元建模及模态分析 ………………………………… 232

7.5.2　支撑桁架机构的模态分析 ……………………………… 232

7.5.3　支撑桁架机构的谐响应分析 …………………………… 234

7.5.4　固有频率影响因素分析 ………………………………… 235

7.6　折展支撑桁架机构参数设计 ……………………………………… 238

7.6.1　结构参数的优化模型 …………………………………… 238

7.6.2　结构优化参数预测模型 ………………………………… 239

7.6.3　优化设计结果分析 ……………………………………… 244

7.7　折展支撑桁架机构设计 …………………………………………… 245

7.8　本章小结 …………………………………………………………… 252

参考文献 ………………………………………………………… 252
第8章 折展机构主要功能装置 ………………………………… 253
8.1 概 述 ……………………………………………………… 253
8.2 驱动与传动装置 ………………………………………… 253
8.2.1 驱动装置 ……………………………………… 253
8.2.2 传动装置 ……………………………………… 256
8.2.3 驱动与传动一体化装置 ……………………… 260
8.2.4 冗余驱动装置 ………………………………… 261
8.3 压紧释放装置 …………………………………………… 264
8.3.1 火工压紧释放装置 …………………………… 264
8.3.2 记忆合金压紧释放装置 ……………………… 268
8.4 关节铰链 ………………………………………………… 270
8.4.1 弹簧铰链 ……………………………………… 270
8.4.2 高精度铰链 …………………………………… 271
8.4.3 高刚度铰链 …………………………………… 272
8.4.4 柔性铰链 ……………………………………… 275
8.5 本章小结 ………………………………………………… 284
参考文献 ………………………………………………………… 284
第9章 折展机构地面模拟试验 ……………………………… 286
9.1 概 述 ……………………………………………………… 286
9.2 微重力模拟试验 ………………………………………… 286
9.2.1 试验方法 ……………………………………… 286
9.2.2 伸展臂微重力模拟测试 ……………………… 288
9.2.3 天线支撑桁架机构微重力模拟测试 ………… 289
9.3 精度测量试验 …………………………………………… 291
9.3.1 测量方法 ……………………………………… 291
9.3.2 天线支撑桁架机构展开精度测量 …………… 294
9.4 动力学试验 ……………………………………………… 298
9.4.1 测试方法 ……………………………………… 298
9.4.2 伸展臂动力学试验 …………………………… 300
9.5 模态试验 ………………………………………………… 305
9.5.1 伸展臂模态试验 ……………………………… 305
9.5.2 模态试验结果分析 …………………………… 308
9.5.3 天线支撑桁架机构动力学试验 ……………… 309
9.6 本章小结 ………………………………………………… 312
参考文献 ………………………………………………………… 312
名词索引 ……………………………………………………………… 313

第1章 绪 论

1.1 概 述

折展机构是指能够从收拢状态展开到预定的或期望的结构形式,并且能够承受特定载荷的一类机构。折展机构一般采用模块化设计,即由若干个相同折展模块连接组成,每一个折展模块称为基本折展模块单元。折展机构具有质量小、占用体积小、便于储藏和运输等优点,因此在某些对结构形式、质量、体积、储存或运输具有特殊要求的工程领域中得到广泛的关注和应用。折展机构主要应用于航天工程、土木工程、医疗、军事等领域,例如以下具有特殊要求的场合:

(1)临时搭建并便于移动到其他地方再次搭建的封闭空间,如移动展厅、临时帐篷、移动医院等;

(2)需要快速集成的特殊用途设备,如便携雷达与天线、便携飞机棚、便携桥梁、军事设备的掩护装置等;

(3)作为新型的建筑方式使用,如体育场可展收穹顶;

(4)卫星通信、深空探测及空间站建设等航天工程需要的大型空间机构,如大口径折展天线、大型伸展臂、太阳能帆板等。

航天工程中需要的空间机构尺寸越来越大,但由于受到航天运载工具的空间限制,这就要求宇航空间机构在发射阶段必须折叠起来并收拢于整流罩内,待航天器进入轨道后,再依靠自带的动力源将其展开至工作状态。用于航天工程中的空间折展机构由于受到质量、能耗的严格制约,以及工作所处的微重力、真空等特殊空间环境的限制,其设计方法和设计要求与地面工程中的折展机构具有较大的差别。

1.2 空间折展机构主要结构形式

空间折展机构在航天工程领域主要作为雷达天线等有效载荷的伸出机构、大口径空间天线支撑机构、柔性太阳翼的支撑机构及折展式空间站骨架等。空间折展机构的结构形式众多,折展原理多种多样,下面分别按工作状态下空间几何形状、展开与收拢方式、驱动源类型等进行分类。

1. 按工作状态下空间几何形状分类

根据在工作状态下的空间几何形状可将空间折展机构分为一维折展机构、二维折展机构和三维折展机构。

(1)一维折展机构:是指展开之后形成杆状的一类折展机构,一般称为空间伸展臂。

空间伸展臂结构形式丰富,应用最早,是最为常见的一种空间折展机构形式,如国际空间站的大型太阳翼、美国 NASA 的对地观测任务 SRTM(Shuttle Radar Topography Mission)中都应用了大型空间伸展臂。

(2)二维折展机构:是指在空间两个正交方向上能够实现折叠与展开运动的机构,如板式太阳翼机构、加拿大 Radarsat 卫星的平面天线支撑机构都属于二维折展机构。

(3)三维折展机构:是指在空间 3 个正交方向上能够实现折叠与展开运动的机构,如折展抛物面天线、折展空间聚光镜等。

2. 按展开与收拢方式分类

根据展开与收拢方式,可将空间折展机构分为 4 种方式:依靠材料弹性变形展开方式、铰接构架式展开方式、固面展开方式、充气展开方式。

(1)依靠材料弹性变形展开方式:实现展开与收拢的原理是采用具有大弹性变形的材料作为折展机构的主体材料,在折叠状态下材料发生变形而储存弹性变形能,释放后所储存的弹性变形能驱动机构转化为展开状态,如薄壁管状伸展臂、盘压杆式伸展臂等。

(2)铰接构架式展开方式:是应用最广泛的一类展开方式,它由杆件、运动副、锁定装置等组成,展开后形成桁架结构,具有结构刚度大、定位精度高等特点,如铰接杆式伸展臂、平面天线的支撑机构、柔性抛物面天线折展支撑机构等。

(3)固面展开方式:是指由多个曲面单元拼接构成一个完整空间曲面的一类展开方式,如类似花瓣的展开方式,一般用于固体反射面天线,具有较高的形面精度,但是折叠比小,难以构成大口径天线。

(4)充气展开方式:是指使用柔性材料制成密闭结构,入轨后靠充填的气体将密闭结构展开的一类展开方式,具有质量小、折叠比大的特点。

3. 按驱动源类型分类

空间折展机构接驱动源类型分为有源驱动、无源驱动、混合驱动 3 种形式。

(1)有源驱动:一般指电机驱动,或采用形状记忆合金驱动,需要提供电源,可对展开速度进行控制。

(2)无源驱动:是指依靠弹簧或弹性结构中储存的弹性变形能驱动,无需提供电源,但展开速度一般不可控。

(3)混合驱动:是指有源驱动和无源驱动混合使用的一种驱动方式,既可以控制展开速度,又可以减少有源驱动数量或功耗。近年来空间折展机构越来越多地使用混合驱动方式。

综上,空间折展机构的分类、结构形式和应用实例见表 1.1。

表 1.1 空间折展机构的分类、结构形式和应用实例

分类方式	主要结构形式	应用实例
工作状态下空间几何形状	一维折展机构	薄壁管状伸展臂、构架式伸展臂
	二维折展机构	太阳翼机构、平面折展天线
	三维折展机构	固体反射面式天线、构架式折展天线

续表 1.1

分类方式	主要结构形式	应用实例
展开与收拢方式	依靠材料弹性变形展开	薄壁管状伸展臂、盘压杆式伸展臂
	铰接构架式展开	构架式伸展臂、构架式折展天线
	固面展开	固体反射面式天线
	充气展开	充气式伸展臂、充气式天线
驱动源类型	有源驱动	套筒管式伸展臂、构架式伸展臂
	无源驱动	自由展开式盘压杆
	混合驱动	加拿大 Radarset 天线、日本工程实验卫星天线

1.3　空间折展机构技术发展与应用

随着航天事业的发展,越来越多的航天工程中会应用一些大型在轨结构,以满足不同航天任务的需求。然而,由于运载火箭容积的限制,能够发射到太空的非折展结构体的尺寸无法满足任务的需求,因此各种类型的宇航空间折展机构得到了快速发展和应用。在空间站、通信卫星平台、太空望远镜、对地观测、星球探测等航天任务中,随处可见折展机构的身影。空间折展机构已经在航天工程中扮演了不可替代的角色,如折展太阳能电池板、空间站基础骨架、空间机械臂、空间伸展臂、大口径折展天线、大型柔性太阳帆板支撑背架等。目前已使用的折展机构的最大尺寸为:伸展臂长 60 m,天线的口径达上百米。近年来,随着太空探索、对地观测、海洋勘探和军事侦察等空间活动的迅猛发展及未来复杂太空任务的需求,对大尺度、高精度、高刚度、高稳定性、轻量化的空间折展机构的需求越来越迫切。

在运载器发射过程中,折展机构收拢在运载器内,此时机构收拢体积小,具有较高的刚度和强度,能够承受发射过程中的振动载荷;折展机构进入空间轨道后,能够展开成预定的结构形式。下面分别介绍空间伸展臂、平面型折展天线和抛物面型折展天线的技术发展及应用现状。

1.3.1　空间伸展臂

空间伸展臂是空间折展机构中形式最为丰富、研究最早、应用最为广泛的一维空间折展机构。空间伸展臂的主要作用是展开柔性太阳能帆板,支撑网状天线、合成孔径雷达、太空望远镜,作为重力梯度杆、磁强针等展开装置,以及分离电子设备以减少相互之间的干扰等[1,2]。从 20 世纪 60 年代开始,各国学者就开始对空间伸展臂的构型、展收机理、材料、力学性能等方面进行广泛而细致的研究,在空间伸展臂的设计方法、分析理论与建模仿真、试验研究、空间应用等方面都取得了惊人的成就。空间伸展臂应用于空间环境中,因此要求其具有质量小、收拢体积小、可靠性高、刚度与强度大、热稳定性好、定位精度高等特点。

纵观国内外相关领域的发展,目前应用于航天领域的空间伸展臂主要有以下4种形式:薄壁管状伸展臂、套筒管式伸展臂、构架式伸展臂和膨胀硬化式伸展臂。

1. 薄壁管状伸展臂

薄壁管状伸展臂是空间伸展臂最早、最基本的形式,已有40多年的航天应用历史[3]。这类伸展臂通常由一个或多个圆柱状金属薄壳组成,利用薄壳弹性变形及弹性恢复实现折叠与展开[4],常采用高比强度、高韧性、高弹性、高导热系数、低热膨胀系数的铜铍合金、钼、钨和碳纤维复合 CFRP 等材料[5,6]。但由于温度梯度大常引起薄壳弯曲、扭转及振动,因此常采用高反射涂层降低受热面温度,或穿孔透射阳光减少温度梯度。薄壁管状伸展臂主要利用弹性变形、弹性恢复和电机卷绕实现伸展臂展收,基本运动为转动和伸展。

薄壁管状伸展臂的典型形式有以下4种:单层形式、双层形式、双层互锁式和闭合截面形式。

(1)单层形式。单层形式如图1.1所示,收拢时薄壳卷曲在转轴上,通过转轴的转动可以实现该伸展臂的展开和收拢。这种结构形式的主要特点是其截面由单层薄壳构成,并在搭接处有一定角度的表面重叠,重叠部分通过相互挤压来增加摩擦力,以提高剪切和抗弯刚度,但由于是开环截面,抗扭刚度很低。

(2)双层形式。双层形式如图1.2所示,两个圆柱薄壳分别卷曲在两个单独的转轴上。这种薄壁管状伸展臂结构形式的主要特点是由两个圆柱薄壳重叠搭接嵌套在一起构成。双层结构的薄壁管状伸展臂弯曲刚度和扭转刚度较单层有较大的提高[7,8]。

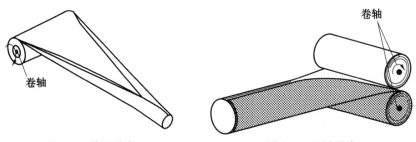

图1.1　单层形式　　　　　　　　图1.2　双层形式

(3)双层互锁式。单层形式和双层形式都属于开环截面形式,依靠搭接处的摩擦力得到一定程度的弯曲、扭转及剪切刚度,因此这两种伸展臂的刚度都不高。图1.3为互锁式的双层薄壁管状伸展臂,一个薄壳带有锁槽,另一个薄壳带有锁扣,随着伸展臂展开,两个薄壳搭接处锁槽与锁扣位置对应并实现互锁,提高了伸展臂弯曲刚度和扭转刚度[9]。

(4)闭合截面形式。闭合截面形式如图1.4所示,两个薄壳沿展开方向焊接在一起形成两端凸出状闭合截面,伸展臂卷曲到转轴上时,内、外侧薄壳一个向内卷曲,一个向外卷曲。这类形式的伸展臂强度、刚度较高,且抗扭刚度比上述两种形式显著提高,其截面可为圆形、透镜形等。德国空间中心已研制出用于太阳帆板展开的长14 m的薄壁管状伸展臂,采用 CFRP 材料制成,每米质量仅0.1 kg。

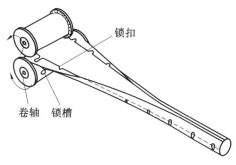

图 1.3 双层互锁式

图 1.4 闭合截面形式

R. F. Crawford[10]给出了适用于上述各种形式薄壁管状伸展臂的质量、弯曲刚度和屈服应力的半经验公式：

质量

$$m = 2\pi f \rho R t L \tag{1.1}$$

弯曲刚度

$$EI = \pi C E R^3 t \tag{1.2}$$

屈服应力

$$\sigma_{CR} = k_{CR} E \frac{t}{R} \tag{1.3}$$

式中　　L——伸展臂长度；

　　　　R——薄壁管直径；

　　　　t——薄壳厚度；

　　　　E——材料弹性模量；

　　　　ρ——材料密度；

　　　　f、C、k_{CR}——不同形式薄壁伸展臂的试验修正系数。

薄壁管状伸展臂结构简单、收拢体积小、质量小，可重复展开和收拢，且展开可靠性高，因此在航天领域得到了广泛应用。但其展开刚度较低，热稳定性较差，不能实现精确定位。薄壁管式伸展臂是美国 Astro Aerospace 公司的代表产品，主要应用在 Voyager 卫星、GPSIIR 卫星、Hubble 空间望远镜和 Mars Pathfinder 探测器等项目中[11,12]。图1.5所示薄壁管式伸展臂曾于 1962 年在加拿大 Alouette 卫星中用作四根展开天线。图1.6 所示薄壁管式伸展臂用作旅行者号探测器天线。我国神舟一号飞船上的信标天线也采用了薄壁管式伸展臂。

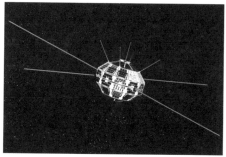

图 1.5 Alouette 卫星天线

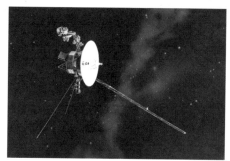

图 1.6 旅行者探测器天线

2. 套筒管式伸展臂

套筒管式伸展臂由一系列不同直径的同轴圆管相互嵌套而成,展开装置一般置于对称轴上。套筒杆中的展开装置通常为丝杠系统,可实现顺序展开或同步展开,如图1.7所示。其展开过程为:核心套筒先伸展,由内向外逐渐伸展;内、外相邻套筒锁紧;最终形成一个完全展开的套筒管式伸展臂。套筒杆的设计关键是套筒间的锁定装置,既要考虑到热应力极限,又要保证展开后的杆件具有一定的刚度。套筒管式伸展臂可靠性高,但收拢状态长度仍较长。

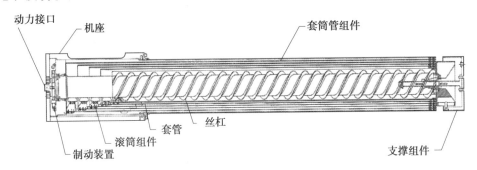

图 1.7　套筒管式伸展臂

为了使套筒管式伸展臂展开后具有足够的刚度,相邻管单元之间必须具有足够的重叠长度,因此不能达到理论的最大展开长度。随着伸展臂展开,刚度逐渐降低。套筒管式伸展臂可作为支撑杆或推杆,用于各种天线、太阳电池阵展开和设备传输。套筒管式伸展臂的典型应用如维修空间站与航天器,或作为小型卫星上的可伸缩传输系统传输仪器和设备等。如图1.8所示,套筒管式伸展臂成功应用于在轨可更换单元上作为传输装置;如图1.9所示,套筒管式伸展臂永久安装在国际空间站上作为可展吊杆[13]。

图 1.8　可伸缩传输系统

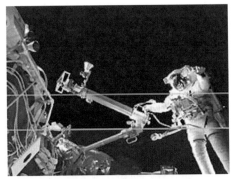

图 1.9　国际空间站上的可展吊杆

3. 构架式伸展臂

构架式伸展臂的种类有盘压杆式伸展臂和铰接杆式伸展臂。

(1)盘压杆式伸展臂。

1967年,美国Astrospace公司工程师H. R. Mauch发明了盘压杆式伸展臂(Coilable Mast)[14,15]。如图1.10所示,盘压杆式伸展臂由3根连续的纵杆、横杆和斜拉索构成,纵杆和横杆之间铰接。纵杆和横杆一般由玻璃纤维环氧树脂复合材料制成,具有较高的弹性,通过纵杆的弹性变形来实现伸展臂的展开和收拢。该伸展臂展开后为桁架结构,其主承力部件为连续弹性纵杆;收拢时,连续纵杆受弯盘紧,从而得到较小的收拢体积。盘压杆伸展臂直径为 $150\sim750$ mm,长度可达 100 m。

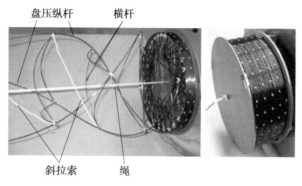

图 1.10　盘压杆式伸展臂

　　所有的盘压杆式伸展臂虽然工作原理基本一致,但具体构造形式不同,例如 NASA 研制的 Astro-mast 伸展臂[16]、日本 Utline 公司研制的 Simplex-mast 伸展臂和 Hinge-less-mast 伸展臂[17],在横杆组成形式和有无铰上差异较大。盘压杆式伸展臂展开方式可概括为三种,即自由式展开、拉索式展开和套筒式展开,如图 1.11 所示。

(a) 自由式展开　　　　　　　(b) 拉索式展开　　　　　　　(c) 套筒式展开

图 1.11　盘压杆式伸展臂的三种展开方式

　　①自由式展开。自由式展开指利用释放纵杆盘压折叠应变能使伸展臂以逆盘绕旋转方向自由伸展。自由式展开构造简单,收拢高度可达展开长度的 2%,展开过渡段无约束控制,刚度很低,运动冲击较大,难以控制。

　　②拉索式展开。拉索式展开利用高强柔性绳索控制伸展运动,绳索一端固连在伸展臂顶盘,另一端连接底盘的减速电机或者阻尼器,在电机或阻尼器限制下绳索逐步放出,伸展臂在自身变形能作用下逐步展开。因展开过程过渡段不稳定,刚度较小,适用于长度较短的盘压杆伸展臂展开。拉索式展开伸展臂的主要优点是:结构简单,质量较小,收拢

时包络尺寸也很小,展开后强度和刚度较高。其主要缺点是:展开过程中伸展臂刚度比较差,伸展臂顶端绕伸展臂的中心轴线旋转,这种旋转在某些航天器上是不允许的,伸展臂在空间只能实现一次伸展,不能自动收拢。

③套筒式展开。套筒式展开主要由收拢套筒、可旋转底盘、轨道、螺母套筒驱动装置、电机及传动装置等部分构成。在每个三角框架 3 个顶点处各增加 1 个滚柱,滚柱依次与驱动螺母的螺纹槽啮合在一起。电机带动驱动螺母套筒旋转,螺母套筒又带动三角框架顶点的滚柱上下运动,从而实现伸展臂的展开和收拢。同时,在收拢筒底部装一个转盘,转动与驱动螺母的转动方向相反,有助于伸展臂纵杆盘绕和释放。套筒式展开的主要特点有:在展开过程中和展开后,伸展臂都具有较高强度和刚度;展开过程中,伸展臂顶端无旋转运动;伸展臂在空间可实现多次展开和收拢;能提供较大的展开驱动力。不足之处是:套筒式展开机构结构复杂,质量大。

盘压杆式伸展臂展开可靠性高,质量小,折叠比可达 30～50,但在折叠时发生大位移、大应变,受力分析困难,刚度较低,折叠驱动机构复杂,实现大尺度的展开比较困难。一般盘压杆式伸展臂用于对定位精度无要求或要求较低、前端负载与自身质量相差较小的情况,常作为空间探测器(如磁强计)、较大型的太阳电池阵与帆板及重力梯度杆的展开支撑机构。美国 AEC-Able 公司、Astro Aerospace 公司、日本 ISAS 都对盘压杆式伸展臂进行了深入研究和试验,并作为展开支撑结构已经成功应用在 Voyager、MILSTAR、DMSP、Olympus、Mars Odyssey、GOES 及 INSAT 等多个卫星中。图 1.12 所示为盘压杆式伸展臂在 MILSTAR 卫星中支撑柔性太阳能帆板展开,图 1.13 所示为盘压杆式伸展臂安装在"探路者"号火星着陆器上支撑照相机。

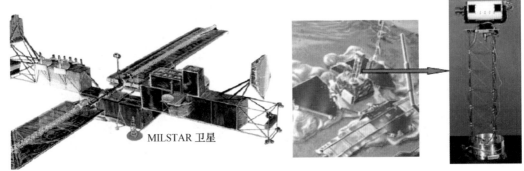

图 1.12　支撑 MILSTAR 太阳能帆板　　　图 1.13　"探路者"号火星着陆器上支撑照相机

同济大学的张淑杰等人研制了盘压杆式伸展臂的原理样机,对盘压杆式伸展臂的关键几何参数,如盘绕半径 R、纵杆极限弯曲应变 ε、节距 t、收拢高度 H 及盘压杆式伸展臂的拉压刚度、弯曲刚度、扭转刚度进行了分析。并依据弹性稳定理论对盘压杆式伸展臂进行了局部和整体稳定性分析,通过理论计算和试验得出的结果是盘压杆式伸展臂首先出现局部失稳,端部的受压载荷不能超过其局部失稳的临界载荷。北京航空航天大学刘义良等人基于有限元软件 ANSYS 对盘压杆式伸展臂压缩收拢过程进行了非线性大变形的仿真模拟,并分析了在压缩过程中杆单元的应力应变情况[18,19]。

（2）铰接杆式伸展臂。

铰接杆式伸展臂结构形式多样，在太空中有着广泛的应用。美国 AEC – Able 公司对铰接杆式伸展臂的研究及其产业化处于领先地位。铰接杆式伸展臂刚度、强度大，并且展开精度高，能够实现精确定位。典型的机构形式有可折叠铰接式伸展臂和索杆铰接式伸展臂。

①可折叠铰接式伸展臂。如图 1.14 所示，可折叠铰接式伸展臂通常由纵杆、横杆、斜拉索和铰组成，纵杆中点连接转动的铰，可以实现纵杆的折叠；横杆分为刚性杆和弹性可弯曲杆，单元每个侧面有两对斜拉索。斜拉索通过储存弹性应变能的横杆预张紧保证伸展臂的剪切和扭转刚度。在收拢过程中，弹性横杆变弯，一个方向拉索松弛，而另一个方向拉索张紧。在弹性横杆中储存的弹性应变能可使伸展臂展开，而完全展开的伸展臂桁架单元为稳定体系。另外，可折叠铰接伸展臂截面形式还可以为三角形，且横杆均为刚性杆，如图 1.14(b) 所示。可折叠铰接式伸展臂的展开收拢驱动方式主要有套筒驱动、带驱动、系索驱动和丝杠驱动等。

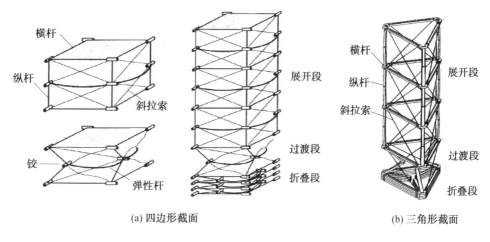

(a) 四边形截面　　　　　　　　　(b) 三角形截面

图 1.14　可折叠铰接式伸展臂

由 AEC-Able 工程公司研制的可折叠铰接式伸展臂 FAST（Folding Articulated Square Truss）如图 1.15 所示，该伸展臂已经成功应用在国际空间站（ISS）上。如图 1.16 所示，8 个 FAST 伸展臂支撑着国际空间站的太阳能电池阵，其直径为 1.09 m，展开长度为 34.75 m，驱动套筒长度为 2.3 m，收拢长度为展开长度的 6.6%[20]。

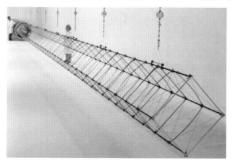

图 1.15　可折叠铰接式伸展臂 FAST

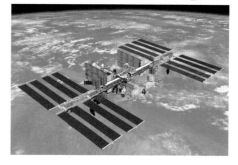

图 1.16　FAST 伸展臂支撑 ISS 太阳能电池

②索杆铰接式伸展臂。由于实际应用需要长度更长且刚度和强度更大的伸展臂,所以 AEC‑Able 工程公司研制出另一种铰接式伸展臂——ADAM 伸展臂(Able Deployable Articulated Mast)。ADAM 伸展臂是由纵杆、横杆、斜拉索、球铰构成,称为索杆铰接式伸展臂。与可折叠铰接式伸展臂不同的是:索杆铰接式伸展臂没有用弹性横杆,完全采用刚性杆,伸展臂完全展开后,通过侧面张紧的斜拉索保持静定结构和结构刚度。图 1.17 所示为 AEC‑Able 公司研制的索杆铰接式伸展臂,四根横杆刚性连接构成刚性框架,纵杆两端通过球铰与相邻的刚性框架铰接,构成伸展臂桁架单元。通过伸展臂桁架单元两个刚性框架绕伸展臂轴线相对旋转而实现伸展臂桁架单元的展开和收拢。当纵杆展开到位、完全立直后,通过斜拉索上特别的锁定装置进行锁定,这样就保证了伸展臂桁架单元的刚化状态。理论上索杆铰接式伸展臂长度可以无限扩充,而不增加伸展臂的驱动能耗。

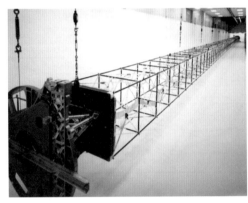

图 1.17　ADAM 伸展臂

2000 年 2 月,ADAM 伸展臂成功地应用于 NASA 的 SRTM 任务中,支撑和分离合成孔径雷达完成对地球表面的三维数字测绘,如图 1.18 所示。ADAM 伸展臂的直径为 1.12 m,共 87 个单元,完全展开总长度为 60 m,是目前所应用的最长的空间折展机构。后端驱动筒长为 2.92 m,折叠比约为 20;其前端支撑了一个 360 kg 的雷达天线。此外,ADAM 伸展臂还应用于 WSOA(Wide Swath Ocean Altimeter)任务中,如图 1.19 所示,支撑两个合成孔镜雷达,用于测量由于温度和气流变化引起的海平面高度的变化[21,22]。

索杆铰接式伸展臂具有刚度和强度高、折叠比大、精度高、可靠性高、机械和热稳定性好等特点,并能实现重复展开与收拢,代表了目前空间伸展臂研究和应用的方向。目前,美国正在研制 100 m 的索杆铰接式伸展臂,以满足未来太空探测的需要。

4. 膨胀硬化式伸展臂

膨胀硬化式伸展臂近年来引起了各国学者的极大关注,它具有质量小、折叠效率高、承载能力强、可靠性高、热稳定性好、工程复杂程度低等优点,有望在未来航天工程中应用[23‑27]。图 1.20 所示为膨胀硬化式伸展臂,它克服了传统折展机构具有大量的活动关节、驱动机构制造复杂、可靠性低等缺点。膨胀硬化式伸展臂可用于复杂的支撑结构,这些结构通常是硬化的,即结构展开后通过加入一种具有热硬化性质的环氧材料来增加刚度,这种结构的展开通常采用膨胀的气体来控制。

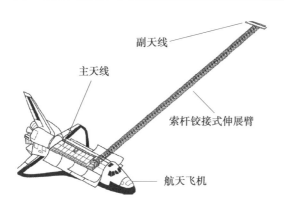

图 1.18　SRTM 项目中的 ADAM 伸展臂

图 1.19　ADAM 伸展臂应用于 WSOA 项目

图 1.20　膨胀硬化式伸展臂

　　空间伸展臂的结构形式、展开原理及特点各不相同,因此其应用也各不相同,在选择空间伸展臂类型时应根据展开长度、刚度、精度等实际需要进行选择。另外,空间伸展臂的展开方式、展开驱动机构的质量和复杂程度也是在选择空间伸展臂时必须考虑的问题。各种结构形式的空间伸展臂综合性能比较见表 1.2。一般薄壁管状伸展臂用于中等大小的柔性太阳能帆板的展开和支撑;对于大型太阳能帆板,采用结构效率高、质量小的盘压杆式伸展臂;铰接式伸展臂主要用于要求刚度大、定位精度高、负载较大、展开长度大的大型展开天线及雷达的定位和支撑。

表 1.2 空间伸展臂综合性能比较

类型	折叠比	刚度强度	稳定性	精度	质量	结构复杂度	典型应用
薄壁管状伸展臂	大	低	差	低	小	简单	Alouette 卫星
套筒管式伸展臂	小	较高	较好	较高	较大	简单	ORU Transfer Device
盘压杆式伸展臂	大	低	较好	低	小	较复杂	SAFE 太阳帆板展开
可折叠铰接式伸展臂	较大	较高	较好	较高	大	较复杂	ISS 空间站
索杆铰接式伸展臂	较大	高	好	高	大	复杂	SRTM 项目
膨胀硬化式伸展臂	大	较高	差	较高	较大	简单	—

1.3.2　平面型折展天线

目前,航天工程中空间折展机构另一类典型的应用为平面相控阵天线的展开与支撑机构。平面有源相控阵天线是近年来迅速发展起来的新技术,广泛应用于高分辨率对地观测、海洋观测、天基预警等航天任务中,美国的海洋观测卫星与基于航天飞机的地球观测任务、欧洲空间局的环境监测卫星、加拿大的 Radarsat 卫星[28,29]、日本的 ALOS 卫星[30]均采用了平面相控阵天线。为了获得较高的天线增益,以上几种大型平面相控阵天线均采用折展机构展开与支撑。

图 1.21 所示为加拿大研制的 Radarsat-I 型集中馈电相控阵 SAR 天线,它是工作于 C 频段、峰值功率为 5 000 W 的波导窄边缝隙相控阵天线,天线面积为 15 m×1.5 m,质量为 300 kg。32 个数字式铁氧体移相器可灵活地改变天线的波束指向和形状,使 Radarsat-I 有 7 类 25 种工作模式。该天线在卫星下方对称布局,单侧的支撑桁架机构为三角形(图 1.22),该机构有 2 个自由度,可以使天线收拢于卫星两侧面上(图 1.21(b)),属于非模块化机构。

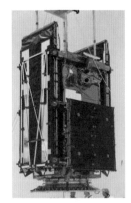

(a) 展开状态　　　　　　　　　　　　　　　(b) 收拢状态

图 1.21　Radarsat-I 型集中馈电相控阵 SAR 天线

日本的先进对地观测卫星 ALOS 通过相控阵雷达天线获取全球高分辨率陆地观测数据,该天线长 8.9 m、宽 3.1 m,可全天候全天时对地进行观测,如图 1.23 所示。其上

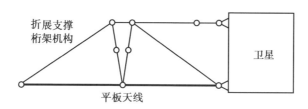

图 1.22 天线机构原理图

的天线支撑桁架为折展机构,原理如图 1.24 所示,可以将天线板折叠收拢于卫星一侧。该机构的展开状态由一个大三角形和两个小三角形组成,大三角形顶点为滑动副,可沿中心立柱滑动,小三角形的两边可以折叠,从而实现机构的展开与收拢。

(a) 展开状态

(b) 收拢状态

图 1.23 ALOS 卫星平面 SAR 天线

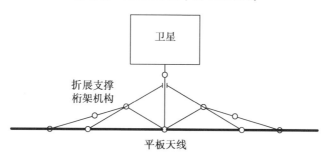

图 1.24 天线机构原理图

图 1.25 所示为美国宇航公司和科罗拉多大学联合设计的 22 m×6 m 的大型 X 波段相控阵平板天线,天线基本单元尺寸为 0.3 m×0.3 m,工作频率为 10 GHz,采用折展桁架机构支撑,桁架质量为 176 kg。

图 1.26 所示为美国空军与 JPL 实验室联合研制的 L 波段的星载大型相控阵雷达 LLSBR(L-band Lightweight Space Based Radar)。LLSBR 天线尺寸为 50 m×2 m,是现阶段所设计的较大型相控阵雷达天线。对于如此大的天线,JPL 将其平均分成 32 块雷达板,每块板长 1.56 m、宽 2 m。每两块雷达板之间通过铰接的形式连接在一起形成一个展开单元,折展机构共包括 16 个展开单元。折展机构的展开精度为雷达波长的 1/20,相

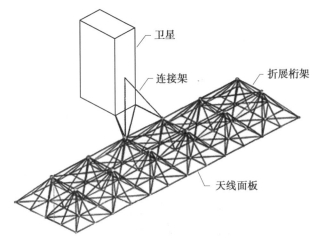

图 1.25　美国宇航公司的 22 m×6 m 大型天线

当于 1 cm(在 L 波段工作时)。同时,由于雷达工作模式不同,执行 L 波段任务时的轨道稳定性在几毫米以内。LLSBR 雷达的展开机构是一种平行四边形机构,由四边形机构铰接处的弹簧提供展开驱动。整个展开机构质量小、结构简单,在完全展开后还可以对雷达天线起到支撑作用。

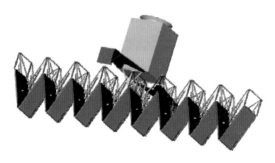

图 1.26　LLSBR 雷达示意图

1.3.3　抛物面型折展天线

除了空间伸展臂和平面相控阵雷达天线的展开与支撑机构之外,空间折展机构在航天工程中另外一个重要应用是作为空间抛物面天线的展开与支撑机构,它是近二三十年伴随航天科技快速发展而产生的一种新型空间机构,受到许多发达国家的高度重视。空间折展天线是卫星结构的重要组成部分,是直接执行卫星功能的重要物理平台。目前,空间折展天线在移动通信、射电天文、对地观测和军事侦察等领域都得到了广泛的应用。

折展天线发展至今,人们普遍认为卫星用途的多样性决定了折展天线结构形式和展开原理的多样性,如果按照其反射面的类型,主要可分为 3 大类:固体反射面天线[31]、网状反射面天线和充气反射面天线。

(1)固体反射面天线。

①Sunflower 折展天线。美国 TRW 公司研制的 Sunflower 折展天线又称为"向日葵"形折展天线,是固体反射面天线中最早出现的一种。它使用抛物面形金属面板构成工

作表面,采用铰链实现面板间的折叠与展开,机构原理比较简单,其结构如图 1.27 所示。但这一方案的折叠比较小,一个展开口径为 4.9 m 的 Sunflower 折展天线,其收拢直径和高度分别为2.15 m 和 1.8 m。这种天线的突出优点是形面精度高,一个展开口径为 10 m 的 Sunflower 折展天线,其形面精度可高达 0.13 mm。由此可见,Sunflower 折展天线形面精度高,但质量大,收拢体积也较大。

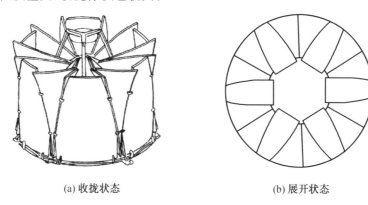

(a) 收拢状态　　　　　　　　　　　　　(b) 展开状态

图 1.27　Sunflower 折展天线

②DAISY 折展天线。德国多尼尔公司和欧空局联合研制了一个卡塞格伦型折展天线,称为 DAISY 折展天线。它采用 25 块金属面板,以中心轮毂为中心呈辐射状排列,面板间仍然采用铰链结构,如图 1.28 所示。由于所有面板的背面都有独立的支撑桁架,因此一个展开口径为 8 m 的折展天线,其形面精度高达 8 μm,收拢后的直径和高度分别为 2.9 m 和4.1 m。由此可见,DAISY 折展天线形面精度很高,折叠比较大,结构刚度好,但与 Sunflower 的共同之处是它的质量较大,不适合作为大口径天线。

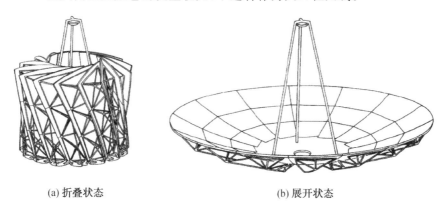

(a) 折叠状态　　　　　　　　　　　　　(b) 展开状态

图 1.28　DAISY 折展天线

③MEA 折展天线。多尼尔公司和欧空局共同研制的另外一种形式的折展天线为 MEA 折展天线,如图 1.29 所示。与 DAISY 收拢的形状类似,MEA 的工作面板也以中心轮毂为中心呈辐射状排列。MEA 的面板与中心轮毂间采用万向铰连接,面板间则通过带有球铰的杆件连在一起,杆件可以协调天线的展开以保持运动的同步性。口径为 4.7 m 的 MEA 样机,其形面精度为 0.2 mm,收拢后的直径和高度分别为 1.7 m 和

2.4 m。MEA 的形面精度高,刚度和强度大,折叠比较大,但结构比较复杂,质量较大。

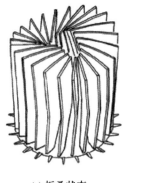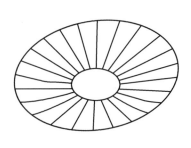

(a) 折叠状态　　　　　　　　　　　(b) 展开状态

图 1.29　MEA 折展天线

④花瓣形折展天线。英国剑桥大学的折展机构实验室研制了一种 SSDA 折展天线,其展开原理与其他几种天线有较大不同。该天线的工作面板被划分成若干个翼片,每个翼片又分成许多个带有铰链的面板,如图 1.30 所示。口径为 1.5 m 的 SSDA 样机,收拢后的直径和高度分别为 0.56 m 和 0.81 m。SSDA 天线的优点是形面精度高,但天线质量大,结构复杂。

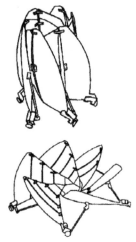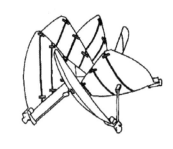

图 1.30　SSDA 折展天线

（2）网状反射面天线。网状反射面天线包括径向肋式天线、缠绕肋式天线、折叠肋式天线、环-柱形天线等。

①径向肋式天线。NASA 针对跟踪与数据中继卫星和"伽利略"号木星探测器研制了一种伞状天线,称为径向肋式天线。天线工作表面采用镀金钼网,用 18 根抛物线形碳纤维肋对其进行支撑,结构如图 1.31 所示。但这些支撑肋无法折叠,因此天线收拢后的高度与肋的长度相差不大。一个口径为 5 m 的径向肋式天线,其收拢后的直径和高度分别为 0.9 m 和 2.7 m,天线总质量为 24 kg。径向肋式天线结构简单,质量小,但折叠比不高。

②缠绕肋式天线。缠绕肋式天线为 NASA 的喷气推进实验室与洛克希德公司联合

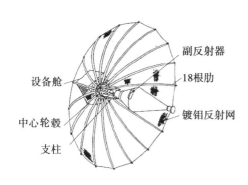

图 1.31　径向肋式天线

研制的另外一种伞状天线,如图 1.32 所示。其结构主要包括反射网、缠绕肋和中心轮毂等。收拢时,肋缠绕在中心轮毂上,并由绳索将其锁紧;展开时,绳索被切断,肋依靠变形时储存的弹性势能反向打开,恢复至初始状态时天线完全展开。美国在发射的 ATS - 6 卫星上携带了一个口径为 9.1 m 的缠绕肋式天线,收拢后的直径和高度为分别为 2.0 m 和 0.45 m。缠绕肋式天线具有很高的展开可靠性及较大的折叠比,适合应用于较大口径的展开天线,但其刚度较低。

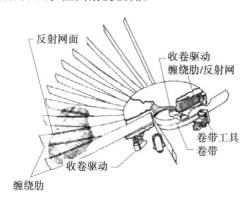

图 1.32　缠绕肋式天线

　　③折叠肋式天线。美国 Harris 公司为亚洲蜂窝卫星系统设计了一个折叠肋式天线,如图 1.33 所示。天线由若干个可以折叠的肋组成,肋展开时呈直线形状,肋上装有许多个长度不等的支撑杆,通过这些支撑杆保证反射网形成抛物面的形状。一个口径 12 m 的折叠肋式天线,其收拢后的直径和高度分别为 0.86 m 和 4.5 m,总质量为 127 kg。因此,Harris 公司希望通过对该天线折展机构进行改进以得到性能更优的机构。折叠肋式天线折叠比大,结构简单,但质量大,刚度较低。

　　④环-柱形天线。环-柱形天线是美国兰利研究中心在高级飞行实验计划中为验证这种机构的可行性而研制的,它由拉索、环肋、中心圆柱和金属反射网组成,如图 1.34 所示。天线展开时中心圆柱缓慢伸长,环肋在电机的驱动下向周围展开,最后通过环肋上装有扭簧的铰链释放弹性势能实现天线完全展开。一个口径为 15 m、展开高度为 9.5 m 的环-柱形折展天线,收拢后的直径和高度分别为 0.9 m 和 2.7 m,总质量为 291 kg。环-柱形

图 1.33　折叠肋式折展天线

天线具有很高的折叠比和很大的展开口径,但刚度较低,质量较大。

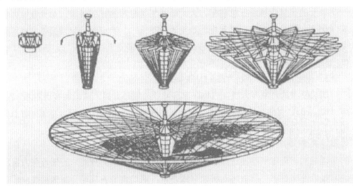

图 1.34　环-柱形折展天线

⑤EGS 折展天线。EGS 折展天线是俄罗斯 Georgian 公司针对天线口径为 5～25 m 的任务需求而设计的一种剪叉式天线[34],如图 1.35 所示。该天线由剪叉式环形折展支撑桁架和从中心轮毂上辐射出的张拉膜肋等组成。俄罗斯在和平号空间站上对一个口径为 5.6 m×6.4 m 的椭圆形 EGS 天线进行展开测试,该天线收拢后的直径和高度分别为 0.6 m 和 1.0 m,天线的总质量为 35 kg。EGS 天线具有较大的折叠比和较小的质量。

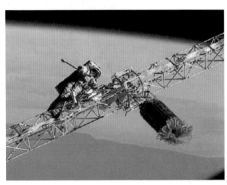

图 1.35　EGS 折展天线

⑥径向伸展式天线。日本空间科学研究所和日本国家天文台于 1997 年发射了应用于甚长基线干涉测量任务的 HALCA 科学卫星,在该卫星上采用的径向伸展式天线如图 1.36 所示。该天线利用许多小三角形平面构成张紧索网,并以此逼近抛物面形状,然后

将金属反射网铺设在上面,这样天线的形面精度就得到了很大的提高。若需要更高的形面精度,则可以进一步减小三角形平面的尺寸,并且不需要增加支撑的杆数。该天线由 6个折叠构架式伸展臂沿径向展开实现对金属网面的展开和支撑,有效口径为 8 m,总质量为 246 kg,具有较高的形面精度,折叠比大,但质量也较大[35]。

图 1.36 HALCA 折展天线

⑦构架式折展天线。构架式折展天线是一种新型的天线展开与支撑形式,天线采用模块化思想设计,通常由六棱柱或四面体模块组成,改变模块的数量和大小,可以得到不同口径的折展天线。

2006 年 12 月,日本国家空间发展局在发射的工程试验卫星 ETS-Ⅷ上携带了两架19 m×17 m 的构架式折展天线,两个天线分别负责发射和接收信号,可以避免多个频率在一个天线上引起的信号干扰。该天线最突出的特点是每个天线由 14 个直径为 4.8 m的模块组成,如图 1.37 所示。该天线能够与手机大小的地面移动终端进行信号传输,收拢后的高度和直径分别为 4 m 和 1 m,天线总质量为 170 kg。构架式折展天线形面精度高,折叠比大,刚度高,强度大,装配时间短,制造成本低[36]。

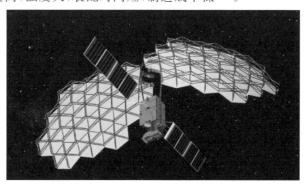

图 1.37 ETS-Ⅷ构架式折展天线

⑧环形桁架式折展天线。环形桁架式折展天线(Astro Mesh Antenna)由 TRW Astro Aerospace 公司开发,其结构如图 1.38(a)所示。前、后索网安装在可折展的环形桁架上,索网间的竖向拉索具有一定的预紧力,索网在预紧力的作用下逼近抛物面形状,金属

反射网附着于前索网上。环形桁架由若干个四边形单元组成,利用其对角杆长度可变的特点带动整个天线的展开与收拢。

2000 年底,美国发射的 Thuraya 卫星上携带了一个口径为 12.25 m 的 Astro Mesh 折展天线,质量为 55 kg,收拢时直径和高度分别为 1.3 m 和 3.8 m[37],如图 1.38(b)所示。Astro Mesh 折展天线最显著的优点是口径适用范围可达百米级,并且随着口径的增大,天线质量不会成比例增加,天线折叠比大,质量小,但由于竖向拉索较多,网面的调整比较困难,形面精度不易控制。

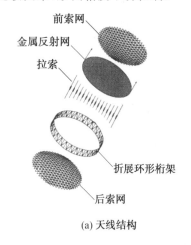

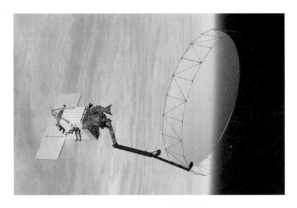

(a) 天线结构　　　　　　　　　　　(b) Astro Mesh 折展天线

图 1.38　环形桁架式折展天线

(3)充气反射面天线。

充气反射面天线是随着复合材料技术发展而产生的一种具有很大潜力的天线形式[38-40],它采用压缩空气对由复合材料组成的反射面天线进行充气,直到天线完全展开,在太阳紫外光等外界温度的作用下,柔性材料开始发生硬化,天线刚化成为设计的形状。美国喷气推进实验室和 L'Garde 公司于 1996 年研制的一个口径为 14 m 的充气反射面天线具有较强的代表性,如图 1.39 所示。充气反射面天线突出的优点是质量小、折叠比大、口径适应范围广,但形面精度较低,结构的热稳定性较差,刚度不高,技术尚不成熟。

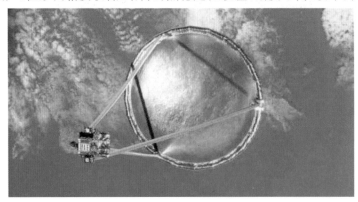

图 1.39　口径 14 m 的充气反射面天线

目前,在轨运行的空间伸展臂、折展式天线等结构较多地采用折展桁架机构形式。折展桁架机构一般由连杆、展开铰、连接铰、刚化锁定装置和驱动机构等组成,具有结构简单、质量小、折叠比大、易于展收、成本低等特点,因此广泛用于柔性太阳能帆板、天线反射面及相控阵雷达的展开、支撑和定位结构。随着航天事业的快速发展,航天工程中所需要的空间折展机构向着大尺度、高精度、高刚度、多功能化方向发展,这为空间折展机构的设计与分析工作带来了极大的挑战。

随着宇航空间研究计划的逐步实施和空间系统复杂化程度的升级,空间折展机构已从过去简单、单一的形式向复杂、多功能化方向发展。由于空间环境的特殊性,空间折展机构的设计理论、分析方法、测试技术等与地面机构相差很远,工况参数、环境条件、发射和储存等对系统性能影响巨大,因此空间折展机构的基础技术研究已经成为国际航天技术研究的共同难点之一。

1.4 空间折展机构研究内容

空间折展机构种类繁多、形式多样,构型和应用特点各不相同,其设计涉及机构学、材料学、力学等多个学科。空间折展机构的设计内容主要包括:构型综合、结构设计与参数优化、运动学与动力学分析、地面试验与样机研制等内容。

1. 构型综合

折展机构在折展过程中表现为机构形式,而在展开状态则为结构形式。在运动过程中通常要经历多个构态,构态变化过程中运动副或构件数目发生变化,不断融合构件的连接关系以构成新的机构型式,实现重组或重构。折展机构是由运动副和连杆组合而成具有特定运动规律的系统,不同的运动副和连杆的组合可以得到具有不同运动规律的构型。构型综合的目的是借助机构学理论,通过分析和综合的手段得到一些新的折展模块单元构型,实现折展机构创新设计。为了得到具有特定运动规律的构型,可以通过图论、螺旋理论及李群等工具对折展机构进行构型综合研究。

2. 结构设计与参数优化

空间折展机构种类繁多,代表性机构形式为桁架式折展机构,具有质量小、折叠比大、刚度高、形式多样等优点,是最具发展前景和应用潜力的机构形式。本书所涉及的折展机构一般指桁架式折展机构,主要由杆件、铰链、锁定组件、驱动与传动组件、压紧释放装置等组成。折展机构的轻量化设计、多源协调驱动、多模块联动驱动及刚化与锁定等各功能装置的结构设计问题是折展机构设计的核心问题。

折展机构的几何参数设计是寻找合适的机构几何参数,使机构在不改变自由度的前提下,性能指标达到最优化或者满足特定的要求。参数设计往往与机构运动学、动力学等方面的性能指标密切相关,折展机构涉及大量的设计参数与多层次化的设计目标,参数的设计过程最终会转化为一个复杂的多目标优化问题,即以质量、刚度、折叠比等为目标函数,以杆长、直径、壁厚等为设计变量,以杆长、直径范围等为约束条件,设计最优的几何参数,以实现机构性能最优化。

3. 运动学与动力学分析

空间折展机构的运动学分析主要是获得机构运动的位移、速度和加速度等结果,另外验证机构在展收过程中是否按照预定设计的同步或者顺序展收,考核机构在展开末端锁定装置是否完全锁定及展收过程中杆件有无干涉、绳索有无缠绕等问题。运动学分析是折展机构设计过程中不可缺少的环节之一,同时运动学分析也是折展机构动力学分析的基础。

折展机构的动力学分析主要包括展收过程动力学与机构完全展开后振动频率与振型等问题。折展机构展开过程动力学分析主要验证机构展收驱动动力特性,为折展机构的展开驱动系统设计提供依据。折展机构在空间工作时处于完全展开状态,因此其完全展开状态下的动力学特性对折展机构支撑的天线、雷达、相机等有效载荷的性能具有重要影响。由于折展机构展开状态为大尺寸、大柔性结构,其动力学特性对航天器和有效载荷的姿态控制影响较大,展开状态的基频是折展机构设计的重要参数,直接关系到折展机构控制系统方案的制定,并影响指向精度和姿态稳定度。为防止航天器与折展机构振动耦合及折展机构本身产生较大的振动,折展机构的固有频率必须严格控制在所要求的范围内,因此可通过动力学建模计算折展机构的固有频率和振型,验证折展机构动力学特性是否满足要求。

4. 地面试验

对折展机构进行理论建模、仿真分析等工作后,还需要对折展机构进行地面模拟试验以验证理论建模与分析的正确性,而且在航天工程中,折展机构的地面模拟试验是必不可少的。折展机构的地面模拟试验主要包括:第一,模拟微重力环境下的展收功能试验;第二,模拟热真空环境验证折展机构中驱动与传动装置、铰链组件、锁定装置等运动部件及功能装置的性能;第三,对收拢状态折展机构进行正弦、冲击、随机振动等试验,验证折展机构能否承受火箭发射过程中的振动冲击载荷。此外,折展机构地面试验还包括折展机构重复展开精度、形面精度等测试,以及展开状态下的模态试验等。

本书主要以空间构架式折展机构为对象,阐述基本折展单元分类、构型综合设计、性能分析与评价、构架式伸展臂和抛物面天线折展支撑桁架机构的设计与分析方法等内容。

1.5　本章小结

本章介绍了空间折展机构的基本概念、主要结构形式、技术发展现状及应用。折展机构收拢状态的体积、面积或长度较小,展开状态可形成一维、二维、三维的结构形式,方便储存、携带和运输,因此在航天工程领域得到了广泛应用,并取得了突飞猛进的发展。折展机构的应用满足了航天任务对大型支撑结构、大面积太阳能帆板、大口径天线的需求。随着航天事业的发展,折展机构在未来的深空探测、高分辨率对地观测、载人航天等工程中都将成为研究的热点。

参考文献

[1] MIKULAS M M，THOMSON M. State of the art and technology needs for large space structures [J]. Flight-Vehicle Materials Structures and Dynamics，ASME，New York，1994，1 (3)：173-238.

[2] TIBERT G. Deployable tensegrity structures for space applications [D]. Sweden：Department of Mechanics，Royal Institute of Technology，Doctoral Dissertation，2002.

[3] IQBAL K，PELLEGRINO S. Bi-stable composite shells [C] //41st AIAA/ASME/ASCE/AHS/ASCSD Conference. Atlanta，GA：AIAA，2000：1-8.

[4] CALLADINE C R. Theory of shell structures [M]. Cambridge：Cambridge University Press，1983.

[5] MIKULAS M，CASSAPAKIS C. Preliminary design method for deployable spacecraft beams，NASA-CR-199240 [R]. Hampton，VA：NASA，Langley Research Center，1995.

[6] RIMROTT F P J，FRITSCHE G. Fundamentals of STEM mechanics [J]. IUTAM-IASS Symposium on Deployable Structures：Theory and Applications，2000：321-333.

[7] IQBAL K，PELLEGRINO S A. Bi-stable composite slit tubes [J]. IUTAM-IASS Symposium on Deployable Structures Structures：Theory and Applications，2000：153-162.

[8] HAZELTON C S，GALL K R，ABRAHAMSON E R，et al. Development of a prototype elastic memory composite STEM for large space structures [C] //44th AIAA/ASME/ASCE/AHS/ASC Structures，Structural Dynamics，and Materials Conference. Norfolk，Virginia：AIAA，2003：1-6.

[9] YOUZ，COLE N. Self-locking bi-stable deployable booms [C] //47th AIAA/ASME/ASCE/AHS/ASC Structures，Structural Dynamics，and Materials Conference. Newport，Rhode Island：AIAA，2006：1-10.

[10] CRAWFORD R F. Strength and efficiency of deployable booms for space applications [C] // AAS/AIAA Variable Geometry and Extendible Structures Conference. Anaheim，California：AIAA，1971：1-13.

[11] SICKINGER C，HERBECK L，BREITBACH E. Structural engineering on deployable CFRP booms for a solar propelled sailcraft [J]. Acta Astronautica，2006，58：185-196.

[12] HATTON R L. Plant design for deterministic control of STEMs and tape-springs [D]. Boston：Department of Mechanical Engineering，Massachusetts Institute of Technology，2005.

[13] 钟博文. 套筒式伸展臂的设计与分析 [D]. 哈尔滨：哈尔滨工业大学，2008.

[14] MURPHY D M，MACY B D. Demonstration of a 20-m solar sail system [C] //45th AIAA/ASME/ASCE/AHS/ASC Structures，Structural Dynamics，and Materials Conference. Palm Springs，California：AIAA，2005：1-17.

[15] EIDEN M，BRUNNER O，STAVRINIDIS C. Deployment analysis of olympus astromast and comparison with test measurements [J]. Journal of Spacecraft and Rocket，1987，24 (1)：63-68.

[16] WEBBJ E. Deployable lattice column：United States Patent 3486279 [P]. Filed 30 November 1967，Granted 30 December 1969.

[17] MIURA K，NATORI M，SAKAMAKI M，et al. Simplex Mast：An extendable mast for space applications [C] //14th International Symposium on Space Technology and Science. Tokyo：Inter-

national Symposium on Space Technology and Science，1984：357-362.

[18] 张淑杰，李瑞祥，丁同才. 盘绕式杆状展开机构的设计与力学分析 [J]. 力学季刊，2006，27
　　　 (2)：341-347.

[19] 刘义良，王春洁，孟晋辉. 基于 ANSYS 的盘压杆机构大变形有限元分析 [J]. 研发与制造，
　　　 2005 (1)：73-75.

[20] SHAKER J F. Static stability of a three-dimensional space truss [C] // The XIII Space Photovol-
　　　 taic Research and Technology Conference. Washington DC：NASA，1994：299-312.

[21] BROWN J R，CHARLES G，SARABANDI K，et al. Validation of the shuttle radar topography
　　　 mission height data [J]. IEEE Transactions on Geoscience and Remote Sensing，2005，43 (8)：
　　　 1707-1715.

[22] RODRIGUEZ E，POLLARD B D. The measurement capabilities of wide-swath ocean altimeters
　　　 [R]. Maryland：Report of the High-Resolution Ocean Topography Science Working Group Meet-
　　　 ing Proceedings，2001.

[23] LINJ K，SAPNA G H，CADOGAN D P. Inflatable rigidizable isogrid boom development [C] //
　　　 43rd AIAA/ASME/ ASCE/AHS/ASC Structures，Structural Dynamics，and Materials Confer-
　　　 ence and Exhibit AIAA Gossamer Spacecraft Forum. Denver，CO：AIAA，2002：1-8.

[24] 谭惠丰，李云良，苗常青. 空间充气展开结构动态分析研究进展 [J]. 力学进展，2007，37 (2)：
　　　 214-224.

[25] LINJ K，KNOLL C F，WILLEY C E. Shape memory rigidizable inflatable (RI) structures for
　　　 large space systems applications [C] //47th AIAA/ASME/ASCE/AHS/ASC Structures，Struc-
　　　 tural Dynamics，and Materials Conference. Newport，Rhode Island ：AIAA，2006：1-10.

[26] 卫剑征，苗常青，杜星文. 充气太阳能帆板展开动力学数值模拟预报 [J]. 宇航学报，2007，28
　　　 (2)：321-326.

[27] MALMC G，DAVIDS W G，PETERSON M L，et al. Experimental characterization and finite ele-
　　　 ment analysis of inflated fabric beams [J]. Construction and Building Materials，2009，23 (5)：
　　　 2027-2034.

[28] GRALEWSKI M R，ADAMS L，HEDGEPETH J M. Deployable extendable support structure for
　　　 the RADARSAT synthetic aperture radar antenna [C] // 43rd International Astronautical Con-
　　　 gress. Washington：International Astronautical Congress，1992：18.

[29] THOMAS W D R. RADARSAT-2 extendible support structure [J]. Canadian Journal of Remote
　　　 Sensing，2004，30：282-286.

[30] ROSENQVIST A，SHIMADA M，WATANABE M. ALOS PALSAR：Technical outline and mis-
　　　 sion concepts [C] //4th International Symposium on Retrieval of Bio- and Geophysical Parameters
　　　 from SAR Data for Land Applications. Innsbruck，Austria：JAXA，2004：1-7.

[31] GUEST S D，PELLEGRINO S. A new concept for solid surface deployable antennas [J]. Acta
　　　 Astronautica，1996，38 (2)：103-113.

[32] SCARBOROUGH S E，CADOGAN D P，PEDERSON L M，et al. Elevated temperature mechani-
　　　 cal characterization of isogrid booms [C] //44th AIAA/ASME/ASCE/AHS Structures，Struc-
　　　 tural Dynamics，and Materials Conference. Norfolk，Virginia：AIAA，2003：3938-3948.

[33] LICHODZIEJEWSKI D，VEAL G，KRUER M. Inflatable rigidizable solar array for small satel-
　　　 lites [C] //44th AIAA/ASME/ASCE/AHS Structures，Structural Dynamics，and Materials
　　　 Conference. Norfolk，Virginia：AIAA，2003：1898.

[34] MEDZMARIASHVILI E, TSERODZE S, TSIGNADZE N, et al. A new design variant of the large deployable space reflector [C] //The 10th Biennial International Conference on Engineering, Construction, and Operations in Challenging Environments. Houston, TX, United states: ASCE, 2006: 1-8.

[35] TAKAN T, MINRA K, NATORI M, et al. Deployable antenna with 10-m maximum diameter for space use [J]. IEEE Transactions on Antennas and Propagation, 2004, 52 (1): 2-11.

[36] YAMADA K, TSUTSUMI Y J, YOSHIHARA M, et al. Integration and Testing of Large Deployable Reflector on ETS-VIII [C] //21st International Communications Satellite Systems Conference and Exhibit. Yokohama, Japan: AIAA, 2003: 2217.

[37] MEGURO A, TSUJIHATA A, HAMAMOTO N, et al. Technology status of the 13 m aperture deployment antenna reflectors for engineering test satellite VIII [J]. Acta Astronautica, 2000, 47 (2-9): 147-152.

[38] FREELAND R E, BILYEU G D, VEAL G R, et al. Large inflatable deployable antenna flight experiment results [J]. Acta Astronautica, 1997, 41 (4-10): 267-277.

[39] FREELAND R E, BILYEU G. In-step inflatable antenna experiment [J]. Acta Astronautica, 1993, 30: 29-40.

[40] CHRISTOPHER G M, WILLIAM G D, MICHAEL L P, et al. Experimental characterization and finite element analysis of inflated fabric beams [J]. Construction and Building Materials, 2009, 23 (5): 2027-2034.

第 2 章　机构构型综合与分析的数学基础

2.1　概　　述

机构是由运动副和连杆组合而成具有特定运动规律的系统,不同的运动副和连杆的组合可以得到具有不同运动规律的构型。为了得到具有特定运动规律的构型,可以通过图论、螺旋理论及李群等工具进行构型综合。图论是研究事物组合形式与内在联系的一门学科,从拓扑层面反映事物之间的组合关系,为机构的组成描述提供了方便直观的数学工具。在螺旋理论中,机构的旋量空间在线性空间所表现出来的特性则反映了机构的自由度特性,为刚体的瞬时运动提供了一种数学描述方法,因此螺旋理论为自由度分析提供了数学依据。而机构的运动规律则是通过在给定参考坐标系下的运动轨迹、运动方向、运动速度、自由度类型等形式进行描述的,可以通过两个参考坐标系之间的相对运动特性进行描述,本质上是两个参考坐标系之间的坐标转换关系。李群则为坐标转换提供了一种规整的齐次矩阵方式,且其在旋量空间中具有与螺旋理论中相同的数学形式,因此李群在机构的运动学综合与分析中也是一种方便的数学工具。本章将从图论、螺旋理论和李群理论的数学基础出发,阐述机构构型综合与分析的必要数学基础。

2.2　图　　论

图论是研究事物之间联系的一门数学,它用点代表所研究的事物,用边代表事物之间的联系,用由点和边构成的拓扑图来模拟一个具有确定关系的系统[1]。因此,图论可以被认为是一个反映二元关系的数学模型。本书首先对图论的基本概念作简单介绍。

2.2.1　图论在机构学中的常用定义

1. 图的定义

图是一个由线或边连接在一起的顶点或节点的集合,可以用一个偶数对 (V,E) 表示,记为 $G=(V,E)$,其中 V 是一个非空集合,称为顶点集或点集,其元素称为顶点,$n(G)$ 表示顶点数;E 是由 V 中的点组成的无序点对构成的集合,称为边集,其元素称为边,且同一点对在 E 中可出现多次,$m(G)$ 表示边数。

图 G 的顶点集通常记为 $V(G)$,边集通常记为 $E(G)$ 。没有任何边的图称为空图,只有一个顶点的图称为平凡图。图的顶点的个数称为图的阶数,连接两个相同顶点的边的条数,称为边的重数。重数大于 1 的边称为重边,端点重合为一点的边称为自环,既没有自环也没有重边的图称为简单图。一条边的端点与这条边的关系称为关联,与同一条边关联的两个端点之间的关系称为邻接。

2. 图的同构

若能在图 G_1 和 G_2 的顶点集 $V(G_1)$ 和 $V(G_2)$ 之间建立一一对应的关系,使得连接 G_1 中任何一对顶点的边数等于连接 G_2 中与之对应的一对顶点的边数,则称 G_1 和 G_2 是同构的,记作 $G_1 \cong G_2$。

3. 顶点的度

设 $v \in V(G)$,G 中与顶点 v 相关联的边的数目称为顶点 v 的度,记为 $\deg(v)$。如果 $\deg(v)$ 是奇数,称顶点 v 为奇顶点;相应地,如果 $\deg(v)$ 是偶数,称顶点 v 为偶顶点。在图中,称度为零的顶点为孤立点,度为 1 的顶点为悬挂点。用 $\delta(G)$ 和 $\Delta(G)$ 分别表示图 G 中顶点度的最小值和最大值,分别称为 G 的最小度和最大度。

4. 子图

对图 H 和图 G,如果 $V(H) \subseteq V(G)$,$E(H) \subseteq E(G)$,并且 H 中边的重数不超过 G 中边的重数,则图 H 是图 G 的子图,记为 $H \subseteq G$。如果图 H 是图 G 的子图,并且至少满足下列条件之一:

(1) $V(H) \subset V(G)$;

(2) $E(H) \subset E(G)$;

(3) H 中至少有一个边的重数小于 G 中对应边的重数。

则 H 是 G 的真子图,记为 $H \subset G$。

设图 $G = (V,E)$,满足"$H = (V,E_1)$,$E_1 \subset E$"的真子图,称为 G 的生成子图;设 V' 是 $V(G)$ 的非空子集,以 V' 为顶点集,以两端点均在 V' 中的边的全体为边集的子图,称为由 V' 导出的 G 的子图,记为 $G[V']$,即 $G[V']$ 是 G 的导出子图。对于导出子图 $G[V/V']$,记为 $G-V'$,它是从 G 中去掉 V' 中的顶点及与这些顶点相关联的边所得到的子图;设 E' 是图 $G = (V,E)$ 的边集 $E(G)$ 的非空子集,则以 E' 为边集、E' 中边的全体端点为顶点集组成的子图,称为边导出子图。

5. 胚图

若将图中二度点(只与两条边关联的顶点)去掉,即与其关联的两条边直接连接成一条边,则得到原图的胚图。胚图的任一顶点至少与两条边关联,它通常是构建一些特定图的重要方法。

6. 正则图和二部图

n 阶简单图最多有 C_n^2 条边,称每对顶点都相邻的简单图为完全图,n 阶完全图记为 K_n。正则图是指每个顶点的度都相等的图,每个顶点的度都等于 r 的正则图,称为 r 正则图。空图则是 0 正则图,完全图 K_n 是 $n-1$ 正则图。

二部图是指其顶点集可以划分成两个子集 X 和 Y,使得每条边的一个端点在 X 中、另一个端点在 Y 中的图。二部图 G 记作 $G = (X,Y,E)$,若 X 中的每个顶点与 Y 中的每个顶点之间恰有一条边,且 X、Y 非空,这样的二部图 $G = (X,Y,E)$ 为完全二部图;若 $|X| = m$,$|Y| = n$,则记这样的完全二部图为 $K_{m,n}$。

7. 平面图

如果一个图能画在平面上,其边仅仅在端点相交,并且除端点外任何两条边没有其他的交点,则称为平面图。平面图以外的图统称为非平面图。对于简单图 G,设 v_i、v_j 是不相邻的任意两顶点,若不能在 v_i、v_j 间增加一条边而不破坏图的平面性,则称图 G 为最大平面图。5 阶完全图 K_5 和完全二部图 $K_{3,3}$ 为最基本的两个非平面图。一个图为非平面图的充分必要条件是其子图或胚图不为这两个基本非平面图中的任何一个。

8. 无向图

无向图指图中与一条边关联的两个顶点的次序是任意的,即边是顶点的无序对的图。

9. 极大外平面图

若 G 是简单外平面图,且对于 G 中任何不相邻的相异顶点 u 和 v,$G+uv$ 不是外平面图,则称 G 是极大外平面图。

10. 图的矩阵描述

描述图 G 特性的矩阵主要有邻接矩阵和关联矩阵。若图 G 为 n 阶图,其邻接矩阵 $\boldsymbol{A}(G)=(a_{ij})_{n\times n}$,其中 a_{ij} 为第 i 个顶点与第 j 个顶点之间的边数。当 G 为具有 n 个顶点和 m 条边的非空无环图时,其关联矩阵 $\boldsymbol{M}(G)=(m_{ij})_{n\times n}$,其中,$m_{ij}=1$ 表示第 i 个顶点与第 j 条边关联,$m_{ij}=0$ 表示第 i 个顶点与第 j 条边不关联。

2.2.2　机构拓扑图的数学描述

机构的结构组成可以借助机构的结构简图及符号文字来描述。结构简图用特定的构件和运动副符号来表示机构的结构组成,着重表示运动链的构件与运动副的类型和数目,以及其连接关系。虽然用结构简图表示运动链的结构组成比较直观和简便,但是难以建立机构的数学关系,不便于计算机自动处理,因而不利于机构学的发展。

1964 年,图论首次被引入机构学用于表示运动链的拓扑结构。以点表示构件、以边表示运动副的拓扑图与机构的结构简图之间具有一定的对应关系。拓扑图又可以用矩阵表示,例如邻接矩阵、关联矩阵、回路矩阵、割集矩阵和通路矩阵等。由于矩阵便于计算机处理,故图论为机构结构学的研究与发展提供了强有力的数学工具,同时也影响、渗透到机构运动学、动力学的理论研究之中。因此,图论的应用开创了机械系统基本理论研究的新局面。本节将对机构拓扑图的数学描述进行简单介绍。

1. 邻接矩阵

邻接矩阵是表示拓扑图顶点与顶点之间连接关系的矩阵。

对于一个拓扑图 $G(V,E)$(V,E 分别为图 G 中顶点与边的集合),其邻接矩阵为

$$\boldsymbol{AM}(G)=\left[(am)_{ij}\right]_{n\times n} \tag{2.1}$$

邻接矩阵中的元素按如下规则确定,即

$$(am)_{ij}=\begin{cases}1,\text{当顶点 }i\text{ 和 }j\text{ 有边直接相连时}\\0,\text{当顶点 }i\text{ 和 }j\text{ 没有边直接相连时}\end{cases} \tag{2.2}$$

邻接矩阵可以描述拓扑图的顶点数、边数及顶点之间的连接关系,其特点如下:

(1) 邻接矩阵为实对称矩阵,其中的元素非 0 即 1,且对角线的元素全为 0。

(2) 邻接矩阵行或列的非零元素数目为该行或列对应顶点的度,即对应构件的运动副数目。

(3) 若某行或列只有一个非零元素,则该行或列对应悬挂构件。

(4) 两行(且对应两列)的置换相当于顶点的重新编号,但应注意行与列必须以同样顺序排列。

(5) 如果从拓扑图的顶点 v_i 出发,经过 k 条边到达顶点 v_j,则称 v_i 到 v_j 存在长度为 k 的通路。这时邻接矩阵的 k 次幂的元素为非零元素,其值为由 v_i 经过 k 步到达 v_j 的通路的数目。若为 0,则表示不存在经 k 步到达的通路。该性质用于确定图中任意两点间的最短通路。

2. 关联矩阵

关联矩阵是表示拓扑图顶点与边之间关联关系的矩阵。对于一个拓扑图 $G(V, E)$(V, E 分别为图中顶点与边的集合),设 n 为拓扑图的顶点数,m 为拓扑图的边数,则关联矩阵为

$$\boldsymbol{IM}(G) = \left[(im)_{ij} \right]_{n \times m} \tag{2.3}$$

其中

$$(im)_{ij} = \begin{cases} 1, & \text{当顶点 } i \text{ 和 } j \text{ 相关联时} \\ 0, & \text{当顶点 } i \text{ 和 } j \text{ 不相关联时} \end{cases} \tag{2.4}$$

关联矩阵可以描述拓扑图的顶点数、边数及顶点与边之间的关联关系,其特点如下:

(1) 关联矩阵的行表示顶点与各边的关联关系。行的非零元素的数目为该顶点的度,即该顶点相应构件的运动副数目。

(2) 关联矩阵的每列有两个非零元素。

(3) 若某行只有一个非零元素,则该行顶点对应悬挂构件。

(4) 关联矩阵的两行或者两列置换相当于同一拓扑图中点和边的重新编号。

(5) 对于 n 阶连通的简单图,其关联矩阵的秩 $\mathrm{rank}[\boldsymbol{IM}(G)] = n - 1$。

2.3　螺旋理论

螺旋理论属于线性代数的一个分支,其本质是对空间向量在给定坐标系下的一种描述方式。空间任意直线向量 $\$$ 可以描述为两部分:代表向量 $\$$ 方向的方向矢量 $\boldsymbol{S}$ 和代表向量 $\$$ 所在位置的位置矢量 $\boldsymbol{S}_0$,如图 2.1 所示。图 2.1 中,$\boldsymbol{S}$ 为向量的方向,$\boldsymbol{r}$ 为从坐标原点出发、指向向量 $\boldsymbol{S}$ 上任意一点的向量。同样地,也可以用图中的 $\boldsymbol{r}_1$ 或者 $\boldsymbol{r}_2$ 表示该螺旋。方向矢量 $\boldsymbol{S}$ 与位置矢量 $\boldsymbol{S}_0$ 的点积 $\boldsymbol{S} \cdot \boldsymbol{S}_0$ 和点积 $\boldsymbol{S} \cdot \boldsymbol{S}$ 的比值称为该螺旋的节

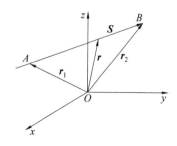

图 2.1　直线向量

距,节距为零的螺旋称为直线向量,记为

$$\$ = (S;S_0) = (S;r \times S) = (l,m,n;u,v,w) \tag{2.5}$$

当 $S \cdot S = 1$ 时,$\$$ 为单位线矢量;当 $S_0 = 0$ 时,直线经过原点。式(2.5)中,用 6 个分量 l、m、n、u、v、w 表示的向量称为螺旋的 Plücker 坐标,通常情况下也采用两个向量的形式表示为$(S;S_0)$。

直线向量是一种特殊的节距为零的螺旋,称为线矢量或者线矢。而在一般情况下,螺旋的节距不为零,按下式计算,即

$$h = (S \cdot S_0)/(S \cdot S) \tag{2.6}$$

此时,螺旋的位置矢量则为

$$S_0 = r \times S + hS_0 \tag{2.7}$$

该节距不为零的螺旋表示为

$$\$ = (S;S_0) = (S;r \times S + hS_0) \tag{2.8}$$

式(2.8)表示的螺旋可以代表螺距为 h、方向沿着 S 方向的螺旋运动。当节距 h 为零时,该螺旋便成为线矢,在机构的运动学中可以用来表示一个转动副或者是一个约束力;当节距 h 为无穷大时,该螺旋称之为偶量,表示为

$$\$ = (0;S) \tag{2.9}$$

此时螺旋可以表示一个移动副或约束力偶,其中 S 是该螺旋的方向矢量。

对于两个螺旋 $\$ = (S;S_0)$ 和 $\$^r = (S^r;S_0^r)$,它们的互易积记为[2]

$$\$ \circ \$^r = S \cdot S_0^r + S^r \cdot S_0 \tag{2.10}$$

式中"。"为互易积的符号。运动螺旋和力螺旋的互易积正是这两螺旋产生的瞬时功率。若两螺旋的互易积为零,则称它们互逆或互为反螺旋,即

$$\$ \circ \$^r = 0 \tag{2.11}$$

对于一个运动螺旋 $\$$ 的反螺旋 $\$^r$,如果它的节距为零,则代表一个约束力,限制了沿约束力方向的移动;如果它的节距为无穷大,则代表一个约束力偶,限制了绕此力偶方向的转动。两螺旋互易积为零的解析式还可以表示为[3]

$$(h_1 + h_2)\cos\alpha_{12} + a_{12}\sin\alpha_{12} = 0 \tag{2.12}$$

式中,h_1、h_2 分别为两螺旋的节距;α_{12} 为两螺旋的夹角;a_{12} 为公垂线长。

从式(2.7)和式(2.8)可以得出两螺旋互逆的条件,见表 2.1。

表 2.1　螺旋互逆的判断方法[4]

数目	互逆条件
1	两线矢相逆的充分必要条件是它们共面
2	两个偶量必相逆
3	线矢和偶量仅当垂直时才相逆
4	任何垂直相交的两旋量必相逆
5	线矢和偶量皆自逆

2.4　位移李群理论

群论是研究具有某种共同性质的一类事物对象的集合理论,是通过给定的二元操作和特定的从属关系,研究集合中个体之间的相互关系的一门学科。在运动学中常用到的是位移李群,它通过研究子群之间的关系研究不同运动子集之间的相互关系。

2.4.1　群、交换群和子群

对于非空集合 G,在其上定义了一个二元运算"$*$"(称为群运算或者积),则满足以下条件的一个特殊集合称为群[5]:

(1) 封闭性:若 g_1、$g_2 \in G$,则 $g_1 * g_2 \in G$;

(2) 存在单位元素 e,使得对于任意 $g \in G$,使得 $g * e = e * g = g$;

(3) 可逆性:对于任意 $g \in G$,都存在唯一的 $g^{-1} \in G$,使得 $g * g^{-1} = g^{-1} * g = e$;

(4) 结合律:若 g_1、g_2、$g_3 \in G$,则有 $(g_1 * g_2) * g_3 = g_1 * (g_2 * g_3)$。

若群的二元运算是对称的,即 $g_1 * g_2 = g_2 * g_1$,则 G 称为交换群或者 Abel 群。对于群 G 的一个子集 H,若 H 在二元运算"$*$"下满足群的封闭性,则称 H 为 G 的子群。

2.4.2　李群、李子群和李代数

设 $U \in \mathbb{R}^n$ 和 $V \in \mathbb{R}^m$ 为开集,对于映射 $\varphi : U \to V$,如果 φ 的各阶偏导数存在且连续,则称 φ 为光滑映射。如果 $m = n$,φ 为双射,且 φ 和 φ^{-1} 都为光滑映射,则称 φ 为微分同胚,并且认为 U 和 V 是微分同胚的。

设 M 是一个 Hausdorff 空间,若 M 的每一点 p 都有一个开邻域 $U \subset M$,使得 U 和 n 维欧氏空间 $\mathbb{R}^n$ 中的一个开子集是同胚的,则称 M 是一个 n 维拓扑流形,简称 n 维流形。换句话说,一个 n 维流形也就是一个与 $\mathbb{R}^n$ 局部同胚的集合 M,可以用一组局部坐标 (U, φ) 表示,并且把点 $\varphi(p)$ 中的坐标 $(\varphi(p))^i$ 称为点 $p \in U$ 的坐标,记为 $x^i(p) = (\varphi(p))^i$。这里 x^i 表示 $\mathbb{R}^n$ 中的第 i 个坐标函数,也可以看作对应于同胚 φ 的坐标系。

设 G 是一个非空集合,如果 G 是一个群且为光滑 r 维流形,并且群运算是光滑的,则称 G 是一个 r 维李群。如果一个 r 维李群 G 的一个子集 H 对 G 的群运算构成一个李群,且 H 是 G 中的一个子流形,则称 H 是 r 维李群 G 中的一个李子群。

对于任意一个李群 G 和它的一个单参数作用

$$\boldsymbol{\theta} : \mathbb{R} \times G \mapsto G \tag{2.13}$$

定义 $\dot{\boldsymbol{\theta}}(0, g)\,(g \in G)$ 是 g 点的一个切向量,所有切向量组成一个线性空间,称为 g 的切空间,记为 $\boldsymbol{T_g G}$。所有切空间组成的并集 $\boldsymbol{TG}$ 称为并丛,定义李群上的切向量场为这样一个连续可微映射 X,即

$$X : G \mapsto \boldsymbol{TG} : g \mapsto X_g \in \boldsymbol{T_g G} \tag{2.14}$$

把所有左不变向量场组成的线性空间 G 的李代数记为 g,李代数也可以指 $\boldsymbol{T_e G}$,其中 e 是 G 的单位元。

假设存在 n 个 m 维向量 $\boldsymbol{v}_1, \boldsymbol{v}_2, \cdots, \boldsymbol{v}_n$ 和 n 个数域 K 上的实数 $k_1, k_2, \cdots, k_n$,则称 $\boldsymbol{v} =$

$k_1 \boldsymbol{v}_1 + k_2 \boldsymbol{v}_2 + \cdots + k_n \boldsymbol{v}_n$ 为向量 $\boldsymbol{v}_1, \boldsymbol{v}_2, \cdots, \boldsymbol{v}_n$ 在数域 $K(K = [k_1, k_2, \cdots, k_n])$ 下的一个线性组合,而向量 $\boldsymbol{v}_1, \boldsymbol{v}_2, \cdots, \boldsymbol{v}_n$ 在任意 n 个实数下的组合可以得到一系列 m 维向量,所有这些线性组合得到的 m 维向量的集合 S 称为向量 $\boldsymbol{v}_1, \boldsymbol{v}_2, \cdots, \boldsymbol{v}_n$ 的张成空间,记为

$$S = \mathrm{span}\{\boldsymbol{v}_1, \boldsymbol{v}_2, \cdots, \boldsymbol{v}_n\} \tag{2.15}$$

如果对于 n 个 m 维向量 $\boldsymbol{v}_1, \boldsymbol{v}_2, \cdots, \boldsymbol{v}_n$,当且仅当 $k_i = 0, i = 1, 2, \cdots, n$ 时,其线性组合为零向量,满足

$$k_1 \boldsymbol{v}_1 + k_2 \boldsymbol{v}_2 + \cdots + k_n \boldsymbol{v}_n = \boldsymbol{0} \tag{2.16}$$

则称 $\boldsymbol{v}_1, \boldsymbol{v}_2, \cdots, \boldsymbol{v}_n$ 线性独立。向量空间最大的线性无关向量的个数称为该向量的维数,而最大线性无关向量组称为该线性空间的一个基。线性空间的基并不是唯一的。基于李群或者螺旋理论对机构运动度的研究,就是研究旋量空间或者李代数的张成线性空间性质,包括相关性、秩和奇异性等。

2.4.3　特殊欧氏群 $SE(3)$ 及刚体运动描述

为方便说明刚体运动的描述方法,本书将刚体相对于给定参考坐标系的所有可能运动的集合称之为运动度。运动度包含了转动、平移及运动的坐标轴的信息,如沿着给定坐标轴的平移或者转动、转动与平移的维数等。运动度的维数是一个小于 6 的整数,用于描述刚体运动所包含的转动方向个数与平移方向个数之和。

机构运动学综合与分析归根结底是分析一个可动构件(用动坐标系 M 表示)相对于一个固定构件(用定坐标系 F 表示)能够实现何种类型的运动度,其本质是两个坐标系之间的相对位移与相对姿态的转换关系。特殊欧几里得群 $SE(3)$ 是线性矩阵群 $GL(4, \mathbb{R}) = \{\mathbb{R}^{4 \times 4} \mid \det(\mathbb{R}) \neq 0\}$ 的封闭子群,作为矩阵李群,$SE(3)$ 首先代表一种齐次坐标变换,在物理意义上,这种齐次坐标变换代表某种刚体运动的集合。假设在 $\mathbb{R}^3$ 欧氏空间中所有的点坐标都是用齐次坐标表示的,刚体运动可以表示为一个动坐标系 M 相对一个定坐标系 F 的相对位置与姿态的变化,则 $SE(3)$ 可以表示为

$$SE(3) = \left\{ \begin{bmatrix} \boldsymbol{R} & \boldsymbol{P} \\ \boldsymbol{0} & 1 \end{bmatrix} \Big| \boldsymbol{P} \in \mathbb{R}^3, \boldsymbol{R} \in SO(3) \right\} \tag{2.17}$$

式中　　$\boldsymbol{P}$——动坐标系 M 的原点相对定坐标系 F 原点的相对位置;

　　　　$\boldsymbol{R}$——动坐标系 M 相对定坐标系 F 的相对姿态。$\boldsymbol{R}$ 又称为旋转子群,其数学定义为

$$SO(3) = \{\boldsymbol{R} \in \mathbb{R}^{3 \times 3} \mid \boldsymbol{R}^{\mathrm{T}} \boldsymbol{R} = \boldsymbol{I}, \det(\boldsymbol{R}) = 1\} \tag{2.18}$$

特殊欧氏族群为运动学计算提供了一种规整的计算规则,可以方便直观地利用矩阵方式计算两个坐标系之间的相对位置和姿态。$SE(3)$ 有 10 种真子群,分别代表 10 种类型自由度的刚体运动,这些真子群的几何意义见表 2.2。

位移子群是定义在矩阵乘法上的矩阵李群,不难发现,对任意位移子群 $\{\boldsymbol{D}_i\}$,下式成立,即

$$\{\boldsymbol{D}_1\}\{\boldsymbol{D}_2\} \cdots \{\boldsymbol{D}_n\} = \{\boldsymbol{D}\} \tag{2.19}$$

式中,$\{\boldsymbol{D}_i\}$ 和 $\{\boldsymbol{D}\}$ 均为表 2.2 中的任意子群。

表 2.2　$SE(3)$ 子群的齐次矩阵表示及其释义

子群	齐次矩阵表示	释义
$\{T(v)\}$	$\left\{\begin{bmatrix} I & av \\ 0 & 1 \end{bmatrix} \,\middle|\, a \in \mathbb{R}\right\}$	沿方向 v 的平移
$\{R(P,\omega)\}$	$\left\{\begin{bmatrix} \mathrm{e}^{\hat{\omega}\theta} & (I - \mathrm{e}^{\hat{\omega}\theta})P \\ 0 & 1 \end{bmatrix} \,\middle|\, \begin{array}{l} \theta \in [0,2\pi] \\ P \in \mathbb{R}^3 \end{array}\right\}$	沿轴 (P,ω) 转动
$\{H_\rho(P,\omega)\}$	$\left\{\begin{bmatrix} \mathrm{e}^{\hat{\omega}\theta} & (I - \mathrm{e}^{\hat{\omega}\theta})P + \rho\omega\theta \\ 0 & 1 \end{bmatrix} \,\middle|\, \begin{array}{l} \theta \in [0,2\pi] \\ P \in \mathbb{R}^3 \end{array}\right\}$	沿轴 (P,ω) 且节距为 ρ 的螺旋运动
$\{T_2(\omega)\}$	$\left\{\begin{bmatrix} I & ax + by \\ 0 & 1 \end{bmatrix} \,\middle|\, a,b \in \mathbb{R}\right\}$	垂直于 ω 的平面移动
$\{C(P,\omega)\}$	$\left\{\begin{bmatrix} \mathrm{e}^{\hat{\omega}\theta} & (I - \mathrm{e}^{\hat{\omega}\theta})P + a\omega \\ 0 & 1 \end{bmatrix} \,\middle|\, \begin{array}{l} \theta \in [0,2\pi] \\ P \in \mathbb{R}^3, a \in \mathbb{R} \end{array}\right\}$	沿轴 (P,ω) 的圆柱运动
$\{T(3)\}$	$\left\{\begin{bmatrix} I & Q \\ 0 & 1 \end{bmatrix} \,\middle|\, Q \in \mathbb{R}^3\right\}$	三维移动
$\{G(\omega)\}$	$\left\{\begin{bmatrix} \mathrm{e}^{\hat{\omega}\theta} & ax + by \\ 0 & 1 \end{bmatrix} \,\middle|\, \begin{array}{l} \theta \in [0,2\pi] \\ a,b \in \mathbb{R} \end{array}\right\}$	垂直于 ω 的平面运动
$\{S(P)\}$	$\left\{\begin{bmatrix} R & (I - R)P \\ 0 & 1 \end{bmatrix} \,\middle|\, \begin{array}{l} R \in SO(3) \\ P \in \mathbb{R}^3 \end{array}\right\}$	绕点 P 的三维转动
$\{Y_\rho(\omega)\}$	$\left\{\begin{bmatrix} \mathrm{e}^{\hat{\omega}\theta} & ax + by + \rho\omega\theta \\ 0 & 1 \end{bmatrix} \,\middle|\, \begin{array}{l} \theta \in [0,2\pi] \\ a,b \in \mathbb{R} \end{array}\right\}$	垂直于 ω 的平面且节距为 ρ 的螺旋运动
$\{X(\omega)\}$	$\left\{\begin{bmatrix} \mathrm{e}^{\hat{\omega}\theta} & Q \\ 0 & 1 \end{bmatrix} \,\middle|\, \begin{array}{l} \theta \in [0,2\pi] \\ Q \in \mathbb{R}^3 \end{array}\right\}$	三维移动和 ω 方向转动

在刚体运动的集合中,除了存在具备群结构的运动之外,还存在众多不封闭的非群结构的运动。比如,五轴机床的五自由度运动、两转动副组成的运动链的末端运动、万向节运动、Bennett 机构对面连杆的相对运动等,都不是李群运动。这些运动的特点是不能沿着固定坐标轴运动,因此也称为不封闭的非群运动。数学上这类不具备群结构的运动可以用 $SE(3)$ 的规则子流形来描述。这类运动度的分析至今也是机构学界的研究热点和难点。文献[5]把这些不封闭的非子群运动归结为以下两类:

（1）假设 M_1 和 M_2 分别为 $\{T(3)\}$ 和 $\{SO(3)\}$ 的光滑子流形,则 $M_1 \cdot M_2$ 或者 $M_2 \cdot M_1$ 是 $SE(3)$ 的光滑子流形,且维数是 M_1 和 M_2 的维数之和。$\{SO(3)\}$ 的光滑子流形包括 $\{R(P,\omega)\}$,$\{U(P,x,y)\}$,$\{S(P)\}$ 等。

(2) 设 H_1 和 H_2 分别为 $SE(3)$ 的两个子群,且

$$H = H_1 \bigcap H_2, n_2 = \dim(H_2), n = \dim(H) \tag{2.20}$$

则 $H_1 \cdot H_2$ 是 $SE(3)$ 的一个规则子流形,且维数是 $n_1 + n_2 - n$。通常情况下,3 个或 3 个以上子群的乘积可能不再是 $SE(3)$ 的一个规则子流形,因为可能存在奇异。

矩阵李群为机构的运动学计算提供了一种规整的矩阵运算方式。然而,更多时候也需要通过李群的代数结构研究机构的自由度特性,这就需要对李群的代数结构进行研究。一个位移李群 $\{G\}$ 的李代数 g 是李群在单位元 e 处的正切空间,记为 $g = T_e G$。李代数具备封闭的 Lie 括号运算。$SE(3)$ 的李代数记为 $se(3)$,即

$$se(3) = \left\{ \begin{bmatrix} \hat{\boldsymbol{\omega}} & \boldsymbol{v} \\ \boldsymbol{0} & 0 \end{bmatrix} \middle| \hat{\boldsymbol{\omega}} \in so(3), \boldsymbol{v} \in \mathbb{R}^3 \right\} \tag{2.21}$$

式中　　$so(3)$——$\{\boldsymbol{S} = \mathbb{R}^{3\times3} | \boldsymbol{S} = -\boldsymbol{S}^{\mathrm{T}}\}\{\boldsymbol{S}(\boldsymbol{P})\}$ 的李代数;

$\hat{\boldsymbol{\omega}}$——旋转分量的瞬时描述方式,$\hat{\boldsymbol{\omega}} \in \mathbb{R}^3$ 不一定是单位向量;

$\boldsymbol{v}$——移动分量的瞬时描述方式,是单位向量,$\boldsymbol{v} \in \mathbb{R}^3$。

李代数在 Lie 括号 $[\ ,\ ]$ 的操作下都是封闭的,是矩阵交换子运算,即

$$[\boldsymbol{S}_1, \boldsymbol{S}_2] = \boldsymbol{S}_1\boldsymbol{S}_2 - \boldsymbol{S}_2\boldsymbol{S}_1 \tag{2.22}$$

式中,$\boldsymbol{S}_i(i=1,2)$ 是给定李代数 g 中的任意两个分量。

$se(3)$ 中的元素 $\boldsymbol{\xi} \in se(3)$ 为瞬时刚体运动提供了数学描述方式,这一点与螺旋理论中的旋量表示是一致的,是通过瞬时转动和瞬时移动分量的方式描述刚体瞬时运动的有效工具。旋量坐标的一般形式记为 $\boldsymbol{\xi} = (\boldsymbol{\omega}, \boldsymbol{v})$,它把任何一种运动都表示成了旋转运动与平移运动的组合,即螺旋运动。其中螺旋运动的螺距 ρ 为

$$\rho = \begin{cases} \dfrac{\boldsymbol{\omega}^{\mathrm{T}}\boldsymbol{v}}{\parallel \boldsymbol{\omega} \parallel^2}, & \boldsymbol{\omega} \neq 0 \\ \infty, & \boldsymbol{\omega} = 0 \end{cases} \tag{2.23}$$

因此,旋量往往又表示成螺旋运动的形式:$\boldsymbol{\xi} = (\boldsymbol{P} \times \boldsymbol{u} + \rho\boldsymbol{u}, \boldsymbol{u})^{\mathrm{T}}$,其中

$$\boldsymbol{u} = \pm \frac{\boldsymbol{\omega}}{|\boldsymbol{\omega}|} \tag{2.24}$$

当 $\boldsymbol{\omega} = \boldsymbol{0}$ 时,该旋量对应于纯移动运动,则旋量表示成 $\boldsymbol{\xi} = (\boldsymbol{u}, \boldsymbol{0})^{\mathrm{T}}$ 的形式;当 $\rho = 0$ 时,该旋量表示一个纯转动,则旋量表示成了 $\boldsymbol{\xi} = (\boldsymbol{P} \times \boldsymbol{u}, \boldsymbol{u})^{\mathrm{T}}$ 的形式。为了进行机构自由度分析,往往需要研究旋量系统标准基的形式,$SE(3)$ 的李代数的标准正交基可以表示成旋量的形式,见表 2.3。

从前面给出的李群的相关定义与性质可以看出,位移李群本质上是一些具备特定数学结构的齐次坐标变换的集合。在几何层面上,通过李群矩阵齐次变换获得运动支链的正向运动学,对运动链进行位置与速度分析;在代数层面上,可以应用李群的一些性质特点进行运动度分析,这也是李群方法最大的优势所在。一个运动子集之所以具备李群结构,是因为其李代数符合封闭性的结构特点。因此,往往可以通过李代数的数学结构,对机构进行运动度分析。李群的李代数是正则基张成的线性空间,该线性空间的特点决定机构能够实现运动的方式。这一点上,其分析方法与螺旋理论是一致的,因此李群理论和螺旋理论具有代数结构的相关性,基于此互补性就可以利用李群和螺旋理论的方法,对机

构进行自由度分析。

表 2.3　$SE(3)$ 的标准正则基

正则基	齐次表示	旋量表示
$\hat{e}_1$	$\begin{bmatrix} 0 & i \\ 0 & 0 \end{bmatrix}$	$(1,0,0;0,0,0)^\mathrm{T}$
$\hat{e}_2$	$\begin{bmatrix} 0 & j \\ 0 & 0 \end{bmatrix}$	$(0,1,0;0,0,0)^\mathrm{T}$
$\hat{e}_3$	$\begin{bmatrix} 0 & k \\ 0 & 0 \end{bmatrix}$	$(0,0,1;0,0,0)^\mathrm{T}$
$\hat{e}_4$	$\begin{bmatrix} i & 0 \\ 0 & 0 \end{bmatrix}$	$(0,0,0;1,0,0)^\mathrm{T}$
$\hat{e}_5$	$\begin{bmatrix} j & 0 \\ 0 & 0 \end{bmatrix}$	$(0,0,0;0,1,0)^\mathrm{T}$
$\hat{e}_6$	$\begin{bmatrix} k & 0 \\ 0 & 0 \end{bmatrix}$	$(0,0,0;0,0,1)^\mathrm{T}$

在螺旋理论中,一个旋量与另外一个旋量互易是指两个旋量的互易积为 0,即

$$(T_e^* G)^\perp = \{ f \in \mathbb{R}^6 \mid \langle f, \xi \rangle = 0, \forall \, \xi \in T_e G \} \tag{2.25}$$

式中　　$(T_e^* G)^\perp$ —— 李群 G 的李代数的互易空间;

　　　　f —— 约束力,即被约束移动的方向,旋量形式表示为 $(P \times u, u)$;

　　　　ξ —— 约束力偶,即被约束掉的转动的方向,旋量形式表示为 $(u, 0)^\mathrm{T}$;

　　　　$\langle f, \xi \rangle$ —— 向量 f 与向量 ξ 的互易积。

基于李群对刚体运动的描述,这里首先对基本运动副的运动进行描述,见表 2.4。

表 2.4　基本运动副的符号、子群与旋量表示

关节	关节符号	位移子群	旋量表示	图示
移动副	$T(\omega)$	$\{T(\omega)\}$	$\{(\omega, 0)^\mathrm{T}\}$	
旋转副	$R(P, \omega)$	$\{R(P, \omega)\}$	$\{(P \times \omega, \omega)^\mathrm{T}\}$	
螺旋副	$H_\rho(P, \omega)$	$\{H_\rho(P, \omega)\}$	$\{(P \times \omega + \rho\omega, \omega)^\mathrm{T}\}$	
万向副	$U(P, \omega_1, \omega_2)$	$\{R(P, \omega_1)\}\{R(P, \omega_2)\}$	$\{(P \times \omega_1, \omega_1)^\mathrm{T}, (P \times \omega_2, \omega_2)^\mathrm{T}\}$	
圆柱副	$C(P, \omega)$	$\{C(P, \omega)\}$	$\{(P \times \omega, \omega)^\mathrm{T}, (\omega, 0)^\mathrm{T}\}$	
球副	$S(P)$	$\{S(P)\}$	$\{(P \times x, x)^\mathrm{T}, (P \times y, y)^\mathrm{T}, (P \times z, z)^\mathrm{T}\}$	

2.5　本章小结

　　本章给出了机构构型综合与分析所必需的图论、螺旋理论与李群李代数的基本数学基础。把机构中的运动副与刚性连杆表示成为图论中的节点或者边,可以方便而直观地描述机构的有机组成;通过图论矩阵描述的方式把机构的组合连接方式通过矩阵的形式表示出来,也可方便直观地研究机构的不同组合形式。螺旋理论中对于旋量的表示,与李群中的李代数有着相同的数学形式。李群为机构的位置分析、自由度分析及坐标描述提供了规整而方便的数学工具。

参考文献

[1] 卢开澄. 图论及其应用[M]. 北京:清华大学出版社,1984.

[2] BRAND L. Vector and tensor analysis[M]. New York:John Wiley & Sons,1947.

[3] BALL R S. The theory of screws[M]. London:Cambridge University Press,1900.

[4] 黄真,刘婧芳,曾达幸. 基于约束螺旋理论的机构自由度分析的普遍方法[J]. 中国科学(E辑),2009(1):84-93.

[5] 黄真,赵永生,赵铁石. 高等空间机构学[M]. 北京:高等教育出版社,2006.

第 3 章　折展机构单元的构型综合与几何设计

3.1　概　　述

机构的构型综合通常分为概念设计和运动学综合两个阶段。概念设计阶段从拓扑的层面对机构提出要求,例如自由度类型、机构是否包含封闭环、封闭环的个数与布置等,图论是此阶段进行拓扑综合的有效数学工具;运动学综合阶段是在给定机构的自由度类型的前提下,在已知关节类型的集合中,寻找连杆与关节所有可能的连接方式,使组合得到的机构具有需要的自由度类型。此阶段的设计依据通常有 Grübler-Kutzbach 自由度公式及其修正公式、螺旋理论、位移李群理论与位移流形理论等。

Freudenstein[1,2]和 Crosslcy[3]首先提出用图论理论研究平面机构拓扑综合,自此图论被引入机构学表示运动链的拓扑结构。图论以点表示构件,以边表示运动副,其拓扑图与机构的结构简图之间具有一一对应关系。由于图论的引入,机构结构综合的效率大大提高,且可由计算机来实现。Mruthyunjaya[4]对运动链同构判别的方法进行了系统的分析与总结。杨廷力[5,6]等提出了以单开链支路为结构综合的单元,先构造单开链,然后对构造并联机构每个单开链所允许的运动类型求交集,决定动平台的自由度及其类型,从而综合出所期望的并联机构。丁华锋[7]提出了运动链环路的数学表达及环路的代数运算、运算规则和性质,形成了具有重要应用价值的运动链环路代数理论体系,并且以环路代数理论为基础,提出了基于规范邻接矩阵集的运动链同构判别新方法。该方法准确高效,并且易于计算机自动实现,解决了机构自动综合过程中最为关键的运动链同构判别问题。

机构运动学综合主要分为基于位移李群综合理论和基于螺旋理论两种方法。基于李群理论的综合方法的研究以法国 Hervé 为代表,他在 1978 年列出了全部 12 类位移子群,奠定了位移李群的综合理论的基础[8,9]。此外,Angeles[10]、Rico[11]等人也基于李群理论提出了若干综合方法。然而,李群理论有着潜在的局限性,空间刚体运动有很大一部分运动子集不具备位移子群的结构,李群理论无法对该类运动进行准确的描述与分析。香港科技大学李泽湘教授完成了基于微分流形理论的机构综合方法和系统化的数学理论,并且在奇异分析方面做了大量工作[12-14]。而基于螺旋理论,黄真[15-19]、李秦川[20-22]、方跃法[23,24]、孔宪文[25-27]、戴建生等在此方面取得了重要成果[28-31],以外还有高峰教授提出 Gf 综合法[32],Gogu 等提出线性变换法[33-35],赵建国、李兵等提出直观几何法[36],合理运用以上方法可综合出大量的新型并联机构。近年来学者们围绕机构综合方法开展了许多研究,但是目前可查文献中关于折展机构的综合方法仍相对较少,没有形成系统化的折展机构综合方法。传统单一的构型已经越来越不能满足当前对折展机构大尺度、高刚度、高折叠比的要求,这就迫切需要寻找更高性能的折展机构构型,而折展机构的综合方法则是折展机构构型创新设计的关键。

本章采用图论、螺旋理论与李群理论,阐述机构运动度分析方法,探讨单闭环折展机构几何设计方法。由于单闭环折展机构是大型折展机构的基本单元,因此本章将重点讨论单闭环运动机构的综合方法。

3.2　基于图论的平面折展机构单元拓扑综合

本节以平面连杆机构为研究对象,阐明基于图论的连杆机构综合方法。机构综合时做如下假设:

(1) 机构的杆件数为六杆及以下。

(2) 机构为单自由度,且运动副仅包含转动副 R 和移动副 P 两种低副,优先考虑 R 副,不含复合铰链。

(3) 一个构件最多包含三个运动副,即构件最多为三副杆。

3.2.1　拓扑图模型的建立

拓扑图与基本单元应具有一一对应关系,根据基本单元的结构特点,建立拓扑图时应遵循下列规则:

(1) 图中的顶点代表运动链中的构件,边代表运动副,顶点数、边数与运动链中的构件数和运动副数对应相等。

(2) 拓扑图不涉及构件的尺度关系。

(3) 顶点的度定义为与此顶点相连的边的数目。若某一顶点与两条边相连,则此顶点为二度点,那么它在机构学中的含义是此顶点代表的杆件为二副杆。规定顶点的度 $\deg(v) \leqslant 3$。

在单自由度的平面机构中,如果解除机架的约束,就可以得到自由度为 4 的运动链,则它的自由度计算应满足公式

$$3N - 2P = 4 \tag{3.1}$$

式中　　N—— 运动链中的所有构件数;

　　　　P—— 运动副数量。

由式(3.1)可得出运动链中构件数与运动副数的对应关系,见表 3.1。

表 3.1　构件数与运动副数的对应关系

N	2	4	6	8	…
P	1	4	7	10	…

由式(3.1)可知,满足单自由度条件的机构的构件数应为偶数,且有无穷多个。考虑到空间折展机构的可靠性,所以每个基本单元的结构应尽可能简单,这里只研究 $N \leqslant 6$ 的情况,因此有三种类型。

根据欧拉(Euler)公式[37]:若 G 是有 N 个顶点、P 条边、F 个面的平面图,则

$$N - P + F = 2 \tag{3.2}$$

式(3.2)中 F 包含了图的外部面,本书只考虑运动链本身所构成的闭环数,即拓扑图的内部面,因此将欧拉公式改写成式(3.3),并得到表 3.2。

$$L = P - N + 1 \tag{3.3}$$

式中　　N—— 拓扑图的顶点数,即运动链的构件数;

　　　　P—— 拓扑图的边数,即运动副(低副)的数量;

　　　　L—— 拓扑图的内部面数,即运动链的闭环数。

根据表 3.1 与表 3.2 可建立 4 种拓扑图模型,如图 3.1 所示。其中 2 杆机构和 4 杆机构各 1 种,6 杆机构有 2 种,为便于分析与讨论,将 4 种拓扑图分别命名为拓扑图 Ⅱ、Ⅳ、Ⅵ-Ⅰ 和 Ⅵ-Ⅱ。

表 3.2　构件数、运动副数与闭环数对应关系

N	2	4	6
P	1	4	7
L	0	1	2

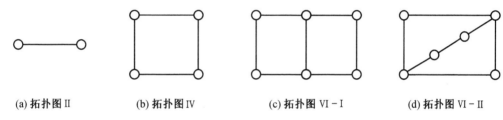

(a) 拓扑图 Ⅱ　　　(b) 拓扑图 Ⅳ　　　(c) 拓扑图 Ⅵ-Ⅰ　　　(d) 拓扑图 Ⅵ-Ⅱ

图 3.1　基本单元的拓扑图模型

机构拓扑图的建立是折展机构构型综合的基础,通过拓扑对称性判别与机架的选择可综合出所有的构型方案。

3.2.2　拓扑对称性判别

运动链是指由若干个构件通过运动副连接而组成的系统,机构则是将运动链中的某一构件固定为机架后得到的。选择不同的构件为机架,并选择不同的运动副就可以得到不同的机构。因此,本节首先通过分析构件的拓扑对称性去掉重复的构件连接关系,讨论每种拓扑图中可作为机架的构件数。在此基础上,再选定不同构件为机架,讨论运动副相对于机架的拓扑对称性,同时考虑运动副类型与数目对构型总数的影响,进而得到拓扑图异构体,即综合出所有的机构类型。

由于暂不考虑选定哪一构件为机架,因此拓扑图中的点均可认为是相同的,构件的拓扑对称性可用单色拓扑图来判别,用空心点“∘”代表构件。对拓扑图进行子图化分解,判别构件之间是否具有拓扑对称性,从而可从拓扑图中分别去掉相应的构件,得到对应的拓扑子图。若拓扑子图同构,则构件具有拓扑对称性,否则不具有拓扑对称性。

拓扑图的同构判别可表述为:两个单铰运动链同构的充分必要条件是它们的顶点集、边集之间一一对应,数学表述为两个拓扑图的邻接矩阵相等。为便于分析,对拓扑图中顶点和边进行编号,顶点用 n 表示,$n=1,2,\cdots,6$;边用 K_i 表示,$i=1,2,\cdots,7$。

(1) 当 $N=2$ 时,拓扑图如图 3.2 所示。可见,顶点 1 与顶点 2 同构,即构件 1 与构件 2 具有拓扑对称性。

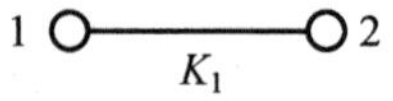

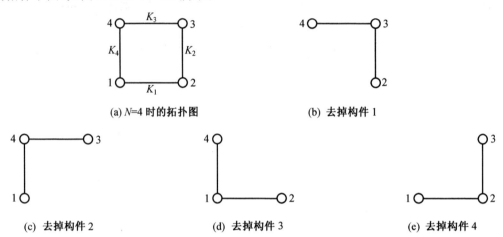

图 3.2　$N=2$ 时的拓扑图

(2) 当 $N=4$ 时,拓扑图如图 3.3(a) 所示。分别去掉图 3.3(a) 中的构件 1、2、3、4,得到拓扑子图,如图 3.3(b) ~ (e) 所示。

图 3.3　$N=4$ 时的拓扑变换子图

显然,图 3.3 中各拓扑变换子图的顶点集、边集之间一一对应,4 个拓扑子图相互之间均同构,故 4 个构件间均具有拓扑对称性,且存在相同的拓扑对称性关系。

(3) 当 $N=6$ 时,Ⅵ-Ⅰ 的拓扑图如图 3.4 所示。

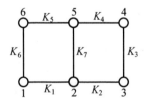

图 3.4　Ⅵ-Ⅰ 的拓扑图

分别去掉图 3.4 中的构件 1 和构件 3,得到拓扑子图(见图 3.5),两图均为无向图。为进行同构判别,需写出两图的邻接矩阵,对图中的顶点进行编号,顺序任意,则得到两个图的邻接矩阵 $\boldsymbol{X}_1$ 和 $\boldsymbol{X}_3$,分别为

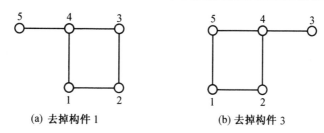

(a) 去掉构件 1 (b) 去掉构件 3

图 3.5 Ⅵ-Ⅰ 的第一种拓扑变换子图

$$\boldsymbol{X}_1 = \begin{array}{c} \\ 1 \\ 2 \\ 3 \\ 4 \\ 5 \end{array} \begin{array}{c} 1\ 2\ 3\ 4\ 5 \\ \begin{bmatrix} 0 & 1 & 0 & 1 & 0 \\ 1 & 0 & 1 & 0 & 0 \\ 0 & 1 & 0 & 1 & 0 \\ 1 & 0 & 1 & 0 & 1 \\ 0 & 0 & 0 & 1 & 0 \end{bmatrix} \end{array} \tag{3.4}$$

$$\boldsymbol{X}_3 = \begin{array}{c} \\ 1 \\ 2 \\ 3 \\ 4 \\ 5 \end{array} \begin{array}{c} 1\ 2\ 3\ 4\ 5 \\ \begin{bmatrix} 0 & 1 & 0 & 0 & 1 \\ 1 & 0 & 0 & 1 & 0 \\ 0 & 0 & 0 & 1 & 0 \\ 0 & 1 & 1 & 0 & 1 \\ 1 & 0 & 0 & 1 & 0 \end{bmatrix} \end{array} \tag{3.5}$$

将 $\boldsymbol{X}_3$ 进行初等变换,第 1 列与第 2 列互换,第 3 列与第 5 列互换,第 1 行与第 2 行互换,第 3 行与第 5 行互换,则 $\boldsymbol{X}_1$ 与 $\boldsymbol{X}_3$ 等价,图 3.5(a) 与图 3.5(b) 同构,故构件 1 与构件 3 具有拓扑对称性。

分别去掉构件 1 和 4,得到拓扑子图,如图 3.6 所示。

同理,$\boldsymbol{X}_1$ 与 $\boldsymbol{X}_4$ 等价,则图 3.6(a) 与图 3.6(b) 同构,故构件 1 与构件 4 具有拓扑对称性。同理,构件 1、3、4、6 相互之间具有拓扑对称性。

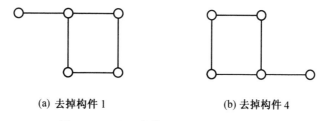

(a) 去掉构件 1 (b) 去掉构件 4

图 3.6 Ⅵ-Ⅰ 的第二种拓扑变换子图

分别去掉构件 2 和 5,得到拓扑子图,如图 3.7 所示。

同理,$\boldsymbol{X}_2$ 与 $\boldsymbol{X}_5$ 等价,则图 3.7(a) 和图 3.7(b) 同构,故构件 2 与构件 5 具有拓扑对称性。因此在 Ⅵ-Ⅰ 中 6 个构件有 2 种拓扑对称性关系。

(4) 当 $N=6$ 时,Ⅵ-Ⅱ 的拓扑图如图 3.8 所示。

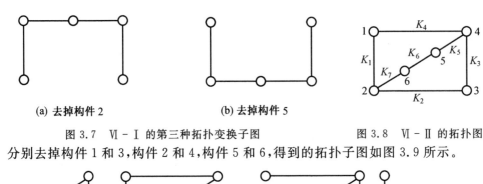

(a) 去掉构件 2   (b) 去掉构件 5

图 3.7 Ⅵ- Ⅰ 的第三种拓扑变换子图   图 3.8 Ⅵ- Ⅱ 的拓扑图

分别去掉构件 1 和 3,构件 2 和 4,构件 5 和 6,得到的拓扑子图如图 3.9 所示。

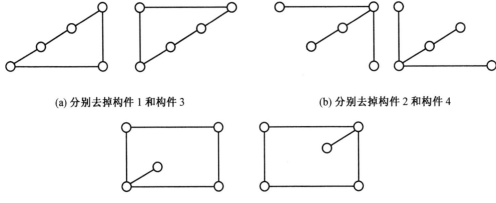

(a) 分别去掉构件 1 和构件 3   (b) 分别去掉构件 2 和构件 4

(c) 分别去掉构件 5 和构件 6

图 3.9 Ⅵ- Ⅱ 的三种拓扑变换子图

同理,可以得到构件 1 和 3、构件 2 和 4、构件 5 和 6,两两之间具有拓扑对称性,因此在 Ⅵ- Ⅱ 中 6 个构件有 3 种拓扑对称性关系。

对运动副的拓扑对称性进行判别之前,要选定某一构件为机架,此时机构中构件具有可动与不可动两种属性,采用单色拓扑图已不能分析此问题,所以采用双色拓扑图来分析,用实心点"•"代表机架,用空心点"。"代表构件。基本单元中绝大部分是 R 副,因此本章只讨论机构中 P 副 $\leqslant 2$ 的情况。用 ${}^{j}_{i}C_{N}$ 表示在某种情况下综合出的机构数,N 表示拓扑图的构件数,$N=2,4,6$;i 表示选定为机架的构件编号,$i=1,2,\cdots,6$;j 表示该情况下 P 副的个数,$j=0,1,2$。N_{II}、N_{IV}、$N_{\mathrm{VI-I}}$ 和 $N_{\mathrm{VI-II}}$ 分别表示拓扑图 Ⅱ、Ⅳ、Ⅵ- Ⅰ、Ⅵ- Ⅱ 综合出的机构数。

(1) 当 $N=2$ 时,由于构件 1 与构件 2 具有拓扑对称性,设构件 1 为机架,K_1 可以为 R 副或者 P 副,则可产生两种构型,即 $N_{\mathrm{II}}=2$。

(2) 当 $N=4$ 时,由于 4 个构件间存在 1 种拓扑对称性关系,可选择构件 1 为机架,分别去掉 K_1 和 K_4、K_2 和 K_3,得到拓扑子图,如图 3.10 所示。

同样利用邻接矩阵进行判断,可得 K_1 与 K_4、K_2 与 K_3 均相对于机架对称。

根据机架位置与 P 副的组合关系,可得到构型数如下:

① 当机架在构件 1 且有一个 P 副时,${}^{1}_{1}C_4=2$,共 2 种。

② 当机架在构件 1 且有两个 P 副时,${}^{2}_{1}C_4=C_3^1+C_1^1=4$,共 4 种。

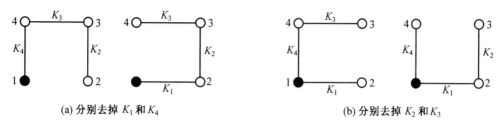

图 3.10　$N = 4$ 时机架为构件 1 的拓扑变换子图

③ 当机架在构件 1 且全部为 R 副时，${}_1^0C_4 = 1$，共 1 种。

$N = 4$ 时的构型总数为 $N_{IV} = {}_1^1C_4 + {}_1^2C_4 + {}_1^0C_4 = 7$，共 7 种。

（3）当 $N = 6$ 时，由于 Ⅵ - Ⅰ 存在两种拓扑对称性关系，分别选择构件 1 和 2 为机架。当机架在构件 1 时，分别去掉 K_1，K_2，$\cdots$，K_7 这 7 个构件，得到拓扑子图，如图 3.11 所示。可见 7 个构件任意两两之间均不对称，互为异构体。

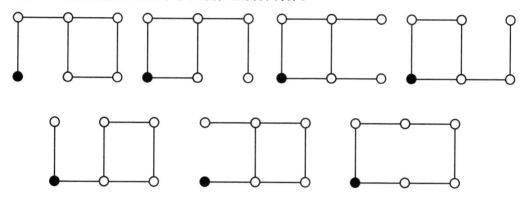

图 3.11　Ⅵ - Ⅰ 时机架为构件 1 的拓扑变换子图

当机架在构件 2 时，分别去掉 K_1 和 K_2、K_3 和 K_6、K_4 和 K_5，得到拓扑子图，如图 3.12 所示。可得 K_1 和 K_2、K_3 和 K_6、K_4 和 K_5 均相对于机架对称。

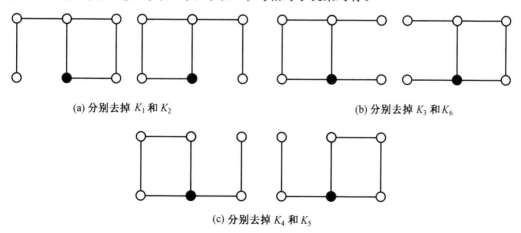

图 3.12　Ⅵ - Ⅰ 时机架为构件 2 的拓扑变换子图

根据机架位置与 P 副的组合关系，可得到构型数如下：

① 当机架在构件 1 且有一个 P 副时,$_1^1C_6 = 7$,共 7 种。

② 当机架在构件 2 且有一个 P 副时,$_2^1C_6 = 4$,共 4 种。

③ 当机架在构件 1 且有两个 P 副时,$_1^2C_6 = C_6^1 + C_5^1 + \cdots + C_1^1 = 21$,共 21 种。

④ 当机架在构件 2 且有两个 P 副时,$_2^2C_6 = C_6^1 + C_4^1 + C_2^1 = 12$,共 12 种。

⑤ 当运动副全部为 R 副时,$_1^0C_6 + _2^0C_6 = 2$,共现,共两种。

Ⅵ-Ⅰ 时的构型总数为:$N_{Ⅵ-Ⅰ} = _1^1C_6 + _2^1C_6 + _1^2C_6 + _2^2C_6 + _1^0C_6 + _2^0C_6 = 46$,共 46 种。

(4) 当 $N = 6$ 时,由于 Ⅵ-Ⅱ 存在 3 种拓扑对称性关系,分别选择构件 1、2 和 5 为机架。当机架在构件 1 时,分别去掉 K_1 和 K_4、K_2 和 K_3、K_5 和 K_7,得到拓扑子图,如图 3.13 所示。可得 K_1 和 K_4、K_2 和 K_3、K_5 和 K_7 均相对于机架对称。

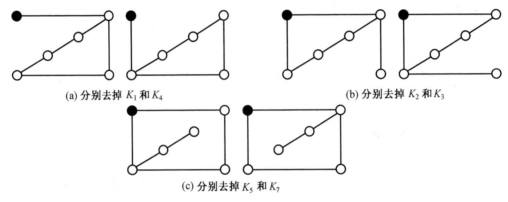

(a) 分别去掉 K_1 和 K_4 (b) 分别去掉 K_2 和 K_3

(c) 分别去掉 K_5 和 K_7

图 3.13   Ⅵ-Ⅱ 时机架为构件 1 的拓扑变换子图

当机架在构件 2 时,分别去掉 K_1 和 K_2、K_3 和 K_4,得到拓扑子图,如图 3.14 所示。可得 K_1 和 K_2、K_3 和 K_4 均相对于机架对称。

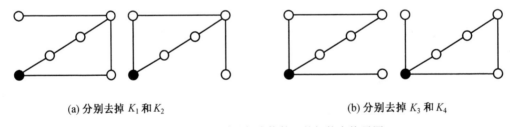

(a) 分别去掉 K_1 和 K_2 (b) 分别去掉 K_3 和 K_4

图 3.14   Ⅵ-Ⅱ 时机架为构件 2 的拓扑变换子图

当机架在构件 5 时,分别去掉 K_1 和 K_2、K_3 和 K_4,得到拓扑子图,如图 3.15 所示。可得 K_1 和 K_2、K_3 和 K_4 均相对于机架对称。

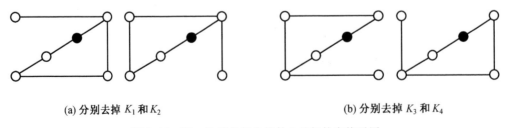

(a) 分别去掉 K_1 和 K_2 (b) 分别去掉 K_3 和 K_4

图 3.15   Ⅵ-Ⅱ 时机架为构件 5 的拓扑变换子图

根据机架位置与 P 副的组合关系,可得到构型数如下:

① 当机架在构件 1 且有一个 P 副时,${}_1^1C_6=4$,共 4 种。

② 当机架在构件 2 且有一个 P 副时,${}_2^1C_6=5$,共 5 种。

③ 当机架在构件 5 且有一个 P 副时,${}_5^1C_6=5$,共 5 种。

④ 当机架在构件 1 且有两个 P 副时,${}_1^2C_6=C_6^1+C_4^1+C_2^1=12$,共 12 种。

⑤ 当机架在构件 2 且有两个 P 副时,${}_2^2C_6=C_6^1+C_4^1+C_2^1+C_1^1=13$,共 13 种。

⑥ 当机架在构件 5 且有两个 P 副时,${}_5^2C_6=C_6^1+C_4^1+C_2^1+C_1^1=13$,共 13 种。

⑦ 当运动副全部为 R 副时,${}_1^0C_6+{}_2^0C_6+{}_5^0C_6=3$,共 3 种。

Ⅵ-Ⅱ 时的构型总数为

$$N_{Ⅵ-Ⅱ}={}_1^1C_6+{}_2^1C_6+{}_5^1C_6+{}_1^2C_6+{}_2^2C_6+{}_5^2C_6+{}_1^0C_6+{}_2^0C_6+{}_5^0C_6=55 \tag{3.6}$$

$N=6$ 时的构型总数为:$N_Ⅵ=N_{Ⅵ-Ⅰ}+N_{Ⅵ-Ⅱ}=101$。

因此,基本单元的构型总数为:$N_Ⅱ+N_Ⅳ+N_Ⅵ=110$。

从以上综合过程可以看出,采用图论的方法可以有效地建立运动链与拓扑图的对应关系。将运动链构件数、运动副数及闭环数三者的对应关系相统一,在 3.2.1 节假设前提下,得到了 4 种拓扑图模型。然后,分别分析构件间及运动副相对于机架的拓扑对称性,得到了 110 种基本单元的机构构型。此方法可为构型的优选与计算机自动综合软件的拓扑图库的建立提供依据。

3.2.3　构型的演化

将构型综合得到的拓扑图模型转换成对应的机构简图是由理论到实际应用的关键环节,下面通过例子阐述机构构型的演化过程。

由于本节重点研究基本单元拓扑构型的种类与总数,构件尺度之间的约束关系暂不考虑。假设拓扑图已经选定,如图 3.16(a)所示,将顶点 1 固定为机架,将连接顶点 1 与顶点 6 的边 K_6 定为 P 副,其他为 R 副。那么,整个机构由 6 个 R 副、1 个 P 副、2 个 3 副杆、3 个 2 副杆组成。根据拓扑图与运动链的对应关系,将拓扑图转化成机构简图,如图 3.16(b)所示。由机构的自由度公式可得该机构的自由度为 1。

可见,若构件 6 为主动件,构件 3 为输出构件,则当构件 6 沿构件 1 上下移动时,整个机构可以实现展开与收拢。图 3.16(b) 和图 3.16(c)为该机构的展开状态与收拢状态。

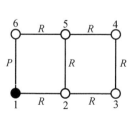 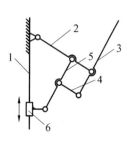 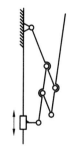

　(a) 拓扑图　　　　　　　　　(b) 展开状态　　　　　　　(c) 收拢状态

图 3.16　拓扑图与其机构简图

若将图 3.16(a) 中顶点 1 和顶点 2 之间的运动副与顶点 1 和顶点 6 之间的运动副进行互换,则转变为另一种机构(演化构型一),如图 3.17(a) 所示。图 3.17(b) 和图 3.17(c) 为该机构的展开状态与收拢状态。

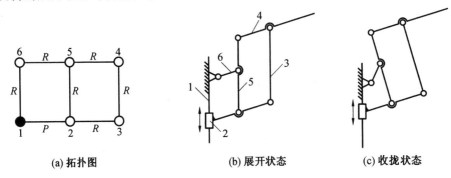

(a) 拓扑图　　　　　　　(b) 展开状态　　　　　　(c) 收拢状态

图 3.17　演化构型一的拓扑图与机构简图

若将图 3.16(a) 中的顶点 3 和顶点 4 去掉,则又演化为另一种机构(演化构型二),如图 3.18 所示。

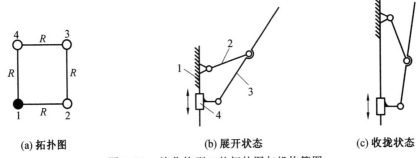

(a) 拓扑图　　　　　　　(b) 展开状态　　　　　　(c) 收拢状态

图 3.18　演化构型二的拓扑图与机构简图

虽然每种拓扑图模型都能够转变成相应的机构简图,但从以上几个演化的构型也可以看出,图 3.16 和图 3.18 形成的机构收拢以后的体积较小,而图 3.17 形成的机构展开与收拢的状态均不太理想,即综合出的机构存在优劣之分,因此需要对构型进行评定与优选。

3.3　基于图论的空间折展单元拓扑综合

3.3.1　空间静定桁架图谱建立

1. 静定桁架边数的确定

对于铰接桁架体系的稳定性判定,Maxwell 给出了一个必要条件,即

$$e \geqslant \alpha v - \beta \tag{3.7}$$

式中　e——边数;

　　　v——顶点数;

　　　α——维数;

β—— 自由度数。

当 $e = \alpha v - \beta$ 时,为静定桁架;当 $e > \alpha v - \beta$ 时,为超静定桁架。对于空间结构有 $\alpha = 3, \beta = 6$;平面结构有 $\alpha = 2, \beta = 3$;线结构有 $\alpha = 1, \beta = 1$。

图谱中并不是每两个点之间都有边,即空间静定桁架图谱的边数应该不大于其顶点的两两组合数,即 $C_v^2 \geqslant e$。综上,可以得到描述静定桁架图谱顶点数 v 和边数 e 的关系式

$$C_v^2 \geqslant e \geqslant \alpha v - \beta \tag{3.8}$$

式(3.8)可以用来准确计算静定桁架顶点数和边数。

将式(3.8)与欧拉提出的描述几何体面数、边数、顶点数公式联立,可以得到计算静定桁架三角形面数的公式

$$m_N = v - 2 \tag{3.9a}$$
$$m_N = 2v - 4 \tag{3.9b}$$

式中 m_N—— 三角形面数;

v—— 顶点数。

式(3.9a)是描述平面体的,式(3.9b)是描述空间体的。例如图 3.19 所示的两个几何体,图 3.19(a)为由三角形组成的平面静定单元,图 3.19(b)为一个空间四面体,它们包含的三角形的个数都满足式(3.9)。

(a) 静定平面几何体   (b) 空间四面体

图 3.19 静定平面几何体和空间几何体

当从表 3.1 中选定某个基本单元后,其顶点的数目就确定了(例如四棱锥单元有 5 个顶点,三棱柱单元有 6 个顶点),这时可根据式(3.8)和式(3.9)计算出对应基本单元的边数和三角形面数。

2. 静定桁架图谱基本性质

将空间静定桁架结构投影到平面上,并将其顶点按照一定次序首尾顺次相连成一个正多边形,所得到的图称为静定桁架图谱。图 3.20 所示为一个静定五棱锥单元及其图谱。

这里所定义的静定桁架图谱与图论对机构表达方式不同,图论中以点代表构件,以边代表构件的连接关系;而静定桁架图谱中以点代表几何体的顶点,以边代表几何体顶点的连接关系。在静定桁架图谱中,线不能用来表示几何体边的长度,所有顶点均居于外圈上。

静定桁架图谱对应的邻接矩阵是用来表示点与点连接关系的矩阵,矩阵中 α_{ij} 为非零元素,表示 i 点与 j 点相连,$\alpha_{ij} = 0$ 表示 i 点与 j 点不相连,并具有如下特点:

(1)主对角线上元素全为 0,且为实对称矩阵;

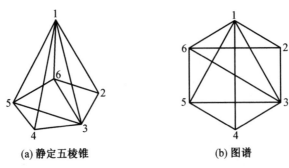

(a) 静定五棱锥　　　　　　　　(b) 图谱

图 3.20　静定五棱锥单元及其图谱

（2）矩阵的行（或列）的非零元素数目为该行（或列）对应的顶点的度；

（3）两行（列）的交换相当于顶点的重新标号，但要注意顶点的编号在行与列的排列必须一致。

静定几何体具有以下几条性质[38]：

（1）每个顶点的度至少等于维数 α（$\alpha = 1$、2 或 3）；

（2）相邻两个顶点的度不能同时为 α，除非结构恰好有 $\alpha + 1$ 个顶点；

（3）图中应该至少有一个圈，在这个圈中顶点数等于边数。

三角形和四面体是性质（2）的两个特例。由性质（2）和静定桁架图谱邻接矩阵的性质可以推演出一条便于计算机执行的判定性质。

3. 静定图谱判定性质

如果图谱含有多于 $\alpha + 1$ 个顶点，且其邻接矩阵 i、j 两行都有 α 个非 0 元素时，那么 i 行 j 列的元素不能为非 0 元素。

图论中，拓扑图的顶点数等于拓扑图中各种度顶点数之和，即

$$\sum_{i=a}^{v-1} v_i = v \tag{3.10}$$

根据图论定理"拓扑图所有各顶点度数之和等于其边数的 2 倍"，故对于不含自环的拓扑图有如下关系

$$\sum d_G(V) = \sum_{i=a}^{v-1} i v_i = 2e \tag{3.11}$$

式中　　v_i——具有度数为 i 的点的数目，$i = 1, 2, 3, \cdots$；

　　　　v——顶点数目；

　　　　i——点的度数；

　　　　e——边数；

　　　　α——维数。

将式（3.10）代入式（3.11），得

$$\sum_{i=a+1}^{v-1} (i - \alpha) v_i = 2e - \alpha v \tag{3.12}$$

式（3.10）与式（3.12）联立构成静定桁架图谱的基本方程组。通过此基本方程组，可求得空间静定桁架不同度的顶点数 v_i 的组合，其中每一种组合都代表一种静定桁架。

综合文献[39]给出的性质,得出静定桁架图谱的性质如下:

(1)每个顶点的度 i 的范围:$v-1 \geqslant i \geqslant \alpha$,$\alpha=1$,2 或 3。

(2)若图谱多于 $\alpha+1$ 个顶点,则当 i,j 两行都有 α 个非 0 元素时,i 行 j 列的元素不能为非 0 元素。

(3)图谱中应该至少有一个圈,在这个圈中顶点数等于边数。

(4)顶点数 v 和边数 e 满足 $e \geqslant \alpha v-\beta$,$\beta$ 为自由度数。结构静定时取等号,超静定时取大于号(对于空间结构 $\alpha=3$,$\beta=6$;对于平面结构 $\alpha=2$,$\beta=3$;对于线结构 $\alpha=1$,$\beta=1$)。

(5)静定桁架图谱所有顶点均居于外圈上。

4. 建立静定桁架图谱的流程

根据静定桁架图谱的基本方程组、性质及描述静定桁架图谱的邻接矩阵的性质,可以得到图 3.21 所示的建立静定图谱的流程。

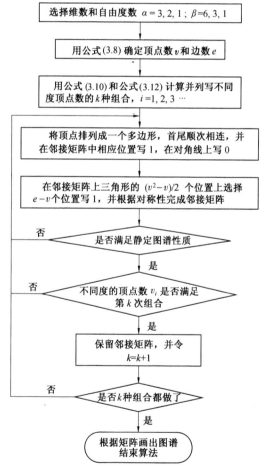

图 3.21 建立静定桁架图谱的流程

5. 算例

(1)四棱锥单元。用一四棱锥单元作为算例简单介绍建立静定桁架图谱的一般过程。

① 取 $\alpha=3$，$\beta=6$（三维六自由度）；

② 取顶点数 $v=5$，根据式（3.7），算出边数 $e=9$；

③ 将 $\alpha=3$、$\beta=6$、$v=5$ 和 $e=9$ 代入式（3.10）和式（3.12），得到唯一一种不同度顶点数 v_i 的组合，即

$$v_3=2,\ v_4=3$$

④ 将 5 个顶点排成正五边形，依次相连，并得到邻接矩阵，如图 3.22 所示；

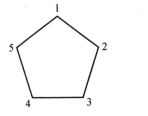

(a) 顶点连成的正五边形　　　(b) 邻接矩阵

图 3.22　顶点连成的正五边形及其邻接矩阵

⑤ 在邻接矩阵上三角形的 5 个空位上选择 4 个位置写 1，另一个位置上写 0，根据邻接矩阵关于对角线对称，填写其他空位，得到邻接矩阵，如图 3.23(a) 所示；

⑥ 所得邻接矩阵第 2 和第 5 行都有 3 个非 0 元素，但是第 2 行第 5 列元素为 0，满足静定桁架图谱判定性质；

⑦ 邻接矩阵中第 1、3、4 行有 4 个非 0 元素，第 2、5 行有 3 个非 0 元素，满足 $v_3=2$、$v_4=3$ 的情况；

⑧ 第 3 步的所有情况全部完成后到第 ⑨ 步；

⑨ 根据邻接矩阵画出静定桁架图谱，如图 3.23(b) 所示；

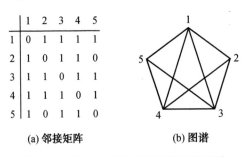

(a) 邻接矩阵　　　　　　(b) 图谱

图 3.23　静定四棱锥邻接矩阵及其图谱

⑩ 完成算例，得到四棱锥单元及其图谱，如图 3.24 所示。

（2）三棱柱单元。通过以上步骤还可以得到静定三棱柱单元的全部 4 种图谱，如图 3.25 所示。

3.3.2　空间折展单元图谱的建立

将静定桁架插入若干个铰链而获得可折叠与展开的机构，这相当于在结构中增加了自由度，使之转化成了可以运动的机构。根据插入铰链数的不同，空间折展单元可折叠成平面和线，而平面折展单元则只可折叠成线。

(a) 四棱锥单元　　　　　　　(b) 图谱

图 3.24　四棱锥单元及其图谱

图 3.25　静定三棱柱单元图谱

1. 空间折展单元的矩阵描述方法

第 3.3.1 节中提到的图谱只能表达空间折展机构单元／静定桁架的平面性质,无法直接通过图谱得到空间折展机构单元／静定桁架。为了使空间折展单元图谱能完全表达空间折展机构的性质,使二者形成一一对应的关系,将空间折展机构单元／静定桁架图谱的点划分为两个平面。在图 3.26 所示的静定四棱锥单元中,取点 1 为一个平面,点 2、3、4、5 为另一个平面。这样,在同一个平面内的点之间的连线,称为平面内连线;两个平面之间的连线,称为平面间连线。

将划分平面的概念对应到邻接矩阵的元素上,代表平面内连线的元素定义为 2,代表平面之间连线的元素定义为 3。经过修改的邻接矩阵,将其称为空间折展机构单元的加权邻接矩阵,简称加权邻接矩阵。

注意:若空间折展机构单元类型为棱柱单元时,两个平面内的点数必须相同。例如图 3.26 所示的三棱柱单元,可以取点 1、2、3 为一个平面,点 4、5、6 为一个平面。若空间折展机构单元类型为平面单元时,图谱中各点都在一个平面上,无平面间连线。划分平面应遵循以下规则:

(1) 当空间折展机构单元为棱锥单元时,任取一个度数最大的顶点作为一个平面,其余点组成另一个平面。

(2) 当空间折展机构单元为棱柱单元时,划分两个平面内的顶点数必须相同,并且同一个平面内的顶点在图谱中必须首尾相连构成一个封闭环。若满足这一规则的划分方法有多种,可以任取其一。例如图 3.25 中的三棱柱单元,只有两种组合(123 和 456)及(236 和 145)。若取 156 为第一个平面,剩下的 234 在图谱中不能组成一个封闭环,因此此情况不成立。因此可任取其中一种满足要求的组合,在这里选择组合(123 和 456)。

(3) 当空间折展机构单元为平面单元时,取全部顶点在同一平面内。另外,在静定桁架图谱上插入二度点,使其转化为空间折展机构单元图谱时,每一个支路只能插入一个二度点。在静定图谱中插入一个二度点后,就会将原来的边分为两段,对应在邻接矩阵的元素上，表示为将原来的元素值变成原来的 2 倍。例如，在 i 点和 j 点之间连线上插入一个二度点，对应加权邻接矩阵元素的值变为 4 或者 6。

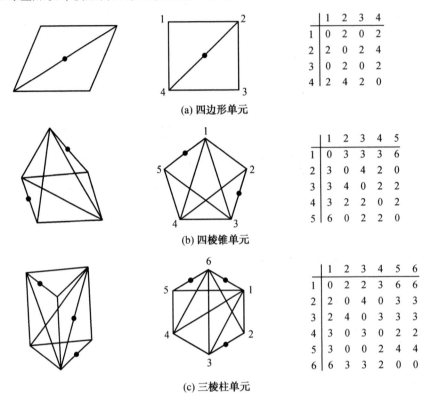

图 3.26　三种类型空间折展机构的机构简图、图谱和加权邻接矩阵示例

2. 折叠杆数的确定

静定桁架是由固定杆构成的，而空间折展机构单元是由固定杆和可折叠杆这两个主要元素组成的。确定可折叠杆的数目，即在静定桁架图谱上插入二度点的数目，是从静定桁架转向空间折展机构单元的关键问题。

空间折展机构单元中，可折叠杆数 e_z 应该等于总杆数 e 减去固定杆数 e_g。也可以说，最少折叠杆数等于总杆数减去最大固定杆数，即

$$e_{zmin} = e - e_{gmax} \tag{3.13}$$

折叠杆是长度可以变化的杆，当机构单元折叠到折叠状态时，其折叠态图谱应该是由机构单元的固定杆支撑组成的，因此可从折叠态图谱构成杆的数目来确定其固定杆的数目。固定杆最大数目 e_{gmax} 等于支撑折叠态的最多杆数 e_{fmax}，即

$$e_{gmax} = e_{fmax} \tag{3.14}$$

由图论可知任何图都可以嵌入三维空间，即不论折展机构单元图谱中有多少个顶点和多少条边，都可以在三维空间中画出。极大平面图的定义为图的最大平面嵌入，也就是说一个图 G，当它的顶点数 v 确定后，可以在平面内连接最多的边数，从而保证这些边之间除了顶点处以外不相交。若一个图为极大平面图，任意增加一条边，这个图将不能嵌入

平面空间,而只能嵌入三维空间里了。极大平面图的一个使其所有顶点均在外部边界的平面嵌入,称为极大外平面图。在上述建立静定桁架图谱的过程中(图 3.21 的第 4 步),直接就将所有的顶点定义在外圈上了,符合外平面图的定义。因此图谱能嵌入平面空间的条件是:图谱中所含的边数不能超过对应的极大外平面图的边数。若一个空间折展机构单元的折叠态为平面,则其折叠态图谱的最大边数就不能超过对应的极大外平面图的边数。在图论中对于极大平面图有这样的一个推论:若 G 为极大外平面图,$v \geqslant 3$,则 $e = 2v - 3$。因此,可折叠成平面机构单元折叠态的最多杆数 e_{fmax} 应满足

$$e_{\mathrm{fmax}} = 2v - 3 \tag{3.15}$$

联立式(3.13)~(3.15),可得

$$e_z \geqslant e_{z\min} = e - 2v + 3 \tag{3.16}$$

式中　　e_z——可折叠杆数目;

　　　　$e_{z\min}$——可折叠杆最少数目;

　　　　e——总杆数;

　　　　v——总顶点数。

式(3.16)是用来求折叠态为平面的折叠杆数,可以推广到折叠成线的情况,即

$$e_z \geqslant e - \tau v + \gamma \tag{3.17}$$

当折叠态为平面时,$\tau = 2$,$\gamma = 3$;折叠态为线时,$\tau = 1$,$\gamma = 1$。

综上,空间折展机构单元图谱应具有如下性质:

(1)图谱中的点划分在两个平面内,且各个平面内的点在图谱上首尾依次相连。对于锥体取一个度最大的点单独为一平面,其余为一平面;对于柱体两平面内点数相同;对于平面单元,全部点为一个平面;也可根据需要分配两平面点数形成台体。

(2)平面内线对应的加权邻接矩阵元素为 2,平面间线为 3。每根线只可插入一个节点变成可折叠杆,可折叠杆对应的加权邻接矩阵元素为原来的 2 倍,并且加权邻接矩阵满足静定桁架邻接矩阵的所有性质。

(3)折叠杆数 $e_z \geqslant e - \tau n + \gamma$(折叠态为平面时,$\tau = 2$,$\gamma = 3$;折叠态为线时,$\tau = 1$,$\gamma = 1$)。

(4)折叠态仍为静定桁架,其图谱应满足静定桁架图谱的性质。

3. 建立空间折展单元图谱的流程

折叠杆的数目确定后,根据空间折展机构单元图谱的性质,可以建立空间折展机构单元图谱,其流程如图 3.27 所示。

4. 算例

下面举一个四棱锥单元例子加以说明。

① 选择 5 点 9 边的唯一图谱及其邻接矩阵,如图 3.28 所示。

② 确定顶点数 $n = 5$,边数 $e = 9$。

③ 确定平面折叠态 $\tau = 2$,$\gamma = 3$。

④ 计算折叠杆数 $e_z = 2$。

⑤ 选择点 1 位于一个平面内,其余 4 点位于另一个平面内,在邻接矩阵上三角形区域

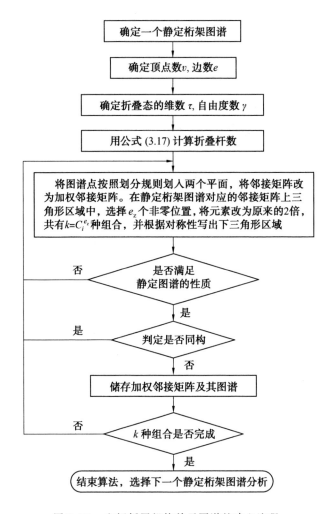

图 3.27　空间折展机构单元图谱的建立流程

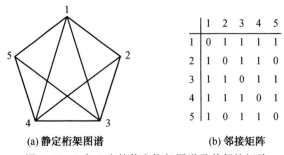

(a) 静定桁架图谱　　　　　　　　　**(b) 邻接矩阵**

图 3.28　5 点 9 边的静定桁架图谱及其邻接矩阵

的非零元素位置选择 e_z=2 个位置,将元素变为原来的 2 倍。并根据对称性改写矩阵下三角形区域,得到加权邻接矩阵,如图 3.29(a) 所示。图 3.29(b) 为其对应的空间折展单元图谱。

⑥ 由空间折展机构单元图谱的性质 ④ 知,去掉折叠杆后图谱应满足静定桁架图谱性质。将图 3.29(a) 矩阵中的 6 改为 0,得到图 3.30(a) 的折叠态的邻接矩阵,对应于图

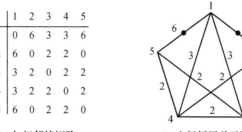

(a) 加权邻接矩阵　　　　　　　(b) 空间折展单元图谱

图 3.29　某四棱锥单元加权邻接矩阵及其图谱

3.30(b) 折叠态图谱。图 3.30(b) 中每个顶点的度都大于等于维数 2,满足静定桁架图谱性质 ①。两个度为 2 的顶点 2 和 5 不相邻,满足性质 ②,并且顶点 1、3 和 4 组成了一个顶点数与边数相等的圈,满足性质 ③。因此满足静定桁架图谱所有性质。

⑦ 判定同构。

至此,通过上述步骤即可建立空间折展机构单元图谱,由于图谱与机构单元的一一对应性,通过图谱可以很容易得到机构单元简图。

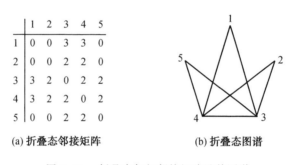

(a) 折叠态邻接矩阵　　　　　　　(b) 折叠态图谱

图 3.30　折叠态加权邻接矩阵及其图谱

3.4　空间折展机构单元的同构判别

同构判别往往是机构运动链综合中必不可少的一步。这是因为,在机构综合的过程中往往会出现一些运动链,它们表面上形式不同,但是其内部的连接关系却是一样的。大量同构的运动链往往导致构型综合的准确性。经过了近半个世纪的研究,产生了很多同构判别方法。然而至今,复杂运动链的同构判别仍然是机构学的一大难题。在空间折展机构单元图谱的综合过程中,也避免不了大量同构图谱的出现,如何准确、高效地剔除这些同构图谱是本章要解决的问题。

3.4.1　空间折展单元的关联度码表示

机构单元具有与其加权邻接矩阵一一对应的关系,因此对于它的同构判别,采用操作邻接矩阵的关联度码(Incidence Degree Code,IDC)判别法比较方便。

设 i 是空间折展机构单元图谱中的一个顶点,令

$$d_{i1}, d_{i2}, d_{i3}, d_{i4}, d_{i5}, \cdots, d_{ij}, \cdots \tag{3.18}$$

分别代表与顶点 i 相邻的顶点 $j(j=1,2,3,\cdots)$ 的度,且顶点 i 与每个顶点 $j(j=1,2,3,\cdots)$ 之间的边具有的权值分别为

$$w_{i1}, w_{i2}, w_{i3}, w_{i4}, w_{i5}, \cdots, w_{ij}, \cdots \tag{3.19}$$

若进一步假设

$$d_{i1} > d_{i2} > d_{i3} > d_{i4} > d_{i5} > \cdots > d_{ij} > \cdots \tag{3.20}$$

则顶点 i 的关联度(ID_i)可表示为

$$ID_i = d_{i1} d_{i2} \cdots d_{ij} \cdots ; w_{i1} w_{i2} \cdots w_{ij} \cdots \tag{3.21}$$

如果某些邻点 j 具有相同的度,则这些顶点权值 w_{ij} 的排序要保持降序。顶点的关联度(Incidence Degree, ID)不仅包含了顶点度的信息,还包含了与它相邻的顶点度的信息。

例如,图 3.31 所示为一个机构单元及其加权图谱。这个单元共有 5 个顶点(分别用数字 1,2,3,4,5 表示)、7 个固定杆和 2 个可折叠杆。这个空间四棱锥折展单元可以折叠到平面上。图谱中,每条边含有不同的权值,分别用数字 2、3、4、6 表示,则每个顶点的关联度为

$$ID_1 = 44333363$$
$$ID_2 = 444622$$
$$ID_3 = 44333242$$
$$ID_4 = 44333222$$
$$ID_5 = 444432$$

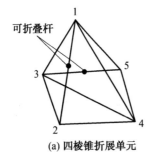

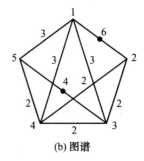

(a) 四棱锥折展单元   (b) 图谱

图 3.31 某四棱锥折展单元及其图谱

把顶点按照关联度由大到小排列,得到一个新的加权邻接矩阵。取这个加权邻接矩阵上三角形区域里的数字,依次排列,得到的码称为加权图的关联度码(IDC)。例如,图 3.32(a) 为图 3.31 加权图谱的加权邻接矩阵,图 3.32(b) 为顶点按照关联度降序($ID_1 > ID_3 > ID_4 > ID_2 > ID_5$)排列后的加权邻接矩阵。因此,该空间折展机构单元图谱的关联度码为

$$IDC = 3363224220$$

图的关联度码包含了图的全部拓扑信息。每个空间折展机构单元图谱有一个关联度码,如果两个图谱的关联度码相同,则这两个图谱是同构的;否则,这两个图谱不同构。

在多数情况下,每个顶点都有一个不同的关联度。但是在少数情况下,有些顶点会具

	1	2	3	4	5
1	0	6	3	3	3
2	6	0	2	2	0
3	3	2	0	2	4
4	3	2	2	0	2
5	3	0	4	2	0

	1	3	4	2	5
1	0	3	3	6	3
3	3	0	2	2	4
4	3	2	0	2	2
2	6	2	2	0	0
5	3	4	2	0	0

(a) 加权邻接矩阵　　　　　　　　(b) 排序后加权邻接矩阵

图 3.32　四棱锥折展单元的加权邻接矩阵及其排序后状态

有相同的关联度,在排序这些顶点时,就要取上三角形码最大的那个排序,而这个最大的上三角形码就是图的关联度码,即图的关联度码定义为

$$IDC = \max\{IDC_1, IDC_2, IDC_3, \cdots\} \tag{3.22}$$

例如,图 3.33(a)为空间折展机构单元图谱,图 3.33(b)图为它的加权邻接矩阵,各个顶点的关联度为

$$ID_1 = 44333333$$
$$ID_2 = ID_5 = 444432$$
$$ID_3 = ID_4 = 44333242$$

由于含有两组关联度相同的顶点,顶点的排序就有 4 种,即 13425,13452,14325 和 14352。图谱的关联度码为

$$IDC = \max\{IDC_1, IDC_2, IDC_3, IDC_4\} = 3333242240$$

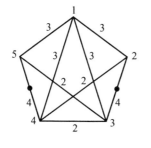

	1	2	3	4	5
1	0	3	3	3	3
2	3	0	4	2	0
3	3	4	0	2	2
4	3	2	2	0	4
5	3	0	2	4	0

(a) 折展单元图谱　　　　　　　　(b) 加权邻接矩阵

图 3.33　某折展单元图谱及其加权邻接矩阵

由上述可知,图 3.33 的图谱关联度码的计算量是正常情况的 4 倍。一个图每出现一组关联度相同的顶点,图关联度码的计算量就会成倍地增长。如果有 n 组相同关联度的顶点,计算图的关联度码就需要 $n!$ 次排列。因此使用关联度码法判别机构单元图谱同构,需要一个高效的算法。

3.4.2　空间折展单元同构判别方法

1. 图谱邻接矩阵的区域分割

如上述分析,当空间折展单元图谱中具有关联度相同的顶点时,获取图谱关联度码效

率会成倍下降。本节降低关联度码计算量的基本思想是：在具有相同关联度的顶点之间做行和列的交换操作，使得到的加权邻接矩阵的上三角形码最大，而得到的这个最大上三角形码就是图谱的关联度码。

由于邻接矩阵中不同位置的元素对上三角形码大小的贡献程度不一样，因此对矩阵中不同位置元素行和列的交换操作也具有不同的规律，这个规律称为交换性质。根据交换性质的不同，可以将空间折展机构单元的加权邻接矩阵划分为几个不同的区域。

图 3.34 所示为对含有两组相同关联度顶点的邻接矩阵进行区域划分，其中 3 个关联度相同的顶点所包含的区域有区域 1(1)、区域 2(1) 和区域 3(1)；两个关联度相同的顶点所包含的区域有区域 1(2)、区域 2(2) 和区域 3(2)；区域 4 为这两组顶点共同包含的区域。为了得到最大的上三角形码作为图谱的关联度码，可以对这些区域内的元素进行列列交换和行行交换的操作。值得注意的是，无论是行行交换还是列列交换，对应的列或者行也要进行相应的交换，以保持点序列的对应性。设 k_1 表示第一组关联度相同顶点的第一个元素所在的行位置，m_1 表示第一组具有相同关联度顶点的数目。类似地，有 k_2、m_2。

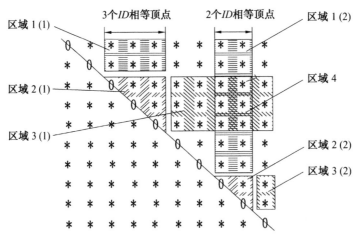

图 3.34　邻接矩阵区域的划分

区域 1(1) 的交换性质：此区域从第 1 行到第 $i_1 - 1$ 行，第 i_1 列到第 j_1 列，其中

$$i_1 = \begin{cases} k_1 \ (k_1 \geqslant 2) \\ 2 \ (k_1 = 1) \end{cases}, \quad j_1 = k_1 + m_1 - 1 \tag{3.23}$$

区域 1(1) 的排序可以只考虑列的交换，当 $i_1 = j_1$ 时，区域 1(1) 只有一个元素，区域 2(1) 没有元素，此时可以跳过这两个区域，直接操作区域 3(1)。若 i_1 不等于 j_1，提取区域 1(1) 中每一列的元素各自组成数组进行比较，并将这些列降序排列。完成上述操作后，区域 1(1) 仍然可能剩下 s_1 个相同列（对应 s_1 个顶点）无法排列，此时对于这 s_1 个顶点的排序要由区域 2(1) 决定。

区域 2(1) 的交换性质：该区域从第 i_1 行到第 j_1 行，第 i_1 列到第 j_1 列。对区域 2(1) 内元素的交换操作既会牵涉行的交换，也会牵涉列的交换。如果区域 2(1) 里的所有元素大小都相同或者元素数目小于 3，则可以直接跳至区域 3(1)。对区域 2(1) 操作的目的是将这个区域里最大的元素放在行 i_1、列 i_1+1 的位置。若有 s_2 个最大的元素，确定哪个最大元素放在行 i_1、列 i_1+1 的位置，需要查看区域 3(1)。

区域 3(1) 的交换性质：该区域从第 k_1 行到第 j_1 行，第 j_1+1 列到最后一列。对该区域进行交换操作，是以行为单位，把区域内各行按照降序排列。如果该区域里的某些元素在前面已经操作过，它所在的行就不能再交换。

区域 4 的交换性质：该区域同时属于区域 3(1) 和区域 1(2)。由于对区域 3(1) 或区域 1(2) 的操作，区域 4 都会被操作一次，该区域不单独进行交换操作，可以跳过。

区域 1(2) 的交换性质：该区域从第 1 行到第 i_1-1 行，第 i_2 列到第 j_2 列。该区域的交换性质与区域 1(1) 相似，其中

$$i_2=k_2, j_2=k_2+m_2-1 \tag{3.24}$$

区域 2(2) 的交换性质：该区域从第 i_2 行到第 j_2 行，第 i_2 列到第 j_2 列。交换性质与区域 2(1) 相似。

区域 3(2) 的交换性质：该区域从第 k_2 行到第 j_2 行，第 j_2+1 列到最后一列。其交换规则与区域 3(1) 相似。

2. 获取图谱 IDC 的流程

在上述区域划分的基础上，可以建立单元图谱 IDC 的获得方法，其执行顺序如图 3.35 所示。具体步骤如下：

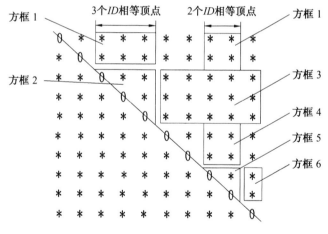

图 3.35　执行顺序

① 计算两个加权图谱的顶点数、边数及边上的权重，这些参数若有一个不相同，则两个图谱不同构，否则执行下一步。

② 计算每个顶点 i 的关联度 ID_i，并将顶点按照关联度的大小降序排列。

③ 如果所有顶点的关联度都不相等，跳至最后一步，否则执行下一步。

④ 用公式 (3.23) 和公式 (3.24) 计算 k_1、m_1、k_2、$m_2\cdots$。

⑤ 操作方框 1 内的元素。方框 1 的范围分为两部分：1 至 i_1-1 行、i_1 至 j_1 列，1 至 i_2-1 行、i_2 至 j_2 列。这个方框的两部分分开操作，都具有区域 1(1) 的交换性质。当 $i_1=j_1$ 时，跳至第 7 步。当 $i_1 \neq j_1$ 时，如果方框中含有 s_1 个最大列，执行下一步；如果只有一个

最大列,跳至最后一步。

⑥ 操作方框 2 内的元素。方框 2 的范围: i_1 至 j_1 行, i_1 至 j_1 列。这个方框具有区域 2(1) 的交换性质。如果方框内含有 s_2 个最大元素,执行下一步,否则跳至最后一步。

⑦ 操作方框 3 内的元素。方框 3 的范围: k_1 至 j_1 行, j_1+1 至最后一列。这个方框具有区域 3(1) 的交换性质。操作时,以行为单位整行交换,如果某行中有元素在前面步骤位置交换过,这一行不再做任何操作。

⑧ 操作方框 4 内的元素。方框 4 的范围: j_1+1 至 i_2-1 行, i_2 至 j_2 列。这个方框具有区域 1(1) 的交换性质。操作时,以列为单位整列交换,如果某列中有元素在前面步骤位置交换过,这一列不再做任何操作。

⑨ 操作方框 5 内的元素。方框 5 的范围: i_2 至 j_2 行, i_2 至 j_2 列。这个方框具有与区域 2(2) 相同的交换性质。

⑩ 操作方框 6 内的元素。方框 6 的范围: k_2 至 j_2 行, j_2+1 至最后一列。这个方框具有与区域 3(2) 相同的交换性质。

⑪ 完成上述交换操作后,将矩阵的上三角形码排成一行,所得到一组数字就是图谱的 IDC。

如果一个单元图谱具有 n 组相同关联度的顶点,使用原来的方法需要 $n!$ 次排列,才能获得图谱的 IDC。而使用这个 IDC 的获取方法,只需要 1 次排列。这个过程大大降低了折展单元同构判别的计算量,而且便于计算机执行。

3. 同构判别举例

图 3.36 为两个同构的空间折展单元图谱,以及它们的加权邻接矩阵。

(1) 计算图 3.36(a) 所示图谱的 IDC。

① 计算两个加权图谱的顶点数、边数及相应边上的权值,这些参量全部相等。

② 计算每个顶点的 ID,并将这些顶点按照 ID 降序排列,如图 3.37(a) 所示。

$$ID_{a1} = 443333333$$
$$ID_{a2} = ID_{a5} = 444422$$
$$ID_{a3} = ID_{a4} = 44333242$$

③ 图 3.36(a) 所示的图谱具有两组 ID 相等的顶点,执行下一步。

④ 通过计算得到: $k_1=2$, $m_1=2$, $k_2=4$, $m_2=2$。

⑤ 操作方框 1 内的元素,方框 1 内的元素顺序不需要调整。执行下一步。

⑥ 操作方框 2 内的元素,方框 2 只有一个元素,所以跳过。执行下一步。

⑦ 操作方框 3 内的元素,此步需要将顶点 3 和顶点 4 进行顺序调整。

⑧ 操作方框 4 内的元素,本例中没有方框 4,跳过。

⑨ 操作方框 5 内的元素,方框 2 内只有一个元素,所以跳过。

⑩ 操作方框 6 内的元素,本例中没有方框 6,跳过。

⑪ 将得到的矩阵(图 3.37(b) 的上三角形码)依次排列,所得到的值就是图 3.36(a) 所示图谱的 IDC,即

$$IDC_a = 3333242240$$

(2) 计算图 3.27(b) 所示图谱的 IDC。这个过程与上面的计算过程相似,可以得到

$$IDC_b = IDC_a = 3333242240$$

两个图谱的 IDC 相等,所以这两个空间折展单元图谱是同构的。它们都可以转换成同一个空间折展机构单元,如图 3.38 所示。

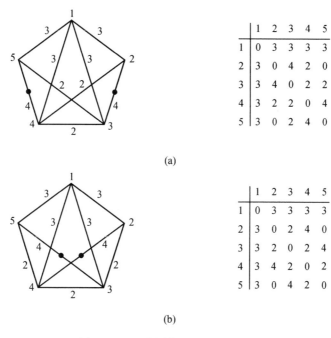

图 3.36　两个同构的折展单元图谱

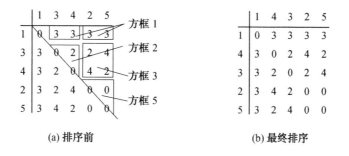

图 3.37　邻接矩阵排序前及其最终排序

3.4.3　平面折叠态的四棱锥单元的综合

1. 折展机构单元综合的计算机程序

空间折展机构单元综合的一般过程大致可以分为三步:空间静定桁架图谱的建立、空间折展机构单元图谱的建立及折展单元图谱的同构判别。通过这个过程,可以系统地建立空间折展单元图谱及构型库。由于四棱锥单元作为平面天线支撑机构具有结构简单、刚度大、稳定性好等特点,并且满足平面天线折叠后其支撑机构折叠到平面上的要求,下面对平面折叠态的四棱锥单元进行综合。

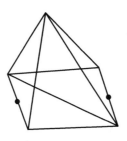

图 3.38　由图 3.36 图谱转化的空间折展单元

将上述综合过程编写成 MATLAB 程序,见表 3.3。程序可以实现以下功能:输入一个静定桁架图谱邻接矩阵,主程序通过循环在上三角形区域选择 e_z 个位置将元素变成原来的 2 倍,即实现了插入二度点。然后主程序通过调用 solveDC.m 求解这个加权邻接矩阵的 IDC 码。在求解 IDC 码的过程中,solveDC.m 会调用 dsort.m,实现顶点按照关联度的降序排列。求解图谱的 IDC 码后,主程序调用 sift.m 程序,检查这个 IDC 码是否已经存在,即判别是否同构。 如果不同构,主程序会保存这个加权邻接矩阵,并调用 topofigure.m 绘图程序将这个加权邻接矩阵转化成图谱。所绘制的图谱中,以不同的颜色代表不同的权值。

表 3.3　MATLAB 程序名称列表

程序名称	功能描述
buider.m	主程序,包含插入二度点的功能
solveDC.m	求解图谱的 IDC 码
dsort.m	降序排列程序
sift.m	检索 IDC 是否存在,即判别是否同构程序
topofigure.m	绘出空间折展单元图谱程序

2. 平面折叠态四棱锥单元综合结果

借助上述程序能获得可折叠成平面的空间四棱锥折展单元的全部 11 种图谱及其构型,如图 3.39 所示。对每个构型都运用 ADAMS 软件进行折展性的验证,这 11 个构型各有优缺点,分别适用于构建不同的曲面及平面体系。

空间折展机构单元具有形式多样、运动链多环且封闭、自由度变化等特点,上述提到的综合过程尚属于型综合的范畴,仍然需要做大量的分析和综合工作,以进一步对它进行尺度的综合。

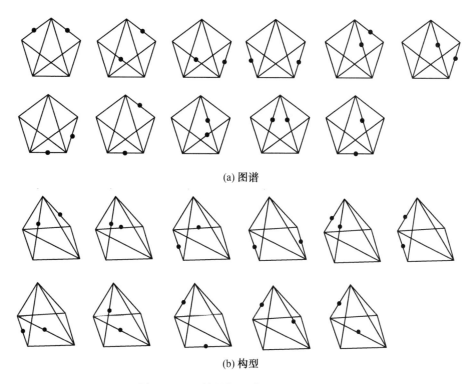

(a) 图谱

(b) 构型

图 3.39 四棱锥折展单元图谱及其构型

3.5 基于位移李群的机构单元构型综合

3.5.1 开环运动链的自由度分析与综合

对于由刚性连杆 $1,2,\cdots,i$ 组成的运动链,刚体 i 相对刚体 1 可允许的刚体运动集合 $\{D_{i1}\}$ 是 $SE(3)$ 的子集,即为该开环运动链能够实现的运动度。该子集是由基本运动副产生的子运动的叠加,在数学形式上,该支链能够实现的运动度可以表示成由该支链所有运动副的旋量组成的线性空间[39]。

例如,图 3.40 所示的 RRC 运动链是由两个转动副和一个圆柱副串联连接而成的串联机器人机构,记为 $\boldsymbol{R}(\boldsymbol{P}_1,\boldsymbol{u})\boldsymbol{R}(\boldsymbol{P}_2,\boldsymbol{u})\boldsymbol{C}(\boldsymbol{P}_3,\boldsymbol{u})$,简称 RRC 支链。从表 2.4 中可以看到,两个转动副和一个圆柱副的旋量组成的线性空间可以表示为

$$\boldsymbol{\xi} = \mathrm{span}\left\{ \begin{bmatrix} \boldsymbol{P}_1 \times \boldsymbol{u} \\ \boldsymbol{u} \end{bmatrix}, \begin{bmatrix} \boldsymbol{P}_2 \times \boldsymbol{u} \\ \boldsymbol{u} \end{bmatrix}, \begin{bmatrix} \boldsymbol{P}_3 \times \boldsymbol{u} \\ \boldsymbol{u} \end{bmatrix}, \begin{bmatrix} \boldsymbol{u} \\ \boldsymbol{0} \end{bmatrix} \right\} \tag{3.25}$$

通过基变换不难发现,当 $\boldsymbol{P}_1$、$\boldsymbol{P}_2$、$\boldsymbol{P}_3$ 不共线时,$\boldsymbol{\xi}$ 可以用表 2.3 中的标准基表示成 $\{\boldsymbol{e}_1,\boldsymbol{e}_2,\boldsymbol{e}_3,\boldsymbol{e}_6\}$ 的形式,即机构可以实现三平移一转动的运动度。而子群 $\{\boldsymbol{X}(\boldsymbol{u})\}$ 的李代数结构具有同样的标准基,两个具有相同基的线性空间是等价的。因此,该运动链可以产生子群 $\{\boldsymbol{X}(\boldsymbol{u})\}$ 运动,称 RRC 支链具有运动类型 $\{\boldsymbol{X}(\boldsymbol{u})\}$,该运动支链可以通过方程参数化而得到齐次矩阵,即

$$\{\boldsymbol{X}(\boldsymbol{u})\} = \exp(\boldsymbol{\xi}_1\theta_1)\exp(\boldsymbol{\xi}_2\theta_2)\exp(\boldsymbol{\xi}_3\theta_3)\exp(\boldsymbol{\xi}_4\theta_4) = \left\{ \begin{bmatrix} e^{i\theta} & \boldsymbol{P} \\ \boldsymbol{0} & 1 \end{bmatrix} \middle| \begin{matrix} \theta_i \in [0, 2\pi] \\ \boldsymbol{P} \in \mathbb{R}^3 \end{matrix} \right\}$$

$$(3.26)$$

式中　　$\boldsymbol{\xi}_i$——第 i 个关节的旋量, $i=1,2,3,4$;

　　　　θ_i——第 i 个关节的关节变量, $i=1,2,3,4$;

　　　　$\boldsymbol{u}$——李子群 $\{\boldsymbol{X}(\boldsymbol{u})\}$ 运动的转动方向,此时 $\boldsymbol{u}$ 为自由向量。

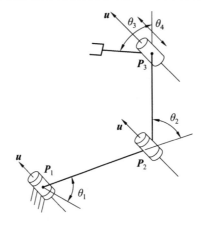

图 3.40　RRC 运动链的旋量系统

由前面的分析可以看到,机构自由度分析实际上是研究机构运动副的旋量所组成的线性空间的代数特性,一般可以通过基变换的形式,把旋量空间转换为标准正交基,然后得出运动链可以实现何种运动。然而,给定标准基的线性空间的形式是多样化的,从机构学角度来说,可以解释为实现给定运动度类型的机构的实现形式是多样化的。

对于图 3.40 所示的 $\boldsymbol{R}(\boldsymbol{P}_1, \boldsymbol{u})\boldsymbol{R}(\boldsymbol{P}_2, \boldsymbol{u})\boldsymbol{C}(\boldsymbol{P}_3, \boldsymbol{u})$ 支链,其旋量空间可以用式(3.25)表示。假设支链中第二个转动副被移动副所替代,且 $\boldsymbol{v} \perp \boldsymbol{u}$,则运动链变为 $\boldsymbol{R}(\boldsymbol{P}_1, \boldsymbol{u})\boldsymbol{P}(\boldsymbol{v})\boldsymbol{C}(\boldsymbol{P}_3, \boldsymbol{u})$,旋量系表示为

$$\boldsymbol{\xi} = \mathrm{span}\left\{ \begin{bmatrix} \boldsymbol{P}_1 \times \boldsymbol{u} \\ \boldsymbol{u} \end{bmatrix}, \begin{bmatrix} \boldsymbol{v} \\ \boldsymbol{0} \end{bmatrix}, \begin{bmatrix} \boldsymbol{P}_3 \times \boldsymbol{u} \\ \boldsymbol{u} \end{bmatrix}, \begin{bmatrix} \boldsymbol{u} \\ \boldsymbol{0} \end{bmatrix} \right\}$$

$$(3.27)$$

式中　　$\boldsymbol{v}$——替换后的移动副移动方向的主矢量。

此时,仍然可以通过基变换得到标准基 $\{\boldsymbol{e}_1, \boldsymbol{e}_2, \boldsymbol{e}_3, \boldsymbol{e}_6\}$ 的形式,即机构仍然可以实现三平移一转动的运动度,该支链的旋量代数结构没有改变,旋量空间仍然等价于 $\{\boldsymbol{X}(\boldsymbol{u})\}$ 的李代数。从而,支链 $\boldsymbol{R}(\boldsymbol{P}_1, \boldsymbol{u})\boldsymbol{R}(\boldsymbol{P}_2, \boldsymbol{u})\boldsymbol{C}(\boldsymbol{P}_3, \boldsymbol{u})$ 与支链 $\boldsymbol{R}(\boldsymbol{P}_1, \boldsymbol{u})\boldsymbol{P}(\boldsymbol{v})\boldsymbol{C}(\boldsymbol{P}_3, \boldsymbol{u})$ 具有相同的运动度。如果将第一个转动副也变为移动副,支链变为 $\boldsymbol{P}(\boldsymbol{w})\boldsymbol{P}(\boldsymbol{v})\boldsymbol{C}(\boldsymbol{P}_3, \boldsymbol{u})$,且 $\boldsymbol{v} \perp \boldsymbol{u}$, $\boldsymbol{w} \perp \boldsymbol{u}$,则机构的旋量系表示为

$$\boldsymbol{\xi} = \mathrm{span}\left\{ \begin{bmatrix} \boldsymbol{w} \\ \boldsymbol{0} \end{bmatrix}, \begin{bmatrix} \boldsymbol{v} \\ \boldsymbol{0} \end{bmatrix}, \begin{bmatrix} \boldsymbol{P}_3 \times \boldsymbol{u} \\ \boldsymbol{u} \end{bmatrix}, \begin{bmatrix} \boldsymbol{u} \\ \boldsymbol{0} \end{bmatrix} \right\}$$

$$(3.28)$$

此时,旋量系统的标准基仍然没有改变,即机构的自由度类型仍然为三平移一转动。可以用这样的方式寻找所有不改变代数结构的可能性组合,这就是串联机构综合的基本原理。基于该原理,综合出常用运动度的开环串联机构见表 3.4,以供设计者参考与选

择。为了方便说明开环运动链的连接方式,这里给出可以产生 $\{G(z)\}$ 子群运动的三种开环运动链的机构简图,如图 3.41 所示。

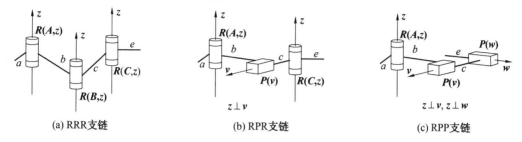

(a) RRR支链　　　　　　(b) RPR支链　　　　　　(c) RPP支链

图 3.41　能够产生平面子群 $\{G(z)\}$ 运动的开环运动链

表 3.4　开环运动支链及其实现形式

运动类型	典 型 支 链
$\{T_2(z)\}$	$T(v)\,T(u)$
$\{T(x)\}\{R(O,z)\}$	$T(x)\,R(O,z)$
$\{C(P,v)\}$	$R(P,v)\,T(v)$, $H_\rho(P,v)\,T(v)$, $R(P,v)\,H_\rho(P,v)$, $H_{\rho1}(P,v)\,H_{\rho2}(P,v)$, $C(P,v)$
$\{G(z)\}$	$T(u)\,T(v)\,R(Q,z)$, $T(u)\,R(P_1,z)\,R(P_2,z)$, $R(Q_1,z)\,R(Q_2,z)\,R(Q_3,z)$
$\{T(3)\}$	$T(v)\,T(u)\,T(w)$
$\{T(z)\}\{U(P,x,y)\}$	$T(z)\,R(P,x)\,R(P,y)$, $T(z)\,U(P,x,y)$
$\{T(x)\}\{U(P,x,y)\}$	$T(x)\,R(P,x)\,R(P,y)$, $H_\rho(P,x)\,R(P,x)\,R(P,y)$, $H_{\rho1}(P,x)\,H_{\rho2}(P,x)\,R(P,y)$ $T(x)\,U(P,x,y)$, $H_\rho(P,x)\,U(P,x,y)$
$\{T_2(z)\}\{R(O,x)\}$	$T(u)\,T(v)\,R(O,x)$, $T(u)\,T(v)\,H_\rho(O,x)$, $T(u)\,H_\rho(O,x)\,R(O,x)$, $T(u)\,H_{\rho1}(O,x)\,H_{\rho2}(O,x)$
$\{X(x)\}$	$R(P_1,z)\,R(P_2,z)\,R(P_3,z)\,T(z)$, $R(Q,z)\,T(u)\,T(v)\,T(w)$, $H_\rho(Q,z)\,T(u)\,T(v)\,T(w)$ $R(P_1,z)\,R(P_2,z)\,T(u)\,T(w)$, $R(P_1,z)\,H_\rho(P_2,z)\,T(u)\,T(v)$, $H_{\rho1}(Q_1,z)\,H_{\rho2}(Q_2,z)\,H_{\rho3}(Q_3,z)\,T(u)$, $R(P_1,z)\,R(P_2,z)\,H_\rho(P_3,z)\,T(u)$ $R(Q_1,z)\,H_{\rho1}(Q_2,z)\,H_{\rho2}(q_3,z)\,T(u)$, $H_{\rho1}(Q_1,z)\,H_{\rho2}(Q_2,z)\,H_{\rho3}(Q_3,z)\,R(Q_4,z)$ $H_\rho(Q_1,z)\,R(Q_2,z)\,R(Q_3,z)\,R(Q_4,z)$, $H_{\rho1}(Q_1,z)\,H_{\rho2}(Q_2,z)\,R(Q_3,z)\,R(Q_4,z)$ $H_{\rho1}(Q_1,z)\,H_{\rho2}(Q_2,z)\,H_{\rho3}(Q_3,z)\,H_{\rho4}(Q_4,z)$, $H_{\rho1}(Q_1,z)\,H_{\rho2}(Q_2,z)\,T(u)\,T(v)$

续表 3.4

运动类型	典型支链
$\{T_2(z)\}\{U(P,x,y)\}$	$T(u)T(v)R(P,x)R(P,y)$, $T(u)T(v)H_\rho(P,x)R(P,y)$, $T(u)T(v)H_{\rho1}(P,x)H_{\rho2}(P,y)$ $H_{\rho1}(P,x)H_{\rho2}(P,y)H_{\rho3}(P,x)H_{\rho4}(P,y)T(u)T(v)U(P,x,y)$
$\{T_2(z)\}\{U(P,x,z)\}$	$T(u)T(v)R(P,x)R(P,z)$, $T(u)T(v)H_\rho(P,x)R(P,z)$, $H_{\rho1}(P_1,x)T(u)H_{\rho2}(P_2,x)R(P,z)$, $T(u)T(v)U(P,x,y)$
$\{T(z)\}\{S(P)\}$	$T(z)S(P)$, $T(z)R(P,x)R(P,y)R(P,z)$, $T(z)R(P,x)R(P,y)H_\rho(P,z)$, $H_{\rho1}(P,z)R(P,x)R(P,y)H_{\rho2}(P,z)$, $T(z)U(P,x,y)R(P,z)$ $H_\rho(P,z)U(P,x,y)R(P,z)$, $H_{\rho1}(P,z)U(P,x,y)H_{\rho2}(P,z)$
$\{T_2(z)\}\{S(P)\}$	$T(u)T(v)R(P,x)R(P,y)R(P,z)$, $T(u)T(v)S(P)$ $H_\rho(P,x)T(v)R(P,x)R(P,y)R(P,z)$, $H_{\rho1}(P,x)H_{\rho2}(P,y)R(P,x)R(P,y)R(P,z)$ $T(u)T(v)U(P,x,y)R(P,z)$
$\{T(3)\}\{U(P,x,y)\}$	$T(u)T(v)T(w)R(P,x)R(P,y)$, $T(u)T(v)T(w)U(P,x,y)$, $H_\rho(P,x)T(v)T(w)R(P,x)R(P,y)$

　　对于闭环机构,运动部件相对于固定部件能够实现的运动度集合是连接运动部件与固定部件的所有支链能够实现运动度的交集。图 3.42 所示的 3 支链并联机构是典型的封闭环机构,由 3 个支链连接于动平台与定平台之间。基于前面的分析,每个支链 $R(P_1,s_{i1})R(P_2,s_{i2})R(P_3,s_{i3})$, $i=1,2,3$ 可以实现 $X(s_{i3})$ 子群运动。根据李群的交集操作,可以得到

$$X(s_{13})\bigcap X(s_{23})\bigcap X(s_{33})=T(3) \tag{3.29}$$

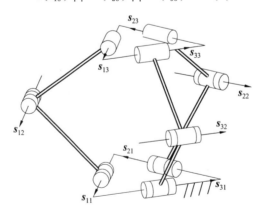

图 3.42　三支链多封闭环机构

　　因此,该三支链机构可以实现三平移运动,这是因为对于每个 $X(s_{i3})$ 子群运动,均有

$$X(s_{i3})=R(N,s_{i3})T(3) \tag{3.30}$$

3.5.2　对称运动度闭环机构的分析与综合

对应用于宇航空间的折展机构而言,只含转动副的单闭环机构具有良好的驱动性、较高的折叠比和良好的结构刚度。本节基于李群理论和螺旋理论,对只含转动副的对称运动度单闭环机构进行系统化的综合。

1. 对称运动链的综合

由于具有对称运动度的单闭环机构具有较高的折叠比,即要求机构运动度中心对称或者轴对称,这就要求机构的连杆同样具有中心对称或者轴对称自由度,才能保证机构可以完全折叠。对于只包含转动副的空间单闭环机构,最多包含 4 个转动副的支链可以综合,如图 3.43 所示。这些运动链的几何关系见表 3.5 第 2 列。

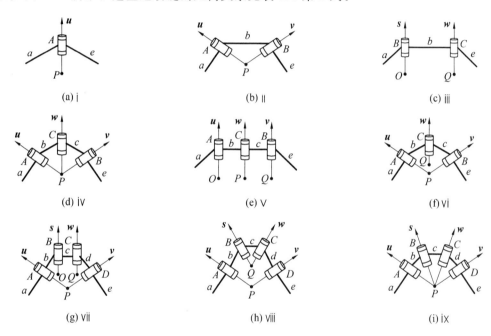

图 3.43　具有对称自由度的运动支链

对于 ⅱ 支链,两个转动副的转轴相交于一点 P,即 $\boldsymbol{u} \bigcap \boldsymbol{v} = \boldsymbol{P}$,该支链的旋量空间可以表示为

$$\boldsymbol{M} = \{(\boldsymbol{P} \times \boldsymbol{u}, \boldsymbol{u})^{\mathrm{T}}, (\boldsymbol{P} \times \boldsymbol{v}, \boldsymbol{v})^{\mathrm{T}}\} \tag{3.31}$$

该旋量空间同样也可以表示成线性组合的形式,即

$$\boldsymbol{M} = \{K_1 (\boldsymbol{P} \times \boldsymbol{u}, \boldsymbol{u})^{\mathrm{T}}, K_2 (\boldsymbol{P} \times \boldsymbol{v}, \boldsymbol{v})^{\mathrm{T}}\} = (\boldsymbol{P} \times (K_1 \boldsymbol{u} + K_2 \boldsymbol{v}), (K_1 \boldsymbol{u} + K_2 \boldsymbol{v}))^{\mathrm{T}} \tag{3.32}$$

式中　　$\boldsymbol{M}$—— 旋量空间;

K_i—— 任意实数,$i = 1, 2$;

$\boldsymbol{P}$——$\boldsymbol{u}$、$\boldsymbol{v}$ 轴线交点。

因为 $\boldsymbol{u} \bigcap \boldsymbol{v} = \boldsymbol{P}$,则对于任意实数 K_1、$K_2 \in \mathbb{R}$,$K_1 \boldsymbol{u} + K_2 \boldsymbol{v}$ 代表向量 $\boldsymbol{u}$ 和 $\boldsymbol{v}$ 所决定的平面,记为 $(\boldsymbol{u}, \boldsymbol{v})$ 或者 $K_1 \boldsymbol{u} + K_2 \boldsymbol{v}$。公式(3.32)表示在平面 $K_1 \boldsymbol{u} + K_2 \boldsymbol{v}$ 内且通过点 P 的任

意轴线可以实现旋转,其瞬时自由度记为

$$\{R(P,K_1u+K_2v)\} \tag{3.33}$$

对于 iv 支链,三个转轴满足

$$u\cap v\cap w=P \tag{3.34}$$

这是一个 $\{S(P)\}$ 旋转子群支链,可以实现过 P 点的任意方向的转动。同理,支链 ix 也是一个 $\{S(P)\}$ 旋转子群,而支链 V 产生平面子群运动 $\{G(u)\}$,可以实现垂直于 u 方向的二维移动和平行于 u 方向的一维转动,此时 u 为自由向量。

对于支链 vi,其转轴满足

$$u\cap v=P \tag{3.35}$$
$$(P,K_1u+K_2v)\cap w=Q \tag{3.36}$$

任何绕轴线 (P,K_1u+K_2v) 的旋转都可以实现,所以绕轴线 $(P,\overrightarrow{PQ})$ 的旋转也可以实现,则 $\overrightarrow{PQ}$ 和 w 相交于点 Q,从而得到

$$(P,K_1u+K_2v)\cap w=Q \tag{3.37}$$

而使得任意绕轴线 $(Q,K_3\overrightarrow{PQ}+K_4w)$ 的旋转也可以实现。

对于支链 iii,两个转动副的轴线平行,即 $s\;/\!/\;w$,旋量空间可表示为

$$M=\{(O\times s,s)^\mathrm{T},(Q\times w,w)^\mathrm{T}\} \tag{3.38}$$

也可以表示为

$$M=\{K_1(O\times s,s)^\mathrm{T},K_2(Q\times w,w)^\mathrm{T}\}=\{(K_1O+K_2Q)\times s,(K_1+K_2)\times s\} \tag{3.39}$$

式中　　M——旋量空间;

　　　　K_i——任意实数,$i=1,2$。

式(3.39)表示可以实现绕 (O,s) 和 (Q,w) 张成的平面且平行于 s 或者 w 方向的任意轴线的转动,因此转动

$$\{R(M,K_1\overrightarrow{MP}+K_2s)\},M\in((P,K_1u+K_2v)\cap((O,s),(Q,w))) \tag{3.40}$$

可以由支链 vii 产生。通过使用类似的分析方法,9 种支链的瞬时自由度 $\{L(a,e)\}$ 见表 3.5。

表 3.5　9 种支链可以实现的瞬时运动度

型	轴线相互位置	瞬时自由度($K_i\in\mathbb{R}$)
i		$\{R(P,u)\}$
ii	$u\cap v=P$	$\{R(P,K_1u+K_2v)\}$
iii	$s\;/\!/\;w$	$\{R(M,s)\},M\in((O,s),(Q,w))$
iv	$u\cap v\cap w=P$	$\{S(P)\}$
v	$u\;/\!/\;v\;/\!/\;w$	$\{G(u)\}$
vi	$u\cap v=P,(P,K_1u+K_2v)\cap w=Q$	$\{R(P,K_1u+K_2v)\}$ $\{R(Q,K_3\overrightarrow{PQ}+K_4w)\}$

续表 3.5

型	轴线相互位置	瞬时自由度 $K_i \in \mathbb{R}$
vii	$u \bigcap v = P, s /\!/ w, (P, K_1 u + K_2 v) \bigcap w = Q$ $(P, K_1 u + K_2 v) \bigcap s = O,$ $(P, K_1 \overrightarrow{PQ} + K_2 w) \neq (P, K_1 \overrightarrow{PO} + K_2 w)$	$\{R(P, K_1 u + K_2 v)\} \; \{R(Q, K_3 \overrightarrow{PQ} + K_4 w)\}$ $\{R(O, K_5 \overrightarrow{PO} + K_6 s)\}$ $\{R(M, K_7 \overrightarrow{MP} + K_8 s)\},$ $M \in ((P, K_1 u + K_2 v) \bigcap ((O, s), (Q, w)))$
viii	$u \bigcap v = P, s \bigcap w = Q,$ $(P, K_1 u + K_2 v) \bigcap w = U$ $(P, K_1 u + K_2 v) \bigcap s =$ $V(P, K_1 \overrightarrow{PU} + K_2 w) \neq$ $(P, K_1 \overrightarrow{PV} + K_2 w)$	$\{R(P, K_1 u + K_2 v)\}$ $\{R(M, n)\}, \{R(Q, K_3 w + K_4 s)\}$ $M \in ((u, v) \bigcap (w, s), n \in (Q, K_5 w + K_6 s))$
ix	$u \bigcap v \bigcap s \bigcap w = P$	$\{S(P)\}$

2. 单闭环运动机构的自由度分析

采用直观自由度分析方法,设计者可以方便地通过两个开环支链运动度的交集分析一些单环过约束机构的自由度。例如图 3.44 所示的面对称 6R 单环机构,假设轴线满足

$$v_1 \bigcap v_4 = P, \quad v_2 \bigcap v_3 = Q, \quad v_1 \bigcap v_2 = M, \quad v_3 \bigcap v_4 = N \tag{3.41}$$

在该机构中,轴线 u_2 与由轴线 v_2、v_3 所张成的平面(记为平面 1)相交于 O_2 点,u_1 与由轴线 v_1、v_4 所张成的平面(记为平面 2)相交于 O_1 点。如果点 M、N、P、Q 不共面,则有平面 1 和平面 2 为两个空间相交平面,它们并不重合。无法找到一根同时属于平面 1 和平面 2 的轴线,即它们没有运动度交集,因此不能形成运动度。同理,由轴线 v_1、v_2 所张成的平面 3 和轴线 v_3、v_4 所张成的平面 4 也是空间相交且不重合的两个平面,也不能形成运动度交集。如果由轴线 $\overrightarrow{PO_1}$、u_1 张成的平面 5 和轴线 $\overrightarrow{QO_2}$、u_2 张成的平面 6 恒定共面,则有

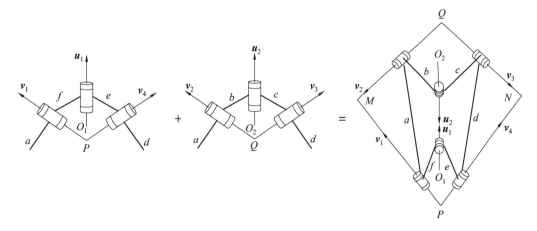

图 3.44　面对称 6R 单环机构的组成原理

$$\begin{cases} a = d \\ b = f \\ c = e \end{cases} \tag{3.42}$$

即机构为面对称机构,机构在任意姿态下都能满足平面 5 与平面 6 共面,恒定地存在一根轴线同时属于平面 5 和平面 6 且通过点 O_1 和点 O_2,故机构具有一个自由度,相对运动 $\{ \boldsymbol{L}(a,d) \}$ 可以表示为 $\{ \overrightarrow{O_1O_2} \boldsymbol{R} \}$,即连杆 a、d 可以绕轴线 $\overrightarrow{O_1O_2}$ 转动。

3. 连续自由度单闭环对称运动度机构的综合

基于以上分析,通过把几种常见空间支链进行不同的组合,可以组合出实现连续运动的 4R ~ 8R 单闭环机构,如图 3.45 ~ 3.49 所示。

对于 4R 单闭环机构,存在三种可以实现连续运动的闭环机构,其中第一种是 Bennett 机构,对角的转动副轴线两两相交于不同的两点 P、Q,如图 3.45(a) 所示;第二种是球面 4R 机构,所有的转动副轴线相交于一点 P,如图 3.45(b) 所示;第三种是平面 4R 机构,所有的转动副轴线相互平行,如图 3.45(c) 所示。

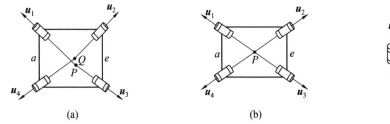

图 3.45　具有连续自由度的 4R 单闭环机构

对于 5R 单闭环机构,存在两种形式的连续自由度机构,如图 3.46 所示。其中图 3.46(a) 为典型的 Myard 机构,由图 3.43 中的 ii 型支链和 vi 型支链组合而得;图 3.46(b) 为典型的球面 5R 机构,所有轴线均交于一点 P,可以认为是由图 3.43 中的 i 型支链和 ix 型支链组合而得。

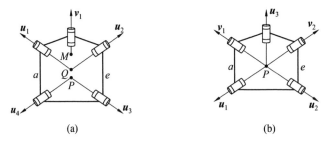

图 3.46　具有连续自由度的 5R 单闭环机构

与 4R 和 5R 机构类似,可得到图 3.47 所示的 6R 单闭环机构。其中图 3.47(a) 和图 3.47(b) 是 Bricard 机构,图 3.47(g) 是球面 6R 机构,所有轴线均交于一点。所有这些单闭环机构中,其 a 杆和 e 杆两端的开环支链均可视为图 3.43 中的某种开环支链。

同理可得到图 3.48 和图 3.49 所示的 7R 和 8R 单闭环机构。

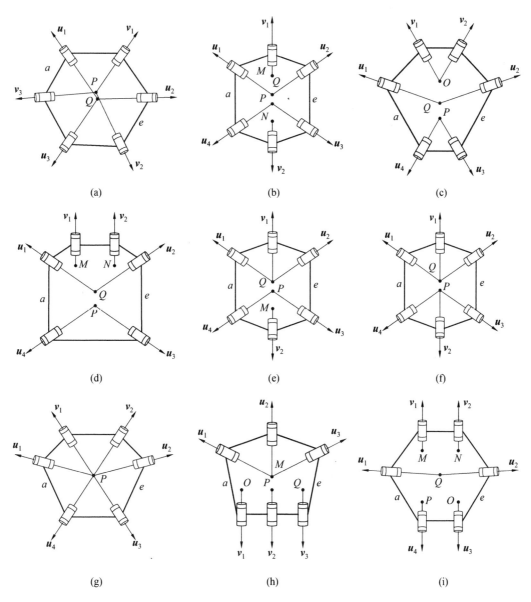

图 3.47　具有连续自由度的 6R 单闭环机构

4. 断续自由度单闭环机构的综合与分析

断续自由度机构又称为变自由度机构,源于变胞机构,2001 年首先由中国台湾地区的台湾成功大学的 Lee 和法国的 Hervé 提出。它是指机构在运动过程中,自由度并非恒定不变,而是运动到特定的位置时,机构的自由度发生了改变[40,41]。该类型的机构在折展机构的研究中具有广泛的应用前景。对于折展机构,可利用机构断续自由度的断续点,实现机构的折叠功能。为方便综合,把断续自由度分为以下两种类型:

(1) 对折断续自由度机构。该类断续自由度机构的特点是机构在一个或多个姿态下,某两个转动副是共轴的,并且机构在这个姿态存在至少两种不同类型的运动度。例

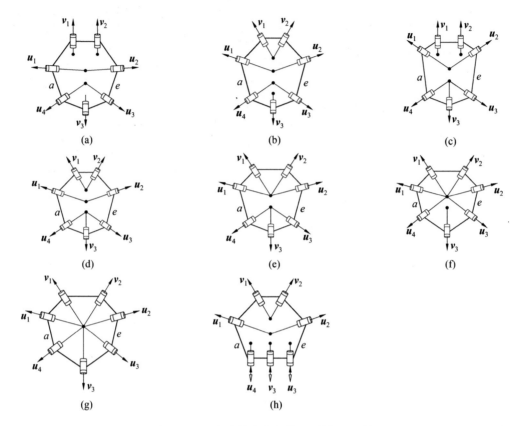

图 3.48　具有连续自由度的 7R 单闭环机构

如,机构可以通过连续运动到某两个转动副共轴状态,然后沿着公共轴线实现对折运动。如图 3.50(a) 所示的平面 4R 机构,当杆长满足 $a=d$、$b=c$ 时,机构可以运动到 B、D 共轴线的姿态,如图 3.50(b) 所示。此时,机构可以沿着 B、D 的轴线实现单自由度运动,达到图 3.50(c) 所示的收拢状态。当平面 4R 机构处在某两个轴线共轴姿态时,机构也可以沿着原有的平面 4R 机构的运动方式运动,也就是说在此姿态下机构同时存在两种不同类型的运动度。

同理,对于图 3.51 所示的球面 4R 机构,当转动副 B 与转动副 D 运动到共线状态时,机构可以实现和平面 4R 机构同样的折叠运动。含有 4 转动副的机构除了平面 4R 和球面 4R 机构以外,还存在一种特殊的对折机构。如图 3.52(a) 所示,机构在展开状态时,就有两个转动副 B 与 D 处于共轴状态,机构沿着一开始共轴的轴线进行折叠运动,其杆长满足 $a=b$、$c=d$,因此可以运动到 A、C 共轴状态,如图 3.52(b) 所示。此后,机构再沿着第二次共轴的轴线进行另外一种对折运动,最终达到完全收拢状态,如图 3.52(c) 所示。

（2）多构型混合式断续自由度机构。该类机构的特点是机构在某种姿态下,同时存在两种或多种独立的运动度,当机构沿着其中一种运动度进行运动时,其他类型的运动度会被破坏。例如,图 3.53(a) 所示的 6R 机构,假设

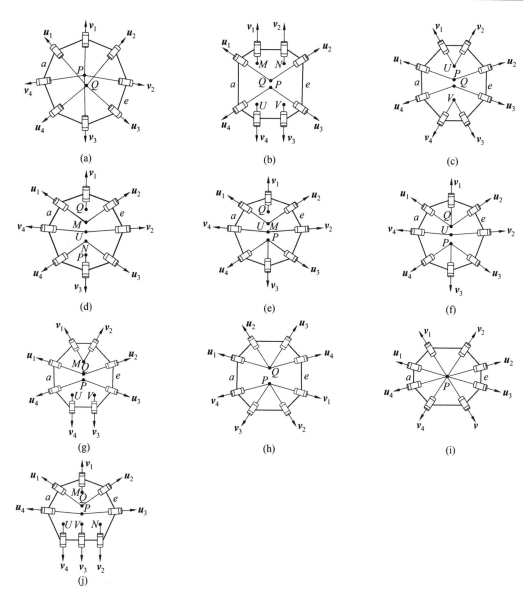

(a)　　　　　　　　　(b)　　　　　　　　　(c)

(d)　　　　　　　　　(e)　　　　　　　　　(f)

(g)　　　　　　　　　(h)　　　　　　　　　(i)

(j)

图 3.49　具有连续自由度的 8R 单闭环机构

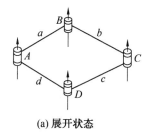

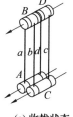

(a) 展开状态　　　　　　　(b) 自由度断续状态　　　　　　(c) 收拢状态

图 3.50　对折断续自由度平面 4R 机构

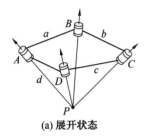
(a) 展开状态

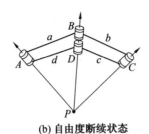
(b) 自由度断续状态

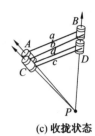
(c) 收拢状态

图 3.51　对折断续自由度球面 4R 机构

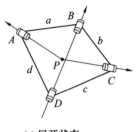
(a) 展开状态

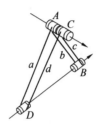
(b) 自由度断续状态

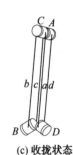
(c) 收拢状态

图 3.52　对折断续自由度对折 4R 机构

$$\begin{cases} a=b \\ c=f \\ d=e \end{cases} \tag{3.43}$$

机构关于 D、E 两个转动副所形成的平面对称,根据 3.5.2 节的分析,连杆 c 相对于连杆 f 可以实现一维转动自由度 $\{^{MN}\boldsymbol{R}\}$,其中 M 为转动副 B 的轴线与转动副 A、C 轴线所在平面的交点,N 为转动副 E 的轴线与转动副 D、F 轴线所在平面的交点。然而,由于 A、C、D、F 轴线交于一点 O,根据 3.5.1 节提出的自由度分析方法,当不考虑关节 B、E 时,该机构可以看成是两个图 3.53 中 ⅱ 支链组成的机构,则连杆 c 相对于连杆 f 也可以实现绕 O 的一维转动 $\{\boldsymbol{R}(O,\boldsymbol{n})\}$,其中 n 为关节 A、C 轴线所在平面与关节 D、F 轴线所在平面的交线方向。如果机构沿着该自由度进行运动,将会运动到图 3.53(b) 所示的姿态,此时 $\{^{MN}\boldsymbol{R}\}$ 不复存在。而如果机构从图 3.53(a) 所在的姿态通过自由度 $\{^{MN}\boldsymbol{R}\}$ 进行运动,则机构将会运动到图 3.53(c) 所示的姿态,机构可实现折叠功能。此时,A、C、D、F 轴线不再交于一点,因此运动度 $\{\boldsymbol{R}(O,\boldsymbol{n})\}$ 被破坏。

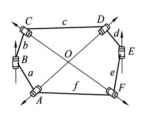
(a) 断续自由度状态

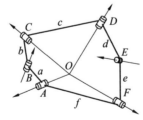
(b) 球面自由度运动状态

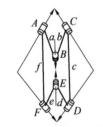
(c) 面对称式折叠运动状态

图 3.53　多构型混合式 6R 断续自由度机构

通过对两类断续自由度机构的分析可以发现,断续自由度机构的断续点实际上是单闭环机构的一种自由度奇异点。当进行断续自由度机构的综合时,可以首先设定所需要的自由度类型,然后把所需要的两种自由度的连续自由度机构综合出来,进而可以直接对两种机构进行叠加得到需要的断续自由度机构。

3.6　折展机构单元的几何设计

3.6.1 连杆构件的几何设计

折展机构与一般的运动机构不同,当折展机构满足自由度条件但不能保证可实现机构的折叠与展开功能时,其对连杆的几何形貌有着严格的要求。它要求机构可以从占据最大包络尺寸的展开状态运动到具有最小包络尺寸的收拢状态,并且避开杆件之间的物理干涉。这就要求连杆必须满足特定的几何要求,运动副的布置方式只有满足一定的条件,运动机构才能成为性能良好的折展机构。折展机构的几何设计与折展机构的性能有着密切的关系。

为了方便说明折展机构几何设计的基本原理,这里首先给出物理杆长和理论杆长的概念:杆件的实际尺寸称为杆件的物理尺寸,它不同于机构的理论杆长;机构的理论杆长是指机构的 D - H 参数中相邻两个转动轴线的公垂线的长度,它相交于相邻的两个转动轴线,而物理杆长不一定垂直于相邻的两个轴线,并且可能不相交于转动副轴线。在进行参数设计的初期阶段,首先假设折展机构的物理外形是多边形结构,即连杆是由若干多面体围成的封闭实体结构。如图 3.54 所示,物理杆长 AB 是多面体连杆的一个横向边长,而 D - H 杆长 $a = A_0 B_0$,是相邻的两个转动副的轴线 s_1、s_2 的公垂线的长度,其中 A_0 和 B_0 是垂足。一旦 s_1、s_2 的相对位置确定,连杆的 D - H 杆长是唯一的,而物理杆长 AB 则可以有无限多种可能性。φ_a 和 φ_b 是转动副的轴线 s_1 与相邻物理杆 AB 和 BC 所成的角度,要使相邻的两个物理杆可折叠最小的包络尺寸,必然有 $\varphi_a = \varphi_b$,两个物理杆运动到相互

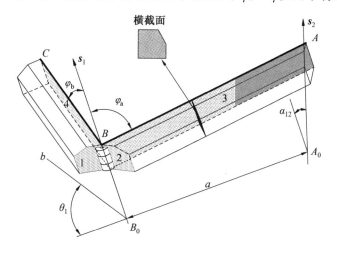

图 3.54　连杆的物理杆长与 D - H 杆长

平行且接触的状态。关节变量 θ_1 是相邻的两个 $D\text{-}H$ 杆 a 和 b 绕转动副转轴正方向转过的角度,扭转角 α_{12} 则是 s_1 与 s_2 绕其公垂线 a 转过的角度,记为 $\langle s_1, s_2 \rangle$。当相邻的两个杆运动到面 3 和面 4 重合时,是完全折叠状态;当机构运动到面 1 和面 2 重叠时,是完全展开状态。

基于向量理论,扭转角 α_{12} 可通过下式计算,即

$$\alpha_{12} = \langle s_1, s_2 \rangle = \arccos \frac{s_1 \cdot s_2}{|s_1||s_2|} \tag{3.44}$$

式中 $s_i (i = 1, 2)$——转动副轴线的方向向量。

假设物理杆长 AB 与相邻两个转动副轴线相交,则同样可以通过向量计算得到

$$AB = \sqrt{a^2 + AA_0^2 + BB_0^2 - 2 AA_0 \cdot BB_0 \cos \alpha_{12}} \tag{3.45}$$

式中 a——转动副轴线 s_1 与 s_2 的公垂线长度,即 $D\text{-}H$ 杆长;

AA_0——公垂线垂足到物理杆沿着轴线 s_1 的偏置距离;

BB_0——公垂线垂足到物理杆沿着轴线 s_2 的偏置距离;

α_{12}——轴线 s_1 绕公垂线 a 到 s_2 转过的角度。

3.6.2   基本展开形貌的综合

如图 3.55 所示的折展 Bennett 机构,当机构处在展开状态时,所有共面的物理连杆 a、b、c、d 所在的平面称为展开平面,如图 3.55(a) 中粗实线所示,此时由物理杆所围成的封闭多边形称为展开形貌;当机构处在折叠状态时,所有平行连杆的横截面所组成的平面称为折叠平面,此时横截面所构成的封闭多边形的包络外形称为折叠形貌。

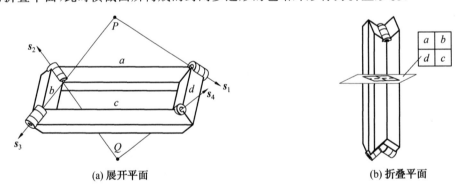

(a) 展开平面   (b) 折叠平面

图 3.55   Bennett 机构的展开平面与折叠平面

折展机构的折叠状态指机构处于以下两种状态:

(1) 最大数目的物理连杆互相平行;

(2) 机构运动到所有平行连杆的横截面面积被包络在最小可能尺寸的包络面积内。

机构的完全展开状态被定义为最大数目的物理连杆共面,且这些连杆运动到被包络在最大可能包络尺寸的面积内。对于单闭环机构,所有物理连杆处于展开状态时在展开平面内的投影是一个封闭多边形,称为该折展机构的展开形貌。

展开形貌代表了一种概念意义上的展开状态。对于图 3.55 所示的折展 Bennett 机构,4 个物理杆长相等,在展开姿态下围成的一个封闭四边形是正方形,因此其展开形貌

为正方形。而在很多时候,期望的设计展开姿态不一定是正方形,有可能是矩形、菱形、星形等。在不同的边数和节点个数的条件下,可围成的展开形貌也是不一样的,对于只有 4 个杆的 Bennett 机构而言,其展开形貌只有 4 个边和 4 个节点。因为边长不相等则不可能完全折叠,所以不可能展开成为矩形,只能是菱形或者正方形。对于具有偶数个连杆的单闭环机构,展开形貌可以是矩形、三角形、菱形、六边形、八边形等。对于 6R 和 8R 机构,其展开形貌可能是图 3.56 和图 3.57 所示的规则多边形结构。对于具有奇数个关节的 5R 和 7R 机构,其展开形貌为轴对称多边形结构,如图 3.58 和图 3.59 所示。图 3.58 中,节点代表某种类型的关节,边代表物理连杆。

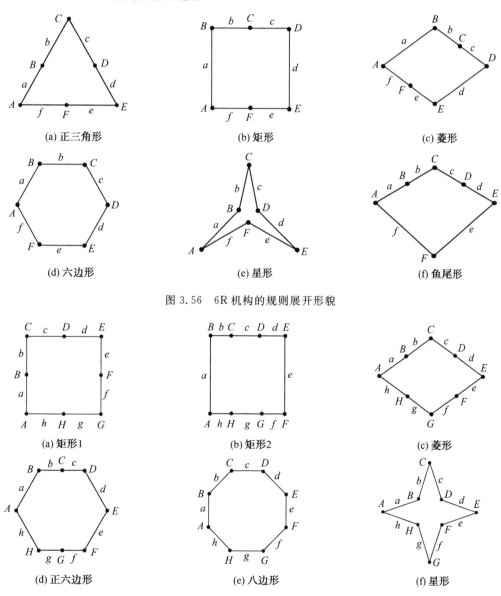

(a) 正三角形　　　　　　　(b) 矩形　　　　　　　(c) 菱形

(d) 六边形　　　　　　　(e) 星形　　　　　　　(f) 鱼尾形

图 3.56　6R 机构的规则展开形貌

(a) 矩形 1　　　　　　　(b) 矩形 2　　　　　　　(c) 菱形

(d) 正六边形　　　　　　　(e) 八边形　　　　　　　(f) 星形

图 3.57　8R 机构的规则展开形貌

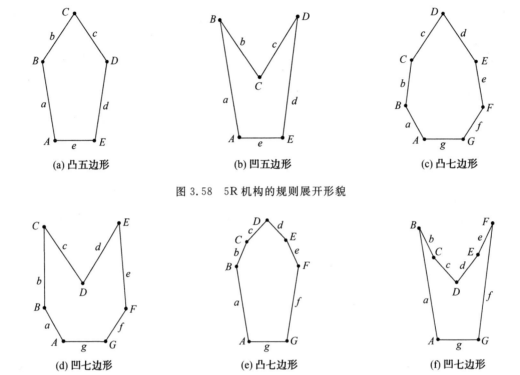

图 3.58　5R 机构的规则展开形貌

图 3.59　7R 机构的规则展开形貌

3.6.3　折展单闭环机构的几何设计

折展机构的几何设计的一般设计目标为:寻找合适的物理杆参数与关节的布置方式,使机构可以展开成为期望的展开状态,并且可以收拢到最小包络尺寸的折叠状态。线状折叠状态是最紧凑的折叠状态,具备最小的包络尺寸,但是一般要求机构具有偶数个杆件和关节数,例如 6R 机构和 8R 机构。对于含有奇数个杆件与关节数的单闭环机构,往往只能收拢到线丛状折叠状态,例如 5R 机构和 7R 机构。本节通过解析法与投影法,对含有不同数目转动关节的折展单闭环机构依据不同的展开形貌进行几何设计,确定各个机构的物理杆的几何尺寸参数。

1.5R 机构

首先以对称 Myard 空间 5R 机构为例,即图 3.60 所示的机构,说明折展机构几何设计的一般性原理与流程。该 5R 机构可以看成是由一个图 3.43 中支链 ii 和一个支链 vi 组成,且轴线满足

$$\boldsymbol{u}_1 \bigcap \boldsymbol{u}_2 = \boldsymbol{Q}, \boldsymbol{u}_3 \bigcap \boldsymbol{u}_4 = \boldsymbol{P} \tag{3.46}$$

瞬时自由度 $\{L(a,e)\}$ 可以表示为 $\{R(M,v_1)\}$,其中

$$\boldsymbol{M} = (\boldsymbol{P}, K_1 \boldsymbol{u}_1 + K_2 \boldsymbol{u}_2) \bigcap (\boldsymbol{Q}, K_3 \boldsymbol{u}_3 + K_4 \boldsymbol{u}_4)(\boldsymbol{Q}, K_5 \boldsymbol{u}_1 + K_6 \boldsymbol{u}_2) \tag{3.47}$$

这就要求机构在运动过程中 v_1 始终通过点 M,如图 3.60 所示。

如图 3.61 所示,定义 $D\text{-}H$ 杆长为相邻两个转动副轴线的公垂线,如图中虚线所示,

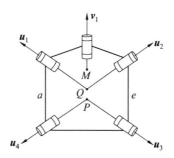

图 3.60　Myard 机构转动副轴线的相对几何关系

而物理杆长可以不垂直于相邻两个转动轴线,且不一定相交于转轴,如图中实线所示。首先对 D-H 模型进行环路方程分析,得到如下关系:

$$
\begin{cases}
B_0 E_0 = A_0 E_0 \ , \ B_0 C_0 = A_0 D_0 \ , \ C_0 D_0 = 0 \\[2mm]
\alpha_{23} = \alpha_{45} = \dfrac{\pi}{2}, \ \alpha_{51} = \pi - \alpha_{12}, \ \alpha_{34} = \pi - 2\alpha_{12} \\[2mm]
R_i = 0, \quad i = 1,2,3,4,5
\end{cases}
\tag{3.48}
$$

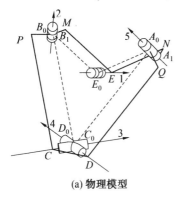

(a) 物理模型

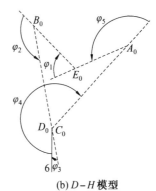

(b) D-H 模型

图 3.61　Myard 机构的物理模型及其对应的 D-H 模型

式中　$\alpha_{i(i+1)}$——第 i 个转动副轴线与第 $i+1$ 个转动副轴线沿其公垂线方向转过的偏角;

R_i——连接于转动副 i 的相邻两个 D-H 连杆沿着轴线方向的偏置距离;

φ_i——转动副 i 的关节变量,即杆 $(i-1)i$ 相对于杆 $i(i+1)$ 在转动副 i 轴线正方向上的转角。

文献[42]给出的运动学环路方程为

$$
\begin{cases}
\tan \dfrac{\varphi_2}{2} = \dfrac{\sin \dfrac{1}{2}\left(\dfrac{\pi}{2} + \alpha_{12}\right)}{\sin \dfrac{1}{2}\left(\dfrac{\pi}{2} - \alpha_{12}\right)} \tan \dfrac{\varphi_3}{2} \\[4mm]
\varphi_3 = \dfrac{1}{2}(\pi - \varphi_1) \\[2mm]
\varphi_4 = \varphi_3 + \pi \\[2mm]
\varphi_2 = \varphi_5
\end{cases}
\tag{3.49}
$$

式中　φ_i——Myard 5R 机构的关节变量,$i = 1,2,\cdots,5$。

由式(3.49)可以看出，α_{12}属于不变几何参数，在机构运动过程中不发生改变。机构5个关节变量φ_1、φ_2、φ_3、φ_4和φ_5被4个独立的方程所约束，即存在一个独立变量，Myard机构为单自由度机构。从式(3.49)还可得出，机构运动关于1、2两个轴线组成的平面对称。当$\varphi_1=\varphi_2=\varphi_5=\pi$时，$\varphi_3=0$，$\varphi_4=\pi$，机构的$D$-$H$模型可以运动到$D$-$H$连杆共线的状态，这时机构占用最小的包络尺寸，该位形作为机构的收拢状态。然而，在实际机构设计当中，D-H杆长却是不可用的，因为连杆在运动过程中产生了干涉而导致机构无法运动。为避免干涉，两个长杆需要沿着C、D两个转动副的轴线方向偏置一定的距离达到C_0和D_0点；而为了避免长杆与短杆之间的干涉，两个短杆需要从A、B两点偏置到A_1和B_1点；为了避免两个短杆之间的干涉，两个短杆分别需要从A_1和B_1点偏置到M和N点。假设偏置后的物理模型中机构依然面对称，令

$$\begin{cases} A_0A_1=B_0B_1=i \\ CC_0=DD_0=j \\ EE_0=k \\ B_2M=A_2N=l \end{cases} \tag{3.50}$$

则物理杆长可以用下式计算，即

$$\begin{cases} A_1E=B_1E=a=B_0E_0=A_0E_0 \\ QD=PC=b=B_0D_0=C_0A_0 \end{cases} \tag{3.51}$$

对于给定的i、j、k和l，可以得到同一D-H参数下的不同物理模型。假设当4个物理连杆ME、NE、DQ与CP处在相互平行状态时为机构的收拢状态，当连杆DQ、CP、CC_0、DD_0处在共面状态时为机构的展开状态。

当机构处在展开状态时，连杆DQ、CP、CC_0、DD_0共面，假设此平面为展开平面，此时，所有物理连杆在该平面上的投影得到一个对称五边形，如图3.62(a)所示。这种展开状态与图3.58(b)所示的结构是一致的，于是得到机构能够折叠的条件

$$l=i\sin\alpha_{12} \tag{3.52}$$

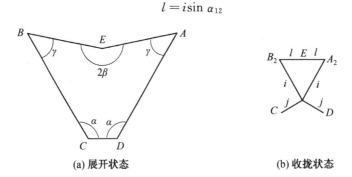

(a) 展开状态　　　　　　　　　　(b) 收拢状态

图 3.62　Myard 机构展开形貌俯视图

对于机构的展开状态，由于机构为面对称，因此两个长杆CP和DQ必然可以运动到和C、D轴线共面的位形，此时需要确定的是两个短杆所决定的平面是否与展开平面平行。

由于$\alpha_{23}=\alpha_{45}=\pi/2$，满足$\alpha_{12}=\pi/6$的机构在展开状态下，$\varphi_3=\pi/2$，由式(3.49)可得$\varphi_2=\varphi_5=2\pi/3$，即$\triangle A_0B_0C_0$为等边三角形。由此可得到

$$a = b\cos\frac{\alpha_{34}}{2} \tag{3.53}$$

式(3.52)与式(3.53)就是 Myard 机构实现从平面展开形貌收拢到线丛收拢状态的几何条件。机构实体模型如图 3.63 所示,其中图 3.63(a)为展开状态,所有连杆围成图 3.62(a)所示的展开形貌,是一个对称平面 5 边形,对应于图 3.58(b)所示的凹五边形结构;图 3.63(b)为机构在中间状态时关节轴线满足的关系;图 3.63(c)为机构的收拢状态。机构的 4 个连杆运动到了平行并且接触的状态(由于机构具有奇数个杆件,所以最多只能是 4 个杆件运动到平行并且接触的状态)。根据 3.6.2 节给出的折叠状态的定义,机构最大数目的杆件数运动到了平行并且接触的状态,因此此时为机构的折叠状态。

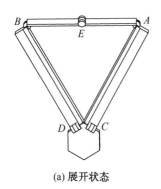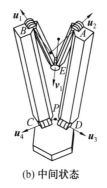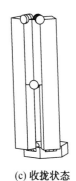

(a) 展开状态　　　　　　　(b) 中间状态　　　　　　　(c) 收拢状态

图 3.63　折展 5R 机构

2.6R 机构

6R 单闭环机构具有偶数个关节和连杆,可以折叠到一个所有连杆均平行的线状收拢状态。6R 可折叠机构可以展开成图 3.56 所示的正三角形、菱形、矩形、六边形等形貌。以图 3.47(a)所示的机构为例,这是一个由两个 IV 支链组成的单闭环机构,因为旋转轴满足

$$\begin{cases} v_1 \cap v_2 \cap v_3 = P \\ u_1 \cap u_2 \cap u_3 = Q \end{cases} \tag{3.54}$$

首先对杆 a 相对于杆 e 能够实现的运动进行分析。因为 v_2、v_3 可以张成一个平面,且 u_3 交平面 $\{v_2,v_3\}$ 于一点 N,依据第 3.5.2 节的结论,过 N 点在平面 $\{u_3,\overrightarrow{NP}\}$ 上任意方向的转动都可以实现。同理,v_1 交平面 $\{u_1,u_2\}$ 于另外一点 M,M 点在平面 $\{v_1,\overrightarrow{MQ}\}$ 上。由于机构的对称性,平面 $\{u_3,\overrightarrow{NP}\}$ 和 $\{v_1,\overrightarrow{MQ}\}$ 重合,从而杆 a 相对于杆 e 能够实现绕轴线 $\overrightarrow{MN}$ 的一维转动。机构关于 $\overrightarrow{PQ}$ 轴线对称,且

$$a = b = c = d = e = f \tag{3.55}$$

该机构就是著名的 Bricard 机构。机构的 6 个连杆 a、b、c、d、e、f 在机构的非展开状态下,即 6 个杆没有共面时,6 个杆围成一个空间六边形,该六边形为一个半规则八面体结构,如图 3.64 所示。

该种正六边形结构可展开成凹凸不同的平面等边六边形

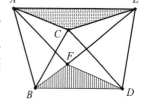

图 3.64　空间八面体结构

结构,基于六边形结构的几何特点可以得出如下结论:

(1) 当 $BF < CE/2$ 时,六边形为第一种凹形结构(图3.65(a)),且满足 $\angle FAB = \angle BCD = \angle DEF < \pi/3$,$\angle ABC = \angle CDE = \angle EFA > \pi$;

(2) 当 $AC < FD/2$ 时,六边形是第二种凹形貌且满足 $\angle ABC = \angle CDE = \angle EFA < \pi/3$,$\angle FAB = \angle BCD = \angle DEF > \pi$,如图 3.65(b) 所示;

(3) 如果 $BF/2 \leqslant AC \leqslant 2BF$,则六边形为凸形貌,如图 3.65(c) 所示。由此得出如下结论:当空间六边形满足多边形内角和定理时,所有 6 个连杆处在共面状态,即机构的展开状态,从而有

$$\begin{cases} AO = OM + MA, & BF < CE/2 \\ OM = AO + MA, & AC < DF/2 \\ AO = OM + MA, & BF/2 \leqslant AC \leqslant 2BF \end{cases} \tag{3.56}$$

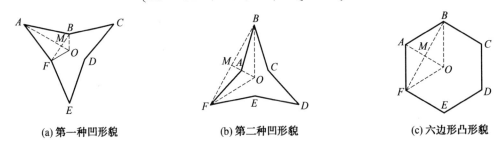

(a) 第一种凹形貌　　　　　(b) 第二种凹形貌　　　　　(c) 六边形凸形貌

图 3.65　空间 6R 机构的展开形貌特性

为了保证机构可以完全折叠到所有连杆相互平行且接触状态而不发生干涉,需要检查所有轴线投影到折叠平面的情况,如图 3.66(a) 所示,6 个轴线投影到折叠平面把圆周均分为 6 等份。因此,如果物理连杆设计成正方形的横截面形状,对每一个连杆而言,一个轴线投影沿着横截面的一个边,另外一个通过一个节点且与边成60°。如果要设计机构能够展开成正六边形的展开形貌,连杆 c 投影如图 3.66(b) 所示,填充剖面线部分为此时连杆的俯视投影图。如果要设计机构能展开成星形,连杆 b 在展开平面的投影如图 3.66(b) 中填充黑色部分所示。

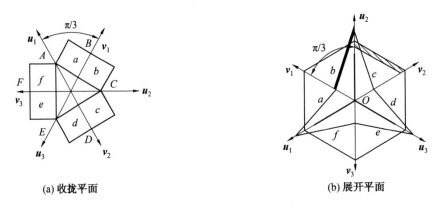

(a) 收拢平面　　　　　　　　　　　　(b) 展开平面

图 3.66　Bricard 机构轴线在折叠平面和展开平面的投影

基于以上分析,空间 6R 机构可以采用不同截面形状的连杆,设计成为不同的展开形

貌。例如,可以采用方形截面杆并设计其展开形貌为正三角形的折展机构,机构的实体模型如图 3.67 所示;机构同样可以采用五边形截面杆,其展开形貌为正六边形,如图 3.68 所示;当然,机构同样可以基于正三角形截面杆,设计成为凹六边形的展开形貌,如图 3.69 所示。

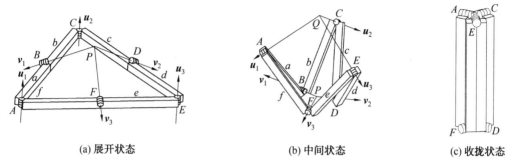

(a) 展开状态　　　　　　　　　(b) 中间状态　　　　　　　　　(c) 收拢状态

图 3.67　方形截面杆且展开形貌为正三角形的 6R 机构

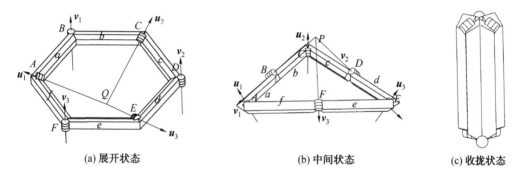

(a) 展开状态　　　　　　　　　(b) 中间状态　　　　　　　　　(c) 收拢状态

图 3.68　五边形截面杆且展开形貌为正六边形的 6R 机构

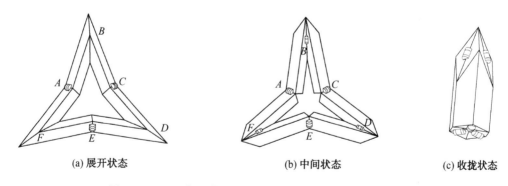

(a) 展开状态　　　　　　　　　(b) 中间状态　　　　　　　　　(c) 收拢状态

图 3.69　正三角形截面杆且展开形貌为凹六边形的 6R 机构

对于含有偶数个杆的正多边形结构,根据 Crawford 的理论[43],可以由 n 个等边截面的杆收拢到正 n 形的无空隙收拢状态。对六边形结构,则可以由 6 根截面为等边三角形的杆合成更大的正六边形截面的收拢状态的结构。因此,对于空间 6R 折展机构,基于正三角形截面杆所设计的机构可使机构收拢到完全紧凑的收拢状态。

如果相邻两个转动副轴线的扭转角均为 $\pi/2$,可以设计得到一种非常特别的能够展开成为 Y 形的展开机构,这种情况下的实体模型如图 3.70 所示。

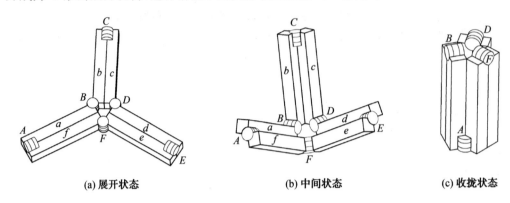

(a) 展开状态　　　　　　　(b) 中间状态　　　　　　　(c) 收拢状态

图 3.70　Y 形展开形貌的 6R 机构

如果选择图 3.56(b) 所示的矩形展开形貌,则折叠过程很不一样,支链 BCD 和 AFE 可以是图 3.43 所示的 ⅳ、ⅴ 或者 ⅵ 型支链,使得机构具有连续自由度。如果机构由两个 ⅵ 支链组成,就变成了图 3.47(b) 所示的机构。

连杆 a 和 b 在展开平面的投影如图 3.71(a) 所示。在展开形貌下,由不同的轴线相对关系,可以得到不同的收拢状态。例如图 3.72(a) 所示的轴线关系,机构可以收拢到图 3.71(b) 所示的收拢形貌 1,如图 3.72(c) 所示;如图 3.73(a) 所示的轴线关系,即有 4 个轴线相互平行,其余两个交于一点,则机构可以收拢到图 3.71(c) 所示的收拢形貌 2,如图 3.73(c) 所示;在图 3.73(a) 所示的轴线关系基础上,如果相交的两个轴线也变为平行,如图 3.74(a) 所示,则机构可以收拢到一个特别的收拢状态,如图 3.74(c) 所示。

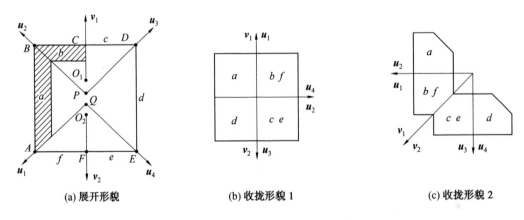

(a) 展开形貌　　　　　　　(b) 收拢形貌 1　　　　　　　(c) 收拢形貌 2

图 3.71　矩形展开形貌的 6R 机构的关节轴线投影

6R 机构除了可以设计为展开成正三角形、正六边形和矩形的展开形貌外,还可以设计为特殊的鱼尾形展开形貌,即图 3.56(f) 所示的拓扑结构。实体模型如图 3.75 所示。

3. 7R 机构

基于以上给出的 5R 折展机构的分析,如果关节 E 被图 3.43 中的支链 ⅳ、ⅴ、ⅵ、ⅶ、ⅷ 或者 ⅸ 所替代,机构同样具备连续自由度。其中,$E-F-G$ 采用支链 ⅵ 的 7R 机构,

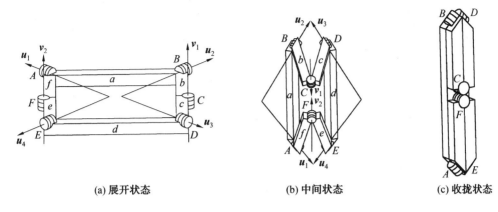

图 3.72　矩形展开形貌的 6R 机构一

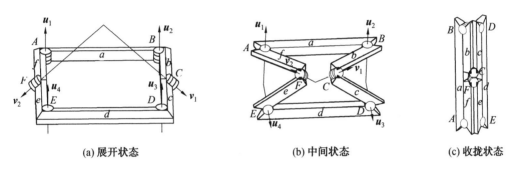

图 3.73　矩形展开形貌的 6R 机构二

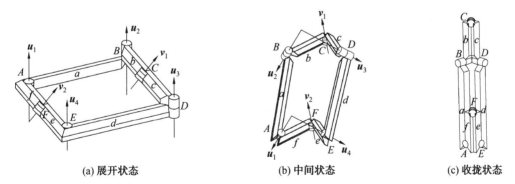

图 3.74　矩形展开形貌的 6R 机构三

如图 3.76 所示，$E-F-G$ 使用了支链 $\vee$ 的 7R 机构，如图 3.77 所示。

对于图 3.76 所示的 7R 机构，转动副轴线满足

$$\begin{cases} \boldsymbol{u}_1 \bigcap \boldsymbol{u}_2 = \boldsymbol{Q} \\ \boldsymbol{u}_3 \bigcap \boldsymbol{u}_4 = \boldsymbol{P} \\ \boldsymbol{v}_1 \bigcap \boldsymbol{v}_2 = \boldsymbol{N} \\ (\boldsymbol{v}_1, \boldsymbol{v}_2) \bigcap \boldsymbol{v}_3 = \boldsymbol{M} \end{cases} \tag{3.57}$$

$(\boldsymbol{M}, K_1 \boldsymbol{v}_3 + K_2 \overrightarrow{\boldsymbol{MN}})$ 恒定通过轴线 $(\boldsymbol{P}, K_3 \boldsymbol{u}_3 + K_4 \boldsymbol{u}_4)$ 与 $(\boldsymbol{Q}, K_5 \boldsymbol{u}_1 + K_6 \boldsymbol{u}_2)$ 的交点，因此机构具有一个连续自由度。如果平面 $(\boldsymbol{v}_1, \boldsymbol{v}_2)$ 不通过轴线 $(\boldsymbol{P}, K_3 \boldsymbol{u}_3 + K_4 \boldsymbol{u}_4)$ 与

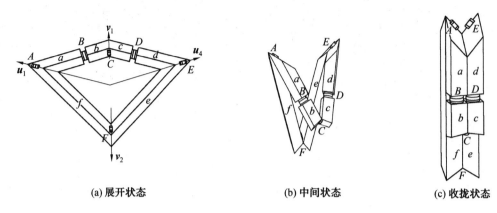

(a) 展开状态　　　　　(b) 中间状态　　　　　(c) 收拢状态

图 3.75　鱼尾形展开形貌的 6R 机构

$(Q,K_5u_1+K_6u_2)$ 的交点,关节 E 和 F 不引入额外的自由度。如果 $v_1//v_2//v_3$,如图 3.77 所示,平面运动子群 $\{G(v_i)\}$,$i=1,2,3$,包含了任何平行于 v_i 的转动,恒定存在一个交线与 $(P,K_3u_3+K_4u_4)$ 和 $(Q,K_5u_1+K_6u_2)$ 的交线相交,因此该机构具有一个恒定的连续自由度。

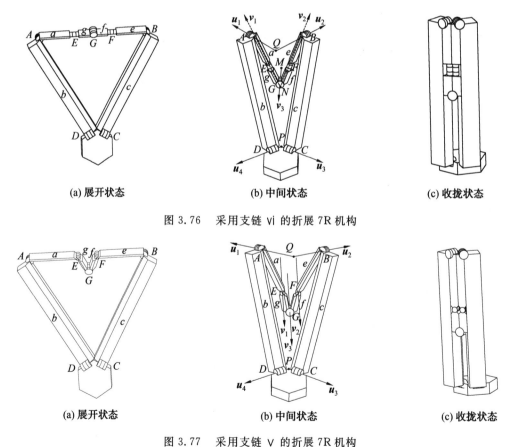

(a) 展开状态　　　　　(b) 中间状态　　　　　(c) 收拢状态

图 3.76　采用支链 vi 的折展 7R 机构

(a) 展开状态　　　　　(b) 中间状态　　　　　(c) 收拢状态

图 3.77　采用支链 v 的折展 7R 机构

4. 8R 机构

和 6R 机构类似,8R 机构可以展开成图 3.57 所示的展开形貌,且可以折叠成所有连杆平行且接触的完全收拢状态。如果 8R 设计成轴对称机构,所有轴线在展开平面的投影可以把圆周均分为 8 等份,如图 3.78(a) 所示。对于收拢状态,所有轴线在折叠平面上的投影同样把圆周 8 等分,如图 3.78(b) 所示。

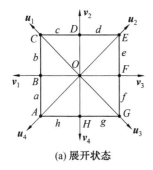 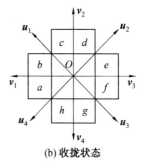

(a) 展开状态　　　　　　　　　　　　　(b) 收拢状态

图 3.78　8R 机构的矩形展开形貌的关节轴线投影图

关节 A、C、E、G 的轴线交于一点 P,构成一个旋转子群 $\{S(P)\}$;同理,关节 B、D、F、H 的轴线交于一点 Q,构成另外一个旋转子群 $\{S(Q)\}$。如果关节 A、B 被锁定,瞬时自由度 $\{L(a,e)\}$ 是 $\{R(P,\overrightarrow{PQ})\}$。如果机构按照交集 $\{R(P,\overrightarrow{PQ})\}$ 进行运动,两个交点 P 和 Q 在运动的过程中是改变的。因此,机构的瞬时自由度 $\{L(a,e)\}$ 可以表示为

$$\{R(P,\overrightarrow{PQ})\}\{R(A,u_i)\}\{R(B,v_j)\}, \quad i,j=1,2,3,4 \tag{3.58}$$

因此,该 8R 机构具有 3 个连续自由度。

然而,机构是具有断续自由度的,两个旋转子群 $\{S(P)\}$ 和 $\{S(Q)\}$ 是在折展运动中严格使轴线交于不同的两点 P 和 Q 的。由于机构具有多个自由度,两个子群运动 $\{S(P)\}$ 和 $\{S(Q)\}$ 会被破坏而使 $\{R(P,\overrightarrow{PQ})\}$ 不再存在,因此如果机构保持 $\{R(P,\overrightarrow{PQ})\}$ 运动,其具备的轴对称运动使机构可完全折叠到图 3.79(c) 所示的状态,否则,机构可能从图 3.79(b) 所示的状态运动到图 3.79(d) 所示的状态,也可从图 3.79(b) 所示的状态运动到图 3.79(e) 所示的状态。而机构在图 3.79(e) 所示的构态下,则可以继续运动到图 3.79(f) 所示的收拢状态。如果在展开状态时,点 P 处在无穷远处,则机构构成运动子群 $\{G(u_i)\}$,$i=1,2,3,4$,使得 $\{S(Q)\}$ 被破坏。

同样地,如果 8R 轴对称机构的相邻两个转轴具有相同的扭转角 $\pi/2$,机构同样具有 3 个连续自由度。在展开状态时,关节 B、D、F、H 形成一个平面 4R 机构,机构可以在平面 4R 机构的运动度下进行运动,也可以进行关于中心轴的对称运动,从而实现收拢。其实体模型如图 3.80 所示。

如果使用图 3.57(b) 所示的矩形展开形貌,则转动副轴线与连杆在展开平面和折叠平面的投影如图 3.81 所示。

假设 v_1、v_2 共面(平行或者相交),v_3、v_4 共面,则必然可以在平面 $\{v_1,v_2\}$ 上找到一条轴线 n_1,在平面 $\{v_3,v_4\}$ 上找到一条轴线 n_2,满足

$$\begin{cases} n_1 \bigcap \{u_1,u_2\}=M_1 \\ n_2 \bigcap \{u_3,u_4\}=M_2 \end{cases} \tag{3.59}$$

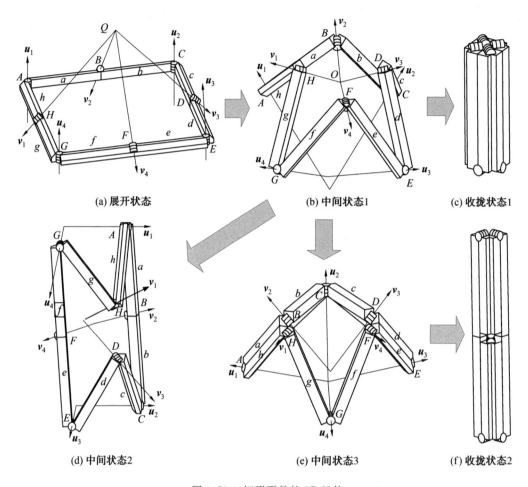

(a) 展开状态　　　　　　　(b) 中间状态1　　　　　　(c) 收拢状态1

(d) 中间状态2　　　　　　(e) 中间状态3　　　　　　(f) 收拢状态2

图 3.79　矩形形貌的 8R 机构

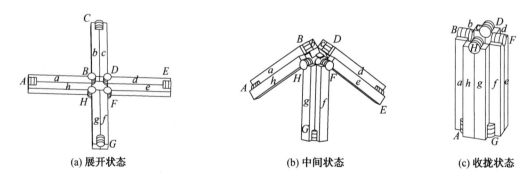

(a) 展开状态　　　　　　　(b) 中间状态　　　　　　(c) 收拢状态

图 3.80　十字形展开形貌的 8R 机构

其中

$$\begin{cases} \boldsymbol{u}_1 \bigcap \boldsymbol{u}_2 = \boldsymbol{O}_1 \\ \boldsymbol{u}_3 \bigcap \boldsymbol{u}_4 = \boldsymbol{O}_2 \end{cases} \qquad (3.60)$$

由于机构的面对称性,两个平面 $\{\boldsymbol{n}_1, \overrightarrow{M_1O_1}\}$ 和 $\{\boldsymbol{n}_2, \overrightarrow{M_2O_2}\}$ 重合,于是连杆 a 和 e 的瞬

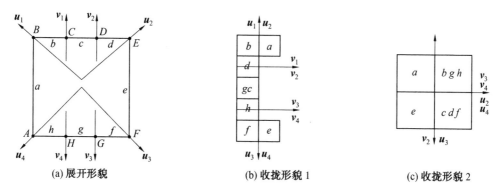

(a) 展开形貌　　　　　　(b) 收拢形貌 1　　　　　(c) 收拢形貌 2

图 3.81　矩形展开形貌下 8R 机构的折叠平面

时自由度可以是

$$\{\boldsymbol{L}(a,e)\} = \{\boldsymbol{R}(\boldsymbol{M}_1,\overrightarrow{\boldsymbol{M}_1\boldsymbol{M}_2})\} \tag{3.61}$$

不难发现,只要保证两个平面 $\{\boldsymbol{n}_1,\overrightarrow{\boldsymbol{M}_1\boldsymbol{O}_1}\}$ 和 $\{\boldsymbol{n}_2,\overrightarrow{\boldsymbol{M}_2\boldsymbol{O}_2}\}$ 重合,则机构必然存在面对称自由度,因此机构具有多个自由度,可以运动到图 3.82(b)、(c) 等子图所示的构态。机构由两个支链组成,如果 $\boldsymbol{v}_1//\boldsymbol{v}_2//\boldsymbol{v}_3//\boldsymbol{v}_4$,则关节 C、B、F、G 构成 $\{\boldsymbol{G}(\boldsymbol{v}_i)\}$,$i=1,2,3,4$ 的子群运动,这是一个局部自由度,如图 3.82(c) 所示。可以利用该局部自由度使机构运动到完全收拢状态,如图 3.82(d) 所示。

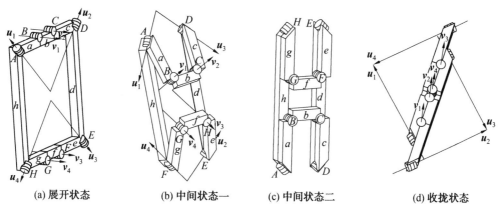

(a) 展开状态　　　　(b) 中间状态一　　　　(c) 中间状态二　　　　(d) 收拢状态

图 3.82　折展 8R 机构

3.7　本章小结

本章首先基于图论理论对折展机构单元的构型综合方法进行了研究,按照运动链参数之间的关系,建立了 4 种基本单元的拓扑图模型,利用邻接矩阵分析了构件及运动副的拓扑对称性,得到了满足拓扑要求的基本单元的构型方案。基于位移李群理论与螺旋理论,阐述了一种直观的机构自由度分析方法,对单闭环对称运动度机构进行了自由度分析,系统地综合出一系列可行的对称运动机构,为折展机构的设计提供了大量可行的构型基础。

参考文献

[1] DOBRJANSKY J L, FREUDENSTEIN F. Some applications of graph theory to the structural analysis of mechanisms[J]. Journal of Engineering for Industry-Transactions of the ASME, 1967: 153-158.

[2] FREUDENSTEIN F. The basis concepts of polya's theory of enumeration with application to the structural classification of mechanisms[J]. Journal of Mechanisms, 1967: 273-290.

[3] CROSSLEYF R E. The permutations of kinematic chains of eight members or less from the graph theoretic point of view[M]. New York: Pergamon Press, 1965.

[4] MRUTHYUNJAYA T S. Kinematic structure of mechanisms revisited[J]. Mach. Theory, 2003, 38 (4): 279-320.

[5] JIN Qiang, YANG Tingli. Theory for topology synthesis of parallel manipulators and its application to three-dimension-translation parallel manipulators[J]. Journal of Mechanical Design, 2004, 126(1): 625-639.

[6] 杨廷力. 机器人机构拓扑结构学[M]. 北京:机械工业出版社, 2004.

[7] 丁华锋. 运动链的环路理论与同构判别及图谱库的建立[D]. 秦皇岛:燕山大学, 2007.

[8] HERVE J M. Analyse structurelle des mécanismes par groupe des déplacements[J]. Mechanism and Machine Theory, 1978, 13(4): 437-450.

[9] LEE C C, HERVE J M. Translational parallel manipulators with doubly planar limbs[J]. Mechanism and Machine Theory, 2006, 24(4): 433-435.

[10] ANGELES J. The qualitative synthesis of parallel manipulators[J]. Journal of Mechanical Design, 2004, 126: 617.

[11] RICO J M. A comprehensive theory of type synthesis of fully parallel platforms[C]// Proceedings of 2006 ASME DETC Conference. Philadelphia, USA: ASME, 2006: 1067-1078.

[12] MENG Jian, LIU Guangfeng, LI Zexiang. A geometric theory for synthesis and analysis of sub 6-dof parallel manipulators[J]. IEEE Transaction on Robotics, 2007, 23(4): 625-649.

[13] MENG Jian, ZHANG Dongjun, LI Zexiang. Accuracy analysis of parallel manipulators with joint clearance[J]. ASME Journal of Mechanical Design, 2009, 131: 011-013.

[14] MENG Jian. A geometric theory for synthesis analysis and design of sub-6dof parallel manipulators [D]. Hong Kong: Hong Kong University of Science and Technology, 2007.

[15] HUANG Zhen, LI Qinchuan. General methodology for type synthesis of lower-mobility symmetrical parallel manipulators and several novel manipulators[J]. International Journal of Robotic Research, 2002, 21(2): 131-146.

[16] HUANG Zhen, LI Qinchuan. Type synthesis of symmetrical lower-mobility parallel mechanisms using constraint-synthesis method[J]. International Journal of Robotic Research, 2003, 22(1): 59-79.

[17] 黄真,赵永生,赵铁石. 高等空间机构学[M]. 北京:高等教育出版社, 2006.

[18] LIU Jingfeng, HUANG Zhen, LI Yanwei. Mobility of the myard 5R linkage involved in "Gogu Problem"[J]. Chinese journal of mechanical engineering, 2009, 22(3): 325-330.

[19] LIU Jingfeng, HUANG Zhen. Mobility analysis of some paradoxical mechanisms using a general

methodology[C]//2008 International Design Engineering Technical Conferences and Computers and Information in Engineering Conference. New York：ASME,1421-1426

[20] LI Qinchuan, HERVE J M. Structural shakiness of non-overconstrained translational parallel mechanisms with identical limbs[J]. IEEE Transactions on Robotics，2009，25(1):23-36.

[21] LI Qinchuan,HERVE J M. Type synthesis of 3R2T 5-dof parallel mechanisms using Lie group of displacements[J]. IEEE Transactions on Robotics and Automation，2004,20(2):173-180.

[22] LI Qinchuan, HUANG Zhen. Mobility analysis of a novel 3-5R parallel mechanism family[J]. ASME Journal of Mechanical Design，2004,126(1):79-82.

[23] FANG Yuefa,TSAI L W. Structure synthesis of a class of 4-dof and 3-dof parallel manipulators with identical limb structures[J]. International Journal of Robotic Research,2002,21(9): 799-810.

[24] FANG Yuefa,TSAI L W. Structure synthesis of a class of 3-dof rotational parallel manipulators [J]. IEEE Transaction on Robotics and Automation，2004,20(1): 117-121.

[25] KONG Xiaowen,GOSSELIN C M. Type synthesis of 3T1R 4-dof parallel manipulators based on screw theory[J]. IEEE Transaction on Robotics and Automation,2004,20(2): 181-190.

[26] KONG Xiaowen,GOSSELIN C M. Type synthesis of three-degree-of-freedom spherical parallel manipulators[J]. International Journal of Robotic Research，2004，23(3): 237-245.

[27] KONG Xiaowen, GOSSELIN C M. Type synthesis of parallel mechanisms[M]. Heidelberg: Springer，2007.

[28] DAI Jiansheng. Conceptual study of the dexterous reconfigurable assembly and packaging system, Science and Tech Report, PS960326[R]. Port Sunlight: Unilever Research,1996.

[29] DAI Jiansheng, REES J J. Matrix representation of topological configuration transformation of metamorphic mechanisms[J]. ASME Transaction: Journal of Mechanical Design,2005,127: 837-840.

[30] GAN Dongming, DAI Jiansheng, LIAO Qizheng. Mobility change in two types of metamorphic parallel mechanisms[J]. Transactions of the ASME: Journal of Mechanisms and Robotics，2006, 129(6): 595-601.

[31] DAI Jiansheng, HUANG Zhen, LIPKIN H. Mobility of overconstrained parallel mechanisms[J]. Transactions of the ASME: Journal of Mechanical Design, 2006,128(1): 220-229.

[32] GAO Feng, ZHANG Yong, LI Weimin. Type synthesis of 3. dof reducible translational mechanisms[J]. Robotica,2005,23(2): 239-245.

[33] GOGU G. Structural synthesis of fully-isotropic translational parallel robots via theory of linear transformations[J]. European Journal of Mechanics A/Solids,2004,23(6): 1021-1039.

[34] GOGU G. Mobility of mechanisms: a critical review[J]. Mechanism and Machine Theory, 2005 (40): 1068-1097.

[35] GOGU G. Structural synthesis of fully-isotropic parallel robots with Schönflies motions via theory of linear transformations and evolutionary morphology[J]. European Journal of Mechanics A/Solids,2007,26(2): 242-269.

[36] ZHAO Jianguo, LI Bing, YANG Xiaojun, et. al. Geometrical method to determine the reciprocal screws and applications to parallel manipulators[J]. Robotica,2009,27(6): 929-940.

[37] 刘缋武. 应用图论[M]. 长沙:国防科技大学出版社,2006.

[38] MURRAY R,LI Zexiang,SASTRY S. A mathematical introduction to robotic manipulation[M]. Boca Raton,FL: CRC,1994.

[39] BOOTHBYW. An introduction to differentiate manifolds and riemannian geometry[M]. 2nd ed. Salt Lake City：Academic Press，2002.

[40] LEE C C, HERVE J M. Discontinuous mobility of four-link mechanisms with revolute, prismatic and cylindrical pairs through the group algebraic structure of the displacement set[C]//8th International Conference on the Theory of Machines and Mechanisms. Montreal, Canada：ASME,2002：577-587.

[41] LEE C C, HERVE J M. A novel discontinuously movable six-revolute mechanism[C]//ASME/IF-ToMM International Conference on Reconfigurable Mechanisms and Robots. London ：ASME/IF-ToMM ,2009：58-62.

[42] CHEN Yan. Design of structural mechanism[D]. Oxford：University of Oxford,2003.

[43] CRAWFORD R F,HEDGEPETH J M, PREISWERK P R. Spoked wheels to deploy large surfaces in space：weight estimates for solar arrays[J]. National Aeronautics and Space Administration, 1975；55-68.

第4章 大尺度折展机构的组网方法

4.1 概　　述

把一系列基本折展单元模块按照一定的机构学原理连接在一起，可构成大尺度折展机构。大量的模块连接到一起，自由度将很难保证，因此如何实现模块之间的可动连接是折展机构组网的难点。在大尺度折展机构的组网方法研究领域，当前可查文献仍然较少，作者领导的研究团队基于投影法设计了抛物面天线背架机构[1,2]，并研究了 Myard 机构的可动装配方式[3,4]；陈焱和由衷等人基于 Tiling 理论[5-9]，提出了平面网格的构造方式。总体而言，该研究方向尚目前未形成系统的设计理论。

本章首先阐述多闭环机构的自由度分析方法，为折展机构的大尺度组网提供理论依据。在此基础上，系统地综合基本单闭环折展机构的可动连接方式，通过使用一种或多种可动连接方法，把多个基本折展模块单元连接起来，构成大尺度平面或者曲面的多闭环大型折展桁架机构。

4.2 多闭环机构运动度分析

大型空间折展机构通常由一系列基本折展单元按照一定的机构学原理连接而成，根据第 3 章给出的折展机构的综合方法，可得到大量的折展机构单元，这些单元大部分都是单闭环机构，将这些单闭环机构通过组网，可构成多闭环机构系统。不同于单闭环机构，多闭环机构系统的约束旋量空间是由多个封闭环的共同约束形成的，因此对其自由度的分析相对单闭环机构要复杂。

图 4.1 所示为 5R Myard 机构的 $D-H$ 模型，假设与基座相连的两个转动副轴线相交成 $120°$，即 $(u_1, u_2) = 2\pi/3$，根据第 3 章提出的自由度分析方法，转动副 C_0、D_0 轴线满足式

$$u_1 \bigcap u_2 = P_1 \tag{4.1}$$

则过 P_1 点且在 $\{u_1, u_2\}$ 平面内的任意转动都可以实现。又因 Myard 机构为镜面对称机构，则连杆 b、c 在单个 Myard 机构中具有可以绕轴线 $\overrightarrow{M_1P_1}$ 旋转的单自由度，$\overrightarrow{M_1P_1}$ 沿 $\langle u_1, u_2 \rangle$ 的角平分线方向，M_1 为 $\langle u_1, u_2 \rangle$ 的角平分线与 s_1 的公垂线在 $\overrightarrow{M_1P_1}$ 轴线上的垂足。这相当于在单个 Myard 单元中，杆 b 相对于杆 c 可以绕着轴线 $\overrightarrow{M_1P_1}$ 方向转动，等同于连接了一个转动副，这里称为虚拟转动副 X。以 P_1 点为原点，$\overrightarrow{M_1P_1}$ 方向为 x 轴正方向，平面 $\{u_1, u_2\}$ 的垂线方向为 z 轴正方向，建立坐标系 P_1-xyz。在该坐标系中，向量 x 和向量 s_1

可以表示为

$$\begin{cases} \boldsymbol{x} = (1,0,0) \\ \boldsymbol{s}_1 = s_3 \boldsymbol{R}(\varphi_3)^z \boldsymbol{R}(\beta)^z \boldsymbol{R}(\mu) \boldsymbol{x} = \begin{bmatrix} \cos\beta\cos\mu + \sin\mu\sin\beta\cos\varphi_3 \\ \sin\beta\cos\varphi_3\cos\mu - \sin\mu\cos\beta \\ \sin\beta\sin\varphi_3 \end{bmatrix} \end{cases} \quad (4.2)$$

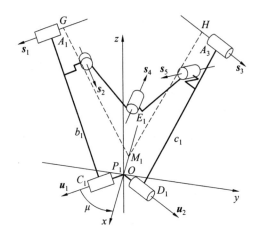

图 4.1　5R Myard 机构单元

然而,这个虚拟转动副并不等同于真实的转动副,它不能用一个真实转动副替代,原因是该虚拟转动副 X 的转轴 $\overrightarrow{M_1 P_1}$ 与其相邻的转动副 A_1 或者 A_3 的转动轴线的扭转角 α 是变化的,公垂线长度也是变化的,这两个参数正是机构中的两个 $D\text{-}H$ 参数。异面直线 $\boldsymbol{s}_1$ 与 $\overrightarrow{M_1 P_1}$ 轴所成的扭转角为

$$\alpha_d = \langle \boldsymbol{x}, \boldsymbol{u}_1 \rangle = \arccos\left(\frac{\boldsymbol{x} \cdot \boldsymbol{s}_1}{|\boldsymbol{x}||\boldsymbol{s}_1|}\right) = \arccos\left(\cos\beta\cos\mu + \sin\mu\sin\beta\cos\varphi_3\right) \quad (4.3)$$

由式(3.45)可得异面直线 $\boldsymbol{s}_1$ 与 $\overrightarrow{M_1 P_1}$ 轴所成的距离为

$$l_d = \left| \frac{\left|\left[\overrightarrow{OA_1}; \boldsymbol{s}_1; \boldsymbol{x}\right]\right|}{\boldsymbol{s}_1 \times \boldsymbol{x}} \right| = \frac{b_1 |\sin\beta\cos\mu - \cos\varphi_3\sin\mu\cos\beta|}{\sqrt{\sin^2\varphi_3 \sin^2\beta - (\sin\beta\cos\varphi_3\cos\mu - \sin\mu\cos\beta)^2}} \quad (4.4)$$

对一般机构而言,$D\text{-}H$ 参数在运动过程中是保持不变的,而通过式(4.3)和式(4.4)可以看出,连杆 b 相对连杆 c 能够实现单自由度转动运动,但是 $\{L(b,c)\}$ 并不能简单地等价于一个真实存在的转动副,而是一个变 $D\text{-}H$ 参数的虚拟转动副。对于三重对称单闭环 Bricard 机构[10],如图 4.2 所示,其环路方程可表示为

$$\cos^2\alpha + \sin^2\alpha(\cos\theta + \cos\varphi) + (1 + \cos^2\alpha)\cos\theta\cos\varphi - 2\cos\alpha\sin\theta\sin\varphi = 0 \quad (4.5)$$

式中　θ、φ—— 三重对称 Bricard 机构的独立关节变量;

　　　α—— 机构任意相邻两个转动副轴线绕公垂线转过的角度。

由前述分析可见,扭转角 α 在运动过程中是不变量,θ 和 φ 共同被式(4.5)所约束,即机构只有一个独立变量,故该机构为单自由度机构。

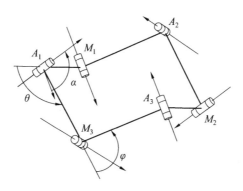

图 4.2　三重对称 Bricard 单闭环机构

在满足三重对称的条件下,改变 D - H 参数时,机构仍为单自由度机构。利用这个特性,可将三重对称 Bricard 机构中的 M_1、M_2、M_3 用 3 个 Myard 机构中的变参数虚拟转动副替代,得到了图 4.3(a) 所示的多闭环机构。Myard 机构中的虚拟轴线在运动过程中不但 D - H 杆长发生改变,而且扭转角也改变。因此其等价于一个 CRC 支链,即两个圆柱副和一个转动副串联而成的开环支链,从而可得等价变参数 Bricard 机构模型,如图 4.3(b) 所示。在该单闭环机构中,每个 CRC 支链都被局部的 Myard 闭环约束成为单自由度。假设 s_1、s_2、s_3 与相邻的 Myard 闭环的转动副均成 $\pi/2$ 角度,则该衍生的多闭环 Bricard 机构的关节变量可以计算为

$$\cos(\pi - \varphi_d) = \frac{\overrightarrow{P_1 G} \cdot \overrightarrow{P_1 H}}{|\overrightarrow{P_1 G}| |\overrightarrow{P_1 H}|} = \frac{n^2 - m}{t(m + n^2)} \tag{4.6}$$

式中　　$m = \sin^2 \varphi_3 \sin^2 \beta (\cos \varphi_3 \sin \mu \cos \beta - \sin \beta \cos \mu)^2$;

$n = \cos \varphi_3 \left(\cos \beta \left(\frac{1}{2} \sin 2\mu \sin \beta \cos \varphi_3 - \cos \beta + 2 \cos^2 \mu \right) - \cos^2 \mu \right) + \frac{1}{4} \sin 2\beta \sin 2\mu$;

$t = -1 + \cos^2 \varphi_3 \sin^2 \beta \sin^2 \mu + \frac{1}{2} \sin 2\beta \sin 2\mu \cos \varphi_3 + \cos^2 \mu \cos^2 \beta$。

由式(4.3)、(4.5)和式(4.6),即可得到等价单闭环机构的环路方程

$$\begin{cases} \cos^2 \alpha + \sin^2 \alpha (\cos \theta + \cos \varphi) + (1 + \cos^2 \alpha) \cos \theta \cos \varphi - 2\cos \alpha \sin \theta \sin \varphi = 0 \\ \alpha_d = \arccos(\cos \beta \cos \mu + \sin \mu \sin \beta \cos \varphi_3) \\ \cos(\pi - \varphi_d) = (n^2 - m)/(tm + tn^2) \end{cases}$$

$$\tag{4.7}$$

式(4.7) 即为多闭环机构的环路方程,式中含有 4 个变量,且约束方程为 3 个,因此所得到的多闭环机构为单自由度机构。如图 4.3 所示,由于关节 C_1、A_1、D_2 轴线相互平行,关节 C_2、A_2、D_3 轴线相互平行,关节 C_3、A_3、D_1 轴线相互平行,因此机构在运动过程中,由 $\{s_1, s_2, s_3\}$ 所形成的平面与 $\{v_1, v_2, v_3\}$ 所形成的平面平行。在折展机构的设计中,这种平行关系往往有利于支撑载荷。

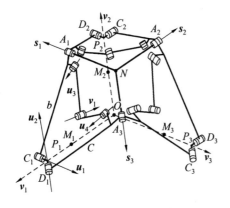
(a) 3 – Myard 多闭环机构

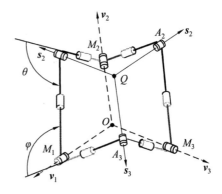
(b) 等价变参数 Bricard 机构模型

图 4.3 基于 Myard 机构单元的多闭环机构及其变参数 Bricard 机构

4.3 机构模块单元的可动连接方法

大尺度折展机构组网的基础是将两个基本折展机构模块单元可动地连接在一起,本书提出以下 3 种可动连接方式:

(1) 共用支链连接:两个基本机构模块单元的部分运动支链具有相同的运动度时,两个机构的这部分支链通过共用方式合并到一起;

(2) 共用连杆连接:两个基本机构模块通过共用某个刚性体而连接在一起;

(3) 共用附加机构连接:两个基本机构模块通过附加在第三个开环或者闭环机构上而连接在一起。

通过以上三种机械连接方式,可以把一系列基本折展机构模块连接成大尺度折展网络,下面通过实例进行说明。

4.3.1 共用支链连接

由于任何两个连杆连接到一个转动副上均具有绕该转动副的转动自由度,这一点使得任何两个含有转动副的单闭环机构都可以共用两个连杆和一个转动副。例如,图4.4所示为两个 5R Myard 折展机构,由连杆 b、e 和转动副 D 所组成的支链与由连杆 c、e 和转动副 C 所组成的支链具有相同的自由度,则可以通过共用这部分运动链把两个相同的折展机构连接在一起。事实上,也可以通过共用任何一个具有相同运动度的支链将相邻的两个单闭环机构连接在一起。本方法称为共用支链的可动连接方法。

4.3.2 共用连杆连接

两个基本机构模块还可以通过共用一个连杆的方式连接在一起。此时,如果仅有单独的两个闭环连接在一起,则两个闭环的运动度不能被关联起来,即两个单闭环机构可以

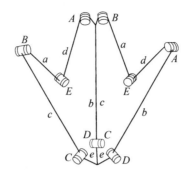

图 4.4   两个单闭环 5R 折展机构共支链连接

独立运动,相互之间没有影响。

图 4.5(a) 所示为两个 Bricard 机构,连杆 f_1 和 c_2 可以合并成为一个公共的连杆而把两个 6R 机构连接在一起。该种连接方式中,连杆 e_1 相对于 d_2 能够实现两个自由度的转动,这是由于两个单闭环机构的运动度之间没有关联。

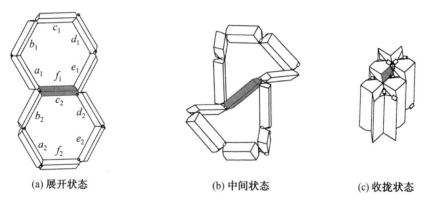

(a) 展开状态   (b) 中间状态   (c) 收拢状态

图 4.5   两个 Bricard 机构的共杆连接

如图 4.6(a) 所示,对于可以展开成矩形的 6R 机构而言,其连杆 a、d 具有单个绕轴线 $\overrightarrow{O_2O_1}$ 旋转的自由度,其中

$$O_1 = v_1 \bigcap \{u_2, u_3\} \tag{4.8}$$

$$O_2 = v_2 \bigcap \{u_1, u_4\} \tag{4.9}$$

如图 4.6(b) 所示,$n_1 \sim n_4$ 为 4 个 6R 机构的虚拟轴线,当 4 个虚拟转动轴线 $n_1 \sim n_4$ 都相互平行时,其俯视图如图 4.7(a) 所示。机构可以等价为变参数的平面 4R 机构,如图 4.7(b) 中虚线所示。在机构运动过程中,该等价的平面 4R 机构的杆长是变化的,即变参数 4R 机构在运动过程中改变的参数是该虚拟平面 4R 机构的杆长。在收拢运动时,平面四连杆机构的杆长有两个变长,有两个变短。因此,需要采用交错的两个虚拟转动轴位于大闭环的内侧,而另外两个虚拟转动轴位于大闭环的外侧布置方式,才能使机构在运动过程中,增长的杆长与缩短的杆长正好相互补偿,机构可以协调运动,即机构在运动过程中具有封闭性。

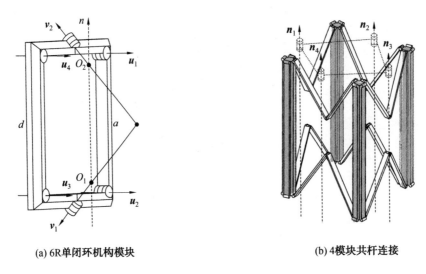

(a) 6R单闭环机构模块　　　　　　　　　(b) 4模块共杆连接

图 4.6　由 4 个 6R 折展模块通过共杆连接组成的折展网络

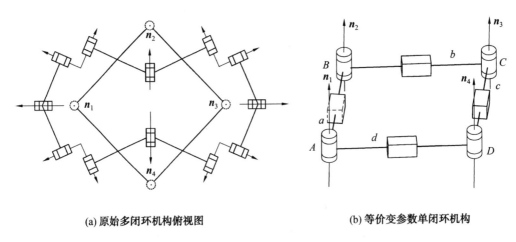

(a) 原始多闭环机构俯视图　　　　　　　(b) 等价变参数单闭环机构

图 4.7　基于共杆连接的 6R 折展单元组成的多闭环机构及其等价变参数单闭环机构

4.3.3　共用附加机构连接

共用附加机构连接指两个机构单元通过添加第三个开环或者特定闭环机构而连接到一起。本节主要介绍附加开环支链、附加闭环机构和附加空间剪叉机构连接。

1. 附加开环支链连接

相邻两个单元可以共用一个附加的开环运动链而连接到一起,共用的开环运动链可以包含一个或者多个运动副。例如图 4.8 所示的两个相同的 6R 机构,可以通过附加一个只含一个转动副 A 的开环支链而连接到一起,其中第一个 6R 封闭环机构的 e_1 杆和附件运动链的 c 杆连接,第 2 个 6R 封闭环机构的 a_2 杆与附加开环支链的 d 杆连接。由 4 个 6R 模块单元连接而成的机构网络如图 4.9 所示。

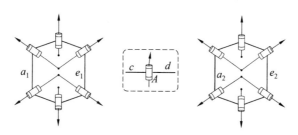

图 4.8　两个相同 6R 单闭环机构附加开环运动链连接

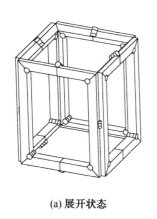

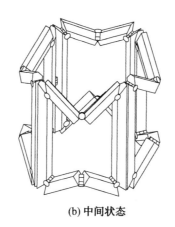

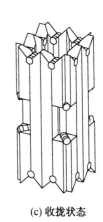

(a) 展开状态　　　　　　　　(b) 中间状态　　　　　　　(c) 收拢状态

图 4.9　4 个 6R 折展单元的组网

2. 附加闭环机构连接

通过特殊的几何设计可以发现,Bennett 机构或者 Bricard 机构可以设计成紧凑的闭环连接机构,用于连接多个折展模块单元。图 4.10 所示为基于 Bennett 机构的紧凑型封闭环机构,称为"Bennett 型连接器 Ⅰ"。它的特点是有 4 个连杆从封闭环机构往外延伸,在展开状态呈现"X"形(图 4.10(a)),而在收拢状态下 4 个连杆可以无干涉地收拢到 4 个连杆平行并且接触的状态(图 4.10(c)),可用于连接其他机构。图4.11 是另一种形式的紧凑型 Bennett 机构,称为"Bennett 型连接器 Ⅱ"。同样也有 4 个连杆往外延伸,与前一种紧凑型 Bennett 机构不同的是有两对连杆始终平行并且接触,同样可以无干涉地收拢

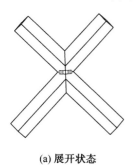

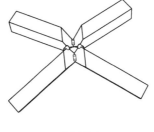

(a) 展开状态　　　　　　　　(b) 中间状态　　　　　　　(c) 收拢状态

图 4.10　Bennett 型连接器 Ⅰ

到 4 个连杆平行并且接触的状态。图 4.12 所示为基于 Bricard 机构的紧凑型闭环折展机构，称为"Bricard 型连接器"。它的特点是有 6 个往外延伸的连杆，其中有 3 对是始终平行并且接触的，也是可以无干涉地收拢到 4 个连杆平行并且接触的状态。

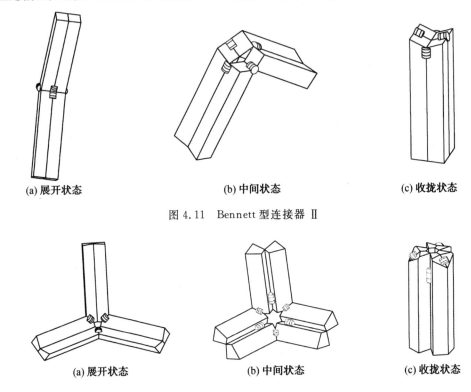

(a) 展开状态　　　　　　　　(b) 中间状态　　　　　　　　(c) 收拢状态

图 4.11　Bennett 型连接器 Ⅱ

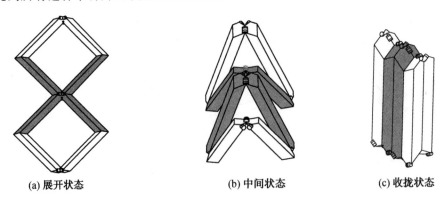

(a) 展开状态　　　　　　　　(b) 中间状态　　　　　　　　(c) 收拢状态

图 4.12　Bricard 型连接器

　　紧凑型 Bennett 连接器 Ⅰ 可以用于 Bennett 机构单元连接，图 4.13 所示的模型是由 2 个 Bennett 封闭环机构通过共用 1 个 Bennett 型连接器 Ⅰ 而连接在一起，机构可以紧凑地收拢到所有连杆平行并且接触的收拢状态。

(a) 展开状态　　　　　　　　(b) 中间状态　　　　　　　　(c) 收拢状态

图 4.13　基于 Bennett 型连接器 Ⅰ 的 Bennett 机构组网

基于同样的方法，两个"Y"形折展 6R Bricard 机构单元可通过紧凑型 Bennett 连接器

Ⅱ 可动地连接在一起,如图 4.14 所示。连接后整个机构仍为单自由度机构,可以紧凑地收拢到所有连杆平行并且接触的收拢状态,该折展机构网络展开、中间和收拢状态如图4.14 所示。

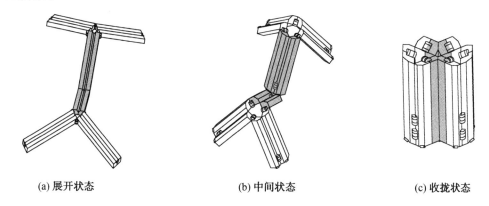

(a) 展开状态　　　　　　　　(b) 中间状态　　　　　　　　(c) 收拢状态

图 4.14　基于 Bennett 型连接器 Ⅱ 的"Y"形 Bricard 机构组网

类似地,采用 Bricard 型连接器可以把 3 个"Y"形折展 6R Bricard 机构单元连接在一起,整个机构连接后仍为单自由度机构,机构网络折展状态如图 4.15 所示。

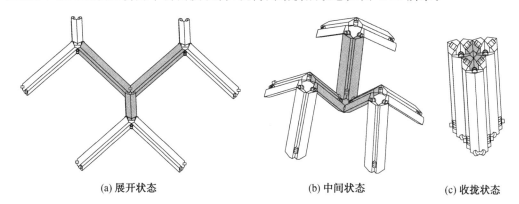

(a) 展开状态　　　　　　　　(b) 中间状态　　　　　　　　(c) 收拢状态

图 4.15　基于紧凑型 Bricard 连接器的 3 个"Y"型 Bricard 机构连接

前面给出了基于紧凑型封闭环机构的可动连接方式,然而在很多情况下,两个闭环机构也可以非紧凑型的封闭环机构可动地连接在一起。图 4.16 所示的模型是两个"Y"形折展 6R Bricard 机构单元通过共用一个非紧凑型的 Bennett 机构可动地连接在一起,机构可以紧凑地收拢到所有连杆平行并且接触的收拢状态,机构折展状态如图所示。

图 4.17 是 3 个"Y"形折展 6R Bricard 机构单元通过共用一个非紧凑型的 Bricard 机构可动地连接在一起而构成的单自由度多闭环机构,机构可以紧凑地收拢到所有连杆平行并且接触的收拢状态,机构网络折展状态如图所示。

3. 附加空间剪叉机构连接

剪叉机构可以对称地传递运动,是一种简单的传动机构。如图 4.18 所示,连杆 1 和连杆 4 通过轴销 3 连接在一起,在运动过程中是一个整体;连杆 2 与连杆 5 通过轴套 6 连接

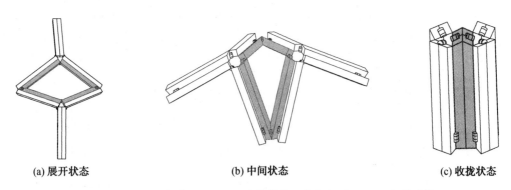

(a) 展开状态　　　　　　　(b) 中间状态　　　　　　　(c) 收拢状态

图 4.16　基于非紧凑型 Bennett 连接器的 2 个"Y"型 Bricard 机构连接

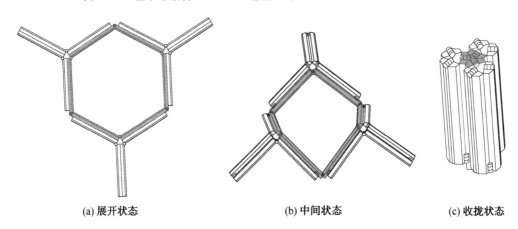

(a) 展开状态　　　　　　　(b) 中间状态　　　　　　　(c) 收拢状态

图 4.17　基于非紧凑型 Bricard 连接器的 3 个"Y"型 Bricard 机构连接

在一起,在运动过程中也是一个整体。剪叉机构在展开状态下是个剪叉的"X"形,如图 4.19(a) 所示,可以收拢到 4 个连杆平行且接触的收拢状态,如图 4.19(b) 所示。

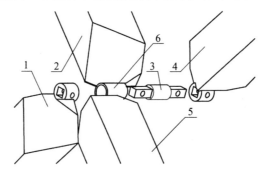

图 4.18　折展剪叉机构的关节装配形式

1,2,4,5— 连杆;3— 轴销;6— 轴套

　　由于两个相同的封闭环机构具有相同的运动范围,剪叉机构可以传递相同范围的运动,即在剪叉机构中的转动副是由两个被连接的机构所共用的,具有相同的转动范围,因此剪叉机构可以方便地把两个相同的单闭环机构可动地连接在一起。如图 4.20 所示,两个相同的 Bricard 机构通过剪叉机构可动地连接在一起,两个 Bricard 机构的运动范围是

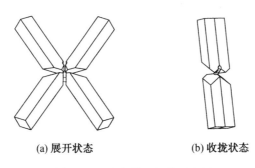

(a) 展开状态　　　　　　　　　　(b) 收拢状态

图 4.19　空间剪叉机构示意图

一样的,因此两个机构可以同时运动到收拢状态,机构折展状态如图 4.20 所示。

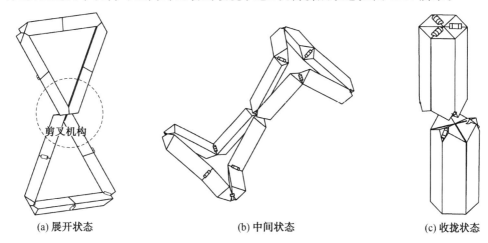

(a) 展开状态　　　　　　　(b) 中间状态　　　　　　　(c) 收拢状态

图 4.20　基于剪叉机构的双 Bricard 机构可动连接

4.4　典型机构的大尺度组网

4.4.1　4R Bennett 机构的组网

4R Bennett 机构可通过共杆的可动连接方式构成大尺度折展网络,如图 4.21 所示。不难发现,在多模块的组网中,它也是一种基于紧凑型 Bennett 机构的共闭环机构的连接方式,每 4 个 Bennett 模块通过共杆方式实现可动连接,4 个共用杆的交汇处形成一个紧凑型的 Bennett 机构。

图 4.22 则是由 5 个 Bennett 封闭环机构通过共用 4 个 Bennett 型连接器 I 而组成的可展网络,机构可以紧凑地收拢到所有连杆平行并且接触的收拢状态。该折展机构网络展开、中间和收拢状态如图所示。

Bennett 机构也可以通过空间剪叉机构与共紧凑型 Bennett 机构联合实现组网,如图 4.23(a) 所示,两个几何参数完全相同的 Bennett 机构通过剪叉机构 G 连接,杆件 FG 和 GT 固连为一个杆件 FT,杆件 HG 和 GR 固连为一个杆件 HR,相当于杆件 FT 和杆件 HR

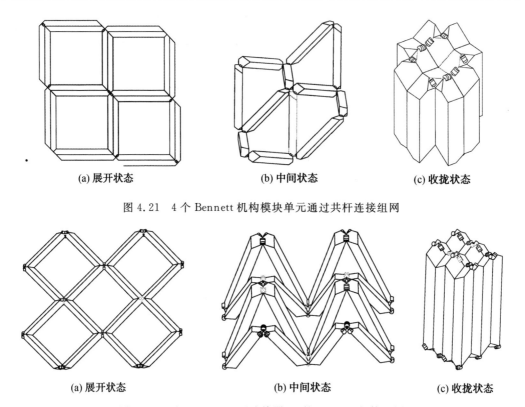

(a) 展开状态　　　　　　　　(b) 中间状态　　　　　　　　(c) 收拢状态

图 4.21　4 个 Bennett 机构模块单元通过共杆连接组网

(a) 展开状态　　　　　　　　(b) 中间状态　　　　　　　　(c) 收拢状态

图 4.22　基于 Bennett 型连接器 I 的 Bennett 机构组网

共用转动副 G，形成剪叉式 Bennett 机构的可动连接。通过同时采用剪叉机构连接和共用紧凑型 Bennett 机构连接方式，也可以把 Bennett 机构连接成为大尺度折展网络，如图所示。

　　通过共用附加机构连接方式也可以对 Bennett 机构进行可动连接。如图 4.24(a) 所示，3 个剪叉 Bennrtt 机构通过共用 1 个 6R Bricard 机构（图 4.24(b)）连接到一起，中间连接机构的转动副 A、B 和 C 的轴线相交于一点 R，转动副 E、F 和 G 的轴线相交于另外一点 T，该机构模块的整体自由度为 1。图 4.24(c) 为多个该单自由度模块组成的大尺度机构网络，可以收拢成一捆，也可以展开成一个大型桁架结构。

　　同理，可以将 4 个 Bennett 机构通过共用附加机构连接方式实现可动连接。如图 4.25(a) 所示，4 个 Bennett 机构通过中间附加一个 8R 闭环机构而组成一个 4-Bennett 基本折展模块。由于模块由 4 个单自由度 Bennett 机构组成，该模块的自由度由中间连接处形成的 8R 闭环机构所决定。对模块的实际运动分析可知，模块的自由度不唯一，伴随着模块从收拢状态到完全展开状态的整个过程，图 4.25(b) 所示 8R 机构中，分别以 A、B、C 和 D 为轴线展开的角度始终是相等的，从而可以证明 E、F、G 和 H 的轴线始终交于一点。由于间隔的 Bennett 机构展开状态相同，相邻的 Bennett 机构展开状态一般不相同，这样过 A、B、C 和 D 的轴线一般不再交于一点，而是分别交于不同的两点；同样可以得到图 4.25(a) 所示转动副 T 和 R 的轴线交于一点，转动副 U 和 S 的轴线一般交于另外一点，

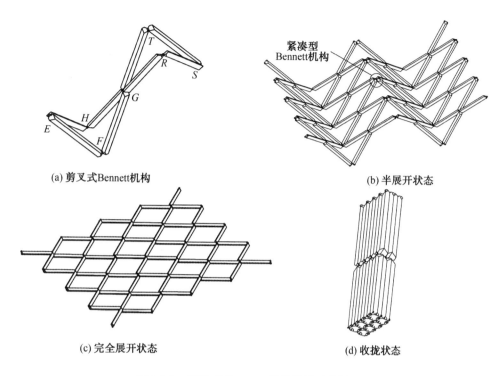

(a) 剪叉式Bennett机构

(b) 半展开状态

(c) 完全展开状态

(d) 收拢状态

图 4.23　剪叉式 Bennett 机构扩展示意图

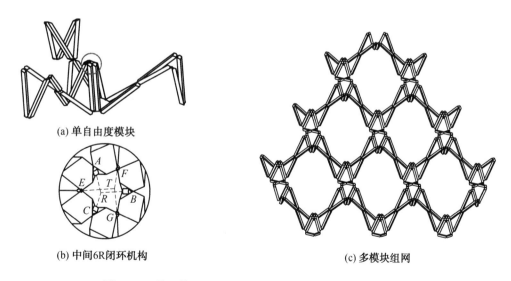

(a) 单自由度模块

(b) 中间6R闭环机构

(c) 多模块组网

图 4.24　基于剪叉 Bennett 机构的单自由度模块连接及组网

但是这 4 个不同的交点位于同一条垂直于纸面中心的直线上。从而得到该 4–Bennett 基本展开模块的自由度为 2。将多个上述 Bennett 机构构成的二自由度模块,采用正反梯台连接方式连接在一起而构造的折展机构,其展开和收拢状态如图 4.25(c)、(d) 所示。

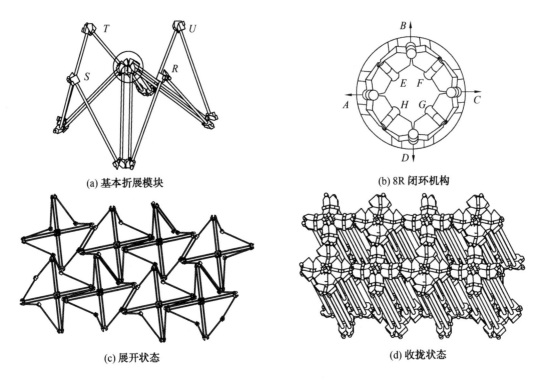

(a) 基本折展模块　　　　　　　　　　　(b) 8R 闭环机构

(c) 展开状态　　　　　　　　　　　　　(d) 收拢状态

图 4.25　4 – Bennett 基本模块的连接及组网

4.4.2　5R Myard 机构的组网

1. 5R Myard 机构的组网方法

为了构建基于 Myard 机构的空间大尺度折展机构,本书首先从机构的展开状态研究机构单元的装配问题。这里将 Myard 机构简化为点和线的组合,各转动关节用点代替,各连杆用线段代替,如图 4.26 所示,一个 Myard 机构单元可以展开成一个平面构型,即等腰三角形。三角形的 3 个顶点为 A、B、D,点 C 为杆 2 和 3 的连接点,即边 BD 的中点,此三角形的顶角为原 U 副所在位置,大小为 $2\alpha_{12}$,两底角的大小均为 $90° - \alpha_{12}$,α_{12} 为 Myard 机构内长杆两端转动副之间的扭转角。

首先从最基本的几个简单模块入手,先装配少量单元,研究其可动性,继而再进行空间大尺度网络扩展。Briand 等人曾经用 Myard 机构作为折展单元构造了一个伞形折展机构[11],如图 4.27 所示,相邻的 Myard 机构共用一根连杆和位于中心的一个转动关节,即采用共用支链连接。由于每个 Myard 机构的自由度为 1,所以此伞形机构内的各个 Myard 机构单元可以实现联动,整体运动自由度为 1。

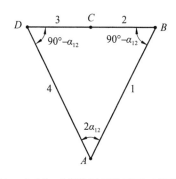

图 4.26 由 Myard 机构展开的平面三角形　　图 4.27 含 7 - Myard 机构模块的伞形折展机构

　　由于单个 Myard 机构完全展开后形成的三角形顶角为 $2\alpha_{12}$，那么 n 个 Myard 机构通过伞式连接装配在一起展开后会形成一个正 n 边形，则 $2\alpha_{12} \cdot n = 2\pi$，即推出满足伞式装配方式的几何协调条件为 $\alpha_{12} = \pi/n$。此新型机构完全展开后可构成一个平面正 n 边形，完全折叠后形成一捆，各杆均平行布置且垂直于中心底座，展开折叠过程像雨伞打开合拢过程一样，因此称此机构为伞形折展机构。图 4.28 所示为基于 $\alpha_{12} = 30°$ 的 Myard 机构的伞形折展机构的实体模型图，展示了展开、中间和收拢三个状态。

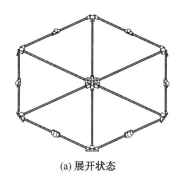

(a) 展开状态　　　　　　　　　(b) 中间状态　　　　　　　(c) 收拢状态

图 4.28　$\alpha_{12} = 30°$ 的 Myard 机构的伞形折展机构

　　除了伞形装配方式，下面提出一种新的装配方式，即通过连接 Myard 机构的长杆将 n 个 Myard 机构装配在一起。这种连接方式是将多个 Myard 机构向外扩展的重要连接方式。如图 4.29 所示，3 个 Myard 机构通过 3 个转动关节 R_1、R_2、R_3 将相邻机构的长杆连接在一起，形成一个更大的多闭环机构。这些引入的新转动副必须位于同一平面，且轴线必须交于一点 P，所有 Myard 机构内 U 副位于同一平面内，使得它们之间只发生同一平面内平移运动。

　　当此闭环折展机构完全展开时，如图 4.30 所示，所有的杆件均位于同一个平面内，即各 Myard 机构底座所在的平面，各单元内的短杆首尾相连，形成一个小的正 n 边形。而各 Myard 单元展开形成的底角大小为 $90° - \alpha_{12}$ 的三角形则包络在此小正多边形的外侧，其中所有的长杆形成了一个更大的正 n 边形。两个正多边形只是边长不等，边的数量与组成闭环折展机构的单元个数一致，均为 n。因此，可以得到大正多边形的内角为 $2\alpha_{12}$，由正多边形内角和公式，可以得到方程

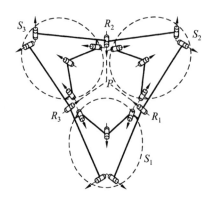

图 4.29　由 3 个 Myard 机构组成的闭环折展机构示意图

$$2\alpha_{12} \cdot n = (n-2) \cdot 180°　\tag{4.10}$$

由式（4.10）可以得到满足此种接连方式的 Myard 机构的几何条件，即

$$\alpha_{12} = 90° - \frac{180°}{n}　　(n > 2)　\tag{4.11}$$

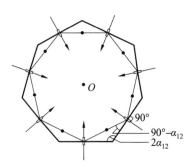

图 4.30　7-Myard 闭环折展机构展开后的状态图

当此闭环折展机构处于收拢状态时，所有杆件互相平行且收拢成一捆。随着 n 的增大，此闭环机构完全展开后的面积与收拢时的面积都会随之增大。本书定义此类机构为基于 Myard 机构的闭环折展机构。图 4.31 为基于 Myard 机构的闭环折展机构的实体模型图，展示了机构处于展开、中间和收拢 3 个状态，满足 $\alpha_{12} = 30°$；图 4.32 所示闭环折展机构满足 $\alpha_{12} = 45°$；图 4.33 所示闭环折展机构满足 $\alpha_{12} = 60°$。

以上两种基于 Myard 机构的连接方式的提出，为后面构建空间大尺度折展机构奠定了基础。为了完成大量 Myard 机构的装配，必须使参加装配的各个单元的几何参数都保持一致，只有这样才能保证装配中出现规则的正多边形，将多个单元组装在一起，实现 Myard 机构的空间大尺度扩展。

2. 基于 Myard 机构的大尺度组网

基于前面所述 Myard 机构的装配方法，本小节提出基于 Myard 机构的两类大尺度组网方法：伞形-闭环装配和闭环-剪叉装配。

首先介绍第 Ⅰ 类机构，利用伞形折展模块和闭环折展模块的组合可以构造伞形-闭

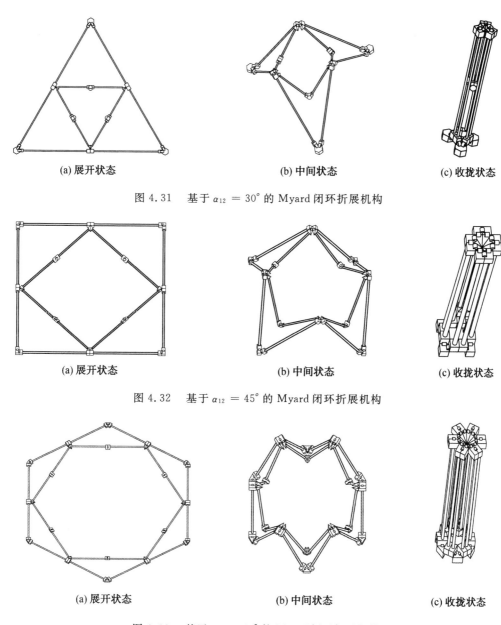

(a) 展开状态　　　　　　　　　(b) 中间状态　　　　　　　　　(c) 收拢状态

图 4.31　基于 $\alpha_{12} = 30°$ 的 Myard 闭环折展机构

(a) 展开状态　　　　　　　　　(b) 中间状态　　　　　　　　　(c) 收拢状态

图 4.32　基于 $\alpha_{12} = 45°$ 的 Myard 闭环折展机构

(a) 展开状态　　　　　　　　　(b) 中间状态　　　　　　　　　(c) 收拢状态

图 4.33　基于 $\alpha_{12} = 60°$ 的 Myard 闭环折展机构

环装配模块。6 个满足几何参数 $\alpha_{12} = 30°$ 的 Myard 机构可以构造一个伞形装配模块,其完全展开状态下可以构成一个正六边形;同时 3 个与前面同样参数的 Myard 机构通过闭环装配方式可以形成"1"个新的折展模块,其可以完全展开成等边三角形。因此,这里把 3 个前面提到的伞形折展模块通过闭环装配方式连接在一起,可以构造一个新的更大的空间折展机构模块,如图 4.34 所示。

同理,按照上述装配方法,可以对满足 $\alpha_{12} = 45°$ 和 $\alpha_{12} = 60°$ 的 Myard 机构进行装配扩展,可以分别构造出另外两种第 Ⅰ 类大尺度空间折展机构。图 4.35 所示为满足 $\alpha_{12} = 45°$

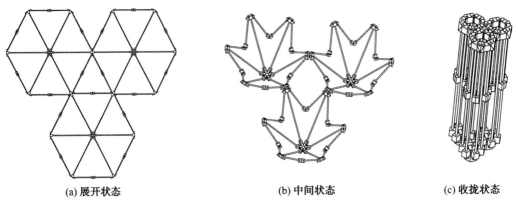

(a) 展开状态   (b) 中间状态   (c) 收拢状态

图 4.34   第 I 类基于 $\alpha_{12} = 30°$ 的 Myard 机构组网

的 Myard 机构伞形-闭环装配的模型图,图 4.36 为满足 $\alpha_{12} = 60°$ 的 Myard 机构伞形-闭环装配的模型图。当此类机构水平放置时,其伞形折展模块的中心处于同一水平面上,且只发生平面内的平移运动。

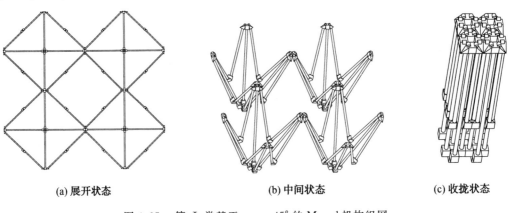

(a) 展开状态   (b) 中间状态   (c) 收拢状态

图 4.35   第 I 类基于 $\alpha_{12} = 45°$ 的 Myard 机构组网

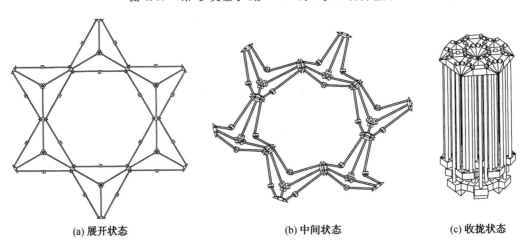

(a) 展开状态   (b) 中间状态   (c) 收拢状态

图 4.36   第 I 类基于 $\alpha_{12} = 60°$ 的 Myard 机构组网

利用闭环折展模块和附加空间剪叉机构可以构造更大的机构网络，即闭环-剪叉装配模块。3 个几何参数满足 $\alpha_{12}=30°$ 的 Myard 机构可以通过闭环装配方式构造出正三角形的空间折展机构；同时，两个与前面同样参数的 Myard 机构可以通过一对剪叉杆连接在一起，当其完全展开时，形成两个共用一个顶点的等边三角形。将闭环装配折展模块的外部顶点通过剪叉杆连接在一起，如图 4.37 所示。6 个闭环装配模块 M_1、M_2、M_3、M_4、M_5 和 M_6 可以围成一个大的装配环路，点 O_1、O_2、O_3、O_4、O_5 和 O_6 所在位置为剪叉杆连接的 U 副所在位置。当此机构置于水平面上时，模块 M_1、M_3、M_5 与模块 M_2、M_4、M_6 的运动方向正好相反，而剪叉杆各中心总在一个平面上，中心点之间只发生平移运动。按照此种混合装配方式，Myard 机构可以无限制地向外扩展，成为一个大的空间网格机构，可以实现折叠、展开运动。

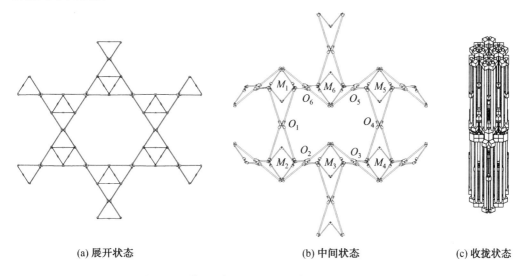

(a) 展开状态　　　　　　　　　　　(b) 中间状态　　　　　　　　　(c) 收拢状态

图 4.37　第 Ⅱ 类基于 $\alpha_{12}=30°$ 的 Myard 机构组网

同理，按照上述装配方法，还可以对满足 $\alpha_{12}=45°$ 和 $\alpha_{12}=60°$ 的 Myard 机构进行装配扩展，可以分别构造出两种第 Ⅱ 类大尺度空间折展机构。图 4.38 为满足 $\alpha_{12}=45°$ 的 Myard 机构进行闭环-剪叉装配的模型图，图 4.39 所示为满足 $\alpha_{12}=60°$ 的 Myard 机构进行伞形-剪叉装配的模型图。

以上机构均是基于 Myard 机构基本折展单元衍生出来的新型大尺度空间折展机构，尽管它们的几何参数不同，但装配方式可以归纳为两类：第一类是伞形-闭环装配方式，即先用多个相同参数的 Myard 机构单元通过共用一个中心基座，组成一个基本的伞形折展模块，将多个伞形折展模块通过闭环装配方式，在各基座所在的平面方向上进行扩展，以构成一个无限延展的网络；第二类是闭环-剪叉装配方式，即先将多个相同参数的 Myard 机构单元通过闭环装配方式，组成一个大的闭环折展模块，而将多个闭环折展模块中的 Myard 机构通过剪叉杆反向布置同样的 Myard 机构单元，即可实现多个闭环装配模块的扩展，从而构成一个无限延展的网络。

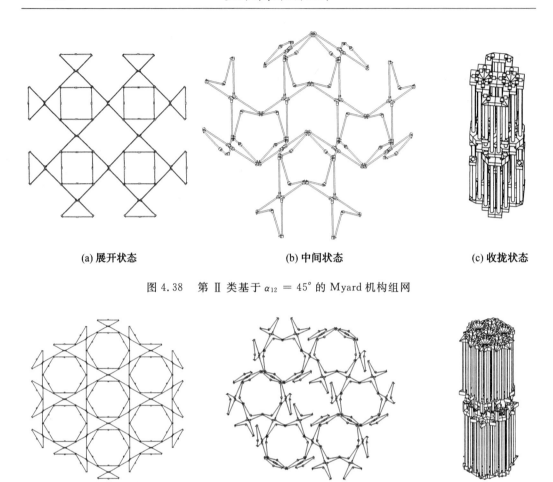

|(a) 展开状态|(b) 中间状态|(c) 收拢状态|

图 4.38　第 Ⅱ 类基于 $\alpha_{12} = 45°$ 的 Myard 机构组网

|(a) 展开状态|(b) 中间状态|(c) 收拢状态|

图 4.39　第 Ⅱ 类基于 $\alpha_{12} = 60°$ 的 Myard 机构组网

在实际大尺度折展机构的装配组网中,还要考虑机构的结构性能,比如,多层的桁架结构具有相对于单层式结构更好的结构刚度,在桁架式结构中,应尽可能地避免局部模态,即机构的每一个闭环都是封闭的,这样才能形成一个稳定的结构体。

对于图 4.31 中的 3-Myard 多闭环机构,基于 4.2 节的自由度分析,3 个基座 B_1、B_2、B_3 在运动过程中只存在平移运动。利用这一点,可以设置另外一个 3-Myard 多闭环机构,使其对应的基座 B'_1、B'_2、B'_3 是 B_1、B_2、B_3 关于某个面的镜像,如图 4.40 所示。如果两套 3-Myard 机构的参数完全一致,则基座 B'_1、B'_2、B'_3 与 B_1、B_2、B_3 的运动是完全一致的,即可把 B_1 和 B'_1、B_2 和 B'_2、B_3 和 B'_3 合并到一起,即采用共用连杆的连接方式,把两套 3-Myard 多闭环机构的运动关联到一起,成为一个双层单自由度桁架式机构,如图 4.41(a) 所示。

前面阐述了 Myard 单元可以通过共用支链的方式组成伞形模块,则该双层 Myard 桁架模块单元还可以无限扩展成该类型的机构网络,图 4.41(c) 所示为一个更大的桁架网

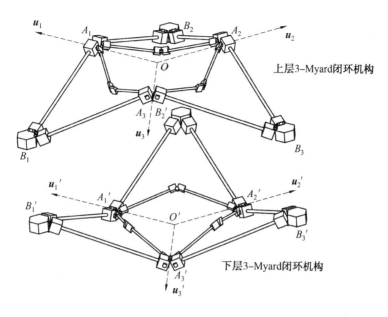

图 4.40　镜面对称式双层 3 – Myard 桁架模块

络。对空间大型模块化折展机构而言,组网方式与机构的性能有着密切的联系。从结构刚度和稳定性角度考虑,多层的桁架式结构能承受更高的载荷。

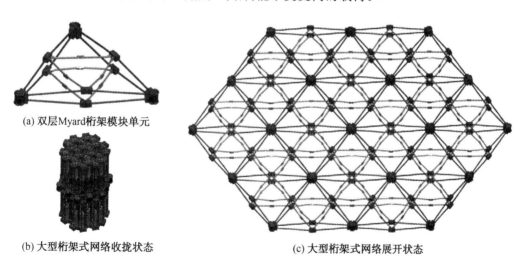

(a) 双层Myard桁架模块单元

(b) 大型桁架式网络收拢状态

(c) 大型桁架式网络展开状态

图 4.41　大型双层桁架式折展机构网络

4.4.3　6R Bricard 机构的组网

图 4.42(a) 所示为基于 6R Bricard 机构构成的单元,本书称为三叉"Y"形 Bricard 机构单元,下面研究基于该单元的大尺度折展网络系统的装配组网方法。

图 4.42(b) 所示为 6 个三叉 Bricard 机构通过相邻单元共用连杆和转动副连接而构成的一个环路机构,呈正六边形形状。该机构运动自由度为 1,当其折叠运动时,各相邻单

元反方向运动,即单元 A、C、E 向上运动,单元 B、D、F 向下运动,从而实现机构的收拢形成一捆。当其展开时,可展成一个平面。多个该闭环机构可以利用同样的方法连接在一起,实现在空间尺度方向上的扩展,组装成大尺度折展机构网络,如图 4.42(c)、(d) 所示。

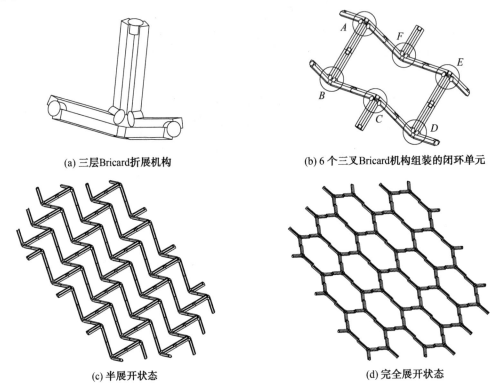

(a) 三层Bricard折展机构   (b) 6 个三叉Bricard机构组装的闭环单元

(c) 半展开状态   (d) 完全展开状态

图 4.42　基于三叉 Bricard 机构的大尺度组网一

4.3.3 节提出了一种基于非紧凑型 Bennett 连接器的组装方式,是将两个三叉 Bricard 机构连接起来,如图 4.43(a) 所示,6 个三叉 Bricard 机构围成一个环路,且运动自由度为 1,并可以展开成一个平面,如图 4.43(b) 所示。按照同样的扩展方式,该机构可以继续扩展形成图 4.43(c) 所示的大尺度空间折展机构网络。

三重 Bricard 机构不同于三叉 Bricard 机构,下面阐述其组网装配方法。对于三重 Bricard 机构来说,可以采用 6 个相邻的单闭环 6R 机构通过共用杆件的连接方法组合成一个更大的封闭环机构,如图 4.44 所示。图 4.44(a) 为机构的展开状态,展开形貌中 6 个正六边形结构组合在一起,中间的封闭环含有 12 个转动副,通过 6 个 6R 机构把该 12R 单闭环机构约束成为单自由度机构。

如果把图 4.20 所示的双 Bricard 机构作为一个模块,则可以采用 3 个模块组成图 4.45 所示的闭环机构网络,该机构包含了 6 个剪叉机构。同理,基于同样可动连接方式,机构可以继续扩展成更大的网络。

对于三重对称 Bricard 闭环折展单元,针对其展开后是等边三角形的几何特性,可以基于该折展单元构造出三棱柱的折展模块,如图 4.46(a) 所示。由图 4.46(b) 可知,以闭

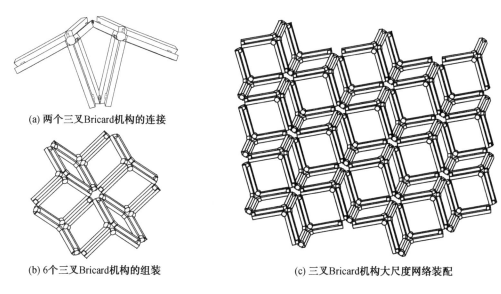

(a) 两个三叉Bricard机构的连接

(b) 6个三叉Bricard机构的组装

(c) 三叉Bricard机构大尺度网络装配

图 4.43　基于三叉 Bricard 机构的大尺度组网二

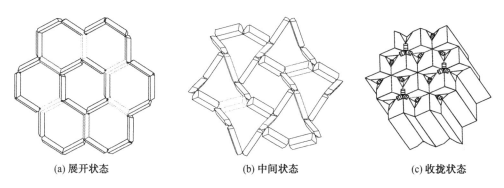

(a) 展开状态

(b) 中间状态

(c) 收拢状态

图 4.44　6 个 Bricard 机构模块单元通过共杆连接组成的网络

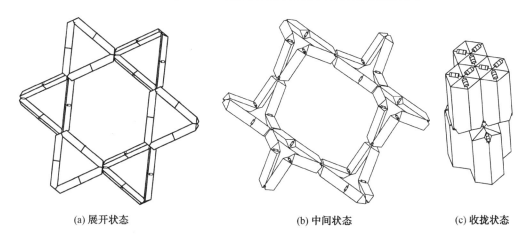

(a) 展开状态

(b) 中间状态

(c) 收拢状态

图 4.45　基于空间剪叉机构的 Bricard 机构网络

环单元 Bricard 机构作为三棱柱的上下底面,每个侧面是一个 8R 闭环机构。8R 闭环机构有多个自由度,但是每个 8R 闭环机构又受到上下底面 Bricard 机构的约束,使整个机构在运动过程中只有 1 个自由度。相邻两个三棱柱模块之间共用 4 组二连杆机构连接,组成上下两个 8R 闭环机构,图 4.46(c) 为 6 个三棱柱折展模块组成的机构网络。

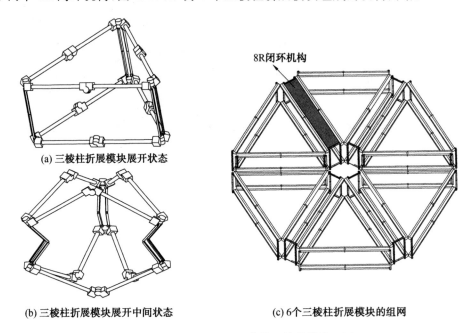

(a) 三棱柱折展模块展开状态

(b) 三棱柱折展模块展开中间状态

(c) 6 个三棱柱折展模块的组网

图 4.46　基于 Bricard 机构的三棱柱模块组网

模块之间的连接可以采用附加机构连接的方式,即用转动副连接相邻模块之间的竖直杆,最后可以得到图 4.47 所示的大型双层曲面桁架机构网络。

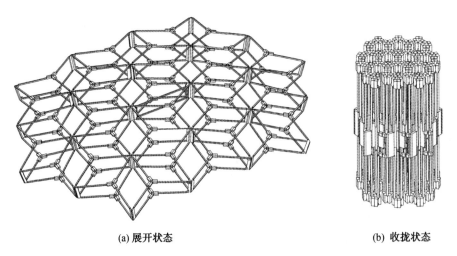

(a) 展开状态

(b) 收拢状态

图 4.47　双层曲面天线桁架机构

4.5　本章小结

大尺度折展桁架机构网络是由一系列单闭环折展机构模块单元组成的模块化机构系统,模块之间的可动连接方式是大尺度折展机构组网的关键。本章提出了多闭环机构的自由度分析方法,在多闭环机构系统中,存在参数随状态变化而变化的等价单闭环机构,对该等价单闭环机构进行分析,可方便地找出多闭环机构系统的自由度相容条件,即多闭环机构的环路方程。在此基础上,本章系统地给出了单闭环模块单元的可动连接方式,包括共用支链连接、共用连杆连接、共用附加机构连接等。通过采用一种或者多种可动连接方式,把一系列模块单闭环折展机构单元装配成为更大的性能良好的折展机构网络。

参考文献

[1] 田大可,刘荣强,邓宗全,等.构架式可展开天线工作表面母线拟合方法[J].哈尔滨工程大学学报, 2010,31(9):1240-1247.

[2] CUI Ji, HUANG Hailin, LI Bing, et al. A novel surface deployable antenna structure based on special form of Bricard linkages[C]//The Second ASME/IFToMM International Conference on Reconfigurable Mechanisms and Robots. Tianjin:ASME/IFToMM,2012:783-792.

[3] HUANG Hailin, DENG Zongquang, LI Bing, et. al. Mobile assemblies of large deployable mechanisms[J]. JSME Journal of Space Engineering, 2012,5(1), 1-14.

[4] QI Xiaozhi, DENG Zongquan, MA Bingyan, et. al. Design of large deployable networks constructed by Myard linkages[J]. Key Engineering Materials, 2011, 486: 291-296.

[5] CHEN Yan. Design of structural mechanism[D]. Oxford:Engineering Science in University of Oxford,2003.

[6] LIU S Y, CHEN Yan. Myard linkage and its mobile assemblies[J]. Mechanism and Machine Theory,2009,44(10): 1950-1963.

[7] CHEN Yan, YOU Zhong. On mobile assemblies of Bennett linkages[J]. Proceedings of the Royal Society A,2008,464: 1275-1283.

[8] CHEN Yan, YOU Zhong. Mobile assemblies based on the Bennett linkage[J]. Proceedings of the Royal Society A (Mathematical, Physical and Engineering Sciences),2005,461: 1229-1245.

[9] CHEN Yan, YOU Zhong. Square deployable frame for space application:Part I:Theory[J]. Journal of Aerospace Engineering,2006,220(4),347-354.

[10] CHEN Yan, YOU Zong, TARNAI T. Threefold-symmetric Bricard linkages for deployable structures[J]. International Journal of Solids and Structures, 2005, 42(8), 2287-2301.

[11] BRIAND S, YOU Zhong. New deployable mechanisms, Report 2293/07[R]. Oxford:Department of Engineering Science, University of Oxford, 2007.

第 5 章 折展机构的性能分析与优化设计

5.1 概　　述

　　机构的几何参数设计往往与机构运动学、动力学等方面的性能指标要求密切相关,参数综合的目的是寻找合适的机构几何参数,使机构在不改变自由度的前提下,性能指标达到最优化或满足特定的要求。因此,机构的参数综合会演变为最优化设计问题。

　　大型折展机构是庞大而复杂的宇航机构,其设计涉及大量的设计参数与多层次化的设计目标,参数的确定过程最终会转化为一个复杂的多目标优化问题,其中会面临参数众多、非连续、非线性、不规则、多目标交叉与融合等问题,这是一个相当耗时的计算过程。在折展机构的优化设计方面,尤国强在考虑结构特性的基础上,采用遗传算法对周边桁架折展天线的结构进行了优化[1],得到了结构质量最小时拉索单元预紧力和桁架单元横截面积的最优值。万小平等采用神经网络和遗传算法相结合的方式对环形折展卫星天线的结构进行了优化设计[2]。高海燕采用神经网络和免疫算法相结合的方式对径射状折展天线结构参数进行了优化[3]。

　　本章将阐述折展机构的性能指标评价与分析方法,并提出基于最优化设计目标的折展机构优化设计方法。

5.2 折展机构的性能分析与评价

5.2.1 性能评价指标

1. 折叠比

　　折展机构的主要特征是可以折叠起来以方便运输,因此折叠比在设计过程中是一个重要的设计目标,按照其空间形态,可分为线折叠比、面折叠比和体折叠比 3 类。其中体折叠比可定义为展开状态的包络体积(图 5.1(a)所示圆柱体)与收拢状态的包络体积(图 5.1(b)所示圆柱体)之比。

　　图 5.1 所示为由多个 Myard 机构单元组成的折展机构模型,折展机构的体积折叠比 Θ_V 见式(5.1),单个 Myard 机构的几何参数如图 5.2 所示。

$$\Theta_V = \frac{V_d}{V_f} = \frac{\left(\dfrac{4b\sin\varphi_{\max}+3\sqrt{3}f}{2}\right)^2(2b\cos\varphi_{\max}+h)}{\left(\dfrac{4n+3\sqrt{3}f}{2}\right)^2(2b+h)} \tag{5.1}$$

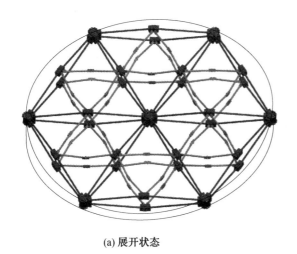

(a) 展开状态　　　　　　　　　　　　(b) 收拢状态

图 5.1　基于 Myard 机构的双层折展机构

式中　V_f—— 机构收拢时的包络体积;

$\quad\quad V_d$—— 机构展开时的包络体积;

$\quad\quad h$—— 正六棱柱基座的高;

$\quad\quad f$—— 正六棱柱基座的顶面六边形的边长;

$\quad\quad n$—— 长杆的偏置;

$\quad\quad b$—— 长杆长度;

$\quad\quad \varphi_{max}$—— 机构处于展开姿态下的值。

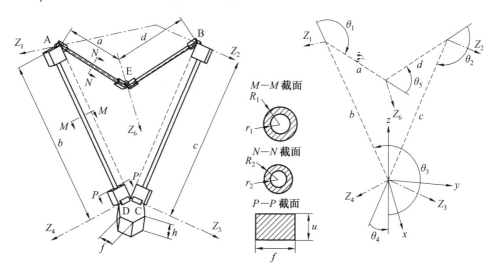

图 5.2　单个 Myard 机构的几何参数

在很多情况下,面折展比同样是一个重要衡量指标,对于图 5.1 所示的折展机构网络,面折展比可以表示为处在展开状态下的机构最大包络的平面面积与处在收拢状态下

机构垂直于连杆方向的最大包络的平面面积之比,计算式为

$$\Theta_S = \frac{S_d}{S_f} = \frac{\left(\dfrac{4b\sin\varphi_{\max} + 3\sqrt{3}\,f}{2}\right)^2}{\left(\dfrac{4n + 3\sqrt{3}\,f}{2}\right)^2} \tag{5.2}$$

式中　　S_f——机构收拢时的包络面积;

　　　　S_d——机构展开时的包络面积。

同理,对于诸如伸展臂之类的折展机构,其折叠比一般计算为线折叠比,即

$$\Theta_L = \frac{L_d}{L_f} \tag{5.3}$$

式中　　L_f——伸展臂收拢状态时的长度;

　　　　L_d——伸展臂展开状态时的长度。

2. 总质量与质量密度

总质量是折展机构设计的一个重要衡量指标,因为受到运载能力的限制,为了降低发射成本,机构系统的质量越小越好,因此需要在设计阶段尽可能地减少系统的总质量;此外,机构系统的惯量也和质量有关,机构在轨运行期间,机构克服惯量做功也是机构系统消耗能量的重要方面。以图 5.1 所示基于 Myard 机构的双层折展桁架为例,单个 Myard 机构的几何参数如图 5.2 所示,该机构单元的总质量 M 由长杆的质量 M_L、短杆的质量 M_S、铰链的质量 M_J 和基座的质量 M_B 组成,即

$$\begin{cases} M_L = \rho\pi(R_1^{\,2} - r_1^{\,2})\,b \\ M_S = \rho\pi(R_2^{\,2} - r_2^{\,2})\,a \\ M_B = \rho 3\sqrt{3}\,f^2 h / 2 \end{cases} \tag{5.4}$$

式中　　ρ——组成机构的材料密度,假设所计算的零部件密度相同;

　　　　R_1——长杆的外径;

　　　　r_1——长杆的内径;

　　　　R_2——短杆的外径;

　　　　r_2——短杆的内径;

　　　　a——短杆长度。

如图 5.1 所示,该机构共有 7 个基座,与中央基座相连的共有 12 个 Myard 单元,包括 12 个长杆和 24 个短杆。其余的 Myard 单元为周边单元,周边 Myard 单元共有 36 个长杆和 48 个短杆,一共有 180 个转动副,假设中央单元的径向尺寸和周边单元的径向尺寸不一样,则质量为

$$M = 12\left[\rho\pi(R_1^2 - r_1^2)\,b\right] + 24\left[\rho\pi(R_2^2 - r_2^2)\,a\right] + 36\left[\rho\pi(R_1'^{\,2} - r_1'^{\,2})\,b\right] +$$
$$48\left[\rho\pi(R_2'^{\,2} - r_2'^{\,2})\,a\right] + 7\rho_B\frac{3\sqrt{3}\,f^2 h}{2} + 180 m_J \tag{5.5}$$

式中　ρ_B—— 六边形基座的密度；

　　　m_J—— 单个铰链的质量；

　　　R_1—— 中央模块长杆外径；

　　　r_1—— 中央模块长杆内径；

　　　R_2—— 中央模块短杆外径；

　　　r_2—— 中央模块短杆内径；

　　　R'_1—— 周边模块长杆外径；

　　　r'_1—— 周边模块长杆内径；

　　　R'_2—— 周边模块短杆外径；

　　　r'_2—— 周边模块短杆内径。

　　质量密度是指单位长度、面积或者体积内包含质量的大小，同样能够反映折展机构的折叠比性能，单位体积内的质量大小 γ_v 为

$$\gamma_v = \frac{M}{V_d} = \frac{M}{\pi \left(\dfrac{4b\sin\varphi_{\max} \mid 3\sqrt{3}f}{2} \right)^2} \tag{5.6}$$

式中　M—— 机构总质量；

　　　V_d—— 机构在展开状态下的包络体积。

　　通过类似的方法可计算得到面质量密度和线质量密度。

5.2.2　折展机构运动学分析

　　对机构的设计和分析通常是从运动学开始的，对机构运动的位移、速度和加速度等进行分析之后，才可能考虑到强度、质量、惯性力、动态平衡等内容。运动学分析并不考虑构件的受力、强度、刚度等，而只关心其运动，但却是动力学分析的基础，因此运动学分析是机构设计的重要内容之一。本节主要以图 5.3(a) 所示 5R - Myard 机构为例，通过 $D - H$ 参数法建立坐标系，利用坐标转换的方法得出机构上任一点位移、速度和加速度的解析解。

1. 坐标系的建立

　　空间机构是由连杆和运动副组成的，这里假设所有的连杆都是刚性的。空间连杆是由空间运动副和连接运动副的刚性杆件所组成的，连杆的运动学功能在于保持两端的运动副的轴线具有固定的几何关系。为了表示各杆件和各运动副的相对位置和姿态，使用 $D - H$ 参数法描述连杆间的相对位置关系。$D - H$ 参数包括连杆转角、杆长、关节扭角和连杆偏置，如图 5.3(b) 所示。按照以下顺序建立 $D - H$ 坐标系：

　　(1) 将 5 个旋转副的轴线作为 Z_i 轴($i = 1,2,3,4,5$)，指向如图 5.3(a) 所示；

　　(2) 在相邻 Z_i 与 Z_{i+1} 轴线之间作公垂线，X_i 轴与此公垂线重合，由 Z_i 指向 Z_{i+1}；

　　(3) 根据右手螺旋定则确定 Y_i，Y_i 未在图中画出。

$X_iY_iZ_i$ 坐标系与 i 号杆固连,如图 5.3(b) 所示,得出如下 D-H 参数:

(1) X_i 轴与 X_{i+1} 轴线之间夹角 θ_{i+1} 为连杆转角,该夹角为机构中的变量;

(2) Z_i 与 Z_{i+1} 轴线之间公垂线的长度 a_i 为 i 号杆长;

(3) Z_i 与 Z_{i+1} 轴线之间的夹角 $\alpha_{i,i+1}$ 是关节扭角;

(4) X_i 轴与 X_{i+1} 轴线之间的距离 S_{i+1} 为连杆偏置,机构中相邻 X 轴均相交,因此偏置都为 0。

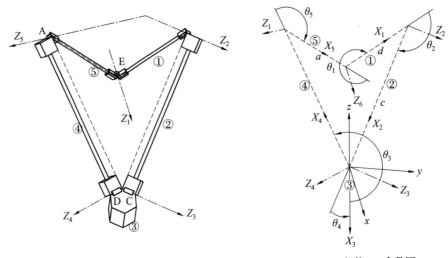

(a) Myard 机构实体模型　　　　　　　　(b) Myard 机构 D-H 参数图

图 5.3　Myard 机构及其 D-H 坐标系

按照以上方法可以得到 Myard 机构的 D-H 参数列表,见表 5.1。

表 5.1　5R 机构 D-H 参数

杆件编号	偏置 S_i	杆长 a_i	扭角 $\alpha_{i-1,j}$	转角 θ_i
①	0	$L\cos\dfrac{\alpha_{34}}{2}$	$\dfrac{\pi+\alpha_{34}}{2}$	θ_1
②	0	L	$\dfrac{\pi}{2}$	θ_2
③	0	0	α_{34}	θ_3
④	0	L	$\dfrac{3\pi}{2}$	θ_4
⑤	0	$L\cos\dfrac{\alpha_{34}}{2}$	$\dfrac{\pi-\alpha_{34}}{2}$	θ_5

从表 5.1 中可以发现,只有 ② 号杆的杆长 L 和扭角 α_{34} 是反映 Myard 机构本征特性的独立参数,其他均可由这两项计算得出。

转角 θ_i 是随机构运动的变量,由于 Myard 机构的自由度为 1,5 个关节变量中只有 1 个是独立的,含有 4 个环路方程约束,即

$$
\begin{cases}
\theta_1 - 2\theta_3 = \pi \\
\theta_2 = \theta_5 \\
\theta_4 - \theta_3 = \pi \\
\tan\dfrac{\theta_5}{2} \Big/ \tan\dfrac{\theta_4}{2} = -\cot\dfrac{\alpha_{34}}{4}
\end{cases}
\tag{5.7}
$$

2. 坐标系的变换

根据建立的 $D\text{-}H$ 坐标系,给出各坐标系之间的坐标变换关系矩阵 $^{i-1}\boldsymbol{T}_i$ 为

$$
^{i-1}\boldsymbol{T}_i =
\begin{bmatrix}
\cos\theta_i & -\sin\theta_i & 0 & a_{i-1} \\
\sin\theta_i\cos\alpha_{i-1,i} & \cos\theta_i\cos\alpha_{i-1,i} & -\sin\alpha_{i-1,i} & -S_i\sin\alpha_{i-1,i} \\
\sin\theta_i\sin\alpha_{i-1,i} & \cos\theta_i\sin\alpha_{i-1,i} & \cos\alpha_{i-1,i} & S_i\cos\alpha_{i-1,i} \\
0 & 0 & 0 & 1
\end{bmatrix}
\tag{5.8}
$$

则有转换关系

$$
x_{i-1} = {}^{i-1}\boldsymbol{T}_i x_i
\tag{5.9}
$$

式中　　x_{i-1}—— 某点在 $i-1$ 号坐标系下的坐标;

　　　　x_i—— 该点在 i 号坐标系下的坐标。

将 ③ 号杆视为基座,则有

$$
^3\boldsymbol{T}_4 =
\begin{bmatrix}
\cos\theta_4 & -\sin\theta_4 & 0 & 0 \\
\sin\theta_4\cos\alpha_{34} & \cos\theta_4\cos\alpha_{34} & -\sin\alpha_{34} & 0 \\
\sin\theta_4\sin\alpha_{34} & \cos\theta_4\sin\alpha_{34} & \cos\alpha_{34} & 0 \\
0 & 0 & 0 & 1
\end{bmatrix}
\tag{5.10}
$$

$$
^3\boldsymbol{T}_5 = {}^3\boldsymbol{T}_4 \cdot {}^4\boldsymbol{T}_5 =
\begin{bmatrix}
c\theta_4 c\theta_5 & -c\theta_4 s\theta_5 & -s\theta_4 & Lc\theta_4 \\
s\theta_4 c\theta_5 c\alpha_{34} + s\theta_5 s\alpha_{34} & -s\theta_4 s\theta_5 c\alpha_{34} + c\theta_5 s\alpha_{34} & c\theta_4 c\alpha_{34} & Ls\theta_4 c\alpha_{34} \\
s\theta_4 c\theta_5 s\alpha_{34} - s\theta_5 c\alpha_{34} & -s\theta_4 s\theta_5 s\alpha_{34} - c\theta_5 c\alpha_{34} & c\theta_4 s\alpha_{34} & Ls\theta_4 s\alpha_{34} \\
0 & 0 & 0 & 1
\end{bmatrix}
$$
$$
\tag{5.11}
$$

式(5.11)中 $c\theta_i$、$s\theta_i$、$c\alpha_{ij}$、$s\alpha_{ij}$ 分别表示 $\cos\theta_i$、$\sin\theta_i$、$\cos\alpha_{ij}$、$\sin\alpha_{ij}$。

以矩阵 $^3\boldsymbol{T}_5$ 为例,第 1、2、3 列的前 3 行元素分别代表 X_5、Y_5、Z_5 在基座坐标系 $X_3Y_3Z_3$ 下的方向余弦,第 4 列前 3 行元素代表 ⑤ 号坐标系原点在基座坐标系 $X_3Y_3Z_3$ 的坐标。这样就得出了 ④ 号杆和 ⑤ 号杆关于基座的坐标转换关系,由于 ① 号杆和 ② 号杆处于与 ④ 号杆和 ⑤ 号杆完全对称的位置,因此不再详细列出其转换矩阵。

3. 轨迹、速度和加速度分析

得到各杆件之间的坐标变换关系,即可得出任意杆件上任意一点对于基座的位移,经过求导运算可得到其速度和加速度。例如,取 $L=1$ m,$\alpha_{34}=\dfrac{2}{3}\pi$,则 Myard 机构的其他几何参数可以完全确定。假设以 θ_4 为输入变量,且 θ_φ 匀速变化,现研究其转动副 E 中心的

轨迹、速度和加速度的变化趋势。

经测量,转动副 E 中心在 ⑤ 号杆坐标系下的坐标为 $[0.5,-0.064\ 55,0.111\ 8]$,转换到基座坐标系中,有

$$
\begin{bmatrix} x \\ y \\ z \\ 1 \end{bmatrix}_3 = {}^3\boldsymbol{T}_5 \begin{bmatrix} 0.5 \\ -0.064\ 55 \\ 0.111\ 8 \\ 1 \end{bmatrix}_5 = \begin{bmatrix} x(\theta_4) \\ y(\theta_4) \\ z(\theta_4) \\ 1 \end{bmatrix}_3 \tag{5.12}
$$

其中 $\theta_4 \in [\pi,1.5\pi]$,当 $\theta_4 = \pi$ 时处于折叠状态,当 $\theta_4 = 1.5\pi$ 时处于完全展开状态。再根据环路方程(5.7),将 θ_5 写成 θ_4 的表达形式,即转动副 E 中心在基座的坐标只与 θ_4 有关,绘制出转动副 E 中心的运动轨迹,如图 5.4 所示。将式(5.12)对时间求导,得到其速度曲线和加速度曲线,如图 5.5 和图 5.6 所示。注意,这里假设 θ_4 始终匀速运动,$\dot{\theta}_4 = 1\ \text{rad/s}$。

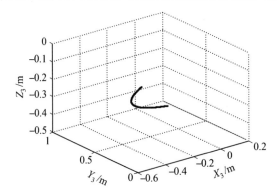

图 5.4　Myard 机构转动副 E 中心运动轨迹

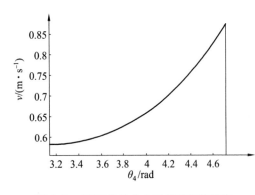
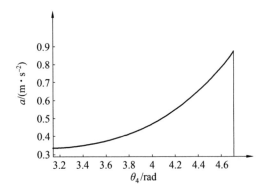

图 5.5　转动副 E 中心对于基座的速度　　　图 5.6　转动副 E 中心对于基座的加速度

5.2.3　折展机构动力学分析

空间折展机构动力学分析主要研究在特定驱动力的作用下,空间折展机构是否能够顺利展开,考察展开过程中的运动几何协调性及各种动力学特征参数的变化。对于设计者来说,折展机构能否顺利展开至关重要,所以研究其展开动力学特性是非常关键的。

空间折展机构动力学分析以多体系统动力学理论为基础,以机构运动、惯性和力为基本研究内容。在多体系统中,牛顿-欧拉方法和拉格朗日方法应用最为广泛。牛顿-欧拉方法属于矢量力学,以速度、加速度、力和力矩等矢量形式来描述系统内各物体间的运动情况和相互作用,这种方法需要研究每个物体的受力图,会引入很多节点约束反力,扩大了求解规模,因此该方法需要寻找消除约束反力的措施。拉格朗日方法是一种分析力学方法,以笛卡儿坐标系为基础,利用功能原理分析整个系统的广义力、能量与广义坐标之间的关系,将力学问题转换为求解动力学微分方程的数学问题,同时又与计算机数值计算技术相结合,利用编程方法解决实际问题,成为研究复杂多体机械系统运动规律的重要工具。

近年来,随着航天工程的发展及折展机构在航天、机械、建筑等领域的应用,多体系统动力学得到了迅猛发展,基于多体系统动力学理论的空间折展机构展开动力学分析取得了很大进展。

5.2.2 节已经提出了空间折展机构的运动学分析方法,本节将在运动学的基础上,利用拉格朗日方法建立动力学模型,对其展开动力学分析,利用有限元方法研究展开机构的弹性动力学特性,最后根据得到的动力学方程对机构的展开驱动进行分析。

1. 关节铰链动力学模型

由于关节铰链含有径向和侧向间隙,当其受到外部激励时,关节铰链部件之间产生碰撞、摩擦,使其载荷-位移曲线产生回滞,关节部件之间的接触存在非线性特性,关节铰链的 4 种典型非线性特性如图 5.7 所示。关节铰链的非线性特性研究可通过理论建模和实验测试得到。

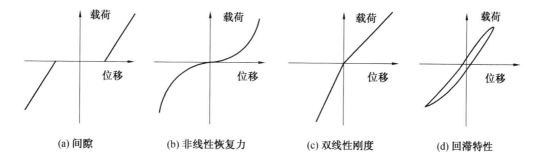

(a) 间隙　　　　　(b) 非线性恢复力　　　　　(c) 双线性刚度　　　　　(d) 回滞特性

图 5.7 铰链的 4 种非线性特性

(1) 多节点有限单元模型。

关节铰链模型主要包含两种形式:多节点有限单元模型和描述函数模型。多节点有限单元模型是基于铰链实验的经验模型,将 Voight 模型与 Maxwell 模型等进行组合和修正,得到铰链模型,如图 5.8 所示。

整个关节铰链两端位移可表示为

$$(\boldsymbol{X}_1 - \boldsymbol{X}_4) = (\boldsymbol{X}_1 - \boldsymbol{X}_2) + (\boldsymbol{X}_2 - \boldsymbol{X}_3) + (\boldsymbol{X}_3 - \boldsymbol{X}_4) \tag{5.13}$$

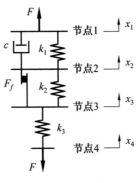

图 5.8 铰链模型

式中 $\boldsymbol{X}_i$—— 节点位移向量。

关节铰链的动力学方程可表示为

$$\boldsymbol{M}\ddot{\boldsymbol{X}} + \boldsymbol{C}\dot{\boldsymbol{X}} + \boldsymbol{K}\boldsymbol{X} + \boldsymbol{N} = \boldsymbol{F} \tag{5.14}$$

式中 $\boldsymbol{M}$—— 关节铰链质量矩阵,$\boldsymbol{M} = \begin{bmatrix} m_1 & 0 & 0 & 0 \\ 0 & m_2 & 0 & 0 \\ 0 & 0 & m_3 & 0 \\ 0 & 0 & 0 & m_4 \end{bmatrix}$;

$\boldsymbol{C}$—— 关节铰链阻尼矩阵,$\boldsymbol{C} = \begin{bmatrix} c & -c & 0 & 0 \\ -c & c & 0 & 0 \\ 0 & 0 & 0 & 0 \\ 0 & 0 & 0 & 0 \end{bmatrix}$;

$\boldsymbol{K}$—— 关节铰链刚度矩阵,$\boldsymbol{K} = \begin{bmatrix} k_1 & -k_1 & 0 & 0 \\ -k_1 & k_1+k_2 & -k_2 & 0 \\ 0 & -k_2 & k_2+k_3 & -k_3 \\ 0 & 0 & -k_3 & k_3 \end{bmatrix}$;

$\boldsymbol{N}$—— 关节铰链摩擦力向量,$\boldsymbol{N} = \begin{bmatrix} 0 \\ F_f \mathrm{sgn}(\dot{X}_2 - \dot{X}_3) \\ -F_f \mathrm{sgn}(\dot{X}_2 - \dot{X}_3) \\ 0 \end{bmatrix}$;

$\boldsymbol{F}$—— 关节铰链载荷向量,$\boldsymbol{F} = \begin{bmatrix} F_1 \\ 0 \\ 0 \\ -F_1 \end{bmatrix}$。

由于关节铰链的刚度和阻尼呈现非线性,因此采用变系数的多项式表达其关节铰链模型中的各参数,其刚度系数、阻尼系数和摩擦力表示为

$$\begin{cases} k_1 = \displaystyle\sum_{r=1}^{n_1} k_1^r \, (X_1 - X_2)^{r-1} \\[2mm] k_2 = \displaystyle\sum_{r=1}^{n_2} k_2^r \, (X_2 - X_3)^{r-1} \\[2mm] k_3 = \displaystyle\sum_{r=1}^{n_3} k_3^r \, (X_4 - X_2)^{r-1} \\[2mm] c = \displaystyle\sum_{r=1}^{s} c^r \, (X_1 - X_2)^{r-1} \\[2mm] F_f = \displaystyle\sum_{r=1}^{t} F_f^r \, (X_2 - X_3)^{r-1} \end{cases} \tag{5.15}$$

（2）描述函数模型。

铰链模型的另一种动力学建模方式是利用傅里叶级数对关节铰链一个周期的载荷位移曲线进行展开，截取傅里叶展开的第一项和常数项，通过积分得到描述函数的系数。关节铰链是构件连接件，即两个梁或杆单元的连接单元，假设系统中自由度为 n 的位移用 q 表示，q 只含有谐波展开的主振动项，则可表示为

$$q = A \sin \omega t \tag{5.16}$$

含有阻尼和非线性刚度的铰链非线性力表示为

$$F_{n1} = c_0(A, \omega) + c_p(A, \omega)q + c_q(A, \omega)\dot{q} \tag{5.17}$$

由于 q 的主振动项展开为正余弦的表达式，则非线性力可表示为

$$F_{n1} = c_0(A, \omega) + c_p(A, \omega)A \sin \omega t + c_q(A, \omega)A\omega \cos \omega t \tag{5.18}$$

式中　　$c_0 = \dfrac{1}{2\pi}\displaystyle\int_0^{2\pi} F_{n1} \mathrm{d}(\omega t) = \dfrac{1}{2\pi}\displaystyle\int_0^{2\pi} F(A\sin \omega t, A\omega \cos \omega t)\,\mathrm{d}(\omega t)$；

$c_p = \dfrac{1}{2\pi}\displaystyle\int_0^{2\pi} F_{n1}\sin \omega t\,\mathrm{d}(\omega t) = \dfrac{1}{2\pi}\displaystyle\int_0^{2\pi} F(A\sin \omega t, A\omega \cos \omega t)\sin \omega t\,\mathrm{d}(\omega t)$；

$c_q = \dfrac{1}{2\pi}\displaystyle\int_0^{2\pi} F_{n1}\cos \omega t\,\mathrm{d}(\omega t) = \dfrac{1}{2\pi}\displaystyle\int_0^{2\pi} F(A\sin \omega t, A\omega \cos \omega t)\cos \omega t\,\mathrm{d}(\omega t)$。

图 5.7 中的 4 种力-位移之间的非线性关系可通过描述函数的方法得到，应用此方法得到相应系数 c_p 和 c_q，见表 5.2。c_p 为等效非线性刚度，c_q 为等效非线性阻尼系数。从表 5.2 中可以看出，只有摩擦力回滞非线性产生阻尼效应。

（3）关节铰链实验。

关节铰链模型中的各参数可通过实验进行识别，如通过拉压力实验机得到铰链拉压过程的非线性特性，如图 5.9 所示。对不同间隙的铰链进行实验，可得到铰链的载荷-位移变化曲线，如图 5.10 所示。可以看出，关节铰链在拉压过程中受到摩擦力的影响，出现力-位移的回滞效应，其受拉刚度小于铰链的受压刚度，因此通过实验测试方法，可对铰链

进行参数识别和影响因素分析。

表 5.2　铰链非线性描述函数系数

非线性特性	描述函数系数		变换
	c_p	c_q	
间隙	$\dfrac{K_{FP}}{\pi}[\pi - 2\varphi_1 + \sin 2\varphi_1]$	0	$\varphi_1 = \sin^{-1}\dfrac{\delta}{A}$
变刚度	$\dfrac{2}{\pi}(K_1 - K_2)(\varphi_1 + \sin \varphi_1 \cos \varphi_1) + K_2$	0	$\varphi_1 = \sin^{-1}\dfrac{\delta}{A}$
回滞	$\dfrac{k_{CF}}{\pi}[\dfrac{\pi}{2} + \varphi_1 - \dfrac{\sin 2\varphi_1}{2} + 2(\dfrac{2}{\beta} - 1)\cos \varphi_1]$	$\dfrac{4k_{CF}}{\pi}\dfrac{1}{\beta}(1 - \dfrac{1}{\beta})$	$\beta = \dfrac{A}{F_S/K_{CF}}$, $\varphi_1 = \sin^{-1}(\dfrac{2}{\beta} - 1)$
三次弹簧	$\dfrac{3}{4}K_{CS}A^2$	0	—

图 5.9　关节铰链的拉压实验

（4）含关节铰链结构计算。

对于含关节铰链结构多使用数值分析 Runge-Kutta 方法进行动力学方程的求解，其非线性因素可包含于非线性力项，即包含于动力学方程中，其含非线性力的动力学方程为

$$M\ddot{X} + C\dot{X} + KX + F_n - F_e = 0 \qquad (5.19)$$

式中　　F_n——非线性力向量，即铰链的非线性力；

　　　　F_e——外部激振力向量。

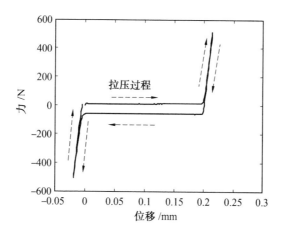

图 5.10　关节铰链的载荷-位移曲线

设 $\boldsymbol{u}=\begin{bmatrix} x & \dot{x} \end{bmatrix}^{\mathrm{T}}$，则 $\dot{\boldsymbol{u}}=\begin{bmatrix} \dot{x} & \ddot{x} \end{bmatrix}^{\mathrm{T}}$，原动力学方程可写为

$$\dot{\boldsymbol{u}}=\begin{bmatrix} \boldsymbol{0} & \boldsymbol{I} \\ -\dfrac{1}{\omega^2}\boldsymbol{K}\boldsymbol{M}^{-1} & -\dfrac{1}{\omega}\boldsymbol{C}\boldsymbol{M}^{-1} \end{bmatrix}\begin{bmatrix} x \\ \dot{x} \end{bmatrix}+\begin{bmatrix} \boldsymbol{0} \\ -\dfrac{1}{\omega^2}\boldsymbol{M}^{-1}(\boldsymbol{F}_{\mathrm{n}}-\boldsymbol{F}_{\mathrm{e}}) \end{bmatrix} \tag{5.20}$$

铰链模型的准确建立将有利于对含关节铰链折展机构展开后的动力学性能进行准确评价,为折展机构的设计提供参考。

2. 展开过程刚体动力学分析

在刚体动力学模型中,将所有杆件视为不会变形的刚性元件,这种建模方式较为简单,但却有助于研究机构动力学性能。由于展开机构多为空间多闭环机构,其展开动力学分析比较困难,需要对动力学模型进行必要的简化,特作以下 3 点假设:

(1) 假设此空间折展机构的各杆为刚性杆,在展开过程中不发生变形;

(2) 连接各杆的铰链为理想铰链,无间隙,忽略摩擦的作用;

(3) 所有杆件均为均质杆,质心位于杆件的中心。

经典的拉格朗日方程为

$$\frac{\mathrm{d}}{\mathrm{d}t}\left(\frac{\partial T}{\partial \dot{q}}\right)-\frac{\partial T}{\partial q}=F \tag{5.21}$$

式中　　q——广义坐标;

　　　　T——系统动能;

　　　　F——系统广义力。

如图 5.11(a) 所示,Myard 机构是单自由度机构,以 θ_4 作为独立输入变量,则 $q=\theta_4$。在广义坐标为角位移时,系统广义力 F 为一个力矩。现分别计算式(5.21)中的各项表达式。

对于任一连杆 i 上的一点 P,它对于基座(六棱柱部件,即 ③ 号杆的坐标系 $X_3Y_3Z_3$)的位置坐标为

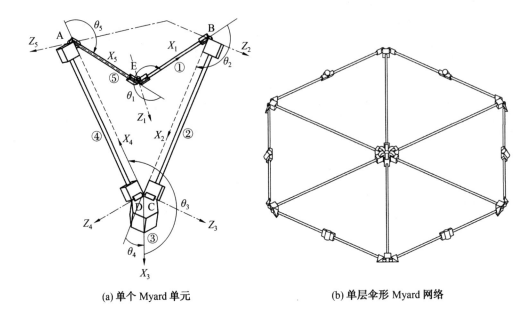

(a) 单个 Myard 单元　　　　　　　　(b) 单层伞形 Myard 网络

图 5.11　单个 Myard 机构的坐标系及单层伞形网络

$$^3\boldsymbol{P} = {}^3\boldsymbol{T}_i \cdot {}^i\boldsymbol{P} \tag{5.22}$$

式中　　$^3\boldsymbol{T}_i$——动坐标系 i 到 ③ 号固定坐标系的变换矩阵;

　　　　$^i\boldsymbol{P}$——点 P 相对于坐标系 i 内的位置坐标向量。

则点 P 的速度为

$$^3\boldsymbol{v} = \frac{\mathrm{d}(^3\boldsymbol{P})}{\mathrm{d}t} = {}^3\dot{\boldsymbol{T}}_i \cdot {}^i\boldsymbol{P} \tag{5.23}$$

式中，$^3\dot{\boldsymbol{T}}_i$ 为坐标变换矩阵 $^3\boldsymbol{T}_i$ 对于时间的导数,即

$$^3\dot{\boldsymbol{T}}_i = \frac{\mathrm{d}(^3\boldsymbol{T}_i)}{\mathrm{d}t} = \sum_{j=4}^{i} \frac{\partial(^3\boldsymbol{T}_i)}{\partial q_j}\dot{q}_j \tag{5.24}$$

速度的平方可表示为

$$(^3\boldsymbol{v})^2 = {}^3\boldsymbol{v} \cdot {}^3\boldsymbol{v} = \mathrm{tr}[^3\boldsymbol{v} \cdot (^3\boldsymbol{v})^{\mathrm{T}}] = \mathrm{tr}\left\{\sum_{j=4}^{i}\sum_{k=4}^{i} \frac{\partial(^3\boldsymbol{T}_i)}{\partial q_j}{}^i\boldsymbol{P} \ (^i\boldsymbol{P})^{\mathrm{T}} \cdot \left[\frac{\partial(^3\boldsymbol{T}_i)}{\partial q_k}\right]^{\mathrm{T}}\dot{q}_j\dot{q}_k\right\}$$
$$\tag{5.25}$$

其中,tr 表示矩阵的迹,即主对角线各元素之和。

设任一连杆 i 上的一点 P 所在微元的质量为 $\mathrm{d}m$,则其动能微元 $\mathrm{d}T$ 为

$$\mathrm{d}T = \frac{1}{2}v_{\mathrm{p}}^2\mathrm{d}m = \frac{1}{2}\mathrm{tr}\left\{\sum_{j=4}^{i}\sum_{k=4}^{i}\frac{\partial(^3\boldsymbol{T}_i)}{\partial q_j}{}^i\boldsymbol{P} \ (^i\boldsymbol{P})^{\mathrm{T}} \cdot \left[\frac{\partial(^3\boldsymbol{T}_i)}{\partial q_k}\right]^{\mathrm{T}}\dot{q}_j\dot{q}_k\right\}\mathrm{d}m =$$
$$\frac{1}{2}\mathrm{tr}\left\{\sum_{j=4}^{i}\sum_{k=4}^{i}\frac{\partial(^3\boldsymbol{T}_i)}{\partial q_j}[^i\boldsymbol{P} \cdot \mathrm{d}m \cdot (^i\boldsymbol{P})^{\mathrm{T}}] \cdot \left[\frac{\partial(^3\boldsymbol{T}_i)}{\partial q_k}\right]^{\mathrm{T}}\dot{q}_j\dot{q}_k\right\} \tag{5.26}$$

对连杆 i 进行积分,则其动能 $T_{i\text{杆}}$ 为

$$T_{i\text{杆}} = \int_{i\text{杆}}\mathrm{d}T = \frac{1}{2}\mathrm{tr}\left\{\sum_{j=4}^{i}\sum_{k=4}^{i}\frac{\partial(^3\boldsymbol{T}_i)}{\partial q_j}\left[\int_{i\text{杆}}{}^i\boldsymbol{P} \ (^i\boldsymbol{P})^{\mathrm{T}}\mathrm{d}m\right] \cdot \left[\frac{\partial(^3\boldsymbol{T}_i)}{\partial q_k}\right]^{\mathrm{T}}\dot{q}_j\dot{q}_k\right\} \tag{5.27}$$

将积分 $\int_{i杆}{}^i\boldsymbol{P}\,(^i\boldsymbol{P})^{\mathrm{T}}\mathrm{d}m$ 称为连杆的伪惯量矩阵,并记为

$$\boldsymbol{I}_i=\int_{i杆}{}^i\boldsymbol{P}\,(^i\boldsymbol{P})^{\mathrm{T}}\mathrm{d}m=\begin{bmatrix}\dfrac{1}{2}(-I_{xx}+I_{yy}+I_{zz}) & I_{xy} & I_{xz} & m\bar{x}\\[2mm] I_{xy} & \dfrac{1}{2}(I_{xx}-I_{yy}+I_{zz}) & I_{yz} & m\bar{y}\\[2mm] I_{xz} & I_{yz} & \dfrac{1}{2}(I_{xx}+I_{yy}-I_{zz}) & m\bar{z}\\[2mm] m\bar{x} & m\bar{y} & m\bar{z} & m\end{bmatrix}$$

$$(5.28)$$

式中　　m——i 号杆的质量;

$[\bar{x},\bar{y},\bar{z}]$——$i$ 号杆在局部坐标系下的质心坐标;

I_{xx}——i 号杆在局部坐标系下对 X_i 轴的转动惯量;

I_{yy}——i 号杆在局部坐标系下对 Y_i 轴的转动惯量;

I_{zz}——i 号杆在局部坐标系下对 Z_i 轴的转动惯量;

I_{xy}——i 号杆在局部坐标系下对 X_i 轴和 Y_i 轴的质量惯性积;

I_{xz}——i 号杆在局部坐标系下对 X_i 轴和 Z_i 轴的质量惯性积;

I_{yz}——i 号杆在局部坐标系下对 Y_i 轴和 Z_i 轴的质量惯性积。

则连杆 i 的动能 T_i 为

$$T_i=\frac{1}{2}\mathrm{tr}\left\{\sum_{j=4}^{i}\sum_{k=4}^{i}\frac{\partial(^3\boldsymbol{T}_i)}{\partial q_j}\cdot\boldsymbol{I}_i\cdot\left[\frac{\partial(^3\boldsymbol{T}_i)}{\partial q_k}\right]^{\mathrm{T}}\dot{q}_j\dot{q}_k\right\}\qquad(5.29)$$

为了计算空间 Myard 机构各个杆件的动能,将③号杆视为基座,则①、②与④、⑤对称,因此只需计算出 ④ 号杆和 ⑤ 号杆的动能即可。

$$T_4=\frac{1}{2}\mathrm{tr}\left\{\frac{\partial(^3\boldsymbol{T}_4)}{\partial\theta_4}\cdot\boldsymbol{I}_4\cdot\left[\frac{\partial(^3\boldsymbol{T}_4)}{\partial\theta_4}\right]^{\mathrm{T}}\dot{\theta}_4^2\right\}=\frac{1}{2}I_{4zz}\dot{\theta}_4^2\qquad(5.30)$$

$$T_5=\frac{1}{2}\mathrm{tr}\left\{\sum_{j=4}^{i}\sum_{k=4}^{i}\frac{\partial(^3\boldsymbol{T}_5)}{\partial q_j}\cdot\boldsymbol{I}_5\cdot\left[\frac{\partial(^3\boldsymbol{T}_5)}{\partial q_k}\right]^{\mathrm{T}}\dot{q}_j\dot{q}_k\right\}=$$

$$\frac{1}{2}\mathrm{tr}\left\{\frac{\partial(^3\boldsymbol{T}_5)}{\partial\theta_4}\boldsymbol{I}_5\cdot\left[\frac{\partial(^3\boldsymbol{T}_5)}{\partial\theta_4}\right]^{\mathrm{T}}\dot{\theta}_4^2+\frac{\partial(^3\boldsymbol{T}_5)}{\partial\theta_4}\boldsymbol{I}_5\cdot\left[\frac{\partial(^3\boldsymbol{T}_5)}{\partial\theta_5}\right]^{\mathrm{T}}\dot{\theta}_4\dot{\theta}_5+\right.$$

$$\left.\frac{\partial(^3\boldsymbol{T}_5)}{\partial\theta_5}\boldsymbol{I}_5\cdot\left[\frac{\partial(^3\boldsymbol{T}_5)}{\partial\theta_4}\right]^{\mathrm{T}}\dot{\theta}_4\dot{\theta}_5+\frac{\partial(^3\boldsymbol{T}_5)}{\partial\theta_5}\boldsymbol{I}_5\cdot\left[\frac{\partial(^3\boldsymbol{T}_5)}{\partial\theta_5}\right]^{\mathrm{T}}\dot{\theta}_5^2\right\}=$$

$$\frac{1}{2}\left(\frac{1}{2}I_{5xx}+\frac{1}{2}I_{5yy}+\frac{1}{2}I_{5zz}+m_5\bar{x}_5L+m_5L^2\right)\dot{\theta}_4^2+\frac{1}{2}I_{5zz}\dot{\theta}_5^2+$$

$$(I_{5xy}+I_{5yz})\dot{\theta}_4\dot{\theta}_5\qquad(5.31)$$

基于 Myard 机构的单层伞形机构由 6 个 Myard(图 5.11(b)) 机构组成,该折展模块有 6 根长杆、12 根短杆,其总动能为

$$T = 6T_4 + 12T_5 =$$
$$(3I_{4zz} + 3I_{5xx} + 3I_{5yy} + 3I_{5zz} + 6m_5\bar{x}_5L + 6m_5L^2)\dot{\theta}_4^2 + 6I_{5zz}\dot{\theta}_5^2 + 12(I_{5xy} + I_{5yz})\dot{\theta}_4\dot{\theta}_5$$

$$\text{(5.32)}$$

设 F_k 和 M_j 分别为作用于系统的外力和外力矩,则这些力和力矩的功率为

$$P = \sum_k (F_k v_k \cos\alpha_k) + \sum_j (\pm M_j\omega_j) \tag{5.33}$$

式中　　v_k——外力作用点的速度;

　　　　α_k——外力 F_k 与速度 v_k 的夹角;

　　　　ω_j——外力矩作用构件的角速度。M_j 与 ω_j 同向时取正号,反向时取负号。

广义力的定义:作用在广义坐标处的一个力或力矩,它所作用的功等于系统中全部力和力矩在同一时间所做功的和。因此,广义力 F 为

$$F = \sum \left(\frac{F_k v_k \cos\alpha_k}{\dot{q}}\right) + \sum_j \left(\pm \frac{M_j\omega_j}{\dot{q}}\right) \tag{5.34}$$

设一个电机在旋转铰链 Z_4 处驱动,力矩为 M_d,各杆重力为 G_k,则广义力为

$$F = \sum_k \left(\frac{G_k v_k \cos\alpha_k}{\dot{\theta}_4}\right) + M_d = \sum_k \left[\frac{m_k\boldsymbol{g}(^3\dot{\boldsymbol{T}}_k \cdot \bar{\boldsymbol{r}}_k)}{\dot{\theta}_4}\right] + M_d \tag{5.35}$$

式中　　$\boldsymbol{g}$——在基座参考坐标系中的重力加速度矢量;

　　　　$\bar{\boldsymbol{r}}_i$——连杆 i 在局部坐标系下的质心,$\bar{\boldsymbol{r}}_i = [\bar{x}, \bar{y}, \bar{z}, 1]^T$。

将系统动能和广义力代入拉格朗日方程式(5.21),同时根据式(5.7),将所有方程中的 θ_5 用 θ_4 表示,可得

$$\frac{\partial T}{\partial\dot{\theta}_4} = (6I_{4zz} + 6I_{5xx} + 6I_{5yy} + 6I_{5zz} + 12m_5\bar{x}_5L + 12m_5L^2)\dot{\theta}_4 +$$
$$12I_{5zz}\left(\frac{d\theta_5}{d\theta_4}\right)^2\dot{\theta}_4 + 24(I_{5xy} + I_{5yz})\frac{d\theta_5}{d\theta_4}\dot{\theta}_4 \tag{5.36}$$

$$\frac{d}{dt}\left(\frac{\partial T}{\partial\dot{\theta}_4}\right) = (6I_{4zz} + 6I_{5xx} + 6I_{5yy} + 6I_{5zz} + 12m_5\bar{x}_5L + 12m_5L^2)\ddot{\theta}_4 +$$
$$12I_{5zz}\left[2\frac{d\theta_5}{d\theta_4}\frac{d^2\theta_5}{d\theta_4^2}\dot{\theta}_4^2 + \left(\frac{d\theta_5}{d\theta_4}\right)^2\ddot{\theta}_4\right] + 24(I_{5xy} + I_{5yz})\left(\frac{d^2\theta_5}{d\theta_4^2}\dot{\theta}_4^2 + \frac{d\theta_5}{d\theta_4}\ddot{\theta}_4\right)$$

$$\text{(5.37)}$$

$$\frac{\partial T}{\partial\theta_4} = 12I_{5zz}\left(\frac{d\theta_5}{d\theta_4}\frac{d^2\theta_5}{d\theta_4^2}\right)\dot{\theta}_4^2 + 12(I_{5xy} + I_{5yz})\frac{d^2\theta_5}{d\theta_4^2}\dot{\theta}_4^2 \tag{5.38}$$

整理得

$$6\left[I_{4zz} + I_{5xx} + I_{5yy} + I_{5zz} + 2m_5\bar{x}_5L + 2m_5L^2 + 2I_{5zz}\left(\frac{d\theta_5}{d\theta_4}\right)^2 + 4(I_{5xy} + I_{5yz})\frac{d\theta_5}{d\theta_4}\right]\ddot{\theta}_4 +$$
$$36\left[I_{5zz}\frac{d\theta_5}{d\theta_4}\frac{d^2\theta_5}{d\theta_4^2} + (I_{5xy} + I_{5yz})\frac{d^2\theta_5}{d\theta_4^2}\right]\dot{\theta}_4^2 = \sum_k \left[\frac{m_k\boldsymbol{g}(^3\dot{\boldsymbol{T}}_k \cdot \bar{\boldsymbol{r}}_k)}{\dot{\theta}_4}\right] + M_d \tag{5.39}$$

式中　　$\dfrac{d\theta_5}{d\theta_4} = \dfrac{-\cot\dfrac{\alpha_{34}}{4}}{\cos^2\dfrac{\theta_4}{2} + \cot^2\dfrac{\alpha_{34}}{4}\sin^2\dfrac{\theta_4}{2}}$;

$$\frac{\mathrm{d}^2\theta_5}{\mathrm{d}\theta_4^2} = \frac{\cot\dfrac{\alpha_{34}}{4}\left(\cot^2\dfrac{\alpha_{34}}{4}-1\right)\sin\dfrac{\theta_4}{2}\cos\dfrac{\theta_4}{2}}{\left(\cos^2\dfrac{\theta_4}{2}+\cot^2\dfrac{\alpha_{34}}{4}\sin^2\dfrac{\theta_4}{2}\right)^2}。$$

式(5.39)为忽略杆件弹性和铰链摩擦的空间单层伞形 Myard 折展机构基本模块的刚体动力学方程。设材料为钛合金,密度 $\rho = 4.53\times10^3$ kg/m³,其余相关参数见表5.3。

表 5.3　Myard 机构参数表

I_{4zz} /(kg·m^{-2})	I_{5xx} /(kg·m^{-2})	I_{5yy} /(kg·m^{-2})	I_{5zz} /(kg·m^{-2})	I_{5xy} /(kg·m^{-2})	I_{5yz} /(kg·m^{-2})
2.334×10^{-1}	4.261×10^{-3}	6.216×10^{-2}	5.869×10^{-2}	-3.173×10^{-3}	-7.158×10^{-4}
m_5/kg	$\overline{x}_5$/m	L/m	α_{34}		
0.925 7	0.228 3	0.6	$\dfrac{2}{3}\pi$		

将各参数代入式(5.39),可得

$$\left[7.672 + \frac{2.113}{\left(\cos^2\dfrac{\theta_4}{2}+3\sin^2\dfrac{\theta_4}{2}\right)^2} + \frac{0.162}{\cos^2\dfrac{\theta_4}{2}+3\sin^2\dfrac{\theta_4}{2}}\right]\ddot{\theta}_4 -$$
$$\left[\frac{12.677\sin\dfrac{\theta_4}{2}\cos\dfrac{\theta_4}{2}}{\left(\cos^2\dfrac{\theta_4}{2}+3\sin^2\dfrac{\theta_4}{2}\right)^3} + \frac{0.485\sin\dfrac{\theta_4}{2}\cos\dfrac{\theta_4}{2}}{\left(\cos^2\dfrac{\theta_4}{2}+3\sin^2\dfrac{\theta_4}{2}\right)^2}\right]\dot{\theta}_4^2 = M_d \tag{5.40}$$

假设位于 Z_4 处的电机以恒定转矩 $M_d = 1$ N·m 驱动,$t=0$ 时刻机构由折叠状态 $\theta_4 = \pi$ 开始运动,到 $\theta_4 = 1.5\pi$ 完全展开为止,则有初值 $\theta_4(0)=\pi$,$\dot{\theta}_4(0)=0$。转角 θ_4 与时间的关系曲线如图 5.12 所示。

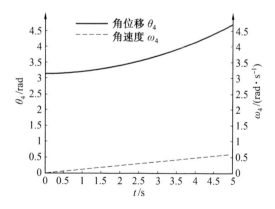

图 5.12　转角与角速度曲线图

由图 5.12 可知,在展开过程中,展开的速度越来越快,这是由于在模型中没有考虑任何阻力的缘故,而且恒转矩输入也与实际情况相差甚远,因此这个模型误差较大,不足以描述机构的真实展开过程。同时,对于刚体动力学模型式(5.39)而言,减小方程中与系统质量相关项的数值,即减小系数,可以有效降低所需驱动力。但是如果减小杆的直径,在减小质量的同时却势必降低刚度,而刚度的降低是无法在刚体模型中体现出来的,因此必须对展开机构进行弹性动力学建模,分析折展机构的刚度性能。

3. 弹性动力学分析

由刚体模型的分析结果得知,空间折展机构的刚体动力学模型难以满足工程应用的可靠性要求。另外,以细长杆件为主的折展机构,忽略弹性变形的模型是不精确的。因此,下面考虑材料的柔性,建立机构弹性动力学模型。

建立弹性动力学的数学模型,主要有三种方式:连续弹性介质模型、集中参数模型和有限元模型。其中连续弹性介质模型得到的动力学方程是偏微分方程,不利于求解和分析;集中参数模型过于简化,因此采用有限元模型对 Myard 机构进行动力学分析。

在建立模型之前,需要对机构作出瞬时机构假定:机构在运动至全周期的某一时刻时,把机构的位姿和形态及载荷瞬间固定,这样可以将此瞬时机构看作一个结构。

基本分析步骤如下:

① 将机构的各构件分割为数个三维梁单元,在各单元的特定位置设置节点。

② 根据瞬时机构假定,建立单元广义坐标,并由拉格朗日方程推出一个单元的动力学微分方程。一般可取节点处的线性位移、角位移、曲率等作为单元广义坐标,将这些广义坐标组成一个列向量,作为方程中的待解量。

③ 建立系统的广义坐标,并形成系统广义坐标列向量。系统广义坐标的数目称为动力学模型的自由度。单元类型分割的单元数目决定了自由度数目,自由度的大小决定了问题的规模和求解的时间。分割越精细,自由度数目越多,模型越精确,求解耗时越长。

④ 按一定规则将单元微分方程组装为系统运动微分方程。

⑤ 求解系统运动微分方程,得到机构广义坐标的时间响应,进而可求出构件的应力和变形,以及机构真实的运动轨迹、速度、加速度等,进而用振动控制相关理论对机构进行分析。

(1) 单元有限元模型的建立。

本节所述的 Myard 机构是空间机构,且主要由细长杆组成,因此采用三维梁单元作为有限元分析的基本单元。在长为 l_e 的三维梁单元两端设立节点 1 和 2,建立局部广义坐标如图 5.13 所示。

梁单元与局部坐标系 $\overline{xyz}$ 的 $\overline{x}$ 轴重合,XYZ 为系统全局坐标系。广义坐标 $\overline{q} = [\overline{q}_1, \overline{q}_2, \overline{q}_3, \overline{q}_4, \overline{q}_5, \overline{q}_6, \overline{q}_7, \overline{q}_8, \overline{q}_9, \overline{q}_{10}, \overline{q}_{11}, \overline{q}_{12}]^T$ 分别代表 1、2 节点对 $\overline{xyz}$ 轴的平移和旋转,横线上标表示这是一组局部坐标。这 12 个广义坐标反映了杆件 3 个方向的拉伸、垂直轴线方向的两个弯曲和绕轴线的扭转。

梁上任意一点的位移和扭转都是单元坐标 $\overline{x}$ 的函数,又是时间 t 的函数。$\overline{x}$、$\overline{y}$、$\overline{z}$ 轴向位移分别用 $U(\overline{x}, t)$、$V(\overline{x}, t)$、$W(\overline{x}, t)$ 表示,扭转角度用 $T(\overline{x}, t)$ 表示。横向位移函数采用三次多项式表示,即

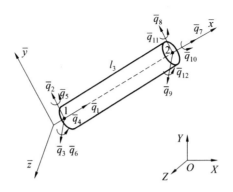

图 5.13 三维梁单元与节点及广义坐标示意图

$$W(\bar{x},t) = a_0 + a_1\bar{x} + a_2\bar{x}^2 + a_3\bar{x}^3 \tag{5.41}$$

$$V(\bar{x},t) = b_0 + b_1\bar{x} + b_2\bar{x}^2 + b_3\bar{x}^3 \tag{5.42}$$

杆长方向位移函数和扭转角度函数采用一次多项式表示,即

$$U(\bar{x},t) = c_0 + c_1\bar{x} \tag{5.43}$$

$$T(\bar{x},t) = d_0 + d_1\bar{x} \tag{5.44}$$

共有 12 个待定系数,正好对应节点 1、2 处的 12 个广义坐标。

将节点 1、2 坐标代入式(5.41)～(5.44),可得

$$\begin{cases} U(0,t) = \bar{q}_1, U(l_e,t) = \bar{q}_7 \\ V(0,t) = \bar{q}_2, V(l_e,t) = \bar{q}_8 \\ V_x{}'(0,t) = \bar{q}_5, V_x{}'(l_e,t) = \bar{q}_{11} \\ W(0,t) = \bar{q}_3, W(l_e,t) = \bar{q}_9 \\ W_x{}'(0,t) = \bar{q}_6, W_x{}'(l_e,t) = \bar{q}_{12} \\ T(0,t) = \bar{q}_4, T(l_e,t) = \bar{q}_{10} \end{cases} \tag{5.45}$$

式中,V'_x、W'_x 表示位移函数对 $\bar{x}$ 的偏导数。

引入形函数将位移函数重新整理得到

$$\begin{cases} U(\bar{x},t) = \sum_i \varphi_i(\bar{x})\bar{q}_i, \quad i = 1,7 \\ V(\bar{x},t) = \sum_j \varphi_j(\bar{x})\bar{q}_j, \quad j = 2,5,8,11 \\ W(\bar{x},t) = \sum_k \varphi_k(\bar{x})\bar{q}_k, \quad k = 3,6,9,12 \\ T(\bar{x},t) = \sum_r \varphi_r(\bar{x})\bar{q}_r, \quad r = 4,10 \end{cases} \tag{5.46}$$

$\varphi(\bar{x})$ 即为形函数,得

$$
\begin{cases}
\varphi_1(\overline{x}) = \varphi_4(\overline{x}) = 1 - e \\
\varphi_2(\overline{x}) = \varphi_3(\overline{x}) = 1 - 3e^2 + 2e^3 \\
\varphi_5(\overline{x}) = \varphi_6(\overline{x}) = l_e(e - 2e^2 + e^3) \\
\varphi_7(\overline{x}) = \varphi_{10}(\overline{x}) = e \\
\varphi_8(\overline{x}) = \varphi_9(\overline{x}) = 3e^2 - 2e^3 \\
\varphi_{11}(\overline{x}) = \varphi_{12}(\overline{x}) = l_e(- e^2 + e^3)
\end{cases}
\tag{5.47}
$$

式中　e——梁单元中的相对坐标,$e = \overline{x}/l_e$。

由拉格朗日方程

$$
\frac{\mathrm{d}}{\mathrm{d}t}\left(\frac{\partial E_k}{\partial \dot{\boldsymbol{q}}}\right) - \frac{\partial E_k}{\partial \boldsymbol{q}} + \frac{\partial E_P}{\partial \boldsymbol{q}} = f
\tag{5.48}
$$

式中　$\boldsymbol{q}$——单元广义坐标列阵;

　　　$\dot{\boldsymbol{q}}$——单元广义速度列阵;

　　　f——单元广义力列阵,其中既包含外力也包含相邻单元通过节点作用给这个单元的力,但是不包含弹性力;

　　　E_k——单元动能;

　　　E_p——单元变形能。

式(5.48)中各项计算为

$$
\begin{aligned}
E_k = E_U + E_V + E_W + E_T = &\frac{1}{2}\int_0^{l_e}\rho A\ [\dot{U}_a(\overline{x},t)]^2 \mathrm{d}\overline{x} + \\
&\frac{1}{2}\int_0^{l_e}\rho A\ [\dot{V}_a(\overline{x},t)]^2 \mathrm{d}\overline{x} + \frac{1}{2}\int_0^{l_e}\rho A\ [\dot{W}_a(\overline{x},t)]^2 \mathrm{d}\overline{x} + \\
&\frac{1}{2}\int_0^{l_e} J\ [\dot{T}_a(\overline{x},t)]^2 \mathrm{d}\overline{x}
\end{aligned}
\tag{5.49}
$$

式中　E_U、E_V、E_W——单元沿 $\overline{x}$、$\overline{y}$、$\overline{z}$ 轴线的平动动能;

　　　E_T——单元的转动动能;

　　　$\dot{U}_a(\overline{x},t)$、$\dot{V}_a(\overline{x},t)$、$\dot{W}_a(\overline{x},t)$——任意截面处沿 $\overline{x}$、$\overline{y}$、$\overline{z}$ 轴线的绝对速度;

　　　$\dot{T}_a(\overline{x},t)$——单元任意截面的扭转角速度;

　　　A——杆件截面积;

　　　ρ——材料密度;

　　　J——绕自身轴线的转动惯量。

根据运动学假设,机构的真实运动可近似地视为刚体运动和弹性运动的叠加,忽略其耦合项,即

$$
\dot{U}_a(\overline{x},t) = \dot{U}_r(\overline{x},t) + \dot{U}(\overline{x},t)
\tag{5.50}
$$

式中　$\dot{U}_a(\overline{x},t)$——该截面处沿 $\overline{x}$ 方向的刚体运动速度;

　　　$\dot{U}(\overline{x},t)$——该截面处沿 $\overline{x}$ 方向的弹性运动速度。

由形函数表达式

$$\dot{U}(\bar{x},t) = \sum_i \varphi_i(\bar{x})\,\dot{q}_i \quad (i=1,7) \tag{5.51}$$

刚体运动时梁单元保持直线,因此刚体运动速度也可表示为多项式形式,即

$$\dot{U}_r(\bar{x},t) = \sum_i \varphi_i(\bar{x})\,\dot{q}_{ri} \quad (i=1,7) \tag{5.52}$$

合并上两式,得

$$\dot{U}_a(\bar{x},t) = \sum_i \varphi_i(\bar{x})\,\dot{q}_{ai} \quad (i=1,7) \tag{5.53}$$

同理,其他三个速度函数为

$$\dot{V}_a(\bar{x},t) = \sum_j \varphi_j(\bar{x})\,\dot{q}_{aj} \quad (j=2,5,8,11) \tag{5.54}$$

$$\dot{W}_a(\bar{x},t) = \sum_k \varphi_k(\bar{x})\,\dot{q}_{ak} \quad (k=3,6,9,12) \tag{5.55}$$

$$\dot{T}_a(\bar{x},t) = \sum_r \varphi_k(\bar{x})\,\dot{q}_{ak} \quad (r=4,10) \tag{5.56}$$

将以上各式代入式(5.49)中,变换积分与求和次序,则有

$$\begin{cases} E_U = \dfrac{1}{2}\sum_i\sum_j \dot{q}_{ai}(t)\cdot\bar{m}_{ij}\cdot\dot{q}_{aj}(t) & (i,j=1,7) \\[2mm] E_V = \dfrac{1}{2}\sum_k\sum_l \dot{q}_{ak}(t)\cdot\bar{m}_{kl}\cdot\dot{q}_{al}(t) & (k,l=2,5,8,11) \\[2mm] E_W = \dfrac{1}{2}\sum_m\sum_n \dot{q}_{am}(t)\cdot\bar{m}_{mn}\cdot\dot{q}_{an}(t) & (m,n=3,6,9,12) \\[2mm] E_T = \dfrac{1}{2}\sum_r\sum_s \dot{q}_{ar}(t)\cdot\bar{m}_{rs}\cdot\dot{q}_{as}(t) & (r,s=4,10) \end{cases} \tag{5.57}$$

式中

$$\begin{cases} \bar{m}_{ij} = \displaystyle\int_0^{l_e}\rho A\varphi_i(\bar{x})\varphi_j(\bar{x})\,\mathrm{d}\bar{x} & (i,j=1,7) \\[2mm] \bar{m}_{kl} = \displaystyle\int_0^{l_e}\rho A\varphi_k(\bar{x})\varphi_l(\bar{x})\,\mathrm{d}\bar{x} & (k,l=2,5,8,11) \\[2mm] \bar{m}_{mn} = \displaystyle\int_0^{l_e}\rho A\varphi_m(\bar{x})\varphi_n(\bar{x})\,\mathrm{d}\bar{x} & (m,n=3,6,9,12) \\[2mm] \bar{m}_{rs} = \displaystyle\int_0^{l_e} J\varphi_r(\bar{x})\varphi_s(\bar{x})\,\mathrm{d}\bar{x} & (r,s=4,10) \end{cases} \tag{5.58}$$

则系统总动能为

$$E_k = E_U + E_V + E_W + E_T = \frac{1}{2}\sum_{i=1}^{12}\sum_{j=1}^{12}\dot{q}_{ai}\bar{m}_{ij}\dot{q}_{aj} = \frac{1}{2}\dot{\boldsymbol{q}}^{\mathrm{T}}\boldsymbol{\bar{m}}\,\dot{\boldsymbol{q}} \tag{5.59}$$

式中　$\boldsymbol{\bar{m}}$——12 阶正定矩阵,称为单元质量矩阵,其元素可由式(5.58)求得,即

$$\bar{m} = \rho A l_e \begin{bmatrix} \frac{1}{3} & 0 & 0 & 0 & 0 & 0 & \frac{1}{6} & 0 & 0 & 0 & 0 & 0 \\ & \frac{13}{35} & 0 & 0 & 0 & \frac{11}{210}l_e & 0 & \frac{9}{70} & 0 & 0 & 0 & \frac{-13}{420}l_e \\ & & \frac{13}{35} & 0 & \frac{-11}{210}l_e & 0 & 0 & 0 & \frac{9}{70} & 0 & \frac{13}{420}l_e & 0 \\ & & & \frac{J}{3} & 0 & 0 & 0 & 0 & 0 & \frac{J}{6} & 0 & 0 \\ & & & & \frac{1}{105}l_e^2 & 0 & 0 & 0 & \frac{-13}{420}l_e & 0 & \frac{-1}{140}l_e^2 & 0 \\ & & & & & \frac{1}{105}l_e^2 & 0 & \frac{13}{420}l_e & 0 & 0 & 0 & \frac{-1}{140}l_e^2 \\ & & & & & & \frac{1}{3} & 0 & 0 & 0 & 0 & 0 \\ & & & & & & & \frac{13}{35} & 0 & 0 & 0 & \frac{-11}{210}l_e \\ & & & & & & & & \frac{13}{35} & 0 & \frac{11}{210}l_e & 0 \\ & & & & & & & & & \frac{J}{3} & 0 & 0 \\ & & & & & & & & & & \frac{1}{105}l_e^2 & 0 \\ \text{sym.} & & & & & & & & & & & \frac{1}{105}l_e^2 \end{bmatrix}$$

$$\text{(5.60)}$$

同理,单元变形能也由 4 部分组成,即

$$E_p = \frac{1}{2}\int_0^{l_e} EA \left[U'_x(\bar{x},t) \right]^2 \mathrm{d}\bar{x} + \frac{1}{2}\int_0^{l_e} EI_{\bar{y}} \left[V''_{xx}(\bar{x},t) \right]^2 \mathrm{d}\bar{x} +$$

$$\frac{1}{2}\int_0^{l_e} EI_{\bar{z}} \left[W''_{xx}(\bar{x},t) \right]^2 \mathrm{d}\bar{x} + \frac{1}{2}\int_0^{l_e} GI_P \left[T_x'(\bar{x},t) \right]^2 \mathrm{d}\bar{x} \quad \text{(5.61)}$$

式中　　$U'_x(\bar{x},t), V''_{xx}(\bar{x},t), W''_{xx}(\bar{x},t)$——$\bar{x}$、$\bar{y}$、$\bar{z}$ 轴方向位移函数对 $\bar{x}$ 的一阶偏导和二阶偏导;

$\quad\quad T'_x(\bar{x},t)$—— 扭转函数对 $\bar{x}$ 的一阶偏导;

$\quad\quad E$—— 材料的弹性模量,Pa;

$\quad\quad G$—— 材料的切变模量,Pa;

$\quad\quad I_{\bar{y}}$—— 截面对于 $\bar{y}$ 轴的惯性矩,m⁴;

$\quad\quad I_{\bar{z}}$—— 截面对于 $\bar{z}$ 轴的惯性矩,m⁴;

$\quad\quad I_P$—— 截面对 $\bar{x}$ 轴的极惯性矩,m⁴。

同理,将变形能用形函数的方式重写整理,并写成矩阵的形式,有

$$E_P = \frac{1}{2}\bar{q}^{\mathrm{T}}\bar{k}q \quad \text{(5.62)}$$

其中 $\bar{k}$ 称为单元刚度矩阵,是一个 12 阶方阵,其元素可由下式计算得出,即

$$
\begin{cases}
\bar{k}_{ij} = EA \int_0^{l_e} \varphi'_i(\bar{x}) \varphi'_j(\bar{x}) \mathrm{d}\bar{x} & (i,j = 1,7) \\[2mm]
\bar{k}_{kl} = EI_{\bar{y}} \int_0^{l_e} \varphi''_k(\bar{x}) \varphi''_l(\bar{x}) \mathrm{d}\bar{x} & (k,l = 2,5,8,11) \\[2mm]
\bar{k}_{mn} = EI_{\bar{z}} \int_0^{l_e} \varphi''_m(\bar{x}) \varphi''_n(\bar{x}) \mathrm{d}\bar{x} & (m,n = 3,6,9,12) \\[2mm]
\bar{k}_{rs} = GI_P \int_0^{l_e} \varphi'_r(\bar{x}) \varphi'_s(\bar{x}) \mathrm{d}\bar{x} & (r,s = 4,10)
\end{cases} \tag{5.63}
$$

具体矩阵形式为

$$
\bar{k} = \frac{E}{l_e}
\begin{bmatrix}
A & 0 & 0 & 0 & 0 & 0 & -A & 0 & 0 & 0 & 0 & 0 \\
 & \frac{12 I_{\bar{z}}}{l_e^2} & 0 & 0 & 0 & \frac{6 I_{\bar{z}}}{l_e} & 0 & \frac{-12 I_{\bar{z}}}{l_e^2} & 0 & 0 & 0 & \frac{6 I_{\bar{z}}}{l_e} \\
 & & \frac{12 I_{\bar{y}}}{l_e^2} & 0 & \frac{-6 I_{\bar{y}}}{l_e} & 0 & 0 & 0 & \frac{-12 I_{\bar{y}}}{l_e^2} & 0 & \frac{-6 I_{\bar{y}}}{l_e} & 0 \\
 & & & \frac{GI_P}{E} & 0 & 0 & 0 & 0 & 0 & -\frac{GI_P}{E} & 0 & 0 \\
 & & & & 4 I_{\bar{y}} & 0 & 0 & 0 & \frac{6 I_{\bar{y}}}{l_e} & 0 & 2 I_{\bar{y}} & 0 \\
 & & & & & 4 I_{\bar{z}} & 0 & -\frac{6 I_{\bar{z}}}{l_e} & 0 & 0 & 0 & 2 I_{\bar{z}} \\
 & & & & & & A & 0 & 0 & 0 & 0 & 0 \\
 & & & & & & & \frac{12 I_{\bar{z}}}{l_e^2} & 0 & 0 & 0 & -\frac{6 I_{\bar{z}}}{l_e} \\
 & & & & & & & & \frac{12 I_{\bar{y}}}{l_e^2} & 0 & \frac{6 I_{\bar{y}}}{l_e} & 0 \\
 & & & & & & & & & \frac{GI_P}{E} & 0 & 0 \\
 & & & & & & & & & & 4 I_{\bar{y}} & 0 \\
\text{sym.} & & & & & & & & & & & 4 I_{\bar{z}}
\end{bmatrix} \tag{5.64}
$$

将单元动能和单元变形能代入拉格朗日方程,得

$$
\bar{m}\ddot{\bar{q}} + \bar{k}\bar{q} = \bar{f} - \bar{m}\ddot{\bar{q}}_r \tag{5.65}
$$

式中　$\bar{q}$——与刚体梁单元固连的局部坐标系中的广义坐标列阵;

$\bar{f}$——单元广义力列阵,既包含外力,也包含相邻单元通过节点作用给这个单元的力,不包含弹性力;

$\ddot{\bar{q}}_r$——机构的刚体加速度阵列。

将梁单元局部坐标系转换到全局坐标系下,全局坐标系与底座固连,可以认为就是运动学分析中的 ③ 号坐标系。$q = L\bar{q}$,其中 $\bar{q}$ 表示全局坐标系下的梁单元广义坐标阵列。转换矩阵 L 是一个 12 阶方阵,可由 4 个分块矩阵构成,即

$$L = \begin{bmatrix} \boldsymbol{\lambda}_{3\times3} & & & 0 \\ & \boldsymbol{\lambda}_{3\times3} & & \\ & & \boldsymbol{\lambda}_{3\times3} & \\ 0 & & & \boldsymbol{\lambda}_{3\times3} \end{bmatrix} \qquad (5.66)$$

其中矩阵 $\boldsymbol{\lambda}$ 就是运动学分析中坐标转换矩阵 ${}^3\boldsymbol{T}_i$ 的前三行前三列元素组成的矩阵,即

$${}^3\boldsymbol{T}_i = \begin{bmatrix} a_{11} & a_{12} & a_{13} & a_{14} \\ a_{21} & a_{22} & a_{23} & a_{24} \\ a_{31} & a_{32} & a_{33} & a_{34} \\ a_{41} & a_{42} & a_{43} & a_{44} \end{bmatrix} \qquad (5.67)$$

$$\boldsymbol{\lambda} = \begin{bmatrix} a_{11} & a_{12} & a_{13} \\ a_{21} & a_{22} & a_{23} \\ a_{31} & a_{32} & a_{33} \end{bmatrix} \qquad (5.68)$$

显然,转换矩阵 $\boldsymbol{L}$ 内包含机构位姿信息,为输入变量 θ_4 的函数。但根据瞬时机构假设,某一位姿下的转换矩阵 $\boldsymbol{L}$ 是常数矩阵。

代入局部坐标系下梁单元微分方程,重新整理得

$$\boldsymbol{m}_i \ddot{\boldsymbol{q}}_i^{\mathrm{e}} + \boldsymbol{k}_i \boldsymbol{q}_i^{\mathrm{e}} = \boldsymbol{f}_i - \boldsymbol{m}_i \boldsymbol{q}_{ri}^{\mathrm{e}} \qquad (5.69)$$

式中　　$\boldsymbol{m}_i$——单元当量质量矩阵,$\boldsymbol{m}_i = \boldsymbol{L}\bar{\boldsymbol{m}}\boldsymbol{L}^{\mathrm{T}}$;

　　　　$\boldsymbol{k}_i$——单元当量刚度矩阵,$\boldsymbol{k}_i = \boldsymbol{L}\bar{\boldsymbol{k}}\boldsymbol{L}^{\mathrm{T}}$;

　　　　$\boldsymbol{f}_i$——沿全局坐标系各方向的广义力列阵,$\boldsymbol{f}_i = \boldsymbol{L}\bar{\boldsymbol{f}}$;

　　　　$\boldsymbol{q}_i^{\mathrm{e}}$——全局坐标系表示下的广义坐标列阵。

上标 e 表示这是一个单元体;下标 i 表示单元体编号。

本节建立的梁单元模型为三维梁单元模型,该模型在两端各有一个节点,每个节点上有 6 个广义坐标,即 3 个位移坐标,3 个旋转坐标,则每个单元有 12 个广义坐标,即

$$\boldsymbol{q}_l = [q_1^l \quad q_2^l \quad q_3^l \quad q_4^l \quad q_5^l \quad q_6^l \quad q_7^l \quad q_8^l \quad q_9^l \quad q_{10}^l \quad q_{11}^l \quad q_{12}^l]^{\mathrm{T}} \qquad (5.70)$$

(2)多单元弹性动力学研究。

① 系统广义坐标的设置。以上分析了一个单元体的弹性动力学方程,而一个机构由很多个单元体构成,单元体设置得越多,计算结果越精确,但是模型越复杂,计算耗时越长。单闭环 Myard 机构的系统广义坐标的设置如图 5.14 所示,将长杆分为两个单元,短杆分为一个单元,相邻单元体连接处设置节点,基座视为刚体,则共有 6 个单元体、7 个节点。节点用 1、2、3、4、5、6、7 表示,单元体用 ①、②、③、④、⑤、⑥ 表示。

为了与前面介绍的三维梁单元广义坐标相对应,在每个节点处设置 6 个广义坐标,忽略铰链柔度,则不同杆件的节点应在 Z 方向设置两组弹性转角。节点 1、7 处与刚体基座相连,因此不设弹性线位移。

另外,由于机构存在刚体自由度,因此其刚度矩阵是奇异的。为了避免奇异矩阵带来求解方面的麻烦,可将电机驱动的节点 1 所在 ① 号单元体假定为悬臂梁。由于只有消除了刚体自由度,机构才成为一个"瞬时机构",因此再消除掉节点 1 处的弹性转角,节点 7 处与基座旋转铰链连接,只设置一个 Z 向弹性转角。

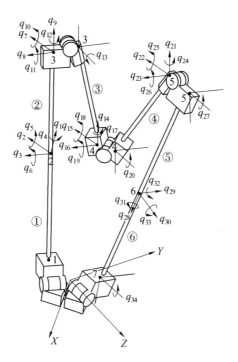

图 5.14　基本折展单元机构系统广义坐标示意图

这样,在此机构中共设置了 34 个广义坐标,记为 $\boldsymbol{q}=[q_1,q_2,q_3,\cdots,q_{34}]^{\mathrm{T}}$,称为系统广义坐标列阵。这里的编号称为全局编号,为了将梁单元的局部编号与全局编号相对应,引入一个模型组成矩阵 $\boldsymbol{I}_u$。这个矩阵的行数等于总单元数 6,列数为每个单元体的坐标个数 12。该矩阵可表示为

$$\boldsymbol{I}_u=\begin{matrix}1\\2\\3\\4\\5\\6\end{matrix}\begin{bmatrix}0&0&0&0&0&0&1&2&3&4&5&6\\1&2&3&4&5&6&7&8&9&10&11&12\\7&8&9&10&11&13&14&15&16&17&18&19\\14&15&16&17&18&20&21&22&23&24&25&26\\21&22&23&24&25&27&28&29&30&31&32&33\\28&29&30&31&32&33&0&0&0&0&0&34\end{bmatrix}\begin{matrix}2\\3\\4\\5\\6\\7\end{matrix} \tag{5.71}$$

这个矩阵第 i 行的 12 个数字即代表 (i) 号单元体的局部编号 1 到 12 相对应的全局编号。若编号为 0,则表示未设定此广义坐标;矩阵外两侧的数字代表对应的节点编号。

②Myard 机构系统微分方程的建立。前面求得的单元运动微分方程中使用的是局部编号,对于每一个单元都可以写出一个方程,将这些方程组合起来的同时,将局部编号统一成全局编号,就形成了系统的弹性动力学方程。

式(5.69)中单元广义坐标 $\boldsymbol{q}_i^{\mathrm{e}}$ 是一个 12 维列阵,全局广义坐标 $\boldsymbol{q}$ 是一个 34 维列阵,前者只是后者的一部分,用初等变换表达二者之间的关系,即

$$\boldsymbol{q}_i^{\mathrm{e}}=\boldsymbol{D}_i\boldsymbol{q} \tag{5.72}$$

式中 $\boldsymbol{D}_i$ 称为坐标协调矩阵,是一个 12×34 矩阵,其元素均为 0 或 1,用来将局部编号量调整至全局编号处,可由模型组成矩阵 $\boldsymbol{I}_u$ 生成。现以 ③ 号单元体为例完成坐标协调矩阵

$\boldsymbol{D}_3$,步骤如下:

　　a.由模型组成矩阵$\boldsymbol{I}_u$知,只有 7～11、13～19 号全局坐标与③号单元体有关,因此$\boldsymbol{D}_3$ 的 1～6 列、第 12 列、20～34 列均为 0;

　　b.其次需把 $\boldsymbol{q}$ 第 7 行的数调整到 $\boldsymbol{q}_i^e$ 第 1 行、把 $\boldsymbol{q}$ 第 8 行的数调整到 $\boldsymbol{q}$ 第 2 行……把$\boldsymbol{q}$ 第 13 行的数调整到 $\boldsymbol{q}_i^e$ 第 6 行、把 $\boldsymbol{q}$ 第 14 行的数调整到 $\boldsymbol{q}_i^e$ 第 7 行……依此类推;

　　c.反映到变换阵 $\boldsymbol{D}_3$ 里就是第 1 行第 7 列的元素 $d_{1,7}=1$,第 2 行第 8 列的元素 $d_{2,8}=1$……第 6 行第 13 列的元素 $d_{6,13}=1$,第 7 行第 14 列的元素 $d_{7,14}=1$……依此类推;

　　d.除了 1 的元素均为 0。

　　以上完成了坐标协调矩阵 $\boldsymbol{D}_3$,即

$$\boldsymbol{D}_3 = \begin{bmatrix} \boldsymbol{0}_{5\times6} & \boldsymbol{I}_{5\times5} & \boldsymbol{0}_{5\times1} & \boldsymbol{0}_{5\times7} & \boldsymbol{0}_{5\times15} \\ \boldsymbol{0}_{7\times6} & \boldsymbol{0}_{7\times5} & \boldsymbol{0}_{7\times1} & \boldsymbol{I}_{7\times7} & \boldsymbol{0}_{7\times15} \end{bmatrix} \tag{5.73}$$

其中 $\boldsymbol{I}$ 表示单位矩阵。其余坐标协调矩阵$\boldsymbol{D}_1$、$\boldsymbol{D}_2$、$\boldsymbol{D}_4$……也可同理得出。

　　将式(5.72)代入式(5.69),并左乘$\boldsymbol{D}_i^T$ 得全局编号下的系统动力学方程

$$\boldsymbol{M}_i^e\ddot{\boldsymbol{q}} + \boldsymbol{K}_i^e\boldsymbol{q} = \boldsymbol{F}_i^e - \boldsymbol{M}_i^e\ddot{\boldsymbol{q}}_r \tag{5.74}$$

式中 $\boldsymbol{M}_i^e = \boldsymbol{D}_i^T \boldsymbol{m}_i \boldsymbol{D}_i$,$\boldsymbol{K}_i^e = \boldsymbol{D}_i^T \boldsymbol{k}_i \boldsymbol{D}_i$,$\boldsymbol{F}_i^e = \boldsymbol{D}_i^T \boldsymbol{f}_i$。

　　将所有单元体的全局方程相加,得到最终的 Myard 机构系统弹性动力学微分方程

$$\boldsymbol{M}\ddot{\boldsymbol{q}} + \boldsymbol{K}\boldsymbol{q} = \boldsymbol{F} - \boldsymbol{M}\ddot{\boldsymbol{q}}_r \tag{5.75}$$

式中　　$\boldsymbol{M}$——系统质量矩阵,$\boldsymbol{M} = \sum_{i=1}^{6} \boldsymbol{M}_i^e$;

　　　　　$\boldsymbol{K}$——系统刚度矩阵,$\boldsymbol{K} = \sum_{i=1}^{6} \boldsymbol{K}_i^e$;

　　　　　$\boldsymbol{F}$——系统广义力列阵,$\boldsymbol{F} = \sum_{i=1}^{6} \boldsymbol{F}_i^e$。

　　以上只分析了电机驱动力和弹性力的作用,实际上在关节处还有一定的阻力,将其简化为比例阻尼的形式,则方程变为

$$\boldsymbol{M}\ddot{\boldsymbol{q}} + \boldsymbol{C}\dot{\boldsymbol{q}} + \boldsymbol{K}\boldsymbol{q} = \boldsymbol{F} - \boldsymbol{M}\ddot{\boldsymbol{q}}_r \tag{5.76}$$

式中　　$\boldsymbol{C}$——系统阻尼矩阵。

　　至此,一个包含质量、刚度、阻尼、广义力的完整二阶系统建立完毕。可以看出,虽然只选取一个 Myard 折展单元,杆件比较少,分割的单元体也比较少,但由于是空间机构,机构的自由度还是比较多,模型也较为复杂。

　　(3)多模块的弹性动力学方程。

　　用同样的方法建立由 6 个 Myard 机构组成的折展模块的有限元模型,其广义坐标设置如图 5.15 所示。

　　该折展机构模块共由 6 根长杆和 12 根短杆及一个正六边形基座组成,分割为 18 个单元体,有 18 个节点,一共设置了 95 个广义坐标。设置了全局坐标系,XY 平面与基座上表面重合,原点 O 位于基座正六边形中心,Y 轴与①号杆同向,Z 轴垂直于基座平面,且与XY 轴呈右手螺旋排列。其模型组成矩阵$\boldsymbol{I}_u$ 为

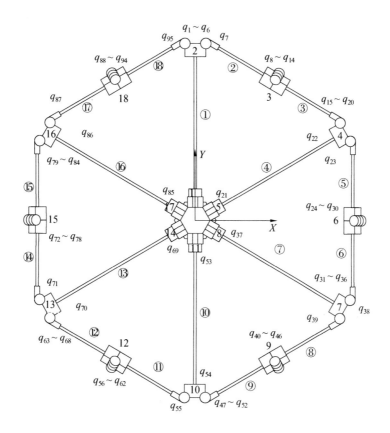

图 5.15　基本折展模块的广义坐标设置

$$
\boldsymbol{I}_u =
\begin{bmatrix}
0 & 0 & 0 & 0 & 0 & 0 & 1 & 2 & 3 & 4 & 5 & 6 \\
1 & 2 & 3 & 4 & 5 & 7 & 8 & 9 & 10 & 11 & 12 & 13 \\
8 & 9 & 10 & 11 & 12 & 14 & 15 & 16 & 17 & 18 & 19 & 20 \\
0 & 0 & 0 & 21 & 0 & 0 & 15 & 16 & 17 & 18 & 19 & 22 \\
15 & 16 & 17 & 18 & 19 & 23 & 24 & 25 & 26 & 27 & 28 & 29 \\
24 & 25 & 26 & 27 & 28 & 30 & 31 & 32 & 33 & 34 & 35 & 36 \\
0 & 0 & 0 & 37 & 0 & 0 & 31 & 32 & 33 & 34 & 35 & 38 \\
31 & 32 & 33 & 34 & 35 & 39 & 40 & 41 & 42 & 43 & 44 & 45 \\
40 & 41 & 42 & 43 & 44 & 46 & 47 & 48 & 49 & 50 & 51 & 52 \\
0 & 0 & 0 & 53 & 0 & 0 & 47 & 48 & 49 & 50 & 51 & 54 \\
47 & 48 & 49 & 50 & 51 & 55 & 56 & 57 & 58 & 59 & 60 & 61 \\
56 & 57 & 58 & 59 & 60 & 62 & 63 & 64 & 65 & 66 & 67 & 68 \\
0 & 0 & 0 & 69 & 0 & 0 & 63 & 64 & 65 & 66 & 67 & 70 \\
63 & 64 & 65 & 66 & 67 & 71 & 72 & 73 & 74 & 75 & 76 & 77 \\
72 & 73 & 74 & 75 & 76 & 78 & 79 & 80 & 81 & 82 & 83 & 84 \\
0 & 0 & 0 & 85 & 0 & 0 & 79 & 80 & 81 & 82 & 83 & 86 \\
79 & 80 & 81 & 82 & 83 & 87 & 88 & 89 & 90 & 91 & 92 & 93 \\
88 & 89 & 90 & 91 & 92 & 94 & 1 & 2 & 3 & 4 & 5 & 95
\end{bmatrix}
\qquad (5.77)
$$

其余建模过程与 Myard 机构有限元建模方法类似,同样得出与式(5.76)相同的动力方程

$$M\ddot{q} + C\dot{q} + Kq = F - M\ddot{q}_r \tag{5.78}$$

在该方程中,相应的系数矩阵均为 95 阶。

5.3　折展机构多目标优化设计

多目标优化问题可以描述为:给定一个 m 维设计参数的集合 $x \subset \mathbb{R}^m$,在该集合中存在若干个映射,把 X 映射到一个 n 维的目标空间 $\{f_1, f_2, \cdots, f_n\} \subset \mathbb{R}^n$,优化目标就是在映射中寻找合适的子集 $P \subset X$,使得各个目标在满足约束条件且不影响其他目标的前提下,尽可能地共同达到最优化。多目标优化的数学模型可表示为

$$\begin{cases} \min/\max \; \boldsymbol{y} = f(\boldsymbol{x}) = (f_1(\boldsymbol{x}), f_2(\boldsymbol{x}), \cdots, f_n(\boldsymbol{x})) \\ \text{subject to } \boldsymbol{x} = (x_1, x_2, \cdots, x_m) \subset X \\ \boldsymbol{y} = (y_1, y_2, \cdots, y_n) \subset Y \end{cases} \tag{5.79}$$

其中 $\boldsymbol{x} \subset X$ 是决策向量,X 是参数空间;$\boldsymbol{y} \subset Y$ 是目标向量,Y 是目标空间。此时的解集 P 称之为帕雷托解集(Pareto set),或者帕雷托最优(Pareto optimality)。在帕雷托最优状态下,任何一个目标都不可能在不降低其他目标的前提条件下获得提高。在数学上,帕雷托改进是一种支配关系,如果满足以下条件,则称之为 a 支配 b(记为 $a \succ b$),可表示为

$$\begin{aligned} & a, b \in X, a \succ b \\ & \forall i \in \{1, 2, \cdots, n\} : f_i(a) \geqslant f_i(b) \\ & \exists j \in \{1, 2, \cdots, n\} : f_j(a) > f_j(b) \end{aligned} \tag{5.80}$$

对于多目标优化问题,从数学角度看,帕雷托最优解集中的所有解都为可接受的解,然而人们往往需要一个最终的解来指导实际操作,从帕雷托最优解集中选择某一个解的过程称为决策。指导决策的人应该对实际的问题有深刻的洞察,从而加上自己的喜好偏爱或经验知识,选择其认为最适合的解。获得帕雷托解集的过程称为求解过程或优化过程,它往往和决策过程相互合作,从而寻找到人们需要的最终解。依赖于优化和决策这两个过程的组合方式,多目标优化方法可以分为 4 类:

(1)在搜索前决策(Priori method)。多目标优化的目标被合成一个单目标问题,它隐式地包含决策者的喜好信息。

(2)在决策前搜索(Posteriori method)。在没有任何喜好信息的情况下进行优化。搜索过程的结果是候选解的帕雷托最优化集合,然后由决策者最终做出选择。

(3)边搜索边决策(Interactive method)。在交互优化的过程中,决策者给出一些喜好信息。在优化过程的每一步求得一些折中方案,在此基础上,决策者给出更深层的喜好信息以导向更深层的搜索。

(4)无偏好信息(No preference method)。不需要进行决策,实际上只含有优化过程而没有决策过程的搜索。

第一类方法的优点显而易见,较为成熟的单目标优化算法都可以被使用,缺点也很明显,决策者在问题求解初期很可能也没有相应的领域知识或合适的手段来指导将多目标

合成为单目标;第二类方法排除了决策者的喜好信息,无指导地进行搜索,但这无疑会增大搜索空间的复杂度和算法设计的难度;第三类算法需要设计相应的策略,在解的搜索过程中加入适当的决策者的指导信息,需要决策者和搜索系统长时间交互,但最有可能找不到满意的解。

对于复杂参数空间的优化问题,优化过程可能会得到一个仍然复杂的帕雷托解集,其在搜索过程中进行决策是一个相当耗时的过程,而如果采用在搜索前决策,对于设计大量优化目标的优化问题而言,如何决定各个目标之间的权重同样是一个难题,权重取得不恰当会导致很多优良解被放弃掉。因此,获得设计目标之间的支配关系,以供设计者根据实际需要进行选择,一方面可以增加搜索效率,另一方面也可以避免遗漏优良解。

在折展机构设计的工程实际中,一般要求机构在展开状态时具有较好的结构稳定性,包括良好的固有频率既不接近系统的驱动频率,又不至于过低。一般要求质量 M 越小越好,折叠比 Θ、结构刚度 K、固有频率 ω 越大越好,而结构的最大应力必须在许用应用范围之内。折展机构的最小化目标函数可表示为

$$
\begin{cases}
\min M(X), 1/\Theta(X), 1/K(X), 1/\omega(X) \\
\text{s. t.} \\
|\sigma_i| \leqslant [\sigma], i = 1, 2, \cdots, n \\
|\delta_j| \leqslant [\delta], j = 1, 2, \cdots, m \\
\boldsymbol{x}_k^{\max} \leqslant \boldsymbol{x}_k \leqslant x_k^{\min}, \boldsymbol{x}_k \in \boldsymbol{X}
\end{cases}
\tag{5.81}
$$

然而,设计目标往往不存在明确的解析式,只有复杂的内在联系,当一个目标达到期望值时,其他目标很有可能被降低。能找到的最优解往往不是唯一的,而是一个帕雷托解集。在设计阶段往往期望知道机构设计目标之间的内在联系,也就是知道如何使目标共同提高,这是一个数据挖掘的过程。

1. 基于群智能的随机多目标优化算法

面向复杂参数空间的多目标优化算法多基于概率模型[5-14],这是因为复杂空间不可能通过遍历的方式进行求解,那是一个相当耗时的过程。粒子群算法是 Kennedy 等人于 1995 年提出来的典型群智能搜索算法[4],其基本原理可以概括如下:

每一个粒子 i 代表着一种可能优化解,每个粒子都伴随着两个向量,速度向量 $\boldsymbol{V}^i = [v_i^1, v_i^1, \cdots, v_i^D]$ 和位置向量 $\boldsymbol{X}^i = [x_i^1, x_i^1, \cdots, x_i^D]$,其中 D 表示参数空间的维度。在每一次迭代过程中,粒子 i 的速度和位置由下式进行改进,即

$$
\boldsymbol{V}_i^{k+1} = \tau \boldsymbol{V}_i^k + c_1 \operatorname{ran} \boldsymbol{d}_1 (\boldsymbol{P}_{\text{Best}_i}^k - \boldsymbol{X}_i^k) + c_2 \operatorname{ran} \boldsymbol{d}_2 (\boldsymbol{P}_{\text{gBest}}^k - \boldsymbol{X}_i^k)
\tag{5.82}
$$

$$
\boldsymbol{X}_i^{k+1} = \boldsymbol{X}_i^k + \tau \boldsymbol{V}_i^{k+1}
\tag{5.83}
$$

式中　　$\operatorname{ran} \boldsymbol{d}_1$ —— 标准正态分布的随机向量;

　　　　$\operatorname{ran} \boldsymbol{d}_2$ —— 准正态分布的随机向量;

　　　　c_1、c_2 —— 加速系数;

　　　　$\boldsymbol{P}_{\text{Best}_i}^k$ —— 第 i 个粒子当前获得最优记录点的位置;

　　　　$\boldsymbol{P}_{\text{gBest}}^k$ —— 当前所有粒子当中最优点的位置;

　　　　τ —— 用来调整权重的加权系数。

在第 $k+1$ 次迭代过程中,第 i 个粒子的迭代可以通过向量叠加的形式实现,即第 $k+1$ 次迭代后,第 i 个粒子的位置可以通过向量 $P_{\text{Best}_i}^k - X_i^k$ 与向量 $P_{\text{gBest}}^k - X_i^k$ 叠加得到,如图 5.16 所示。

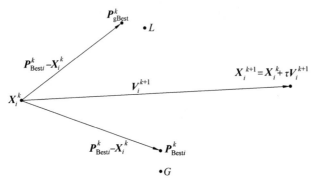

图 5.16 粒子群搜索算法中粒子的迭代原理

在搜索过程中,第 i 个粒子一方面向自己的历史最优点方向运动,另一方面也倾向于向所有粒子中获得最优记录的当前全局最优点方向运动。这种运行机制也有自身的缺陷,如图 5.16 所示,假设一个局部最优点 L 存在于当前 P_{gBest} 的邻域,而实际的全局最优点 G 远离该局部最优点 L,所有粒子都倾向于在当前最优点 L 的邻域进行搜索,全局最优点被忽略掉,算法很容易陷入局部最优点的位置。由此可见,在每一次迭代过程中,没有必要把每个粒子的历史最优记录与全局最优点进行比较。

基于上述分析,本节在粒子群搜索思想的基础上,引进一种高效的局部搜索算法 —— 随机控制搜索算法,作为粒子群的基本搜索粒子的搜索操作。每个粒子不需要在每次迭代的过程中都向当前全局最优点运动,而是以最快的速度找到邻域的局部最优点。然后找出当前全局最优点,除了当前全局最优点,其他所有点在下一次迭代过程中都将跳出当前邻域进行新一轮的搜索。

随机控制搜索算法是 Goulcher 和 Long 在 1978 年提出来的,当时是用于约束非线性优化问题,该算法基本思想可以描述为

$$\alpha^{(j)} = \alpha^{(j-1)*} + \boldsymbol{\sigma}\boldsymbol{\xi}, \quad j = 1, 2, \cdots \tag{5.84}$$

式中　　$\alpha^{(j-1)*}$ —— 在第 $j-1$ 次迭代时最优点的位置;

$\alpha^{(j)}$ —— 第 j 次迭代时的位置,但是不一定优于 $\alpha^{(j-1)*}$;

$\boldsymbol{\xi}$ —— p 维标准正态分布的随机向量,其元素 $\xi_i \sim N(0,1)$,$i = 1, \cdots, p$;

$\boldsymbol{\sigma}$ —— 标准差调整因子,是一个对角矩阵。

式(5.84)描述了算法在第 j 次迭代中是如何基于前面的最优 $\alpha^{(j-1)*}$ 随机地产生一个新点 $\alpha^{(j)}$ 的。$\boldsymbol{\sigma} = \text{diag}(\sigma_1 \cdots \sigma_p)$ 在迭代的过程中用来不断地调整随机向量 $\boldsymbol{\xi}$ 的标准差,因此 $\boldsymbol{\xi}$ 可以看作是在前面一次迭代点的邻域产生的一个随机搜索方向,而标准差 $\boldsymbol{\sigma}\boldsymbol{\xi}$ 则是限定搜索邻域的限制因子,可以视为搜索步长。搜索步长越长,越容易均匀地搜索整个参数空间,但是可能从一个最优点掉进另外一个局部最优点;而搜索步长越小,则越容易维持在当前点周围的搜索,但是走向局部最优点的速度趋向于缓慢。

在每次成功迭代后,即获得比前面点更优化的点后,根据 $\sigma_i = K_1 \Delta \alpha_i$,$i = 1, \cdots, p$ 标准

差逐步减小,以提高趋向于局部最优的速度,$\Delta \alpha_i$ 是当前值和最近边界的距离,$K_1 < 1$ 是压缩因子,用来在当前最优点的邻域减小搜索范围。

在给定次数 max_feval 次搜索失败以后,也就是尝试了 max_feval 次搜索但是目标仍然无法提高,则认为当前点可能已经是局部最优。标准差则以更快的速度减小,以进行当前最优点的精英式搜索,即

$$(\sigma_i)_{\text{new}} = K_2 (\sigma_i)_{\text{old}}, \quad i = 1, \cdots, p \tag{5.85}$$

其中,$K_2 < 1$ 称为精英搜索压缩因子,它极大地缩小了搜索邻域的范围。

对于原始的随机控制搜索算法,$\Delta \alpha_i$ 是当前值和最近边界的距离,如图 5.17 所示,如果当前点为 P 且 $\Delta \alpha_a < \Delta \alpha_b$,则选取以 P 为圆心、以 $\Delta \alpha_a$ 为半径的圆形区域作为下一次迭代的搜索区域;如果搜索点落在边界上,如 P' 点,则 $\Delta \alpha_i$ 变为 0,而使个体停止不动,无法进行进一步的搜索。这里对 $\Delta \alpha_i$ 计算进行了改进,即

$$\Delta \alpha = \prod_{m=1}^{D} \Delta \alpha_m / \sum i \tag{5.86}$$

式中　　D——搜索空间的维数;

　　　　$\Delta \alpha_m$——第 m 个参数的搜索范围,计算公式为 $\Delta \alpha_m = \alpha_m^{\max} - \alpha_m^{\min}$。

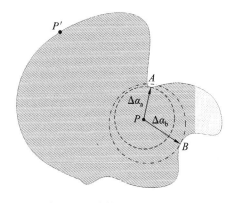

图 5.17　维数为 2 的搜索空间

随机控制搜索算法是一种基于搜索思想的优化算法,与基于迭代思想的优化算法不同,它以很高的速度收敛到局部最值,但是随机控制搜索算法很容易陷入局部最优点。从群智能搜索得到启发,如果启用快速收敛到局部的算法进行局部搜索,在搜索过程中个体之间通过通信获得信息,得知是否存在比自己更优的个体,在每一次迭代过程中,通过使用随机控制搜索算法作为局部搜索算子,非当前全局最优点都跳出当前搜索区域,在其他区域寻求更优点,从而大大提高了搜索效率。

基于群智能随机搜索思想的多目标优化算法流程描述如图 5.18 所示。这里与单目标优化算法不同,在第 j 次迭代时,算法获得进化的条件是当前点的目标值的向量支配前面第 $j-1$ 次迭代时的目标值的向量,即 $\boldsymbol{F}_j > \boldsymbol{F}_{j-1}$。

基于群智能随机控制搜索的多目标优化算法

0：input max_feval，K_1，K_2，number of particle i，ranges of all particles

1：Generate the initial position for each particle i randomly；

2：Evaluate the objectives of each particle under the initial position；

3：repeat

4：for Each particle i do

5：　while～dominate

6：　　　Update particle i by $\alpha_i^{(j)}=\alpha_i^{(j-1)*}+K_1\Delta\alpha\xi_i$；

7：　　if $f(\alpha_i^{(j)})$ dominates $f(\alpha_{\text{best}_i})$ then

8：　　　　$\alpha_{\text{best}_i}:=\alpha_i^{(j)}$；

9：　　　　dominate＝true；

10：　　else if

11：　　　feval＝feval＋1；

12：　　　　if fsd＞max_feval

13：　　　　　$(\sigma_i)_{\text{new}}=K_2(\sigma_i)_{\text{old}}$；

14：　　　　　feval＝0；

15：　　　end if

16：　　end if

17：　　if the stop criteria for this iteration is satisfied then

18：　　　　break；

19：　　end if

20：　end while

21：end for

22：until the stop criterion is satisfied

23：output Best(α_{best_i})，$f(\text{Best}(\alpha_{\text{best}_i}))$；

图 5.18　基于高效局部随机搜索算子的群智能优化算法

2. 多目标优化设计实例

为了对所提出的算法进行测试,本节以图 5.1 所示的基于 Myard 机构的双层折展桁架机构为例,说明基于群智能随机控制搜索算法的折展机构设计的一般步骤。选择不锈钢作为机构连杆及基座的材料,牌号为 0Cr18Ni9,密度为 $\rho=7.9\times10^3$ kg/m³,弹性模量为 $E=2.06\times10^5$ MPa,泊松比为 $\upsilon=0.3$, 设计参数空间记为 $X=\{a,R_1^c,r_1^c,R_2^c,r_2^c,R_1^p,r_1^p,R_2^p,r_2^p\}$,其中 a 为 Myard 单元长杆长度,R_1^c 为中央模块长杆外半径,r_1^c 中央模块长杆内半径,R_2^c 为中央模块短杆外半径,r_2^c 为中央模块短杆内半径,R_1^p 为周边模块长杆外半径,r_1^p 为周边模块长杆内半径,R_2^p 为周边模块短杆外半径,r_2^p 为周边模块短杆内半径。

该多目标优化设计可以表示为

$$
\begin{cases}
\min M(X), 1/\Theta(X), 1/K(X), 1/\omega(X) \\
\text{s. t.} \\
|\sigma_i| \leqslant 420 \text{ Mpa}, i = 1, 2, \cdots, 24 \\
a \in [0.1, 0.15] \text{ m} \\
R_1^c, R_2^c, R_1^p, R_2^p \in [0.003, 0.005] \text{ m} \\
r_1^c, r_2^c, r_1^p, r_2^p \in [0.001, 0.004] \text{ m}
\end{cases}
\tag{5.87}
$$

采用 MATLAB 软件对优化算法进行编程测试,得出表 5.4 所示的帕雷托解集。

表 5.4　双层折展机构系统多目标优化设计帕雷托解集

a /mm	R_1^c /mm	r_1^c /mm	R_2^c /mm	r_2^c /mm	R_1^p /mm	r_1^p /mm	R_2^p /mm	r_2^p /mm	W /kg	ω /Hz	K /(N·m⁻¹)	Θ /(m⁻³·m⁻³)
100	5.00	2.68	2.69	2.42	5.00	3.92	5.00	4.47	1.189	57.18	7.43×10^5	10.53
100	5.00	3.77	2.00	0.50	4.72	4.25	3.76	3.39	0.665	53.11	3.28×10^5	10.53
100	5.00	4.22	2.00	0.58	4.98	4.49	4.80	4.32	0.690	43.50	4.8×10^5	10.53
100	5.00	2.16	4.04	3.24	4.12	2.49	5.00	4.15	1.507	39.86	8.75×10^5	10.53
100	5.00	4.05	2.03	1.76	4.61	4.15	4.47	4.02	0.599	46.12	4.33×10^5	10.53
100	5.00	4.19	4.18	3.76	3.81	3.43	4.67	4.20	0.558	32.79	4.23×10^5	10.53
100	5.00	3.27	2.00	1.80	4.98	4.48	5.00	4.50	0.790	48.83	6.4×10^5	10.53
100	5.00	4.01	2.06	1.18	4.72	4.25	4.42	3.98	0.651	46.55	4.35×10^5	10.53
100	5.00	3.64	2.00	1.59	4.53	4.08	4.36	3.93	0.655	47.35	4.5×10^5	10.53
100	5.00	3.99	2.00	1.66	4.53	4.05	3.62	3.26	0.565	55.20	2.85×10^5	10.53
100	5.00	4.06	4.70	4.23	3.66	3.29	4.64	4.18	0.581	31.24	4.38×10^5	10.53
100	5.00	3.39	3.96	3.56	4.55	4.10	3.97	3.58	0.700	51.32	3.93×10^5	10.53
100	4.96	3.11	2.00	1.70	4.39	3.74	3.99	3.59	0.773	55.55	4.0×10^5	10.53
100	4.73	3.63	3.04	2.73	4.41	3.97	4.20	3.78	0.586	44.79	3.7×10^5	10.53
100	5.00	2.87	2.00	0.81	4.73	4.26	5.00	4.30	0.935	39.10	7.33×10^5	10.53
100	4.95	4.10	2.03	1.82	4.39	3.95	4.97	4.47	0.588	38.60	4.8×10^5	10.53
100	5.00	2.01	2.01	1.44	4.33	2.94	5.00	4.31	1.346	46.18	8.05×10^5	10.53
100	5.00	3.76	3.15	2.84	5.00	4.50	4.50	4.50	0.744	46.89	6.0×10^5	10.53
100	5.00	1.83	2.00	1.80	4.62	3.95	5.00	3.00	1.686	34.16	10.95×10^5	10.53
100	5.00	4.35	2.00	1.72	3.88	3.49	4.29	3.86	0.462	36.25	3.28×10^5	10.53
100	5.00	3.74	3.49	3.14	4.70	4.23	4.82	4.34	0.710	44.55	5.55×10^5	10.53

　　从表 5.3 可以看出,杆长 a 值总体趋向于给定范围的最小值,这一点说明杆长越短,机构的所有设计目标反而越好。在帕雷托解集中,中央模块的长杆外径基本都趋向于给定范围的最大值,也说明中央模块的外径越大,机构的总体性能越好,而机构的折叠比在解集中保持不变,说明在给定参数范围内,机构的折叠比较早地达到了帕雷托最优值,因此在优化过程中很容易成为保持不变的目标。

　　在实际工程设计过程中,设计者对设计目标的选择很可能是变化的,即不同的应用实际可能选择不同的设计目标,在对多个目标进行取舍与折中时,设计者往往期望能够获得多个设计目标的内在联系。在不降低其他目标的前提下,不同的目标从初始状态提高的过程,即多目标的博弈过程,如图 5.19 所示。在设计阶段,这种博弈关系对设计者极具参考价值。

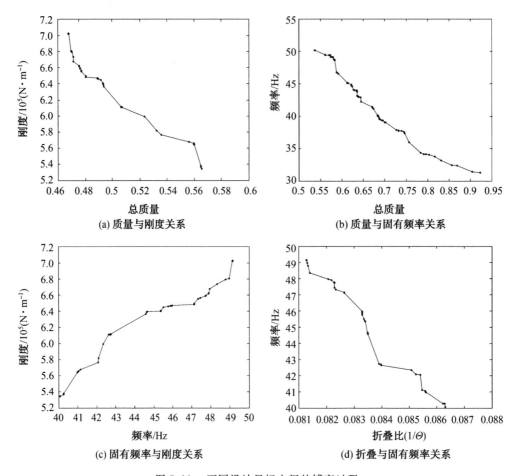

图 5.19　不同设计目标之间的博弈过程

　　同理,也可以通过记录设计参数与设计目标的优化轨迹,从而获得设计参数与设计目标之间的博弈关系,图 5.20 记录了中央模块长杆外径、杆长与刚度、固有频率之间的关系。同样可以以这样的轨迹为参考值,根据不同的目标要求选取不同的设计参数。

　　基于表 5.4 得到的优化解集,可以发现所得到的优化目标之间各有千秋,并没有一组参数在各个设计目标都是优于其他组的,这就是非支配解集。给定的参数变化范围对折叠比的影响不大,得到的帕雷托解集中,折叠比不变。因此,在选择优化解的时候,可以不考虑该设计目标的影响。表中第一组参数的刚度和固有频率都较高,但是质量较大。选择表中第一组数据,通过参考图 5.19 与图 5.20 所表示的设计目标与设计参数之间的关系对参数进行修正与圆整,可以获得表 5.5 所示的设计参数作为加工样机所需要的尺寸。

表 5.5　样机加工尺寸　　　　　　　　　　　　mm

a	R_1^c	r_1^c	R_2^c	r_2^c	R_1^p	r_1^p	R_2^p	r_2^p
100	5	2.5	2.7	2	5	4	5	4.4

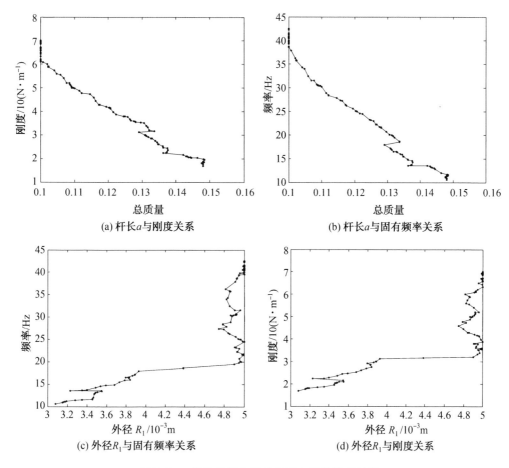

(a) 杆长a与刚度关系

(b) 杆长a与固有频率关系

(c) 外径R_1与固有频率关系

(d) 外径R_1与刚度关系

图 5.20　设计目标与设计参数之间的博弈过程

　　基于选择的优化参数,作者团队研制了基于 Myard 折展单元的双层折展桁架式机构样机,可以实现平稳地展开到双层桁架式结构与收拢到较小包络尺寸的收拢姿态,其三种机构姿态如图 5.21 所示。

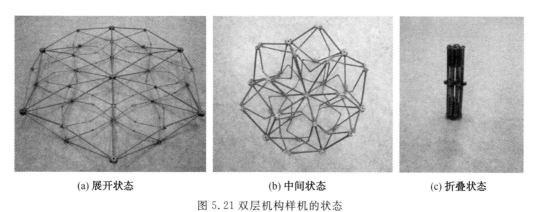

(a) 展开状态　　　　　　　　(b) 中间状态　　　　　　　　(c) 折叠状态

图 5.21 双层机构样机的状态

5.4　本章小结

大型多模块折展机构是一个复杂的机构系统,涉及较大且复杂的设计变量空间与多样化的设计目标。本章系统地阐述了折展机构的各种性能指标分析计算方法,以及折展机构的多目标优化设计方法,提出了高效的多目标搜索算法,为复杂折展机构系统优化设计提供了解决途径。

参考文献

[1] 尤国强. 周边桁架可展开天线的结构优化设计[D]. 西安:西安电子科技大学,2005.

[2] 万小平,袁茹,王三民. 环形可展开卫星天线的多目标结构优化设计[J]. 机械科学与技术,2005,24(8):914-916.

[3] 高海燕. 径射状桁架天线模态分析与结构参数优化[D]. 西安:西北工业大学,2007.

[4] MARLER R T, ARORA J S. Survey of multi-objective optimization methods for engineering[J]. Structural Multidisc Optimization,2004(26): 369-395.

[5] PATEL R, RAGHUWANSHI M M. Review on real coded genetic algorithms used in multiobjective optimization[C]//3rd International Conference on Emerging Trends in Engineering and Technology. Genoa: IEEE,2010: 610-613.

[6] DAS S,SUGANTHAN P N. Differential evolution: a survey of the state-of-the-art[J]. IEEE Transactions on Evolutionary Computation, 2011, 15(1): 4-31.

[7] BONG C W, RAJESWARI M. Multiobjective clustering with metaheuristic: current trends and methods in image segmentation[J]. Image Processing, 2012, 6(1): 1-10

[8] CHENG Peng, PAN J S, LI Li. A survey of performance assessment for multiobjective optimizers [C]//2010 Fourth International Conference on Genetic and Evolutionary Computing. Shenzhen: IEEE, 2010: 341-345.

[9] PRADHANP M,PANDA G. Solving multiobjective problems using cat swarm optimization[J]. Expert Systems with Applications, 2012(39): 2956-2964.

[10] KOHNH F. A review of multiobjective programming and its application in quantitative psychology [J]. Journal of Mathematical Psychology, 2011, 55(5): 386-396.

[11] GOULCHER R, CASARES L. The solution of steady-state chemical engineering optimisation problems using a random search algorithm[J]. Computers and Chemical Engineering,1978,(1):33-36.

[12] BANGA J R, SEIDER W D. Global optimization of chemical processes using stochastic algorithms [M]. Dordrecht: Kluwer Academic Publishers,1996.

[13] SOLIS F J, WETS R J. Minimization by random search techniques[J]. Mathematics of operations research, 1981(1):19-30.

[14] KENNEDY J,EBERHART R. Particle swarm optimization[C]//Proceedings of the IEEE International Conference on Neural Networks. Perth, WA: IEEE, 1995: 1942-1948.

第6章 空间伸展臂设计实例

6.1 概　　述

空间伸展臂作为一维空间折展机构,其形式最为丰富,应用也最为广泛。在航天器发射时,空间伸展臂处于收拢状态;当航天器进入太空轨道后,空间伸展臂会带动有效载荷一起展开,将有效载荷展开支撑到指定的工作位置。高精度的探测仪器和设备对空间伸展臂的展开刚度、定位精度及稳定性都有较高的要求。随着太空探索、对地观测、海洋勘探和军事侦察等空间活动的迅猛发展及未来复杂太空任务的需求,对大尺度、高精度、轻量化的空间伸展臂的需求越来越迫切[1]。

空间索杆铰接式伸展臂具有质量小、刚度和强度高、折叠比大、重复展开定位精度高、稳定性好等特点,是桁架式伸展臂中最具代表性的一种展开结构形式,在未来空间任务中有着广泛的应用前景。本章以空间索杆铰接式伸展臂为对象,阐述其工作原理、设计方法及其力学特性。

6.2　伸展臂及其驱动机构设计

空间索杆铰接式伸展臂的主要功能是在轨空间展开及地面收拢功能。伸展臂展开后,形成对有效载荷的展开、支撑与定位。除此之外,索杆铰接式伸展臂还应满足如下要求:

(1)折叠比及质量要求。伸展臂在发射时为收拢状态,达到预定轨道后展开成工作状态,由于卫星安装空间及火箭整流罩的空间限制,要求伸展臂系统具有很高的折叠比,并且尽可能降低伸展臂及其驱动机构的质量。

(2)精度要求。伸展臂作为对地探测设备或太空望远镜的展开定位支撑机构,要求伸展臂具有较高的重复展开精度和定位精度,包括伸展臂的纵向总伸长误差、端部姿态角等。

(3)热性能要求。伸展臂在太空环境下工作,空间温度场温度变化大,光照区温度升高,阴影区温度降低,温度分布不均及温度交变使伸展臂产生热应力和热变形,因此伸展臂设计必须选用合理的材料和结构。

(4)力学环境要求。伸展臂及其驱动机构必须能够承受火箭发射阶段各种载荷的激励而不被破坏。另外,伸展臂必须具备足够的强度和刚度以便经受住太空环境载荷和负载扰动作用,因此伸展臂收拢状态与展开状态的基频分别满足发射阶段与在轨阶段的动力学要求。

(5)可靠性与长寿命要求。对于伸展臂的驱动机构和锁定装置,由于它们的故障属于单点故障,即若是它们出现问题,则整个系统都报废,因此要求驱动机构和锁定装置具有很高的可靠性。由于伸展臂在卫星等载体的全寿命过程中都必须正常工作,因此对它们有长寿命的要求。

6.2.1　伸展臂展收与驱动原理

1. 展收原理

在航天工程中应用的空间桁架结构一般由多个相同桁架单元连接在一起组成,这样可以大大简化结构的复杂程度,容易加工组装且组件间互换性高。空间索杆铰接式伸展臂也是一种典型的空间桁架结构,它由多个伸展臂桁架单元铰接在一起构成。折展桁架单元是索杆铰接式结构体系的基本构成单元,为了实现伸展臂的整体展开和收拢功能,每个伸展臂桁架单元都是一个可以展开和折叠的机构,在处于折叠状态、转换状态时具有一定的广义运动自由度,展开后锁定成为稳定体系。

索杆铰接式伸展臂展开、折叠原理如图 6.1 所示,展开状态的伸展臂单元是一个长方体桁架机构。一个伸展臂桁架单元由下刚性平面 $ABCD$、上刚性平面 $A_1B_1C_1D_1$、4 根纵杆 $(AA_1、BB_1、CC_1、DD_1)$ 等构成。下刚性平面 $ABCD$ 和上刚性平面 $A_1B_1C_1D_1$ 均为 4 根横杆刚性连接构成的框体结构,4 根纵杆的两端分别与上、下刚性平面的 8 个角点 A、B、C、D、A_1、B_1、C_1、D_1 铰接。通过铰接节点的结构形式约束上、下刚性平面,使其只能相对转动。刚性平面的运动被纵杆限制在以刚性平面 4 个角点的外接圆为截面的圆柱体内。假设下刚性平面 $ABCD$ 固定不动,上刚性平面相对于下刚性平面绕轴线 OO_1 转动,伸展臂桁架单元机构的自由度为 1。

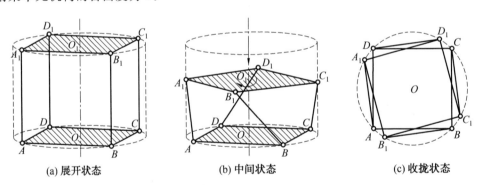

(a) 展开状态　　　　　　(b) 中间状态　　　　　　(c) 收拢状态

图 6.1　伸展臂桁架单元展开(收拢)原理图

伸展臂相邻两刚性平面之间分别按照逆时针转动和顺时针转动的规律交替收拢。如图 6.2 所示,通过顺时针转动和逆时针转动的交替折叠,图 6.2(a) 所示为上刚性平面按顺时针方向转动折叠,图 6.2(b) 所示为上刚性平面按逆时针方向转动折叠,最终形成图 6.2(c) 所示的收拢状态。从俯视图 6.2(c) 可以看出按逆时针方向转动折叠的伸展臂单元相互重叠,按顺时针方向转动折叠的伸展臂单元相互重叠,最终伸展臂单元整齐有序地排列,折叠后两相邻刚性平面间成一定的夹角。

当伸展臂桁架单元完全展开后还不能作为一个稳定的结构,因此伸展臂桁架单元需要进行刚化成为具有一定刚度的静定结构。如图 6.3 所示,伸展臂桁架单元的 4 个侧面

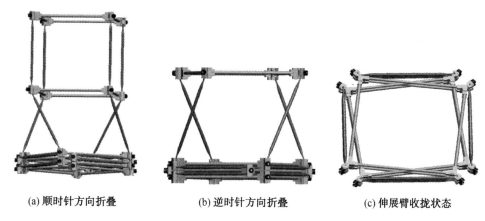

(a) 顺时针方向折叠　　　　　　(b) 逆时针方向折叠　　　　　　(c) 伸展臂收拢状态

图 6.2　伸展臂单元交替折叠收拢

分别连接 8 根柔性斜拉索（AED_1，DEA_1，AFB_1，BFA_1，BGC_1，CGB_1，CHD_1，DHC_1），当伸展臂桁架单元完全展开后，斜拉索被拉直并产生预紧力，通过在锁紧点（E，F，G，H）处将斜拉索锁定并保持拉直绷紧状态，以使斜拉索中具有一定的预应力。这样伸展臂桁架单元就变成了一个索杆桁架结构。

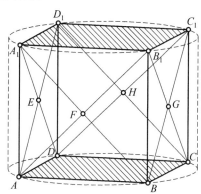

图 6.3　伸展臂单元刚化示意图

通过斜拉索刚化的伸展臂桁架单元是一个索杆张力结构体系，以斜拉索和压杆为基本构成单元，通过自平衡预应力形成稳定的结构。斜拉索对伸展臂的刚度及展开与收拢过程动力学特性有较大影响，如何保持各斜拉索具有相同的预拉力，以及如何设计出简单可靠的斜拉索锁定装置是伸展臂的设计关键。

2. 驱动原理

伸展臂在航天工程应用中需要使用一套驱动机构将其展开，除具有驱动展开功能外，驱动机构还需要具有以下功能：

（1）在伸展臂完全收拢时，驱动机构作为伸展臂的收纳容器；

（2）当伸展臂完全展开后，驱动机构能在伸展臂根部进行锁紧，以提高伸展臂根部刚度；

（3）在伸展臂展开或收拢过程中，伸展臂的前端只做平动，没有转动；

（4）在伸展臂展开锁定时，驱动机构必须能够提供使伸展臂斜拉索产生预应力所需的驱动力。

根据索杆铰接式伸展臂的展开与收拢工作原理，当伸展臂刚性平面被约束在圆柱筒内运动时，驱动伸展臂展开和收拢运动的驱动方式有驱动刚性平面的转动和驱动刚性平面移动两种形式，即沿轴向平动或者绕圆柱筒轴线转动。因此，根据索杆铰接式伸展臂的展收工作原理，可采用驱动刚性平面沿轴向平动使伸展臂各单元逐次展开或收拢。如图6.4所示，驱动装置由驱动段、过渡段和收拢段三部分组成，在驱动段采用螺旋提升的原理驱动伸展臂刚性平面的平动。在伸展臂桁架单元刚性平面上的每个角块上安装有滚轮，通过螺旋凹槽与滚轮啮合提升刚性平面沿导轨槽做直线运动。在过渡段，筒壁上开有空间曲线或沟槽，桁架单元的滚轮嵌入沟槽中，在前一个单元直线运动的带动下，刚性平面受到沟槽的约束而转动，使桁架单元做消旋运动，通过纵杆拉动后续刚性平面依次沿收拢直线轨道、消旋轨道运动，实现伸展臂桁架单元的逐次展开。

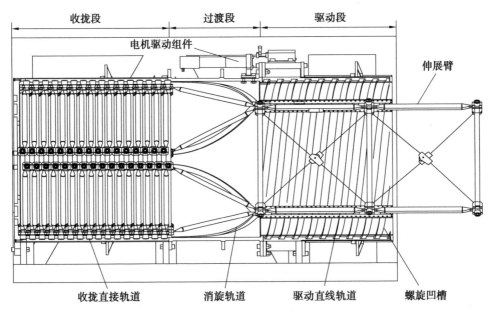

图 6.4　伸展臂驱动原理

如图6.5所示，以刚性平面一角的角点滚轮为例，详细说明伸展臂驱动原理。角点滚轮一部分嵌在螺旋凹槽中，另一部分约束在直线导轨槽中。上刚性平面角点滚轮 A_0 在螺旋槽和提升直线导轨的共同挤压下沿直线导轨平动，下刚性平面在上刚性平面带动下分别沿对应的消旋轨道进行旋转。当下刚性平面角点滚轮 A_1 进入消旋轨道末端时，在消旋轨道约束下伸展臂桁架单元实现刚化锁紧；刚化后下刚性平面的角点滚轮 A_1 进入螺旋凹槽，在螺旋槽和提升直线导轨的共同挤压下继续沿直线导轨平动，带动下一刚性平面角点滚轮 A_2 继续沿消旋轨道转动，然后刚化锁紧。如此反复，最终实现伸展臂的整体展开。由于索杆铰接式伸展臂折叠时，伸展臂相邻两刚性平面之间分别按照顺时针和逆时针规律交替折叠收拢，因此伸展臂展开时刚性平面分别按照与折叠相反的方向转动展开。伸展臂收拢时，螺旋凹槽反转逐一压缩刚性平面的角点滚轮做收回运动，实现伸展臂桁架单元解锁收拢。

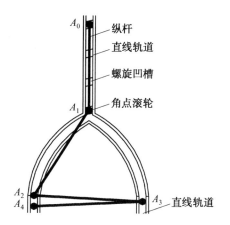

图 6.5　1/4 伸展臂驱动原理简图

6.2.2　伸展臂展开过程受力分析

在伸展臂展开过程中,其桁架单元分别沿收拢直线轨道、消旋轨道、提升直线轨道运动并逐次展开。当伸展臂桁架单元达到临界刚化位置时,斜拉索中产生较大的预紧力,对伸展臂桁架单元的消旋展开运动产生较大阻力矩,此时需要的驱动功率达到最大。

如图 6.6 所示,伸展臂桁架单元处于临界刚化位置时,下刚性平面的 4 个角点滚轮受力情况相同,因此只分析其中一角的角点滚轮受力。角点滚轮在轨道中运动的摩擦力主要有收拢状态滚轮与对应直线轨道的摩擦力 f_1,处于消旋段的滚轮与消旋轨道的摩擦力 f_2,提升段滚轮与提升直线轨道的摩擦力 f_3,提升段滚轮与螺旋槽的摩擦力 f_4。设滚轮与各轨道间的滚动摩擦系数为 μ,由于伸展臂质量小且为滚动摩擦,忽略摩擦力 f_1,即不考虑临界刚化单元对收拢状态伸展臂的拖动力。上刚性平面 $ABCD$ 在螺旋槽驱动下匀速提升,通过纵杆拉动下刚性平面 $A_1B_1C_1D_1$ 沿消旋轨道槽运动。当纵杆处于立直前的临界刚化状态时,斜拉索被拉直并产生预紧力。首先对下刚性平面 $A_1B_1C_1D_1$ 角点滚轮 A_1 进行受力分析,角点滚轮 A_1 分别受到索 A_1B 的拉力 F_1、索 A_1D 的拉力 F_2、竖杆 A_1A 的拉力 N_1 及消旋轨道的正压力 P_1 共同作用,此时滚轮与消旋轨道的摩擦力为 f_2。

根据力矩平衡原理,角点滚轮 A_1 绕 Z 轴转动的合力矩为零,即

$$\sum M_{A_1 Z} = M_{F_1} + M_{F_2} + M_{N_1} + M_{P_1} + M_{f_2} = 0 \qquad (6.1)$$

式中　M_{F_1}、M_{F_2}、M_{N_1}、M_{P_1}、M_{f_2}——F_1、F_2、N_1、P_1、f_2 对 Z 轴产生的转矩。

同理,根据力平衡原理,角点滚轮 A_1 沿 Z 轴方向的合力为零,则有

$$\sum F_{A_1 Z} = F_{1Z} + F_{2Z} + N_{1Z} + P_{1Z} + f_{2Z} = 0 \qquad (6.2)$$

$$f_2 = \mu P_1 \qquad (6.3)$$

式中　F_{1Z}、F_{2Z}、N_{1Z}、P_{1Z}、f_{2Z}——F_1、F_2、N_1、P_1、f_2 沿 Z 轴的分力。

伸展臂桁架单元在临界刚化时刻,上、下刚性平面间的临界夹角 θ_{Cr} 非常小,因此假设:

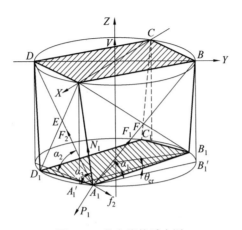

图 6.6　角点滚轮受力图

（1）斜拉索共线并相交在侧平面内；

（2）锁定装置处于平衡位置，斜拉索对角线上的两段拉索预紧力大小相等。

如图 6.7 所示，设将钢球拉进弹性卡槽所需力为 F_{lock}，伸展臂桁架单元从临界刚化状态到完全展开过程中斜拉索在锁定装置中的滑移位移为 Δ，则 F_{lock} 和 Δ 的大小由弹性卡槽几何结构决定；索拉力 F_1 要将钢球拉进弹性卡槽必须克服索拉力 F_2 和弹性卡槽对钢球的作用力 F_{lock}，则

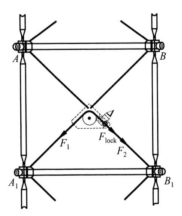

图 6.7　连续拉索中的受力关系

$$F_1 = F_2 + F_{lock} \tag{6.4}$$

根据伸展臂几何关系及假设（1），从伸展臂单元几何条件的约束可推导出临界角度 θ_{Cr} 与滑移位移 Δ 的关系为

$$\sin \theta_{Cr} = \frac{S \cdot \Delta}{R^2} \tag{6.5}$$

式中　　S—— 伸展臂桁架单元完全展开时侧面斜拉索长度；

　　　　R—— 伸展臂截面包络圆半径。

求出临界角度 θ_{Cr} 便确定了伸展臂桁架单元临界刚化时刻下刚性平面的空间位置。根据几何位置关系确定索及杆中力的方向，以及各力对 Z 轴的力臂。P_1 的方向是消旋轨

道曲线的法线方向,通过式(6.1)～(6.3)可以解得 N_1、P_1 和 f_2。

再以临界刚化伸展臂桁架单元作为整体进行受力分析,如图 6.8 所示。上刚性平面角点滚轮 A 除受到直线轨道沿周向的正压力 P_3 与螺旋槽斜点滚轮的提升力 P_2 两个外力作用外,还受到提升直线轨道的摩擦力 f_3 与螺旋槽的摩擦力 f_4 作用。下刚性平面角点滚轮受到消旋轨道对其的正压力 P_1 和滚轮与消旋轨道的摩擦力 f_2 作用,索及杆拉力作为内力处理。

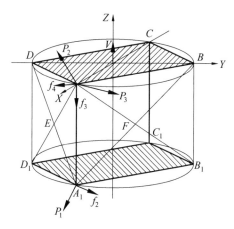

图 6.8　桁架单元受力分析

桁架单元处于临界刚化时,根据各力对 Z 轴合力矩为零可得到

$$\sum M_Z = M_{P_1} + M_{P_2} + M_{P_3} + M_{f_2} + M_{f_3} + M_{f_4} = 0 \tag{6.6}$$

式中　　M_{P_1}、M_{P_2}、M_{P_3}、M_{f_2}、M_{f_3}、M_{f_4}——P_1、P_2、P_3、f_2、f_3、f_4 对 Z 轴产生的转矩。

同理,根据各力沿 Z 轴合力为零得到

$$\sum F_Z = P_{1z} + P_{2z} + f_{2z} + f_{3z} + f_{4z} = 0 \tag{6.7}$$

$$f_3 = \mu P_3 \tag{6.8}$$

$$f_4 = \mu P_4 \tag{6.9}$$

式中　　P_{1z}、P_{2z}、f_{2z}、f_{3z}、f_{4z}——P_1、P_2、f_2、f_3、f_4 沿 Z 轴的分力。

通过式(6.6)～(6.9)可解得 P_2、P_3、f_3、f_4 的大小。通过螺旋提升力 P_2,可以计算求出驱动螺旋套筒旋转所需的力矩 M,即

$$M = 4 \cdot P_2 \cdot \sin \lambda \cdot R \tag{6.10}$$

式中　　λ——螺旋凹槽的螺旋升角。

设传动比为 i,电机转速为 n_1,机械效率为 η,安全系数为 S,则驱动伸展臂桁架单元展开所需的电机功率为

$$P = \frac{S \cdot 2\pi \cdot n_1 \cdot M}{60 \cdot i \cdot \eta} \tag{6.11}$$

6.2.3 伸展臂机构设计

1. 伸展臂桁架单元设计

按照以上桁架单元展开与收拢原理设计伸展臂桁架单元,并将各个桁架单元逐一连接在一起便构成了空间索杆铰接式伸展臂。空间索杆铰接式伸展臂桁架单元结构设计的重点是铰链结构设计及锁定装置设计。

铰接结构是保证伸展臂桁架单元能够展开与收拢以及将伸展臂桁架单元连接在一起的关键组成部分。如图 6.9 所示,铰接采用球铰连接,纵杆端部连接一球头副,球头与连接横杆的角块上的球窝配合,角块分上、中、下三层结构,上角块与下角块分别将相邻桁架单元的纵杆上的球铰连接在中间角块球窝上,角块的开口结构可以约束纵杆,并使上、下刚性平面相对伸展臂桁架单元中轴线转动实现伸展臂单元折叠。

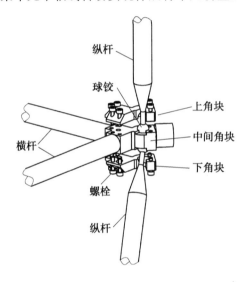

图 6.9 铰接结构

斜拉索锁定装置的原理如图 6.10 所示,一般由一根连续拉索、两根定长拉索、钢球、弹性卡槽、滑轮等组成。连续拉索上固定一钢球,并绕过滑轮可以在锁定装置中滑移;两根定长拉索分别连接锁定装置和刚性平面的两个角点。桁架单元展开过程中由于连接拉索两端角点距离的变大拉动连续拉索绕滑轮移动,当桁架单元完全展开时拉索上的钢球被连续拉索拉进锁定装置的弹性卡槽内锁定,这样就能够使斜拉索产生预紧力并保持在稳定状态,实现伸展臂桁架单元的刚化。当伸展臂桁架单元收拢时,必须克服弹性卡槽的锁紧力将钢球拉出。

锁定装置是保证伸展臂在完全展开状态时转变成刚化结构并且具有一定刚度的重要组成部分,要求锁定装置具有足够的锁紧力及高可靠性。由于伸展臂要求能够重复展开与收拢,因此要求锁定装置具有重复锁定功能。图 6.10 所示为三种不同结构形式的锁定装置,图 6.10(a) 所示的刚化装置通过锁体的弹性变形实现钢球的锁定,斜拉索上的钢球锁入卡槽中比较容易,但是从卡槽中拉出比较困难,这种刚化装置不适用于重复锁紧。图

6.10(b) 中的刚化锁紧力也是通过锁体上两个悬臂的弹性夹板实现,但是夹紧力难以准确实现,调整困难。图 6.10(c) 利用锁体中安装的弹性卡子将钢球锁紧,锁紧力大小可以通过改变卡子厚度实现,结构比较紧凑,通过弹簧卡子的两个工作面和锁紧块的平面对钢球实现三点定位,因此钢球被牢牢锁紧在弹簧卡子内。弹簧卡子安装在锁体的卡槽中,具有安装方便、结构紧凑、锁紧可靠等优点。锁定装置的锁紧力由弹性卡子的弹性变形恢复力提供,当钢球被拉进弹簧卡子内时,钢球由弹簧卡子压紧在锁体中实现定位,可通过改变弹簧卡子的刚度满足不同锁紧力的需要。

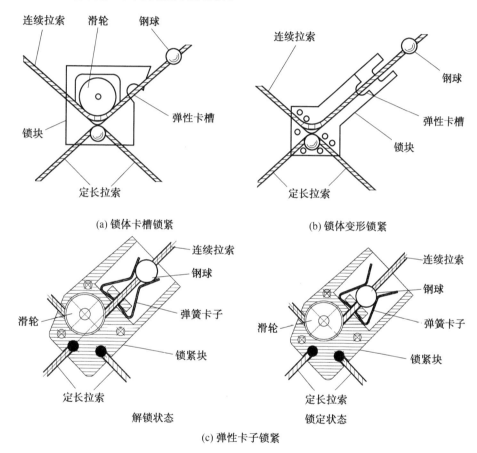

图 6.10　三种锁定装置结构图

如图 6.11 所示,将各个桁架单元按照交替顺序铰接在一起便构成了索杆铰接式伸展臂的整体结构。索杆铰接式伸展臂是一个空间桁架式结构,由纵杆、横杆、球铰、斜拉索、角块、锁定装置组成。不同数量桁架单元铰接在一起可以满足空间索杆铰接式伸展臂的不同长度要求。由于索杆铰接式伸展臂采用刚性的纵杆和横杆单元克服了传统薄壁管式伸展臂和盘压杆式伸展臂柔性大、刚度低、定位精度差等缺点,可以实现较大的刚度和强度。

由于空间索杆铰接式伸展臂展开后长期暴露在外太空微重力、高真空环境下,承受高强度紫外线及离子流辐射、温度场交变载荷及光照和背光温度梯度大等苛刻环境条件,因

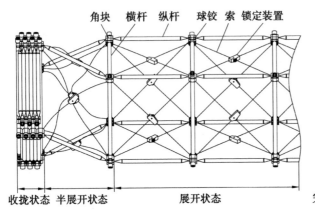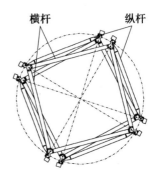

角块 横杆 纵杆 球铰 索 锁定装置

横杆 纵杆

收拢状态 半展开状态 展开状态

完全收拢（不包含索及锁定装置）

图 6.11 空间索杆铰接式伸展臂

此对伸展臂的材料提出了特殊的要求。伸展臂材料要求具有高刚度、热膨胀系数小、小质量、耐腐蚀性等性能。为了减小质量和热变形，并满足空间太空环境的要求，参考使用成熟的航天材料，杆件一般采用高强度、高弹性模量、低密度、抗蠕变性能好的碳纤维复合材料（CFRP）；角块一般采用高比强度材料，如不锈钢、钛合金等；预应力索要求的柔性较高、抗蠕变性能好、热膨胀系数小，一般为钛绳、不胀钢丝绳等[2,3]。

2. 驱动机构设计

伸展臂驱动机构为套筒式结构，主要由收拢套筒、消旋套筒、驱动套筒、传动机构及根部锁紧机构、压杆机构等构成，如图 6.12 所示。

收拢套筒为收拢状态的伸展臂提供收纳容器。收拢套筒内部按照伸展臂收拢状态角点滚轮的圆周位置安装 8 条直线轨道，收拢状态伸展臂的 8 个滚轮分别嵌在直线轨道中，当伸展臂展开时，在前端驱动段和消旋段伸展臂桁架单元的拉动下，收拢套筒中的伸展臂整体沿直线轨道向前滑动。

消旋套筒位于整个伸展臂驱动系统的中间段，它起到约束伸展臂单元刚性平面按照预定轨迹进行消旋运动和过渡连接收拢套筒及驱动套筒的作用。消旋套筒中同样也有 8 条消旋轨道，分别对应伸展臂在展开或收拢时刚性平面角点滚轮的空间运行轨迹，伸展臂桁架单元在消旋轨道的约束下运动并实现刚化和解锁。为防止伸展臂收拢时角点滚轮入错消旋轨道出现"卡死"现象，将刚性平面上的角点滚轮向该平面收拢折叠方向偏置一定角度，这样在收拢折叠过程中角点滚轮落在消旋轨道尖点相应转动一侧，避免了入错轨道。

驱动套筒结构比较复杂，也是整个伸展臂驱动机构中最关键的部分。驱动套筒的主要作用是提升或压缩伸展臂刚性平面，为伸展臂展开和收拢提供动力。驱动套筒为三层式结构，内套筒上安装有直线轨道，外套筒为螺旋套筒提供回转支承，螺旋套筒在内外套筒中间做回转运动。刚性平面 4 个角点滚轮径向方向上一部分与内置四线程矩形螺纹凹槽啮合，一部分约束在提升直线导轨槽中。当螺旋套筒转动时在螺旋凹槽与直线导轨相互旋转挤压下沿提升直线导轨平动，将伸展臂推出筒外展开或将伸展臂压入筒内收拢。螺旋套筒的转动经过传动机构由直流电机驱动，另外电机轴与传动机构输入轴可以通过离合器脱开，实现手动驱动功能。

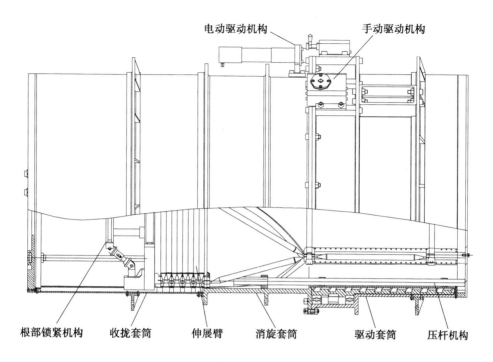

图 6.12　伸展臂套筒式驱动机构

3. 根部锁紧机构设计

伸展臂完全展开后,由于伸展臂的角点滚轮与提升导轨、螺旋凹槽之间存在间隙,因此不能实现伸展臂完全展开后与驱动套筒机构的锁紧定位功能。伸展臂与驱动套筒机构锁紧功能由根部锁紧机构来实现。设计根部锁紧机构时要求满足以下条件:

(1) 根部锁紧机构应具有结构紧凑、体积小、质量小等特点,伸展臂的根部与套筒的锁紧、解锁结构不能新增独立的动力源;

(2) 到达锁紧位置之前和完成解锁之后,锁紧机构能够与伸展桁架单元一起沿套筒轴线移动;

(3) 锁定位置准确,能够限制伸展臂与套筒之间的轴向、周向、径向各个方向自由度;

(4) 锁定后具有力封闭特性,能够承受较大的冲击(转动、离心力、向心力)载荷,解锁可靠。

图 6.13 所示为双滑块机构集合式根部锁紧装置,使用伸展臂的展开动力作为根部锁紧装置的工作动力,锁紧位置设置在刚度比较大的消旋套筒上,实现伸展臂与消旋套筒的锁紧功能。根部锁紧装置由驱动件、定位件、轴向增力部件、锁紧滑销、伸缩连杆、锁止卡槽组成,驱动件与伸展臂的最后一个刚性平面连接,在展开过程中伸展臂带动锁紧机构一起沿驱动套筒轴线运动,在伸展臂最后一个刚性平面进入驱动套筒螺旋槽后,定位件被消旋套筒上安装的限位挡块挡住,此时定位件与消旋套筒相对静止不动作为一个整体充当锁紧装置的机架。此时,锁紧滑销刚好对正消旋套筒上的锁紧销槽。伸展臂最后一个刚性平面继续向筒外展出带驱动件轴向移动,驱动件压缩伸缩连杆使滑销滑动,并且拉动轴向增力部件转动,直到滑销进入消旋套筒上的销槽内并压紧,与此同时增力部件立直并

卡入锁止卡槽中,从而实现完全展开状态的伸展臂与驱动机构可靠锁紧。

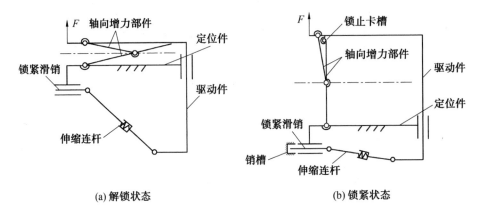

图 6.13　根部锁紧装置原理图

为防止滑销伸出与套筒机构内壁干涉,锁紧机构利用自锁原理实现未锁紧状态下锁紧滑销与其滑道之间的限位功能,即锁紧滑销在滑槽内处于自锁状态。滑销受力及几何关系如图 6.14 所示,伸缩连杆此时对锁紧滑销的力 F、锁紧滑销受到滑槽的正压力 N 和 N' 及相应的摩擦力 f、f' 满足自锁条件。设此时连杆与锁紧销轴线之间的夹角为 α,滑销与导轨接触段的导向段长度为 l',铰链中心到滑销端面水平距离为 l,滑销与导轨接触段的半径为 R,滑块与导轨间的摩擦系数为 μ,要实现滑销自锁,则其合力矩、合力必须为零,即

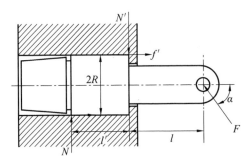

图 6.14　滑销受力图

$$\begin{cases} Fl\sin\alpha + \mu NR = Nl' + \mu N'R \\ F(l+l')\sin\alpha + \mu NR = N'l' + \mu N'R \end{cases} \tag{6.12}$$

$$\begin{cases} F\sin\alpha + N = N' \\ F\cos\alpha \leqslant \mu(N'+N) \end{cases} \tag{6.13}$$

通过式(6.12)、(6.13)即可求出连杆与滑销轴线之间夹角 α 和滑块与导轨接触段的导向段长度 l' 满足关系

$$l' \leqslant \frac{l\mu - R}{\cot\alpha - f} \tag{6.14}$$

锁紧滑销设计成锥销,在锁入过程中具有自导向、自定心能力;锥角满足在锁紧后有自锁特性的要求,这样在锁紧状态下任何轴向、周向的力均不能使锁销拔出锁孔,锁紧滑

销锥度小于摩擦角。

　　通过以上原理设计的伸展臂根部锁紧装置如图 6.15 所示,该锁紧装置利用伸展臂展收动力源作为驱动,实现了伸展臂末端与套筒驱动机构的锁紧功能,具有结构刚度大、可重复锁定与解锁、锁紧可靠等特点。

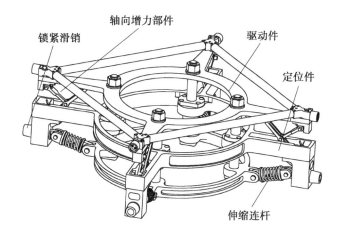

图 6.15　根部锁紧装置三维模型

6.2.4　伸展臂及驱动机构实物

　　图 6.16 所示为按照上述索杆铰接式伸展臂展开与收拢原理设计的索杆铰接式伸展臂原理样机。图 6.16(a) 为伸展臂完全展开状态,图 6.16(b) 为伸展臂完全收拢状态。所用杆件、锁体、角块及斜拉索材料见表 6.1,结构参数见表 6.2。

(a) 展开状态

(b) 收拢状态

图 6.16　索杆铰接式伸展臂原理样机

表 6.1　伸展臂原理样机材料

结构件	横杆	纵杆	角块	锁体	弹性卡子	斜拉索
材料	铝管	铝管	铝合金	铝合金	弹簧钢	钢丝绳

表 6.2　伸展臂原理样机结构参数

参数名称	数值	参数名称	数值
伸展臂直径 /mm	560	展开长度 /mm	7 295
单元跨距 /mm	364.75	收拢高度 /mm	336
单元数量 /个	20	伸展臂质量 /kg	25
杆件直径 /mm	16/14	索直径 /mm	1.5

图 6.17 所示为索杆铰接式伸展臂套筒驱动机构样机实物,该驱动机构最大直径为 0.8 m,长度为 1.28 m,收拢套筒最多能容纳 25 个伸展臂桁架单元。

图 6.17　伸展臂套筒驱动机构原理样机

6.3　伸展臂静力学特性分析

索杆铰接式伸展臂的性能参数和静力学参数是评价伸展臂性能和对比不同类型伸展臂的主要指标。本节主要分析索杆铰接式伸展臂主要性能参数及静力学参数,推导伸展臂的性能参数、静力学参数与伸展臂主要结构参数的关系表达式。通过算例分析伸展臂主要结构参数对其性能及力学特性的影响。分别基于伸展臂无负载情况下强度、刚度约束及伸展臂在轨支撑负载的工作状态下系统基频和根部弯矩约束,对索杆铰接式伸展臂的结构参数进行设计。

6.3.1　伸展臂性能参数分析

1. 几何关系分析

如图 6.18 所示,设伸展臂完全展开后纵杆长度为 l_1,斜拉索长度为 l_d,横杆长度为 l_b,斜拉索与横杆间夹角为 γ,伸展臂截面包络圆半径为 R,则有

$$\begin{cases} l_b = l_d \cos \gamma \\ l_1 = l_d \sin \gamma \\ l_b = \sqrt{2} R \end{cases} \tag{6.15}$$

伸展臂在展开过程中,设上、下刚性平面之间的距离和夹角分别为 x 和 θ,由图 6.18

可知,BB_1、$BB_1{}'$、$B_1B_1{}'$ 满足关系

$$\overline{BB_1{}'}^2 + \overline{B_1B_1{}'}^2 = \overline{BB_1}^2 \tag{6.16}$$

式中 $\overline{BB_1{}'}$——上刚性平面角点 B_1 在下刚性平面的投影到下刚性平面角点 B 的距离,
$$\overline{BB_1{}'} = 2R\sin\frac{\theta}{2};$$

$\overline{B_1B_1{}'}$——上、下刚性平面之间的距离,$\overline{B_1B_1{}'} = x$;

$\overline{BB_1}$——伸展臂桁架单元的跨距,$\overline{BB_1} = l_1$。

因此,伸展臂桁架单元在展开过程中存在如下几何关系

$$\left(2R\sin\frac{\theta}{2}\right)^2 + x^2 = l_1^2 \tag{6.17}$$

为了使伸展臂桁架单元能够完全收拢,需满足 $l_1 < \sqrt{2}R$。当伸展臂桁架单元完全收拢时,上、下刚性平面之间的夹角为 θ_0,上、下刚性平面之间的距离 x 等于 0,由式(6.17)得

$$l_1 = 2R\sin\frac{\theta_0}{2} \tag{6.18}$$

由于角块几何尺寸的限制,θ_0 值一般为 $70° \sim 80°$。

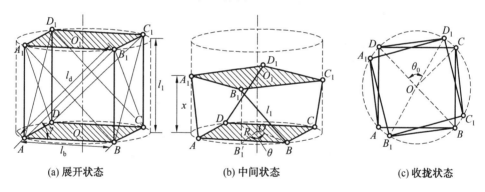

(a) 展开状态　　　　(b) 中间状态　　　　(c) 收拢状态

图 6.18　伸展臂几何关系

2. 伸展臂线密度

由于纵杆对铰接式伸展臂的刚度及强度影响最大,伸展臂的质量可用纵杆的参数表示,即

$$m = 4C_1\rho_1A_1L \tag{6.19}$$

式中 C_1——考虑横杆、角块、斜拉索及锁定机构质量的质量修正系数;

ρ_1——纵杆材料密度;

A_1——纵杆截面面积,$A_1 = \pi\left(\dfrac{d}{2}\right)^2$,$d$ 为纵杆直径;

L——伸展臂完全展开后长度。

在衡量伸展臂性能优劣或者对不同类型伸展臂进行比较和选择时,通常以伸展臂单位长度的质量作为评价指标,因此提出伸展臂线密度的概念。索杆铰接式伸展臂的线密度为

$$\rho_L = \frac{m}{L} = 4C_1\rho_1 A_1 \tag{6.20}$$

$$C_1 = \frac{m_{\text{batten}} + m_{\text{corner}} + m_{\text{cable}} + m_{\text{lock}} + m_{\text{longeron}}}{m_{\text{longeron}}} \tag{6.21}$$

式中　m_{batten}、m_{corner}、m_{cable}、m_{lock}、m_{longeron}——横杆、角块、索、锁定机构及纵杆的总质量。

3. 伸展臂折叠比

索杆铰接式伸展臂的折叠比为伸展臂完全展开长度与伸展臂收拢后的高度之比,折叠比越大说明伸展臂收拢后的高度越小,收拢效率越高。

如图 6.19 所示,伸展臂折叠后高度为

$$H = \left(\frac{L}{l_1} + 1\right)d = \left(\frac{L}{2R\sin\frac{\theta_0}{2}} + 1\right)d \tag{6.22}$$

则伸展臂折叠比为

$$\xi = \frac{L}{H} \approx \frac{2R\sin\frac{\theta_0}{2}}{d} \tag{6.23}$$

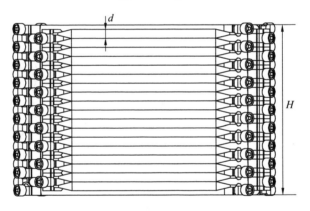

图 6.19　伸展臂收拢高度

从式(6.23)可得出伸展臂的折叠比与伸展臂截面包络圆的半径成正比,而与伸展臂纵杆直径成反比。以上是单纯考虑伸展臂收拢高度计算的折叠比,实际上套筒驱动机构需要包含收拢状态的伸展臂,并且要保证驱动伸展臂展开和收拢,因此实际折叠比应为伸展臂完全展开长度与套筒驱动机构的长度之比,即

$$\xi' = \frac{L}{H_{\text{canister}}} \tag{6.24}$$

式中　H_{canister}——伸展臂套筒驱动机构的高度。

6.3.2　伸展臂静力学参数计算

伸展臂完全展开后成为一静定刚化结构,通过斜拉索预紧力及索杆体系静力学平衡保证结构构型和刚度。索杆铰接式伸展臂的刚度和强度是主要力学特征参数,因此有必要对伸展臂的静态刚度、强度等参数进行推导和分析[4]。

1. 静力学分析

伸展臂索杆桁架结构无论在成形态还是荷载态,索杆体系均构成拉力和压力的有效自平衡体系,并且只有通过对索施加适当的预应力,赋予结构一定的几何刚度,才能成为承受外载荷的结构。如图 6.20 所示,分离出一个伸展臂桁架单元的侧面,斜拉索结构的索预紧力与横杆和纵杆中的压力能够自相平衡[5]。

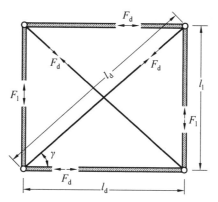

图 6.20　伸展臂单元侧面静力分析

伸展臂端部横杆受单根索拉力作用,中间横杆与纵杆要受到两根索拉力共同作用,因此端部横杆所受压力

$$F_{b1} = -F_d \frac{l_b}{l_d} = -F_d \cos \gamma \tag{6.25}$$

中间横杆所受压力

$$F_{b2} = -2F_d \frac{l_b}{l_d} = -2F_d \cos \gamma \tag{6.26}$$

纵杆所受压力

$$F_l = -2F_d \frac{l_l}{l_d} = -2F_d \sin \gamma \tag{6.27}$$

索张力

$$F_d = F_p \tag{6.28}$$

式中　F_p——索预设张力值,负号表示受压,正号表示受拉。

斜拉索必须具有足够大的预紧力以保证伸展臂在各种载荷工况下保持张紧状态和伸展臂的结构特征。伸展臂在工作过程中,斜拉索中的实际张力值可表示为

$$F_d = F_p + F_s + F_T \tag{6.29}$$

式中　F_s——结构载荷,$F_s \in [-F_{s,max}, +F_{s,max}]$;

　　　F_T——热载荷,$F_T \in [-F_{T,max}, +F_{T,max}]$。

斜拉索中的张力必须大于保证伸展臂静定结构所需的最小值,即

$$F_d > F_{d,min} > 0 \tag{6.30}$$

斜拉索预紧力可以表示为

$$F_p > F_{d,min} + F_{s,max} + F_{T,max} \tag{6.31}$$

因此斜拉索预紧力必须满足上述要求,保证结构在各种载荷下所有索均受拉、杆均受

压,满足索杆张力结构的几何与力学约束特性而得以成形。

2. 轴向刚度

如图 6.21 所示,设伸展臂受轴向拉力 P 作用,伸展臂轴向伸长 δ,则

$$P = 8F_d \sin(\gamma + \Delta\gamma) + 4F_l \qquad (6.32)$$

式中　F_d——索受到的拉力;

　　　F_l——纵杆受到的拉力;

　　　$\Delta\gamma$——索伸展臂变形后与变形前的夹角。

$$F_l = E_l A_l \frac{\delta}{l_1} \qquad (6.33)$$

$$F_d = E_d A_d \frac{\Delta l_d}{l_d} \qquad (6.34)$$

式中　E_l、E_d、A_l、A_d——纵杆、索材料的弹性模量和截面面积;

　　　$E_l A_l$、$E_d A_d$——纵杆和索的轴向刚度;

　　　Δl_d——索的伸长量。

$$\Delta l_d \approx \delta \cos\left(\frac{\pi}{2} - \gamma - \Delta\gamma\right) = \delta \sin(\gamma + \Delta\gamma) \qquad (6.35)$$

将式(6.33)~(6.35)代入式(6.32)得

$$P = \frac{8E_d A_d \delta \sin^2(\gamma + \Delta\gamma)}{l_d} + 4E_l A_l \frac{\delta}{l_1} = \left(\frac{8E_d A_d l_1 \sin^2(\gamma + \Delta\gamma)}{l_d} + 4E_l A_l\right)\frac{\delta}{l_1} \qquad (6.36)$$

因此伸展臂的轴向抗拉刚度为

$$EA = \frac{P}{\delta / l_1} = \lim_{\Delta\gamma \to 0}\left(\frac{8E_d A_d l_1 \sin^2(\gamma + \Delta\gamma)}{l_d} + 4E_l A_l\right) = 8E_d A_d \sin^3\gamma + 4E_l A_l \qquad (6.37)$$

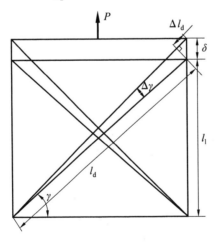

图 6.21　伸展臂轴向拉伸

当伸展臂受轴向压缩载荷 P 时,伸展臂轴向压缩位移为 δ,由于索只能承受拉力而不能承受压力,因此索对伸展臂轴向压缩刚度没有影响,只有纵杆承受轴向压缩载荷,即

$$P = 4F_l \qquad (6.38)$$

而

$$F_1 = E_1 A_1 \frac{\delta}{l_1} \tag{6.39}$$

因此伸展臂轴向压缩刚度为

$$EA = \frac{P}{\delta / l_1} = 4 E_1 A_1 \tag{6.40}$$

3. 弯曲刚度

首先计算索杆铰接式伸展臂的惯性矩。如图 6.22 所示,定义纵杆在 xOy 平面内投影点到坐标原点 O 的连线与 x 轴夹角为纵杆方位角,则第一根纵杆的方位角为 φ_1,第 i 根纵杆的方位角为

$$\varphi_i = \varphi_1 + \frac{2\pi}{4}(i-1) \quad (i = 1 \sim 4) \tag{6.41}$$

各纵杆与 y 轴距离为

$$x_i = R\cos\varphi_i \tag{6.42}$$

伸展臂对 y 轴的惯性矩为

$$I_y = 4I_1 + \sum_{i=1}^{4} A_1 x_i^2 = 4I_1 + A_1 R^2 \sum_{i=1}^{4} \cos^2\left(\varphi_1 + \frac{2\pi}{4}(i-1)\right) = 4I_1 + 2A_1 R^2 \tag{6.43}$$

式中　I_1—— 纵杆惯性矩, $I_1 = \dfrac{\pi d^4}{64} = \dfrac{A_1^2}{4\pi}$。

从式(6.43)可以看出伸展臂惯性矩 I_y 与伸展臂各纵杆在圆周上的位置无关,由于 $d \ll R$,忽略纵杆自身惯性矩,则索杆铰接式伸展臂的惯性矩为

$$I = 2A_1 R^2 \tag{6.44}$$

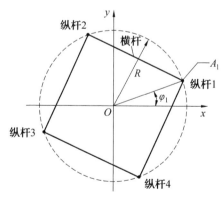

图 6.22　伸展臂截面图

不考虑索张力对刚度的影响,因此伸展臂的弯曲刚度为

$$EI = C_2 E_1 (2A_1 R^2) \tag{6.45}$$

式中　C_2—— 考虑铰接柔性引入的刚度削弱系数。

4. 抗弯强度

(1)失稳强度。

如图 6.22 所示,分析伸展臂绕 y 轴的抗弯强度,作用在每根纵杆上的载荷与纵杆到 y

轴的距离呈线性关系,即距 y 轴距离较大的纵杆受载也较大,则有

$$\frac{P_i}{x_i} = \frac{P_1}{x_1} \tag{6.46}$$

式中　P_i—— 在弯矩 M 作用下第 i 根纵杆所受载荷。

伸展臂对 y 轴的弯矩可表示为

$$M = \sum_{i=1}^{4} P_i x_i = \frac{P_1 R}{\cos \varphi_1} \sum_{i=1}^{4} \cos^2\left[\varphi_1 + \frac{2\pi}{4}(i-1)\right] = \frac{2P_1 R}{\cos \varphi_1} \tag{6.47}$$

伸展臂在受弯曲载荷时,有两种失效模式,分别是纵杆受压失稳和纵杆受拉破坏,因此伸展臂的抗弯强度对应其失效模式分为伸展臂抗弯失稳强度和抗弯屈服强度。

设伸展臂单根纵杆的临界屈曲载荷为 P_{lcr},则

$$P_{lcr} = \frac{\pi^2 E_1 I_1}{l_1^2} \tag{6.48}$$

当 $P_1 = P_{cr}$,$\varphi_1 = 0$ 时,由式(6.47)得到伸展臂的临界弯曲失稳力矩为

$$M_{cr} = 2P_{lcr}R = \frac{\pi E_1 A_1^2}{8R \sin^2 \dfrac{\theta_0}{2}} \tag{6.49}$$

(2)屈服强度。

设伸展臂纵杆材料的抗拉屈服极限是 $[\sigma_b]$,则伸展臂单根纵杆所能承受的最大拉力为

$$P_b = [\sigma_b] \cdot A_1 \tag{6.50}$$

当 $P_1 = P_b$、$\varphi_1 = 0$ 时,由式(6.47)得到伸展臂的临界弯曲屈服力矩为

$$M_b = 2P_b R = 2[\sigma_b]A_1 R \tag{6.51}$$

对于索杆铰接式伸展臂纵杆而言,其抗拉屈服极限与其自身结构参数一般满足

$$[\sigma_b] > \frac{\pi E_1 A_1}{16R^2 \sin^2 \dfrac{\theta_0}{2}} \tag{6.52}$$

因此伸展臂抗弯失稳强度一般小于伸展臂抗弯屈服强度,在伸展臂结构参数设计时主要考虑伸展臂的抗弯失稳强度。

5. 剪切刚度

如图 6.23 所示,首先分析伸展臂一个侧面的剪切刚度。设伸展臂一个侧面受到剪切力 S_f 作用,产生的剪切变形为 δ_f,则

$$S_f = 2F_d \sin\left(\frac{\pi}{2} - \gamma + \Delta\gamma\right) = 2F_d \cos(\gamma - \Delta\gamma) \tag{6.53}$$

式中　F_d—— 斜拉索受到的拉力。

设斜拉索变形为 Δl_d,则有

$$F_d = E_d A_d \frac{\Delta l_d}{l_d} \tag{6.54}$$

$$\Delta l_d \approx \delta_f \cos(\gamma - \Delta\gamma) \tag{6.55}$$

将式(6.54)、(6.55)代入式(6.53)得到

$$S_f = 2F_d \sin\left(\frac{\pi}{2} - \gamma + \Delta\gamma\right) = \frac{2E_d A_d \delta_f \cos^2(\gamma - \Delta\gamma)}{l_d} \tag{6.56}$$

因此,伸展臂一个侧面的剪切刚度为

$$GA_f = \frac{S_f}{\delta_f / l_1} = \lim_{\Delta\gamma \to 0} 2E_d A_d \sin\gamma \cos^2(\gamma - \Delta\gamma) = 2E_d A_d \sin\gamma \cos^2\gamma \tag{6.57}$$

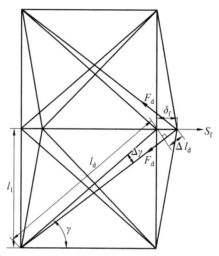

图 6.23　伸展臂剪切变形

如图 6.24 所示,伸展臂侧面 1 与 x 轴夹角为 $\frac{\pi}{4} - \varphi_1$,设伸展臂侧面 1 受到沿 x 轴的剪切力 S 时,沿 x 轴方向产生的剪切位移为 δ。

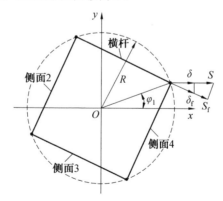

图 6.24　剪切力分析

剪切力 S 在沿伸展臂侧面 1 方向上产生的剪切力为

$$S_f = S\cos\left(\frac{\pi}{4} - \varphi_1\right) \tag{6.58}$$

在剪切力 S_f 作用下,伸展臂侧面 1 产生的剪切位移为

$$\delta_f = \frac{S_f}{GA_f} \tag{6.59}$$

伸展臂侧面 1 的剪切变形在 x 轴方向的分量即为剪切力 S 产生的剪切位移

$$\delta = \delta_f \cos\left(\frac{\pi}{4} - \varphi_1\right) \tag{6.60}$$

因此,由伸展臂侧面 1 在 x 轴方向产生的剪切刚度为

$$GA_{f1} = \frac{S}{\delta} = \frac{S_f}{\delta_f} \cos^2\left(\frac{\pi}{4} - \varphi_1\right) = GA_f \cos^2\left(\frac{\pi}{4} - \varphi_1\right) \tag{6.61}$$

伸展臂侧面 2、侧面 3、侧面 4 与 x 轴夹角分别为 $\frac{\pi}{4} + \varphi_1$、$\frac{\pi}{4} - \varphi_1$ 和 $\frac{\pi}{4} + \varphi_1$。同理,得到由侧面 2、侧面 3、侧面 4 在 x 轴方向产生的伸展臂剪切刚度分别为

$$GA_{f2} = GA_f \cos^2\left(\frac{\pi}{4} + \varphi_1\right) \tag{6.62}$$

$$GA_{f3} = GA_f \cos^2\left(\frac{\pi}{4} - \varphi_1\right) \tag{6.63}$$

$$GA_{f4} = GA_f \cos^2\left(\frac{\pi}{4} + \varphi_1\right) \tag{6.64}$$

因此伸展臂在 x 方向的剪切刚度为

$$GA = \sum_i^4 GA_{fi} = 2GA_f = 4E_d A_d \sin\gamma \cos^2\gamma \tag{6.65}$$

6. 扭转刚度

由于伸展臂桁架单元之间是交替安装在一起的,在折叠方向上伸展臂纵杆可以相对于伸展臂轴线转动,因此对伸展臂的扭转刚度没有贡献,主要是斜拉索提供伸展臂的扭转刚度。如图 6.25 所示,当伸展臂侧面 1 在受到与侧面平行的剪切力 S_f 作用时,伸展臂侧面 1 产生剪切位移 δ_f。同时剪切力 S_f 使伸展臂侧面 1 相对于伸展臂中心轴产生一个扭转力矩 T_f 和扭转角 ϕ_f。

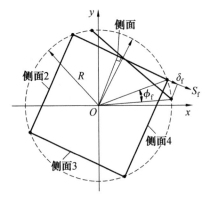

图 6.25　伸展臂扭转变形

扭转力矩可以表示为

$$T_f = S_f R \cos\frac{\pi}{4}$$

当 ϕ_f 很小时,可以表示为

$$\phi_f = \frac{\delta_f}{R\cos\dfrac{\pi}{4}} \tag{6.66}$$

则由伸展臂侧面 1 产生的伸展臂扭转刚度为

$$GJ_f = \frac{T_f}{\phi_f/l_1} = \frac{S_f}{\delta_f/l_1} = GA_f R^2 \cos^2\frac{\pi}{4} \tag{6.67}$$

因此伸展臂的扭转刚度为

$$GJ = 4GJ_f = 2GA_f = 4E_d A_d R^2 \sin\gamma\cos^2\gamma \tag{6.68}$$

7. 失稳分析

当伸展臂足够长时,其整体可看作一根细长杆,当伸展臂受到通过中心轴线的轴向压缩载荷 P 时,伸展臂可能出现失稳现象,因此需对其稳定性进行分析。伸展臂的失稳分为局部失稳和整体失稳两种情况,局部失稳是指伸展臂在受轴向压缩时,纵杆首先达到临界失稳的屈曲载荷而导致伸展臂失稳。纵杆两端铰支,如图 6.26(a) 所示,局部失稳临界力为

$$P_{lcr} = \frac{\pi^2 E_1 I_1}{l^2} = \frac{\pi^2 E_1 A_1 d^2}{16 l^2} \tag{6.69}$$

伸展臂的整体失稳是指在轴向受压时整体被压溃,伸展臂可看作一端固定、一端自由的梁,如图 6.26(b) 所示,整体失稳临界力为

$$P_{Lcr} = \frac{\pi^2 EI}{(2L)^2} = \frac{\pi^2 E_1 A_1 R^2}{2L^2} \tag{6.70}$$

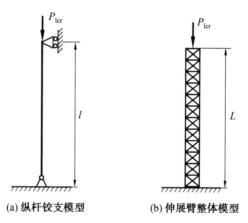

(a) 纵杆铰支模型　　　　　　(b) 伸展臂整体模型

图 6.26　伸展臂轴向受压模型

局部失稳与整体失稳情况讨论:

(1) 当 $4P_{lcr} < P_{Lcr}$ 时,伸展臂首先出现局部失稳。此时,出现局部失稳的条件为

$$\frac{d}{l} < \frac{\sqrt{2}R}{L} \tag{6.71}$$

(2) 当 $4P_{lcr} > P_{Lcr}$ 时,伸展臂首先出现整体失稳。此时,出现整体失稳的条件为

$$\frac{d}{l} > \frac{\sqrt{2}R}{L} \tag{6.72}$$

（3）当 $4P_{lcr} = P_{Lcr}$ 时，同时出现局部失稳和整体失稳，此时

$$\frac{d}{l} = \frac{\sqrt{2}R}{L} \tag{6.73}$$

6.3.3 伸展臂结构参数对性能参数的影响

空间索杆铰接式伸展臂的主要结构参数包括伸展臂的质量、半径及纵杆截面面积。由于考虑到航天发射成本，伸展臂的质量成为首要考虑的设计参数。伸展臂的半径和纵杆截面面积则直接影响到伸展臂的刚度、强度及折叠比，是伸展臂的重要结构参数。因此本书分别基于满足伸展臂不同的工作条件要求对伸展臂结构参数进行分析，获得伸展臂的质量、半径、纵杆截面面积等主要结构参数对伸展臂性能参数的影响。

设纵杆材料 CFRP 的弹性模量 $E_1 = 210$ GPa，密度 $\rho = 1\,660$ kg/m³，斜拉索材料的弹性模量 $E_d = 210$ GPa，质量修正系数 $C_1 = 4$，刚度削弱系数 $C_2 = 0.75$，伸展臂完全收拢时上、下刚性平面夹角 $\theta_0 = 77.037°$。

图 6.27 所示为伸展臂半径、纵杆直径对伸展臂抗弯强度、弯曲刚度和折叠比的影响。伸展臂的弯曲刚度与伸展臂半径 R 平方成正比，而伸展臂的抗弯强度与半径 R 成反比，增加伸展臂的半径可以大大增强伸展臂的弯曲刚度，但是随着半径增大，伸展臂的抗弯强度减小。随着伸展臂纵杆直径的增加，伸展臂的抗弯强度和弯曲刚度均增大；对于不同的伸展臂纵杆直径 d_1，当伸展臂半径较小时，抗弯强度变化较明显；当伸展臂半径较大时，弯曲刚度变化较明显。伸展臂的折叠比随着伸展臂半径增加而增大，随着纵杆直径的增加而减小。

图 6.28 所示为伸展臂半径 R 及斜拉索直径 d_c 对伸展臂剪切刚度和扭转刚度的影响。伸展臂的剪切刚度与伸展臂的半径无关，只与斜拉索直径有关，随着斜拉索直径增加，伸展臂的剪切刚度增大。而伸展臂的扭转刚度随着伸展臂半径增加而增大，并且斜拉

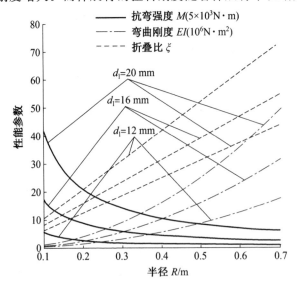

图 6.27　几何参数对抗弯强度、弯曲刚度和折叠比的影响

索直径越大,伸展臂的扭转刚度也越大。

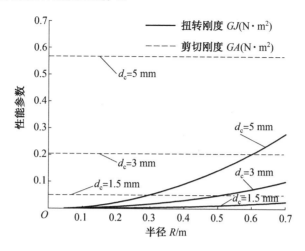

图 6.28　几何参数对扭转刚度和剪切刚度的影响

6.3.4　伸展臂结构参数确定

1. 无负载伸展臂参数确定

当不考虑伸展臂工作状态的负载时,以伸展臂弯曲刚度和抗弯失稳强度作为约束条件来确定伸展臂的参数。由式(6.45)和式(6.49)联立得到伸展臂弯曲刚度和抗弯失稳强度约束方程组

$$\begin{cases} EI = 2C_2 E_1 A_1 R^2 \\ M = \dfrac{\pi E_1 A_1{}^2}{8R \sin^2 \dfrac{\theta_0}{2}} \end{cases} \tag{6.74}$$

伸展臂的半径和纵杆直径必须满足约束方程组(6.74)的刚度强度要求。由方程组(6.74)及方程(6.20)解得伸展臂的线密度、伸展臂半径和纵杆截面面积,分别为

$$\rho_L = \frac{W}{L} = 8C_1 \rho_1 \left(\frac{\sin^4 \dfrac{\theta_0}{2}}{\pi^2 C_2{}^3 E_1{}^3} \right)^{\frac{1}{5}} K_1{}^{\frac{1}{5}} \tag{6.75}$$

$$R = \left(\frac{\pi}{32 C_2{}^2 E_1 \sin^2 \dfrac{\theta_0}{2}} \right)^{\frac{1}{5}} K_2{}^{\frac{1}{5}} \tag{6.76}$$

$$A_1 = \left(\frac{32 \sin^4 \dfrac{\theta_0}{2}}{\pi^2 C_2{}^3 E_1{}^3} \right)^{\frac{1}{5}} K_1{}^{\frac{1}{5}} \tag{6.77}$$

式中　K_1、K_2——刚度强度联合系数,$K_1 = EI \cdot M^2$,$K_2 = EI^2/M$。

此时影响伸展臂线密度的材料性能参数为 $\rho/E_1^{\frac{3}{5}}$。同时满足伸展臂弯曲刚度和抗弯强度要求时,伸展臂的线密度、纵杆直径半径与弯曲刚度和抗弯强度关系曲线如图 6.29 和图 6.30 所示。线密度及纵杆直径随伸展臂弯曲刚度和抗弯强度的增大而增大,而伸展臂的半径随弯曲刚度的增大而增大,随抗弯强度的增大而减小,这与上一节伸展臂半径对刚度、强度的影响规律是一致的。

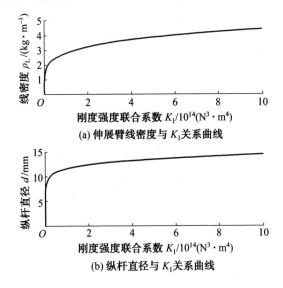

(a) 伸展臂线密度与 K_1 关系曲线

(b) 纵杆直径与 K_1 关系曲线

图 6.29　伸展臂线密度、纵杆直径与 K_2 关系曲线

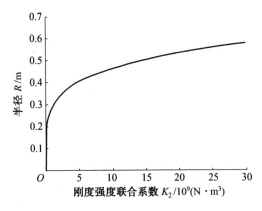

图 6.30　伸展臂半径与 K_2 关系曲线

2. 带负载伸展臂参数确定

伸展臂从航天器伸出,其根部与航天器固连成悬臂形式,其前端支撑负载,理论模型如图 6.31 所示。当伸展臂处于在轨工作状态时,伸展臂及其前端负载往往作为一个系统考虑,对伸展臂结构参数进行设计时以伸展臂系统固有频率和伸展臂系统根部力矩作为约束条件。伸展臂系统最低固有频率的限制一般要求航天器组件与挠性控制相互协调,而伸展臂根部力矩限制等效为悬臂伸展臂的根部角加速度 $\ddot{\varphi}$ 的限制,要求伸展臂能够承受一定载荷而不失效。

根据图 6.31 所示的理论模型,对于一个前端支撑负载的悬臂结构的伸展臂,根据欧拉梁理论计算可知系统一阶固有频率 f 为

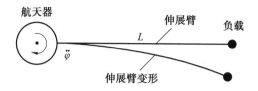

图 6.31　伸展臂在轨理论模型

$$f = \frac{1}{2\pi}\sqrt{\frac{3EI}{(m_{tip} + 0.24m_{truss})L^3}} \tag{6.78}$$

式中　m_{tip} —— 伸展臂前端负载质量；

　　　m_{truss} —— 伸展臂自身质量。

于是由式(6.45)和式(6.78)得到关于伸展臂半径 R、纵杆截面面积 A_1 和伸展臂质量 m_{truss} 的方程

$$R^2 A_1 = \frac{(2\pi f)^2 L^3 (m_{tip} + 0.24m_{truss})}{6C_2 E_1} \tag{6.79}$$

为了保证航天器能够保持一定的轨道高度，需使用助推器补偿地球或者大气引力造成的高度降低，因此航天器助推器的角加速度使伸展臂根部产生一定的弯曲力矩，由旋转动力学平衡方程可知，当伸展臂根部承受角加速度 $\ddot{\varphi}$ 时，根部承受的弯矩 M 为

$$M = \alpha\left(m_{tip}L^2 + m_{truss}\left(\frac{L}{2}\right)^2\right)\ddot{\varphi} \tag{6.80}$$

式中　α —— 由于突然产生的角加速度引入的动态超调系数。

弯矩使伸展臂根部纵杆产生的应力为

$$\sigma = \frac{MR}{I} \tag{6.81}$$

空间索杆铰接式伸展臂的主要失效形式为根部力矩使伸展臂纵杆受压而发生屈曲。令伸展臂根部弯矩使纵杆产生的应力与纵杆临界屈曲载荷产生的应力相等，得到关于伸展臂半径 R、纵杆截面面积 A_1 和伸展臂质量 m_{truss} 的第二个方程，即

$$\frac{A_1^2}{R} = \frac{4\alpha\left(2\sin\frac{\theta_0}{2}\right)^2\left(m_{tip}L^2 + m_{truss}\left(\frac{L}{2}\right)^2\right)\ddot{\varphi}}{2\pi E_1} \tag{6.82}$$

通过方程(6.19)、(6.20)、(6.79)、(6.82)可解得伸展臂线密度、半径和纵杆截面面积关于伸展臂系统固有频率和根部角加速度的函数。

如图 6.32 所示，伸展臂的线密度、半径和纵杆直径随固有频率的增加而增大，随着固有频率增加，伸展臂的线密度、纵杆直径变化趋势趋于平缓，而伸展臂半径和固有频率接近线性关系。如图 6.33 所示，伸展臂的线密度、纵杆直径随根部所能承受的角加速度的增加而增大，变化趋势与固有频率分析相同，而伸展臂半径则减小，并且变化趋势趋于平缓。

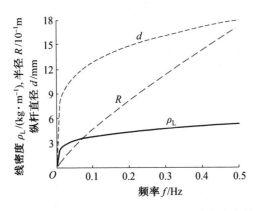

图 6.32　伸展臂线密度、半径、纵杆直径与固有频率的关系曲线

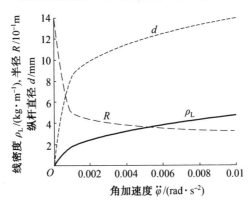

图 6.33　伸展臂线密度、半径、纵杆直径与角加速度的关系曲线

6.4　伸展臂动力学特性分析

6.4.1　连续梁等效模型

由于空间桁架结构具有成本低、质量小、方便收拢和安装等特点,因此越来越多地应用于空间站、大型展开天线、反射面、展开支撑结构等领域。航天应用的大型桁架结构大多是由多个基本形式或结构相同的单元构成。连续体等效模型是分析研究此类类似梁或者类似平面结构的有效方法[6-10]。索杆铰接式伸展臂便是类似梁结构的空间桁架结构,它的显著特点是由不同数量的基本桁架单元构成。

1.连续梁等效方法

应用弹性力学中的圣维南原理,伸展臂桁架结构可以用等效连续介质梁模型来分析。伸展臂桁架结构用连续介质模型等效的关键是建立两者之间几何和材料特性的关系。基于伸展臂桁架结构与等效模型应变能、动能相等的能量原理建立伸展臂连续梁等效模型,等效原则是伸展臂在等效前后具有相同的应变能和动能[11-14]。连续梁等效模型建模流程如图 6.34 所示。

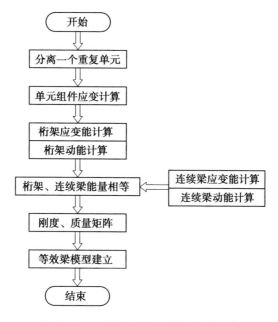

图 6.34　连续梁等效模型建模流程图

伸展臂连续梁等效模型如图 6.35 所示,连续梁模型的优点是可以直接建立伸展臂动力学方程并求得动力学特性的解析解,它可以很方便地评价伸展臂的整体性能,容易比较不同结构伸展臂的特性,便于评估不同材料、结构参数对伸展臂特性的影响。等效连续介质模型提供了一个分析大型桁架结构实际有效的方法,尤其是分析类似梁的具有大量重复单元的伸展臂结构,大大降低了结构自由度;为参数和系统识别及伸展臂控制系统设计提供了有效的工具;对于分析伸展臂在承受静载荷、热载荷及动载荷时的整体响应非常有效。

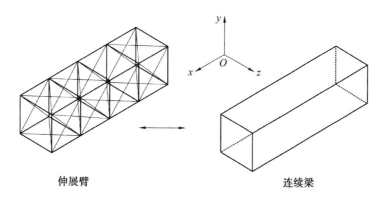

图 6.35　伸展臂连续梁等效模型

2. 桁架应变能与动能计算

(1) 应变能计算。

首先,从构成伸展臂桁架结构的重复桁架单元中分离出一个基本桁架单元。伸展臂桁架单元节点位移在伸展臂横截面 yOz 上与伸展臂节点应变、转角及节点坐标具有线性

关系,即

$$\begin{cases} u(x,y,z)=u^0-y\varphi_z+z\varphi_y \\ v(x,y,z)=v^0+y\varepsilon_y^0+z(-\varphi_x+\dfrac{1}{2}\gamma_{yz}^0) \\ w(x,y,z)=w^0+z\varepsilon_z^0+y(\varphi_x+\dfrac{1}{2}\gamma_{yz}^0) \end{cases} \tag{6.83}$$

式中　　u^0,v^0,w^0——$y=z=0$ 处的位移,即伸展臂桁架单元轴线位移;

　　　　$\varphi_x,\varphi_y,\varphi_z$—— 转角;

　　　　$\varepsilon_y^0,\varepsilon_z^0$—— y、z 方向的主应变;

　　　　γ_{yz}^0—— 横截面上的剪应变。

梁单元符号规定如图 6.36 所示,它们都是关于 x 的函数。对于截面为正方形的伸展臂,其截面变形可以由 4 个节点上的位移组表示。

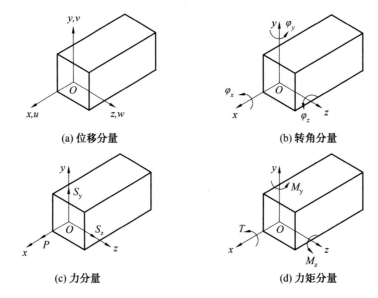

(a) 位移分量　　　　　　　　　　(b) 转角分量

(c) 力分量　　　　　　　　　　(d) 力矩分量

图 6.36　梁单元符号规定

根据方程组(6.83),由柯西方程可得各节点应变为

$$\begin{cases} \varepsilon_x=\partial u^0-y\partial\varphi_z+z\partial\varphi_y=\varepsilon_x^0-y\kappa_y^0+z\kappa_z^0 \\ \varepsilon_y=\varepsilon_y^0 \\ \varepsilon_z=\varepsilon_z^0 \\ \gamma_{xy}=(\partial v^0-\varphi_z)+y\partial\varepsilon_y^0+z(-\partial\varphi_x+\dfrac{1}{2}\partial\gamma_{yz}^0)=\gamma_{xy}^0+y\partial\varepsilon_y^0+z(-\kappa_x^0+\dfrac{1}{2}\partial\gamma_{yz}^0) \\ \gamma_{xz}=(\partial w^0-\varphi_y)+z\partial\varepsilon_z^0+y(\partial\varphi_x+\dfrac{1}{2}\partial\gamma_{yz}^0)=\gamma_{xz}^0+z\partial\varepsilon_z^0+y(\kappa_x^0+\dfrac{1}{2}\partial\gamma_{yz}^0) \\ \gamma_{yz}=\gamma_{yz}^0 \end{cases}$$

$$\tag{6.84}$$

伸展臂桁架单元中杆件及索单元的轴向应变可以用伸展臂桁架单元坐标系下的应变

表示为

$$\varepsilon^{(k)} = \varepsilon_x^{(k)} l^{(k)^2} + \varepsilon_y^{(k)} m^{(k)^2} + \varepsilon_z^{(k)} n^{(k)^2} + \gamma_{yz}^{(k)} m^{(k)} n^{(k)} + \gamma_{xz}^{(k)} l^{(k)} n^{(k)} + \gamma_{xy}^{(k)} l^{(k)} m^{(k)}$$

(6.85)

式中　　$l^{(k)}, m^{(k)}, n^{(k)}$ —— 杆件或索单元的轴线在伸展臂桁架单元坐标系下的方向余弦；

　　　　$\varepsilon^{(k)}$ —— 伸展臂桁架单元中第 k 个元件的轴向应变。

　　图 6.37 所示为伸展臂杆件及斜拉索自身的坐标系 $x'y'z'$，图 6.38 所示为伸展臂桁架单元坐标系 xyz。纵杆(1)～(4)的轴线方向 x' 在坐标系 xyz 下的方向余弦为 $(1,0,0)$；索(5)、(9)的轴线方向 x' 在坐标系 xyz 下的方向余弦为 $(\sin\gamma,0,\cos\gamma)$；索(6)、(10)的轴线方向 x' 在坐标系 xyz 下的方向余弦为 $(\sin\gamma,0,-\cos\gamma)$；索(7)、(11)的轴线方向 x' 在坐标系 xyz 下的方向余弦为 $(\sin\gamma,-\cos\gamma,0)$；索(8)、(12)的轴线方向 x' 在坐标系 xyz 下的方向余弦为 $(\sin\gamma,-\cos\gamma,0)$。

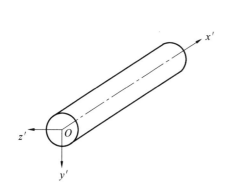

图 6.37　索、杆件坐标系的建立

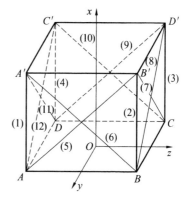

图 6.38　伸展臂单元坐标系的建立

因此,根据式(6.85)得到伸展臂桁架单元中各纵杆及斜拉索的轴向应变分别为

$$\begin{cases}
\varepsilon^{(1)} = \varepsilon_x^{(1)} \\
\varepsilon^{(2)} = \varepsilon_x^{(2)} \\
\varepsilon^{(3)} = \varepsilon_x^{(3)} \\
\varepsilon^{(4)} = \varepsilon_x^{(4)} \\
\varepsilon^{(5)} = \varepsilon_x^{(5)} \sin^2\gamma + \varepsilon_z^{(5)} \cos^2\gamma + \gamma_{xz}^{(5)} \sin\gamma\cos\gamma \\
\varepsilon^{(6)} = \varepsilon_x^{(6)} \sin^2\gamma + \varepsilon_z^{(6)} \cos^2\gamma - \gamma_{xz}^{(6)} \sin\gamma\cos\gamma \\
\varepsilon^{(7)} = \varepsilon_x^{(7)} \sin^2\gamma + \varepsilon_y^{(7)} \cos^2\gamma + \gamma_{xy}^{(7)} \sin\gamma\cos\gamma \\
\varepsilon^{(8)} = \varepsilon_x^{(8)} \sin^2\gamma + \varepsilon_y^{(8)} \cos^2\gamma - \gamma_{xy}^{(8)} \sin\gamma\cos\gamma \\
\varepsilon^{(9)} = \varepsilon_x^{(9)} \sin^2\gamma + \varepsilon_z^{(9)} \cos^2\gamma + \gamma_{xz}^{(9)} \sin\gamma\cos\gamma \\
\varepsilon^{(10)} = \varepsilon_x^{(10)} \sin^2\gamma + \varepsilon_z^{(10)} \cos^2\gamma - \gamma_{xz}^{(10)} \sin\gamma\cos\gamma \\
\varepsilon^{(11)} = \varepsilon_x^{(11)} \sin^2\gamma + \varepsilon_y^{(11)} \cos^2\gamma + \gamma_{xy}^{(11)} \sin\gamma\cos\gamma \\
\varepsilon^{(12)} = \varepsilon_x^{(12)} \sin^2\gamma + \varepsilon_y^{(12)} \cos^2\gamma - \gamma_{xy}^{(12)} \sin\gamma\cos\gamma
\end{cases}$$

(6.86)

　　在杆单元和斜拉索单元中,各点应变状态是相同的,因此杆单元和斜拉索单元的应变可用其中点应变状态表示。纵杆(1)～(4)中点在平面 yOz 上的坐标分别为 $(\frac{1}{2}l_b,$

$-\frac{1}{2}l_b)$、$(\frac{1}{2}l_b,\frac{1}{2}l_b)$、$(-\frac{1}{2}l_b,\frac{1}{2}l_b)$、$(-\frac{1}{2}l_b,-\frac{1}{2}l_b)$。

　　同理,索(5)、(6)中点在平面 yOz 上的坐标为$(\frac{1}{2}l_b,0)$,索(7)、(8)中点在平面 yOz 上的坐标为$(0,\frac{1}{2}l_b)$,索(9)、(10)中点在平面 yOz 上的坐标为$(-\frac{1}{2}l_b,0)$,索(11)、(12)中点在平面 yOz 上的坐标为$(0,-\frac{1}{2}l_b)$。

　　因此,根据式(6.84)可得伸展臂桁架单元中纵杆(1)～(4)及斜拉索(5)～(12)的轴向应变为

$$
\begin{cases}
\varepsilon_x^{(1)} = \varepsilon_x{}^0 - \dfrac{l_b}{2}\kappa_z{}^0 - \dfrac{l_b}{2}\kappa_y{}^0 \\[2mm]
\varepsilon_x^{(2)} = \varepsilon_x{}^0 - \dfrac{l_b}{2}\kappa_z{}^0 + \dfrac{l_b}{2}\kappa_y{}^0 \\[2mm]
\varepsilon_x^{(3)} = \varepsilon_x{}^0 + \dfrac{l_b}{2}\kappa_z{}^0 + \dfrac{l_b}{2}\kappa_y{}^0 \\[2mm]
\varepsilon_x^{(4)} = \varepsilon_x{}^0 + \dfrac{l_b}{2}\kappa_z{}^0 - \dfrac{l_b}{2}\kappa_y{}^0 \\[2mm]
\varepsilon_x^{(5)} = \varepsilon_x^{(6)} = \varepsilon_x{}^0 - \dfrac{l_b}{2}\kappa_y{}^0 \\[2mm]
\varepsilon_z^{(5)} = \varepsilon_z^{(6)} = \varepsilon_z{}^0 \\[2mm]
\gamma_{xz}^{(5)} = \gamma_{xz}^{(6)} = \gamma_{xz}{}^0 + \dfrac{l_b}{2}(\kappa_x{}^0 + \dfrac{1}{2}\partial\gamma_{yz}{}^0) \\[2mm]
\varepsilon_x^{(7)} = \varepsilon_x^{(8)} = \varepsilon_x{}^0 + \dfrac{l_b}{2}\kappa_z{}^0 \\[2mm]
\varepsilon_y^{(7)} = \varepsilon_y^{(8)} = \varepsilon_y{}^0 \\[2mm]
\gamma_{xy}^{(7)} = \gamma_{xy}^{(8)} = \gamma_{xy}{}^0 + \dfrac{l_b}{2}(-\kappa_x{}^0 + \dfrac{1}{2}\partial\gamma_{yz}{}^0) \\[2mm]
\varepsilon_x^{(9)} = \varepsilon_x^{(10)} = \varepsilon_x{}^0 + \dfrac{l_b}{2}\kappa_y{}^0 \\[2mm]
\varepsilon_z^{(9)} = \varepsilon_z^{(10)} = \varepsilon_z{}^0 \\[2mm]
\gamma_{xz}^{(9)} = \gamma_{xz}^{(10)} = \gamma_{xz}{}^0 - \dfrac{l_b}{2}(\kappa_x{}^0 + \dfrac{1}{2}\partial\gamma_{yz}{}^0) \\[2mm]
\varepsilon_x^{(11)} = \varepsilon_x^{(12)} = \varepsilon_x{}^0 - \dfrac{l_b}{2}\kappa_z{}^0 \\[2mm]
\varepsilon_y^{(11)} = \varepsilon_y^{(12)} = \varepsilon_y{}^0 \\[2mm]
\gamma_{xy}^{(11)} = \gamma_{xy}^{(12)} = \gamma_{xy}{}^0 - \dfrac{l_b}{2}(-\kappa_x{}^0 + \dfrac{1}{2}\partial\gamma_{yz}{}^0)
\end{cases}
\tag{6.87}
$$

　　根据式(6.86)及式(6.87),伸展臂桁架单元中纵杆及斜拉索单元的轴向应变可以表示为

$$\begin{cases}
\varepsilon^{(1)} = \varepsilon_x{}^0 - \dfrac{l_b}{2}\kappa_z{}^0 - \dfrac{l_b}{2}\kappa_y{}^0 \\[2mm]
\varepsilon^{(2)} = \varepsilon_x{}^0 - \dfrac{l_b}{2}\kappa_z{}^0 + \dfrac{l_b}{2}\kappa_y{}^0 \\[2mm]
\varepsilon^{(3)} = \varepsilon_x{}^0 + \dfrac{l_b}{2}\kappa_z{}^0 + \dfrac{l_b}{2}\kappa_y{}^0 \\[2mm]
\varepsilon^{(4)} = \varepsilon_x{}^0 + \dfrac{l_b}{2}\kappa_z{}^0 - \dfrac{l_b}{2}\kappa_y{}^0 \\[2mm]
\varepsilon^{(5)} = \left(\varepsilon_x{}^0 - \dfrac{l_b}{2}\kappa_y{}^0\right)\sin^2\gamma + \varepsilon_z{}^0\cos^2\gamma + \left[\gamma_{xz}{}^0 + \dfrac{l_b}{2}\left(\kappa_x{}^0 + \dfrac{1}{2}\partial\gamma_{yz}{}^0\right)\right]\sin\gamma\cos\gamma \\[2mm]
\varepsilon^{(6)} = \left(\varepsilon_x{}^0 - \dfrac{l_b}{2}\kappa_y{}^0\right)\sin^2\gamma + \varepsilon_z{}^0\cos^2\gamma - \left[\gamma_{xz}{}^0 + \dfrac{l_b}{2}\left(\kappa_x{}^0 + \dfrac{1}{2}\partial\gamma_{yz}{}^0\right)\right]\sin\gamma\cos\gamma \\[2mm]
\varepsilon^{(7)} = \left(\varepsilon_x{}^0 + \dfrac{l_b}{2}\kappa_z{}^0\right)\sin^2\gamma + \varepsilon_y{}^0\cos^2\gamma + \left[\gamma_{xy}{}^0 + \dfrac{l_b}{2}\left(-\kappa_x{}^0 + \dfrac{1}{2}\partial\gamma_{yz}{}^0\right)\right]\sin\gamma\cos\gamma \\[2mm]
\varepsilon^{(8)} = \left(\varepsilon_x{}^0 + \dfrac{l_b}{2}\kappa_z{}^0\right)\sin^2\gamma + \varepsilon_y{}^0\cos^2\gamma - \left[\gamma_{xy}{}^0 + \dfrac{l_b}{2}\left(-\kappa_x{}^0 + \dfrac{1}{2}\partial\gamma_{yz}{}^0\right)\right]\sin\gamma\cos\gamma \\[2mm]
\varepsilon^{(9)} = \left(\varepsilon_x{}^0 + \dfrac{l_b}{2}\kappa_y{}^0\right)\sin^2\gamma + \varepsilon_z{}^0\cos^2\gamma + \left[\gamma_{xz}{}^0 - \dfrac{l_b}{2}\left(\kappa_x{}^0 + \dfrac{1}{2}\partial\gamma_{yz}{}^0\right)\right]\sin\gamma\cos\gamma \\[2mm]
\varepsilon^{(10)} = \left(\varepsilon_x{}^0 + \dfrac{l_b}{2}\kappa_y{}^0\right)\sin^2\gamma + \varepsilon_z{}^0\cos^2\gamma - \left[\gamma_{xz}{}^0 - \dfrac{l_b}{2}\left(\kappa_x{}^0 + \dfrac{1}{2}\partial\gamma_{yz}{}^0\right)\right]\sin\gamma\cos\gamma \\[2mm]
\varepsilon^{(11)} = \left(\varepsilon_x{}^0 - \dfrac{l_b}{2}\kappa_z{}^0\right)\sin^2\gamma + \varepsilon_y{}^0\cos^2\gamma + \left[\gamma_{xy}{}^0 - \dfrac{l_b}{2}\left(-\kappa_x{}^0 + \dfrac{1}{2}\partial\gamma_{yz}{}^0\right)\right]\sin\gamma\cos\gamma \\[2mm]
\varepsilon^{(12)} = \left(\varepsilon_x{}^0 - \dfrac{l_b}{2}\kappa_z{}^0\right)\sin^2\gamma + \varepsilon_y{}^0\cos^2\gamma - \left[\gamma_{xy}{}^0 - \dfrac{l_b}{2}\left(-\kappa_x{}^0 + \dfrac{1}{2}\partial\gamma_{yz}{}^0\right)\right]\sin\gamma\cos\gamma
\end{cases}$$

$$\tag{6.88}$$

纵杆及斜拉索单元的应变能可以表示为

$$U_\varepsilon^{(k)} = \frac{1}{2}E^{(k)}A^{(k)}l^{(k)}\ (\varepsilon^{(k)})^2 \tag{6.89}$$

式中　　$E^{(k)}$ —— 伸展臂桁架单元中第 k 个元件的材料弹性模量；

$A^{(k)}$ —— 伸展臂桁架单元中第 k 个元件的横截面面积；

$l^{(k)}$ —— 伸展臂桁架单元中第 k 个元件的长度；

$\varepsilon^{(k)}$ —— 伸展臂桁架单元中第 k 个元件的主应变。

由于 4 根横杆刚性连接构成一刚度较大的平面，且横杆轴向垂直于伸展臂主轴方向，因此忽略横杆的应变能，则伸展臂桁架单元的总应变能为

$$U_\varepsilon = \sum_{\text{members}} U_\varepsilon^{(k)} = \frac{1}{2}\sum_{\text{members}} E^{(k)}A^{(k)}l^{(k)}\ (\varepsilon^{(k)})^2 \tag{6.90}$$

根据剪切变形的梁理论，得到与横截面平面上的应变相关的力为零，即

$$\frac{\partial U_\varepsilon}{\partial \varepsilon_y{}^0} = \frac{\partial U_\varepsilon}{\partial \varepsilon_z{}^0} = \frac{\partial U_\varepsilon}{\partial \gamma_{yz}{}^0} = 0 \tag{6.91}$$

横截面平面上的应变 $\varepsilon_y{}^0$、$\varepsilon_z{}^0$、$\gamma_{yz}{}^0$ 可以表示为其他应变形式，因此根据式（6.89）和式（6.90），伸展臂桁架单元的应变能最终可以表示为关于伸展臂桁架单元中心轴线应变 $\varepsilon_x{}^0$、$\kappa_x{}^0$、$\kappa_y{}^0$、$\kappa_z{}^0$、$\gamma_{xz}{}^0$、$\gamma_{xy}{}^0$ 的形式，即

$$U_\varepsilon = \frac{1}{2}l_1\left(4E_1A_1 + 8E_dA_d\frac{l_d}{l_1}\sin^4\gamma\right)(\varepsilon_x{}^0)^2 + \frac{1}{2}l_1\left(E_1A_1 + E_dA_d\frac{l_d}{l_1}\sin^4\gamma\right)l_b{}^2(\kappa_y{}^0)^2 +$$

$$\frac{1}{2}l_1(E_1A_1 + E_dA_d\frac{l_d}{l_1}\sin^4\gamma)l_b{}^2(\kappa_z{}^0)^2 + \frac{1}{2}l_1(2E_dA_d\frac{l_d}{l_1}l_b{}^2\sin^2\gamma\cos^2\gamma)(\kappa_x{}^0)^2 +$$

$$\frac{1}{2}l_1(4E_dA_d\frac{l_d}{l_1}\sin^2\gamma\cos^2\gamma)(\gamma_{xz}{}^0)^2 + \frac{1}{2}l_1(4E_dA_d\frac{l_d}{l_1}\sin^2\gamma\cos^2\gamma)(\gamma_{xy}{}^0)^2 \quad (6.92)$$

（2）桁架单元动能计算。

伸展臂桁架单元中杆单元及斜拉索单元的动能可表示为

$$K^{(k)} = \frac{1}{6}\omega^2\rho^{(k)}A^{(k)}l^{(k)}\left[u^i u^i + u^i u^j + u^j u^j + v^i v^i + v^i v^j + v^j v^j + w^i w^i + w^i w^j + w^j w^j\right]$$

$$(6.93)$$

式中　　u^i、v^i、w^i、u^j、v^j、w^j——第 k 个元件两端节点位移；

ω——伸展臂桁架单元振动圆频率；

$\rho^{(k)}$——第 k 个元件的材料密度。

伸展臂桁架单元中角块质量及锁体质量的动能为

$$K^{(m)} = \frac{1}{2}\omega^2 m^{(m)}\left[u^{(m)}u^{(m)} + v^{(m)}v^{(m)} + w^{(m)}w^{(m)}\right] \quad (6.94)$$

式中　　$u^{(m)}$、$v^{(m)}$、$w^{(m)}$——角块或锁体节点位移；

$m^{(m)}$——角块质量或锁体质量。

因此，伸展臂桁架单元的总动能为

$$K = \sum_{\text{members}}(K^{(k)} + K^{(m)}) \quad (6.95)$$

根据式（6.83），伸展臂桁架单元的节点位移为

$$\begin{cases} u_1 = u^0 - \dfrac{l_b}{2}\varphi_z - \dfrac{l_b}{2}\varphi_y \\[2mm] v_1 = v^0 + \dfrac{l_b}{2}\varphi_x \\[2mm] w_1 = w^0 + \dfrac{l_b}{2}\varphi_x \\[2mm] u_2 = u^0 - \dfrac{l_b}{2}\varphi_z + \dfrac{l_b}{2}\varphi_y \\[2mm] v_2 = v^0 - \dfrac{l_b}{2}\varphi_x \\[2mm] w_2 = w^0 + \dfrac{l_b}{2}\varphi_x \\[2mm] u_3 = u^0 + \dfrac{l_b}{2}\varphi_z + \dfrac{l_b}{2}\varphi_y \\[2mm] v_3 = v^0 - \dfrac{l_b}{2}\varphi_x \\[2mm] w_3 = w^0 - \dfrac{l_b}{2}\varphi_x \\[2mm] u_4 = u^0 + \dfrac{l_b}{2}\varphi_z - \dfrac{l_b}{2}\varphi_y \\[2mm] v_4 = v^0 + \dfrac{l_b}{2}\varphi_x \\[2mm] w_4 = w^0 - \dfrac{l_b}{2}\varphi_x \end{cases} \quad (6.96)$$

将式(6.96)带入式(6.93)得到伸展臂桁架单元 8 根横杆的总动能为

$$\sum K_b = \frac{1}{6}\rho_b A_b l_b \omega^2 [12(u^0 u^0 + v^0 v^0 + w^0 w^0) +$$

$$8\left(\frac{l_b}{2}\right)^2(\varphi_x \varphi_x + \varphi_y \varphi_y) + 8\left(\frac{l_b}{2}\right)^2(\varphi_x \varphi_x + \varphi_z \varphi_z)] \qquad (6.97)$$

同理,伸展臂桁架单元 4 根纵杆的总动能为

$$\sum K_l = \frac{1}{6}\rho_l A_l l_l \omega^2 [12(u^0 u^0 + v^0 v^0 + w^0 w^0) +$$

$$12\left(\frac{l_b}{2}\right)^2(\varphi_x \varphi_x + \varphi_y \varphi_y) + 12\left(\frac{l_b}{2}\right)^2(\varphi_x \varphi_x + \varphi_z \varphi_z)] \qquad (6.98)$$

同理,得到伸展臂桁架单元 8 根斜拉索的总动能为

$$\sum K_d = \frac{1}{6}\rho_d A_d l_d \omega^2 [24(u^0 u^0 + v^0 v^0 + w^0 w^0) +$$

$$16\left(\frac{l_b}{2}\right)^2(\varphi_x \varphi_x + \varphi_y \varphi_y) + 16\left(\frac{l_b}{2}\right)^2(\varphi_x \varphi_x + \varphi_z \varphi_z)] \qquad (6.99)$$

将式(6.96)带入式(6.94)得到伸展臂桁架单元 8 个角块的总动能为

$$\sum K_{m_1} = \frac{1}{2}m_1 \omega^2 [4(u^0 u^0 + v^0 v^0 + w^0 w^0) +$$

$$4\left(\frac{l_b}{2}\right)^2(\varphi_x \varphi_x + \varphi_y \varphi_y) + 4\left(\frac{l_b}{2}\right)^2(\varphi_x \varphi_x + \varphi_z \varphi_z)] \qquad (6.100)$$

同理,得到伸展臂桁架单元 4 个锁紧块的总动能为

$$\sum K_{m_2} = \frac{1}{2}m_2 \omega^2 [4(u^0 u^0 + v^0 v^0 + w^0 w^0) +$$

$$4\left(\frac{l_b}{2}\right)^2(\varphi_x \varphi_x + \varphi_y \varphi_y) + 4\left(\frac{l_b}{2}\right)^2(\varphi_x \varphi_x + \varphi_z \varphi_z)] \qquad (6.101)$$

因此根据式(6.95),得到伸展臂桁架单元的总动能为

$$K = \sum K_b + \sum K_l + \sum K_d + \sum K_{m_1} + \sum K_{m_2} \qquad (6.102)$$

即

$$K = 2(\rho_l A_l l_l + \rho_b A_b l_b + 2\rho_d A_d l_d + m_1 + m_2)\omega^2(u^0 u^0 + v^0 v^0 + w^0 w^0) +$$

$$l_b^2 \left(\frac{1}{2}\rho_l A_l l_l + \frac{1}{3}\rho_b A_b l_b + \frac{2}{3}\rho_d A_d l_d + m_1 + m_2\right)\omega^2(\varphi_x \varphi_x + \varphi_y \varphi_y) +$$

$$l_b^2 \left(\frac{1}{2}\rho_l A_l l_l + \frac{1}{3}\rho_b A_b l_b + \frac{2}{3}\rho_d A_d l_d + m_1 + m_2\right)\omega^2(\varphi_x \varphi_x + \varphi_z \varphi_z) \qquad (6.103)$$

3. 连续梁等效模型建立

均质各向同性连续梁单位长度的应变能可以表示为作用在梁上的合力、合力矩和刚度的形式[15],即

$$\overline{U}_1 = \frac{M_y^2}{2EI_{yy}} + \frac{M_z^2}{2EI_{zz}} + \frac{T^2}{2GJ} + \frac{S_y^2}{2GA_y} + \frac{S_z^2}{2GA_z} + \frac{P^2}{2EA} \qquad (6.104)$$

式中　　M_y、M_z——作用在连续梁上相对 y 轴和 z 轴的弯矩;

S_y、S_z——沿 y 轴和 z 轴的剪切力;

EI_{yy}、EI_{zz}——相对 y 轴和 z 轴的弯曲刚度；

GA_y、GA_z——沿 y 轴和 z 轴的剪切刚度；

T——作用在梁上的扭转力矩；

P——轴向载荷；

GJ——扭转刚度；

EA——轴向刚度。

连续梁单位长度应变能改写成梁变形引起的应变形式为

$$\overline{U}_1 = \frac{1}{2}EI_{yy}\kappa_y^2 + \frac{1}{2}EI_{zz}\kappa_z^2 + \frac{1}{2}GJ\kappa_x^2 + \frac{1}{2}GA_z\gamma_z^2 + \frac{1}{2}GA_y\gamma_y^2 + \frac{1}{2}EA\varepsilon_x^2$$

(6.105)

式中　　κ_x、κ_y、κ_z——扭转角变化率，y 轴轴线挠曲曲率，z 轴轴线挠曲曲率。

γ_y、γ_z、ε_x——y 向剪应变，z 向剪应变，轴向应变。

于是伸展臂桁架单元连续梁等效模型的应变能为

$$U_c = l_1\overline{U}_1$$

(6.106)

根据位移线性关系，忽略与 ε_y^0、ε_z^0、γ_y^0 有关的惯性项，与伸展臂桁架单元高度相同的连续梁等效模型的动能为

$$K_c = \frac{1}{2}l_1\omega^2\left[m_{11}(u^0u^0 + v^0v^0 + w^0w^0) + 2m_{12}(-u^0\varphi_z + w^0\varphi_x) + 2m_{13}(u^0\varphi_y - v^0\varphi_x) - \right.$$

$$\left. 2m_{23}\varphi_y\varphi_z + m_{22}(\varphi_x\varphi_x + \varphi_y\varphi_y) + m_{33}(\varphi_x\varphi_x + \varphi_z\varphi_z)\right]$$

(6.107)

式中　　m_{11}、m_{12}、m_{13}、m_{22}、m_{33}——连续梁等效质量密度参数；

ω——连续梁振动角频率。

前面已经分别推导了基于刚度矩阵的伸展臂桁架单元的应变能和连续梁的应变能表达式。根据应变能相等原则，令伸展臂桁架单元的应变能与一跨长度连续梁应变能相等，根据式（6.92）、（6.105）、（6.106），令 $U_c = U_\varepsilon$，可以得到伸展臂连续梁等效模型的等效刚度参数为

$$\begin{cases} EI_{yy} = 2(E_1A_1 + E_dA_d\sin^3\gamma)R^2 \\ EI_{zz} = 2(E_1A_1 + E_dA_d\sin^3\gamma)R^2 \\ GJ = 4E_dA_dR^2\sin\gamma\cos^2\gamma \\ GA_y = 4E_dA_d\sin\gamma\cos^2\gamma \\ GA_z = 4E_dA_d\sin\gamma\cos^2\gamma \\ EA = 4E_1A_1 + 8E_dA_d\sin^3\gamma \end{cases}$$

(6.108)

与等效模型刚度矩阵推导相同，根据动能相等，令伸展臂桁架单元的动能与一跨长度连续梁动能相等，根据式（6.103）、（6.107），令 $K_c = K$，得到伸展臂连续梁等效模型的等效质量参数为

$$\begin{cases} m_{11} = 4(\rho_1 A_1 + \rho_b A_b \dfrac{l_b}{l_1} + 2\rho_d A_d \dfrac{l_d}{l_1} + \dfrac{m_1}{l_1} + \dfrac{m_2}{l_1}) \\[2mm] m_{12} = m_{13} = m_{23} = 0 \\[2mm] m_{22} = l_b{}^2 (\rho_1 A_1 + \dfrac{2}{3}\rho_b A_b \dfrac{l_b}{l_1} + \dfrac{4}{3}\rho_d A_d \dfrac{l_d}{l_1} + \dfrac{m_1}{l_1} + \dfrac{m_2}{l_1}) \\[2mm] m_{33} = l_b{}^2 (\rho_1 A_1 + \dfrac{2}{3}\rho_b A_b \dfrac{l_b}{l_1} + \dfrac{4}{3}\rho_d A_d \dfrac{l_d}{l_1} + \dfrac{m_1}{l_1} + \dfrac{m_2}{l_1}) \end{cases} \tag{6.109}$$

式中　　m_{11}——伸展臂线密度；

　　　　m_{22}、m_{33}——伸展臂转动惯量系数。

以上基于伸展臂桁架结构与连续梁应变能和动能相等原理建立了索杆铰接式伸展臂连续梁等效模型,得到了连续梁模型的刚度参数和质量参数。索杆铰接式伸展臂等效模型包括伸展臂的几何结构参数与材料参数,因此可以实现伸展臂几何结构参数的快速设计和材料的选取,并且可以对伸展臂结构性能进行有效评估,同时为分析伸展臂的动力学特性提供了有效的模型。对于自由振动分析,可以用连续梁等效模型快速计算伸展臂的各阶振动频率和模态振型。

6.4.2　伸展臂动力学分析

处于折叠状态的空间索杆铰接式伸展臂在入轨后从航天器展出,形成空间桁架结构,具有一定的刚度和承载能力来支撑有效载荷。由于伸展臂是大尺寸、大柔性结构,因此伸展臂的动力学特性对航天器和有效载荷的姿态控制影响较大[16],尤其是其基频动力学特性是伸展臂设计的重要参数,直接关系到伸展臂控制系统方案的制订[17,18],并影响伸展臂的指向精度和姿态稳定度。为防止航天器与伸展臂振动耦合及大的振动,伸展臂的固有频率严格控制在所要求的频率范围内,因此准确地计算伸展臂的固有频率非常重要[19]。

结构的固有频率和振型直接反映了结构刚度特性[20]。根据模态分析,可以知道结构整体的刚度特性,以及各种因素对结构固有频率的影响;同时,可根据振动控制要求或刚度要求,对结构进行改进设计和优化设计,进行分析模型的建立。本章采用连续梁等效模型和有限元方法对空间索杆铰接式伸展臂进行动力学分析,包括伸展臂的固有频率分析和模态振型分析。

6.4.1 节建立了索杆铰接式伸展臂的连续梁等效模型,本节运用上一节的计算结果,应用连续介质力学原理对索杆铰接式伸展臂进行动力学分析,包括伸展臂的弯曲振动、扭转振动和轴向振动。推导伸展臂振动特征方程和振型函数,最终求解出各种振动的固有频率和模态振型。

等效连续体梁模型用来研究伸展臂的自由振动,伸展臂的动力学行为表达可以用梁的动力学本构方程表达。当运用梁理论分析桁架结构、网格结构等装配式结构时,剪切变形的影响往往是非常重要的,因此应该运用铁摩辛柯(Timoshenko)梁理论分析大型桁架式梁结构。铁摩辛柯梁理论考虑剪切变形、扭转惯量、弯曲变形和线惯量。

1. 横向自由振动

如图 6.39 所示,长度为 δx 的梁微段,v 表示梁的挠度,θ 表示在弯矩 M 作用下产生的

转角,γ 表示在剪切力 S 作用下产生的剪切变形,则

$$M = EI\,\frac{\partial \theta}{\partial x} \tag{6.110}$$

$$S = GA\gamma \tag{6.111}$$

式中　　EI——梁的弯曲刚度;

　　　　GA——梁的剪切刚度。

应用达朗贝尔(d'Alembert)原理,惯性载荷作用在梁微段上的动力学平衡方程为

$$\begin{cases} \dfrac{\partial}{\partial x}\left(EI\,\dfrac{\partial \theta}{\partial x}\right) + GA\gamma = \rho I \ddot{\theta} \\[2mm] \dfrac{\partial}{\partial x}(GA\gamma) = \rho A \ddot{v} \end{cases} \tag{6.112}$$

式中　　ρI——梁转动惯量;

　　　　ρA——梁的线密度。

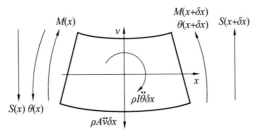

图 6.39　伸展臂等效铁摩辛柯梁单元横向振动

应用哈密顿(Hamilton)原理,寻求拉格朗日函数的驻值。对于伸展臂连续梁等效模型,其动能和势能分别为

$$T = \frac{1}{2}\rho A \dot{v}^2 + \frac{1}{2}\rho I \dot{\theta}^2 \tag{6.113}$$

$$U = \frac{1}{2}EI\left(\frac{\partial \theta}{\partial x}\right)^2 + \frac{1}{2}GA\gamma^2 \tag{6.114}$$

由哈密顿原理知

$$\int_0^\tau \int_0^L L \mathrm{d}x\,\mathrm{d}t = 0\ ,\quad L = T - U \tag{6.115}$$

因此驻值表示成 v、θ、γ 的形式,并且 v、θ、γ 满足约束方程式(6.112)。

令

$$\overline{L} = \frac{1}{2}\rho A \dot{v}^2 + \frac{1}{2}\rho I \dot{\theta}^2 - \left[\frac{1}{2}EI\left(\frac{\partial \theta}{\partial x}\right)^2 + \frac{1}{2}GA\gamma^2\right] +$$

$$\lambda_1\left[\frac{\partial}{\partial x}\left(EI\,\frac{\partial \theta}{\partial x}\right) + GA\gamma - \rho I \ddot{\theta}\right] + \lambda_2\left[\frac{\partial}{\partial x}(GA\gamma) - \rho A \ddot{v}\right] \tag{6.116}$$

$$\frac{\partial \overline{L}}{\partial q_i} - \frac{\partial}{\partial x}\left(\frac{\partial \overline{L}}{\partial q'_i}\right) - \frac{\partial}{\partial t}\left(\frac{\partial \overline{L}}{\partial \dot{q}_i}\right) + \frac{\partial^2}{\partial^2 x}\left(\frac{\partial \overline{L}}{\partial q''_i}\right) + \frac{\partial^2}{\partial^2 t}\left(\frac{\partial \overline{L}}{\partial \ddot{q}_i}\right) = 0,\quad i = 1,2,3 \tag{6.117}$$

式中　　q_1、q_2、q_3——广义坐标,分别代表 v、θ、γ;

$$q'_i = \frac{\partial q_i}{\partial x}, \dot{q}_i = \frac{\partial q_i}{\partial t}.$$

由式(6.116)、(6.117)得到

$$\begin{cases} -\rho A\ddot{v} + \rho A\ddot{\lambda}_2 = 0 \\ EI\theta'' - \rho I\ddot{\theta} - EI\lambda''_1 + \rho I\ddot{\lambda}_1 = 0 \\ -GA\gamma - GA\lambda_1 + GA\lambda'_2 = 0 \end{cases} \tag{6.118}$$

$\lambda_1 = \theta, \lambda_2 = v, \gamma = v' - \theta$ 满足方程组(6.118),因此将 $\gamma = v' - \theta$ 代入方程组(6.118),即得到一个关于 v 和 θ 的方程组。设伸展臂以简谐振动方式振动,则

$$v = V(x)\cos(\omega t + \varphi), \theta = \Theta(x)\cos(\omega t + \varphi) \tag{6.119}$$

振型函数为

$$\begin{cases} V(x) = C_1\cosh\dfrac{\alpha x}{L} + C_2\sinh\dfrac{\alpha x}{L} + C_3\cos\dfrac{\beta x}{L} + C_4\sin\dfrac{\beta x}{L} \\ \Theta(x) = \dfrac{p^2/r + \alpha^2}{\alpha L}\left(C_1\sinh\dfrac{\alpha x}{L} + C_2\cosh\dfrac{\alpha x}{L}\right) + \dfrac{p^2/r - \beta^2}{\alpha L}\left(C_3\sin\dfrac{\beta x}{L} - C_4\cos\dfrac{\beta x}{L}\right) \end{cases}$$
$$\tag{6.120}$$

式中

$$\alpha^2 = \frac{p^2}{2}\left[-(1+r) + \sqrt{(1-r)^2 + s^2}\right]$$

$$\beta^2 = \frac{p^2}{2}\left[(1+r) + \sqrt{(1-r)^2 + s^2}\right]$$

$$p^2 = \frac{\rho\omega^2 L^2}{E}, r = \frac{E}{G}, s^2 = \frac{4EA}{\rho I\omega^2}$$

根据悬臂梁伸展臂一端固定、一端自由的结构特点,如图 6.40 所示,得到边界条件:
固定端:

$$\begin{cases} v(0) = 0 \\ \dfrac{\mathrm{d}V}{\mathrm{d}x}\Big|_{x=0} = 0 \end{cases} \tag{6.121}$$

自由端:

$$\begin{cases} \dfrac{\mathrm{d}^2V}{\mathrm{d}x^2}\Big|_{x=L} = 0 \\ \dfrac{\mathrm{d}^3V}{\mathrm{d}x^3}\Big|_{x=L} = 0 \end{cases} \tag{6.122}$$

因此,伸展臂的振型函数为

$$V(x) = C\left[K\sinh\left(\frac{\alpha x}{L}\right) + \cosh\left(\frac{\alpha x}{L}\right) - \frac{\alpha}{\beta}\sin\left(\frac{\beta x}{L}\right) - \cos\left(\frac{\beta x}{L}\right)\right] \tag{6.123}$$

式中 $K = -\dfrac{(\alpha/L)^2\cosh\alpha + (\beta/L)^2\cos\beta}{(\alpha/L)^2\sinh\alpha + (\alpha\beta/L^2)\sin\beta}$;

C—— 任意幅值常数。

得到关于伸展臂横向振动的特征方程

$$2 + \frac{\alpha^2 - \beta^2}{\alpha\beta}\sinh\alpha\sin\beta + \left(\frac{\beta^2 - p^2}{\alpha^2 + p^2} + \frac{\alpha^2 + p^2}{\beta^2 - p^2}\right)\cosh\alpha\cos\beta = 0 \tag{6.124}$$

该方程是关于 ω 的超越方程,可以通过数值方法求解。

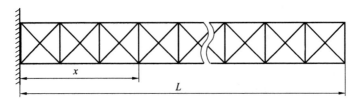

图 6.40　伸展臂悬臂梁模型

而对于长度较大的细长伸展臂,可以忽略剪切变形效应和转动惯量效应,运用伯努利-欧拉(Bernoulli-Euler)连续梁理论可近似计算伸展臂的一阶固有频率

$$f_1 = \frac{3.516}{2\pi} \sqrt{\frac{EI}{\rho L^4}} \tag{6.125}$$

式中　　EI——伸展臂弯曲刚度;

　　　　ρ——伸展臂线密度;

　　　　L——伸展臂长度。

2. 轴向自由振动

如图 6.41 所示,长度为 δx 的梁微段,受到拉力 P_x 的作用,则

$$P_x = EA \frac{\partial u}{\partial x} \tag{6.126}$$

式中　　EA——伸展臂的轴向刚度;

　　　　u——轴向位移,u 为时间 t 和坐标 x 的函数。

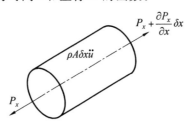

图 6.41　伸展臂等效梁单元轴向受力图

伸展臂的轴向动力学平衡微分方程为

$$EA \frac{\partial^2 u}{\partial x^2} = \rho A \frac{\partial^2 u}{\partial t^2} \tag{6.127}$$

设振动为简谐振动,则

$$u = U(x)\cos(\omega t + \varphi) \tag{6.128}$$

伸展臂轴向振动特征方程为

$$EA \frac{d^2 u}{dx^2} + \rho A \omega^2 U = 0 \tag{6.129}$$

该特征方程的通解为

$$U(x) = C_1 \cos \lambda x + C_2 \sin \lambda x \tag{6.130}$$

式中　　C_1、C_2——常数;

　　　　$\lambda = \sqrt{\dfrac{\rho}{E}}\, \omega$。

边界条件为

$$U(0) = \frac{\mathrm{d}U}{\mathrm{d}x}\Big|_{x=L} = 0 \tag{6.131}$$

得到伸展臂轴向振动固有频率为

$$\omega_{\mathrm{a}} = \frac{(2N-1)\pi}{2L}\left(\frac{E}{\rho}\right)^{1/2} \tag{6.132}$$

式中　N——正整数。

相应的轴向振型函数为

$$U_{\mathrm{a}}(x) = C\sin\left[\frac{(2N-1)\pi x}{2L}\right] \tag{6.133}$$

式中　C——任意定标系数。

3. 扭转自由振动

如图 6.42 所示，长度为 δx 的梁微段受到扭矩 T_x 的作用，则

$$T_x = GJ\,\frac{\partial\theta}{\partial x} \tag{6.134}$$

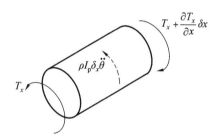

图 6.42　伸展臂等效梁单元扭转振动

伸展臂扭转动力学平衡方程为

$$GJ\,\frac{\partial^2\theta}{\partial x^2} = \rho I_{\mathrm{p}}\,\frac{\partial^2\theta}{\partial t^2} \tag{6.135}$$

式中　GJ——伸展臂的扭转刚度；

　　　ρI_{p}——伸展臂的扭转惯量；

　　　θ——扭转角度，θ 为时间 t 和坐标 x 的函数。

设振动为简谐振动，则

$$\theta = \Theta(x)\cos(\omega t + \varphi) \tag{6.136}$$

伸展臂扭转振动特征方程为

$$GJ\,\frac{\mathrm{d}^2\Theta}{\mathrm{d}x^2} + \rho I_{\mathrm{p}}\omega^2\Theta = 0 \tag{6.137}$$

该特征方程的通解为

$$\Theta(x) = C_1\cos\lambda x + C_2\sin\lambda x \tag{6.138}$$

式中　C_1、C_2——常数；

$$\lambda = \sqrt{\frac{\rho I_{\mathrm{p}}}{GJ}}\,\omega\,.$$

边界条件为

$$\Theta(0) = \frac{\mathrm{d}\Theta}{\mathrm{d}x}\bigg|_{x=L} = 0 \tag{6.139}$$

得到伸展臂扭转振动固有频率为

$$\omega_t = \frac{(2N-1)\pi}{2L}\left(\frac{GJ}{\rho I_p}\right)^{1/2} \tag{6.140}$$

式中　　N——正整数。

相应的扭转振型函数为

$$\Theta_t(x) = C\sin\left[\frac{(2N-1)\pi x}{2L}\right] \tag{6.141}$$

式中　　C——任意定标系数。

通过以上对伸展臂等效连续梁模型的自由振动分析,可以获得伸展臂各阶振动频率和振型的解析解。

6.4.3　伸展臂动力学有限元分析

1. 有限元建模与分析

如图 6.43 所示,运用有限元软件 ANSYS 建立具有 20 个桁架单元的伸展臂有限元仿真模型,伸展臂的总长度为 7.3 m,截面包络圆直径为 0.56 m。伸展臂桁架单元的横杆和纵杆采用 beam 单元模拟,斜拉索采用只能承受拉力的 link 单元模拟,通过施加预应变的形式模拟斜拉索 500 N 的预应力,而角块及斜拉索锁定机构采用集中质量 mass 单元建模,伸展臂主要以悬臂梁的形式应用于航天结构中,因此约束伸展臂根部的自由度。伸展臂的模态分析分为两个步骤:第一步是对伸展臂进行静态预应力变形分析,主要得出伸展臂在斜拉索预应力状态下的静态变形;第二步是对伸展臂进行考虑静态预应力变形的模态分析,运用子空间法对伸展臂进行考虑预应力状态的模态分析。

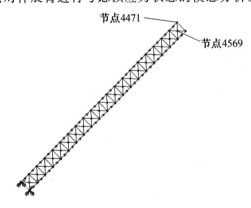

图 6.43　伸展臂有限元模型

通过有限元仿真求解得到伸展臂各阶弯曲振动频率、扭转振动频率、轴向振动频率及相应振型描述,见表 6.3。伸展臂的前 8 阶振型图,如图 6.44 所示。

表 6.3　伸展臂前 8 阶振动频率及振型描述

阶数	1	2	3	4	5	6	7	8
频率 /Hz	3.438	12.918	17.379	38.709	49.790	60.052	64.363	71.668
振型	弯曲	扭转	弯曲	扭转	弯曲	轴向	扭转	弯曲

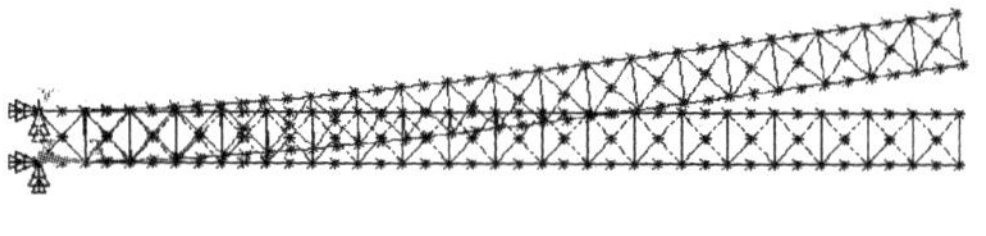

(a) 1 阶弯曲 f_1=3.438 Hz

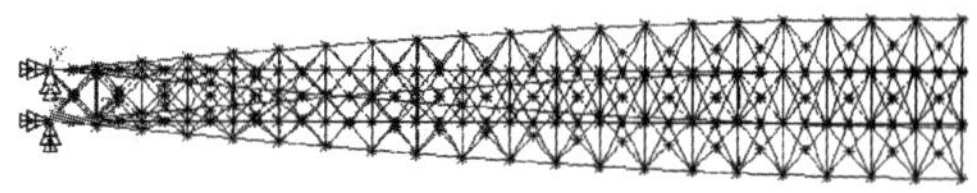

(b) 1 阶扭转 f_2=12.918 Hz

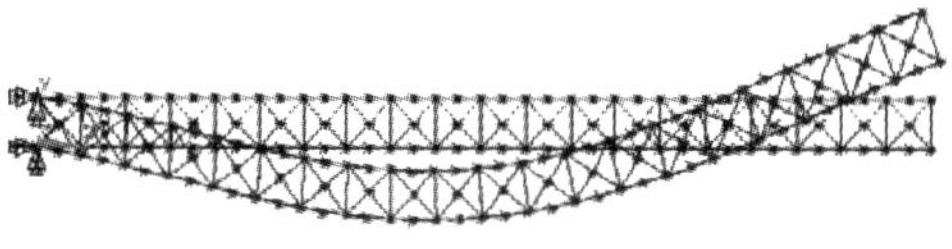

(c) 2 阶弯曲 f_3=17.379 Hz

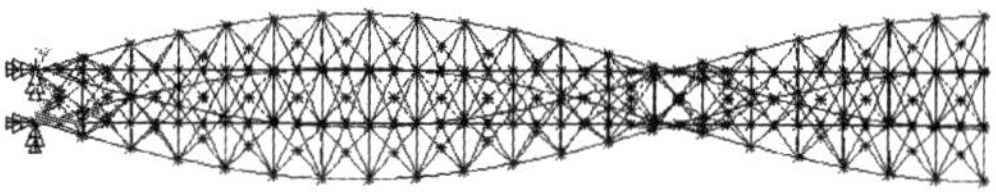

(d) 2 阶扭转 f_2=38.709 Hz

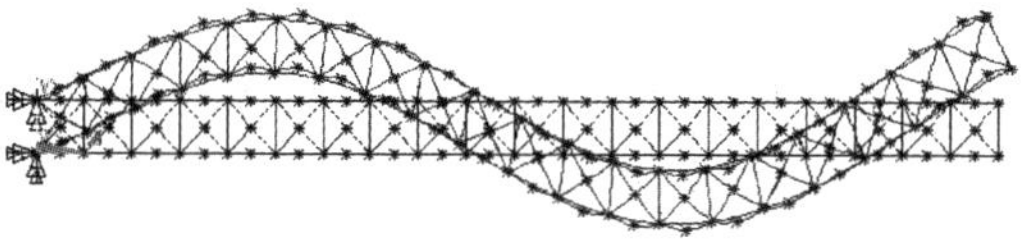

(e) 3 阶弯曲 f_5=49.790 Hz

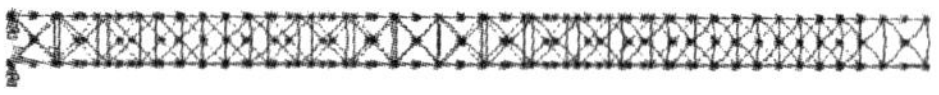

(f) 1 阶扭转 f_6=60.052 Hz

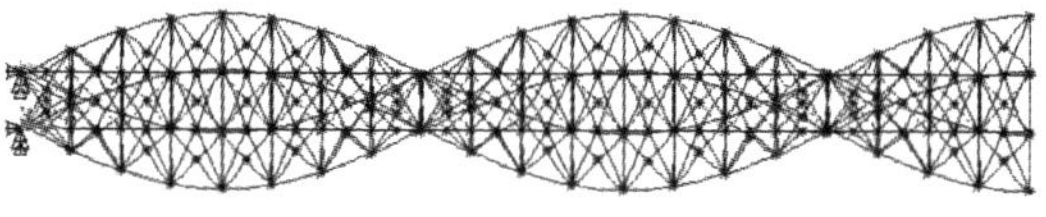

(g) 3 阶扭转 f_7=64.363 Hz

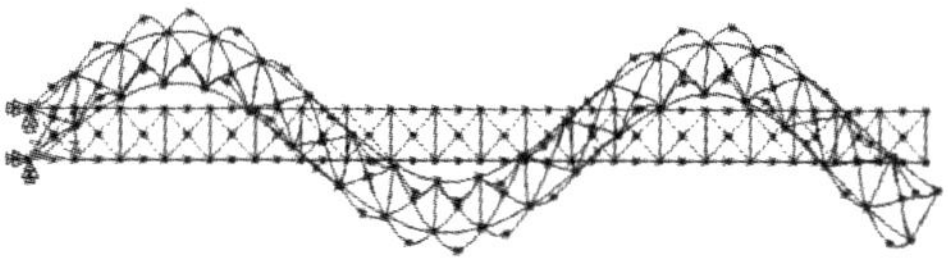

(h) 4 阶弯曲 f_8=71.668 Hz

图 6.44　伸展臂的前 8 阶模态振型

　　采用与上述相同的分析模型,对伸展臂进行频率响应分析,计算出伸展臂在不同频率正弦载荷作用下的响应特性曲线。伸展臂最前端施加 +Y 向幅值为 10 N 的简谐激励,频率范围为 0 ~ 80 Hz,取伸展臂两个不同观测点的频率响应曲线,如图 6.45 所示,图 6.45(a) 为伸展臂最前端刚性平面角节点 4471 的频率响应曲线,图 6.45(b) 为伸展臂最前端索交节点 4569 的频率响应曲线。节点 4471 在 X 向响应对高阶频率敏感,而 Y 向响应只对低阶频率段 5 ~ 10 Hz 敏感,对应伸展臂的第 1 阶频率。Z 向响应对低频敏感,对中频段 25 ~70 Hz 不敏感。索节点 4569 在 X 向的响应对低频段敏感,Y 向响应对低频和中频敏感,而 Z 向响应对低频段和高频段敏感。以上响应峰值对应的频率值和模态分析结果相符,进一步验证了模态分析结果的正确性。

2. 受迫振动响应分析

　　伸展臂在轨飞行过程中由于重力梯度的作用会向地球方向发生翻滚,因此在伸展臂前端安装一推进器来抵消重力的影响;同时伸展臂在轨飞行会遇到变轨、扰动等情况,由

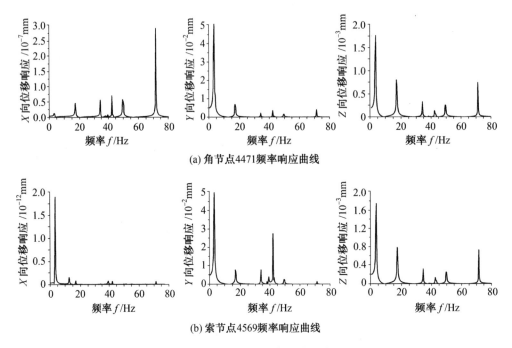

(a) 角节点4471频率响应曲线

(b) 索节点4569频率响应曲线

图 6.45　节点的频率响应曲线

于其前端支撑负载质量较大,因此在伸展臂前端产生较大的惯性力。模拟伸展臂受迫振动响应,可了解其在冲击载荷下的响应。在伸展臂最前端施加 + Y 向大小为 10 N 的冲击力,作用时间为 0.05 s,如图 6.46 所示,分别对结构阻尼比 ξ 为 0.01 和 0.02 的冲击响应进行仿真,测试伸展臂前端角节点 4471 的位移响应曲线。

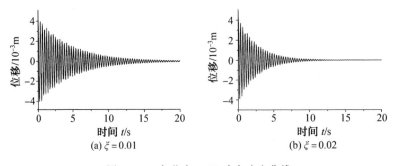

(a) $\xi = 0.01$　　　　　　　(b) $\xi = 0.02$

图 6.46　角节点 4471 冲击响应曲线

伸展臂在冲击载荷下往复震荡,由于伸展臂自身结构的阻尼作用,伸展臂震荡幅值呈衰减趋势,并最终达到稳定状态。结构阻尼比越大,伸展臂趋于稳定状态越快,因此在伸展臂结构设计过程中,可以通过选择合适的结构参数和材料以得到较大的结构阻尼,减弱冲击载荷对伸展臂前端负载的影响。

3. 频率影响因素及灵敏度分析

伸展臂的结构参数,如纵杆、横杆、索的几何参数、斜拉索拉力、节点质量等都将影响伸展臂的固有频率和动力学行为,分析这些因素对伸展臂固有频率的影响,进而提出增加伸展臂结构刚度和固有频率的有效措施,为伸展臂的结构动力学优化设计提供依据。通过改变前一节有限元模型的结构和材料参数,分析索杆铰接式伸展臂频率影响因素及伸展臂振动频率对结构参数的灵敏度。

(1)纵杆参数对频率的影响。

伸展臂的纵杆参数包括纵杆的截面直径,纵杆的高度,纵杆相对于角块的偏心大小,以及纵杆的材料参数。表 6.4 所示为不同纵杆参数时伸展臂一阶固有频率的仿真结果。

表 6.4　不同纵杆参数时伸展臂的一阶固有频率

纵杆参数	纵杆直径 /mm		纵杆高度 /mm		纵杆偏心 /mm		纵杆材料	
	$\phi 12/10$	$\phi 16/14$	330	396	0	32	铝合金	碳纤维
一阶弯曲 /Hz	3.036	3.438	3.961	3.044	3.438	3.104	3.438	5.492
一阶扭转 /Hz	13.072	12.918	13.534	12.088	12.918	12.676	12.918	13.422
一阶轴向 /Hz	52.764	60.052	63.676	57.571	60.052	60.978	60.052	101.466

如图 6.47 ～ 6.49 所示,通过有限元仿真分析得到纵杆直径、高度、偏心及纵杆材料对伸展臂各阶固有频率的影响。图中 B_i 表示伸展臂的第 i 阶弯曲振动频率,T_i 表示伸展臂的第 i 阶扭转振动频率,A_i 表示伸展臂的第 i 阶轴向振动频率。

从图 6.47 可以看出,伸展臂的各阶弯曲振动频率随纵杆直径的增大而增加,而伸展臂的各阶扭转频率则随纵杆直径的增加而减小;伸展臂的轴向振动频率随纵杆直径的增加而增大。纵杆直径由 $\phi 12/10$ mm 增加到 $\phi 16/14$ mm 时,伸展臂的一阶弯曲、扭转、轴向振动频率增幅分别为 13.24%、－1.18%、13.81%。

纵杆的高度即为伸展臂桁架单元的跨距,从图 6.48 可以看出,随着纵杆高度增加,伸展臂的弯曲振动频率、扭转振动频率、轴向振动频率均有所减小,单元跨距增加从 330 mm 增加到 396 mm 时,一阶弯曲、扭转、轴向振动频率降幅为 30.13%、10.68%、10.6%。然而纵杆高度的增加使得伸展臂的收拢体积变小,伸展臂的折叠比增大。

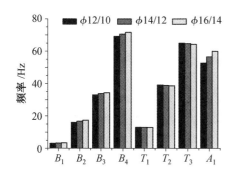

图 6.47　纵杆直径对频率的影响

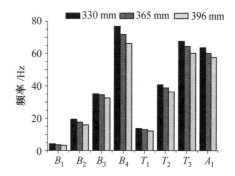

图 6.48　纵杆高度对频率的影响

图 6.49 所示为纵杆材料分别为铝合金、碳纤维时的伸展臂振动频率对比,碳纤维材料与铝合金相比具有高弹性模量、低密度的特点,因此伸展臂的弯曲、扭转、轴向各阶振动频率均增大,弯曲频率和轴向振动频率增加幅度较大,一阶弯曲、扭转、轴向振动频率分别增加 59.75%、3.90%、68.96%。

（2）横杆直径对频率的影响。

表 6.5 为不同纵横杆直径时伸展臂一阶
固有频率的仿真结果。如图 6.50 所示，伸展
臂的各阶弯曲振动频率和轴向振动频率随横
杆截面直径的增大略有减小，而横杆截面面
积变化对各阶扭转振动频率影响较小，横杆
直径从 $\phi12/10$ mm 增加到 $\phi16/14$ mm 时，
各阶振动频率变化范围在 3% 之内。这是因
为横杆刚性连接在一起构成刚性平面，其弯
曲振动、扭转振动、轴向振动直接贡献作用较

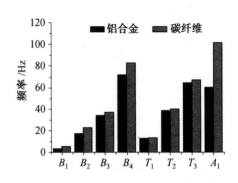

图 6.49　纵杆材料对频率的影响

小，主要通过自身的质量对伸展臂的质量矩阵产生影响，从而影响伸展臂的振动频率。

表 6.5　不同横杆直径时伸展臂的一阶固有频率

横杆参数 /mm	$\phi12/10$	$\phi14/12$	$\phi16/14$
一阶弯曲频率 /Hz	3.497	3.467	3.438
一阶扭转频率 /Hz	13.028	12.972	12.918
一阶轴向频率 /Hz	61.042	60.545	60.052

（3）斜拉索参数对频率的影响。

表 6.6 为不同斜拉索直径和斜拉索拉力时伸展臂一阶固有频率的仿真结果。

表 6.6　不同斜拉索参数时伸展臂的一阶固有频率

斜拉索参数	斜拉索直径 /mm			斜拉索拉力 /N		
	1.5	3.0	4.5	100	500	1 000
一阶弯曲频率 /Hz	3.438	3.481	3.358	3.431	3.438	3.438
一阶扭转频率 /Hz	12.918	24.514	34.127	12.937	12.918	12.894
一阶轴向频率 /Hz	60.052	60.383	59.486	59.98	60.052	60.058

斜拉索直径对伸展臂各阶固有频率的影响如图 6.51 所示，随着斜拉索直径的增加，
伸展臂的高阶弯曲振动频率和各阶扭转振动频率不断增大，尤其斜拉索直径对伸展臂各
阶扭转振动频率影响较为明显，斜拉索直径从 1.5 mm 增加到 4.5 mm 时，一阶扭转频率
增加 164.18%，而伸展臂一阶弯曲频率和轴向振动频率则相对变化极小。斜拉索预紧力
对伸展臂各阶固有频率的影响，如图 6.52 所示，随着斜拉索预紧力的增加，伸展臂的高阶
弯曲振动频率略有增大，而一阶弯曲频率、轴向振动频率和各阶扭转振动频率则几乎没有
变化。

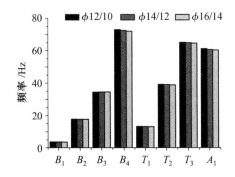

图 6.50　横杆直径对频率的影响

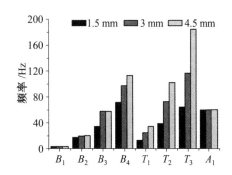

图 6.51　斜拉索直径对频率的影响

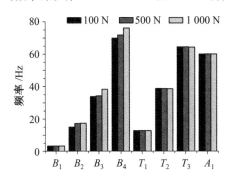

图 6.52　斜拉索预紧力对频率的影响

（4）灵敏度分析。

为了便于比较伸展臂各个结构几何参数和质量参数对伸展臂各阶固有频率的影响，分析伸展臂的各个参数对其振动频率的灵敏度，为伸展臂结构动力特性的修改及优化设计提供依据。伸展臂振动频率 f_i 对参数 x_i 的灵敏度可以表示为[21]

$$\eta(f_i/x_j) = \lim_{\Delta x_j \to 0} \frac{\Delta f/f}{\Delta x_j/x_j} \quad (x_j \neq 0, f_i \neq 0) \tag{6.142}$$

式中　　f_i——伸展臂的第 i 阶振动频率；

　　　　x_j——伸展臂的某一结构参数；

　　　　Δx_j——伸展臂的某一结构参数的变化量；

　　　　Δf_i——结构参数变化 Δx_i 引起的伸展臂第 i 阶固有频率变化量。

通过上述方法计算出结构参数摄动 10% 引起伸展臂第一阶弯曲振动频率、第一阶扭转振动频率及第一阶轴向振动频率变化的灵敏度，见表 6.7。表中灵敏度负值表示伸展臂的一阶频率随结构参数值增加而减小，正值则表示伸展臂的一阶频率随结构参数值增加而增加。

从表 6.7 中可以看出，伸展臂一阶弯曲振动频率对纵杆截面面积最为敏感，其次是角块质量对弯曲振动频率影响较大，而对索张力不敏感。斜拉索直径对伸展臂的一阶扭转频率影响最大，其灵敏度远远高于其他参数，扭转振动频率随纵杆截面面积增加而略有减小。纵杆截面面积对伸展臂的轴向振动频率影响较大，其他参数影响相对较小。

表 6.7   结构参数摄动 10% 引起伸展臂振动频率变化的灵敏度

结构参数	角块质量 /kg	锁块质量 /kg	纵杆直径 /mm	横杆直径 /mm	索直径 /mm	索拉力 /N
一阶弯曲	−0.249	−0.123	0.804	−0.124	0.093	0.291×10^{-3}
一阶扭转	−0.307	−0.074	−0.099	−0.072	2.561	-1.548×10^{-3}
一阶轴向	−0.249	−0.124	0.840	−0.119	−0.105	0.167×10^{-3}

通过对伸展臂频率影响因素的仿真分析对比和灵敏度分析,可以得出提高伸展臂弯曲、扭转、轴向振动频率的有效措施,即尽可能增加纵杆截面面积和斜拉索的直径,减小横杆截面面积,降低角块和锁块质量。

6.4.4   动力学模型对比分析

6.4.2 节和 6.4.3 节分别运用连续梁等效模型和有限元分析软件建立了索杆铰接式伸展臂的动力学模型,并通过这两个模型对伸展臂进行动力学分析。为了验证连续梁等效模型的正确性和精度,可以运用这两个模型对索杆铰接式伸展臂进行自由振动分析,并将两个模型得到的结果进行对比分析。由于实际应用的空间索杆铰接式伸展臂长度一般达数十米,因此运用这两种模型对长度较大的索杆铰接式伸展臂进行对比分析。

表 6.8 所示为运用有限元模型、等效梁模型对 100 个桁架单元的伸展臂(总长 36.5 m)振动频率进行的仿真和计算。

表 6.8   伸展臂振动频率对比(单元数:100)　　　　　　　　　Hz

阶数	模态	FEM	等效梁
1	1 阶弯曲	0.144	0.158
2	2 阶弯曲	0.894	0.979
3	3 阶弯曲	2.460	2.697
4	1 阶扭转	2.588	2.669
5	4 阶弯曲	4.707	5.171
6	2 阶扭转	7.763	8.007
7	1 阶轴向	12.061	13.066
8	3 阶扭转	12.936	13.345

以有限元计算结果作为参考值,结果表明运用等效梁模型计算得到的伸展臂弯曲振动频率、扭转及轴向振动频率与有限元仿真结果吻合较好。

图 6.53 ~ 6.55 基于有限元模型和等效连续梁模型对不同长度的伸展臂进行了仿真和理论计算,并将两者进行了对比。随着伸展臂的长度增加,伸展臂弯曲振动频率、扭转振动频率、轴向振动频率的有限元仿真结果与理论计算结果越接近。随着伸展臂桁架单元的增加,连续梁模型的等效精度增加,这是因为随着伸展臂整体长度的增加,单个波长包含的单元数目增多,波长跨越更多的单元数目,因此伸展臂的非梁特征变得不明显。

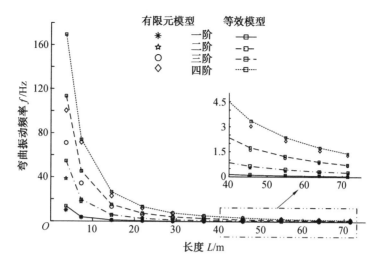

图 6.53　伸展臂弯曲振动频率对比

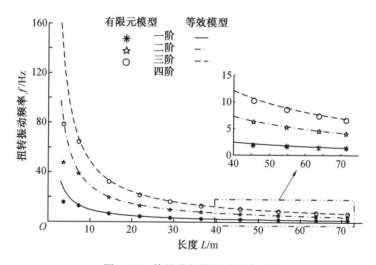

图 6.54　伸展臂扭转振动频率对比

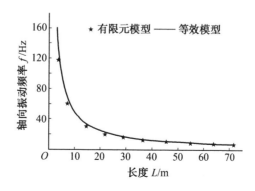

图 6.55　伸展臂轴向振动频率对比

6.5　本章小结

　　本章对索杆铰接式伸展臂的展收及驱动原理进行了研究,对伸展臂的驱动功率进行了分析计算,设计了结构简单、性能可靠的伸展臂结构形式和结构紧凑、轻量化的伸展臂驱动机构,研制了一套空间索杆铰接式伸展臂地面试验样机,该样机可顺畅地展开和收拢伸展臂。

　　本章围绕索杆铰接式伸展臂的静力学特性开展了研究,分析了评价索杆铰接式伸展臂主要性能的参数。并分别对伸展臂无负载和伸展臂有负载在轨模型两种情况下的伸展臂结构参数进行了确定。

　　介绍了基于伸展臂桁架结构与连续梁应变能和动能相等的原理建立索杆铰接式伸展臂连续梁等效模型的方法。运用连续梁等效模型和有限元模型对伸展臂动力学特性进行了分析。

参考文献

[1] 张直中. 机载和星载合成孔径雷达导论[M]. 北京:电子工业出版社,2004.

[2] LEVINEM B. Microdynamic behavior of a joint dominated structure on-orbit[C]//40th AIAA/ASME/AHS/ASC Structures, Structural Dynamics, and Materials Conference and Exhibit. St. Louis:AIAA, 1999:1-9.

[3] FARRT G, ROSEN P A, CARO E, et al. The shuttle radar topography mission[J/OL]. Reviews of Geophysics, 2007, 45(2):1-19. http://trs-new.jpl.nasa.gov.

[4] MURPHEYT W. Symbolic equations for the stiffness and strength of straight longeron trussses [C]// 47th AIAA/ASME/ASCE/AHS/ASC Structures, Structural Dynamics, and Materials Conference. Newport:AIAA, 2006:1-4.

[5] GRESCHIK G, MICHII Y, PALISOC A, et al. Truss beam with tendon diagonals-mechanics and designs [J]. AIAA Journal, 2008, 46 (3) : 557-567.

[6] LEE U. Equivalent continuum beam-rod models of aircraft wing structures for aeroelastic analysis [J]. AIAA Journal, 1995:91-99.

[7] LEE U. Dynamic continuum modeling of beamlike space structures using finite-element matrices[J]. AIAA Journal, 1990, 28(4):725-731.

[8] SUNC T, LIEBBE S W. Global-local approach to solving vibration of large truss structures[J]. AIAA Journal, 1990, 28(2):303-308.

[9] THOMAS S, STUBBS N. Dynamic analysis of the space station truss structure based on a continuum representation[C]//30th AIAA/ASME/ASCE/AHS/ASC Structures, Structural Dynamics, and Materials Conference. Mobile, AL:AIAA, 1989:1062-1068.

[10] LEE U, LEE J. Dynamic continuum modeling of truss-type space structures using spectral elements[J]. Journal of Spacecraft and Rockets, 1996, 33(3):404-409.

[11] NOORA K, GREENE W H, ANDERSON M S. Continuum models for static and dynamic analysis of repetitive lattices[C]// 18th AIAA/ASME/SAE Structures, Structural Dynamics and Materials

Conference. San Diego，CA：AIAA，1977：299-310.

[12] NOORA K，ANDERSON M S，GREENE W H. Continuum models for beam-like and plate-like lattice Structures[J]. AIAA Journal，1978，16：1219-1228.

[13] NAYFEHA H，HEFZY M S. Continuum modeling of the mechanical and thermal behavior of discrete large structures[C]//21st AIAA/ASME/ASCE/AHS/ASC Structures，Structural Dynamics，and Materials Conference. Seattle，WA：AIAA，1980：137-146.

[14] NOORA K，MIKULAS M M. Continuum modeling of large lattice structures：Status and Projections[J]. Large Space Structures Dynamics and Control Springer Series in Computational Mechanics，1988：1-34

[15] RENTONJ D. Elastic beams and frames[M]. Coll House，Westergate，Chicester，West Sussex：Horwood Publishing，Ltd.，International Publishers，2002.

[16] FRANCESCHETTI G，IODICE A，MADDALUNO S，et al. Effect of antenna mast motion on X-SAR/SRTM performance[J]. IEEE Transactions on Geoscience and Remote Sensing，2000，38（5）：2361-2372.

[17] BAYCANC M，UTKU S，WADA B K. Vibration control in statically indeterminate adaptive truss structures[C]// 34th AIAA/ASME/ASCE/AHS/ASC Structures，Structural Dynamics，and Materials Conference. La Jolla，CA：AIAA，1993：3289-3296.

[18] MODIV J，ZHANG J，SILVA C W. Dynamics and control of a manipulator with slewing and deployable links[C] // AIAA/ASME/ASCE/AHS/ASC Structures，Structural Dynamics，and Materials Conference. California：AIAA，2002：1-11.

[19] MALLAR B，LIN C. Dynamics of flexible structures in orbit under jet impingement loading[C]// 43rd AIAA/ASME/ASCE/AHS/ASC Structures，Structural Dynamics，and Materials Conference. Denver：AIAA，2002：22-25.

[20] SALEHIAN A，INMAN D J. Dynamic analysis of a lattice structure by homogenization：experimental validation[J]. Journal of Sound and Vibration，2008，316：180-197.

[21] 荣见华. 结构动力修改及优化设计[M]. 北京：人民交通出版社，2002.

第7章 抛物面天线折展支撑桁架机构设计实例

7.1 概　　述

随着卫星通信事业的不断发展,急需大容量、高精度的卫星天线,抛物面状金属网反射面天线是目前空间卫星通信广泛采用的一种结构形式,它具有方向性强、工作频带宽等优点,是卫星天线设计中一种较为理想的结构形式。抛物面状折展天线通常由折展支撑桁架机构展开并支撑金属网反射面,使其保持抛物面形状。因此,折展支撑桁架是折展天线的重要组成部分,起到支撑金属反射网、保持结构精度、维持结构稳定的重要作用,是折展天线研究的一项关键技术。为了满足高品质、大容量的传输要求,卫星通信必须开辟更高的频段,这就需要天线具有更小的收拢体积、更大的展开口径和更高的展开精度,因此研制新型折展天线成为许多国家和科研机构普遍关注的问题。本章主要围绕抛物面天线折展桁架支撑机构的设计与分析方法,阐述构型设计、几何建模、动力学分析和结构参数优化设计等问题。

7.2 折展支撑桁架机构方案设计与评价

7.2.1 基本折展单元的设计与评价

1.基本单元的设计要求

基于模块化思想设计的构架式折展天线具有口径大、形面精度高、展开稳定等优点,已经成为一种具有很大发展潜力的结构形式[1]。本章提出模块化折展天线基本单元的设计要求,分别是拓扑结构要求、功能性要求和约束条件要求。

(1)拓扑结构要求:

① 为便于基本单元的拓扑变换,基本单元采用平面机构且其自由度为1;

② 机构中只采用平面低副,以利于减小压强、减轻磨损、便于润滑,同时可以提高基本单元的承载能力;

③ 基本回路数为2,因为1个回路的机构在结构上不够紧凑,且刚度较低,而回路较多时构件过多,结构的质量增加且动力学性能不好。

(2)功能性要求:

① 连接特性要求多模块连接时,模块间连接的杆件需保证支撑桁架在展开时节点满足精度要求,收拢时支撑桁架呈柱状以便于捆绑;

② 驱动特性要求通过移动或转动方式控制单元展开;

③ 展开锁定要求机构展开到位后,利用锁定装置或自身自锁进行机构锁定。

（3）约束条件要求：

① 为尽可能提高机构效率，移动副数目最多不超过 1 个；

② 机架应是三副杆，以避免浮动构件中多副杆过多，以利于控制机构的运动和降低机构的复杂度；

③ 输出构件为连杆且以转动副与连架杆相连。

2. 基本单元构型方案的初选

第 3 章对 6 杆机构进行了构型综合，基于 6 杆机构的构型综合结果，根据折展单元设计要求，拓扑图中Ⅵ-Ⅰ第②种情况的 4 种构型和第⑤种情况中的 1 种构型，Ⅵ-Ⅱ第②种情况的 5 种构型和第⑦种情况中的 1 种构型，共 11 种方案符合基本要求，因此着重对这 11 种构型方案进行综合比较和初选。

拓扑图虽能较好地反映构件间的连接关系，但其较为抽象，为了使上述得到的 11 种方案具有直观可比性，首先将这些构型的拓扑图变成具有普遍意义的机构简图，然后再将其构造成符合基本单元约束条件要求的机构简图，并以展开状态和收拢状态对其进行表示，见表 7.1。

表 7.1　构型方案对应的机构简图

方案	拓扑图	机构简图		
		普遍意义	特定意义	
			展开状态	收拢状态
1	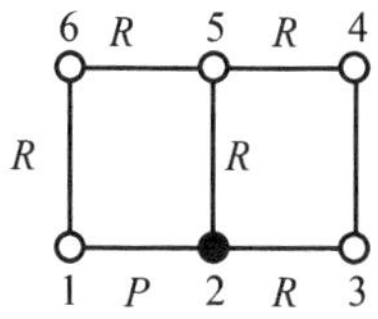	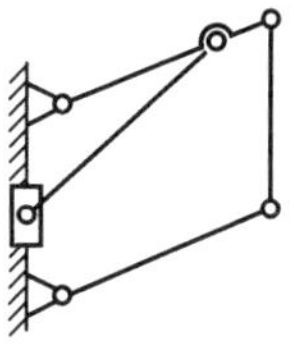	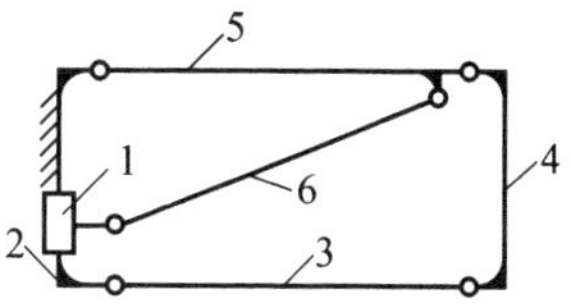	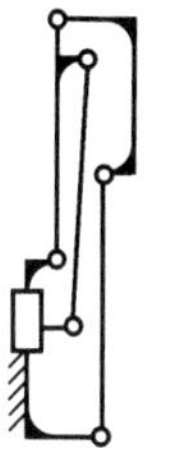
2	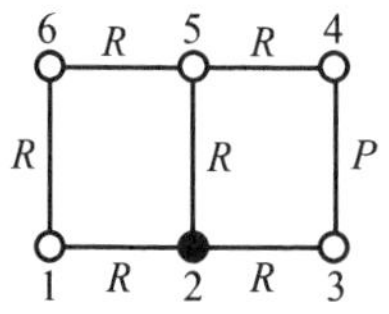	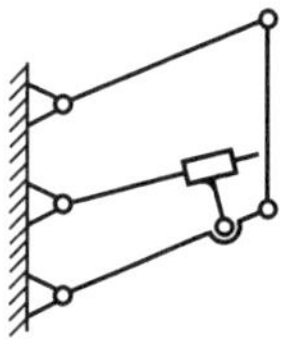	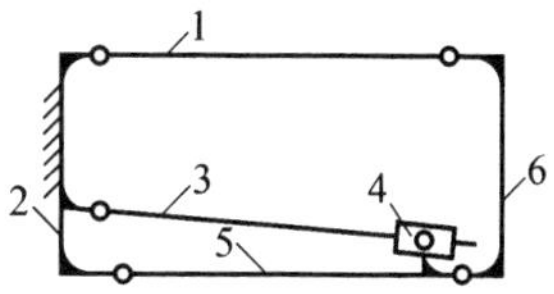	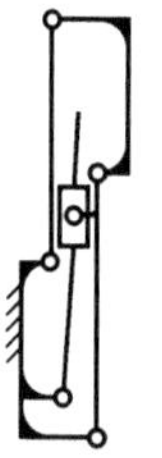
3	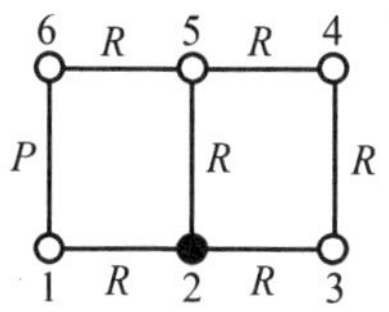	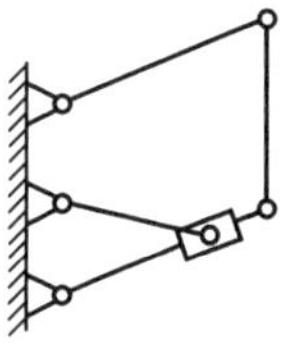	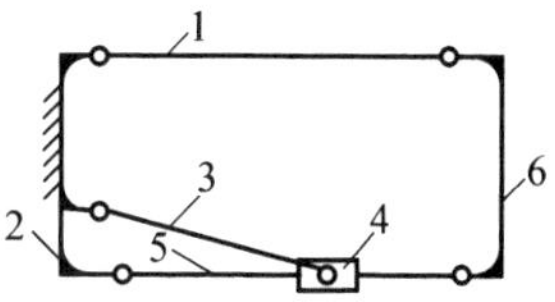	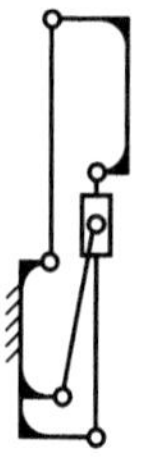

续表 7.1

方案	拓扑图	机构简图		
		普遍意义	特定意义	
			展开状态	收拢状态
4				
5				
6				
7				
8				

续表 7.1

方案	拓扑图	机构简图		
		普遍意义	特定意义	
			展开状态	收拢状态
9	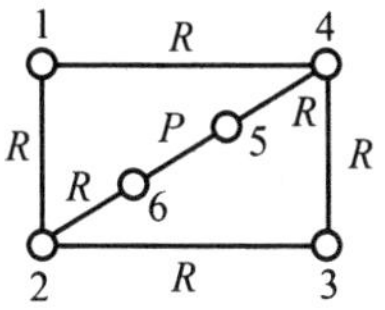	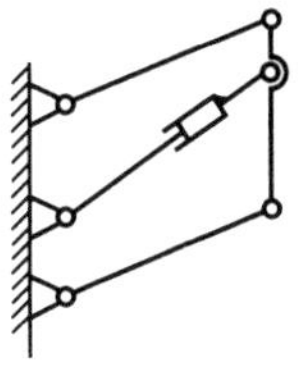	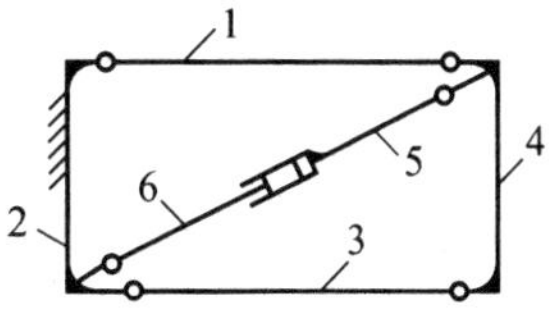	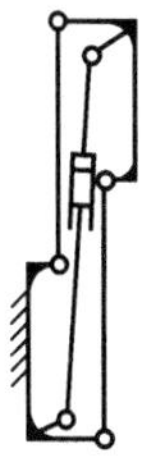
10	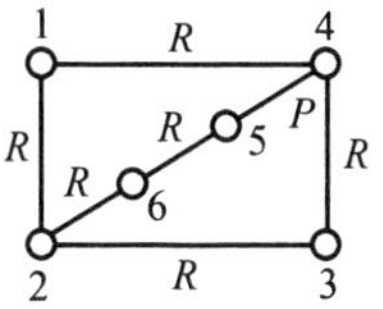	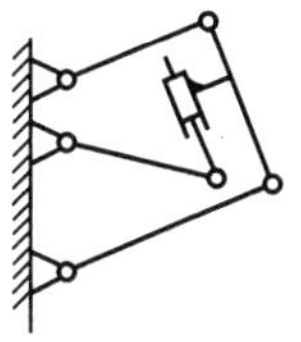	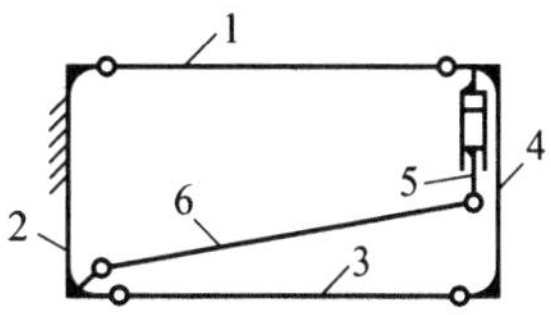	
11	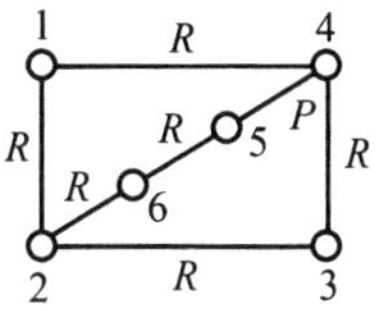	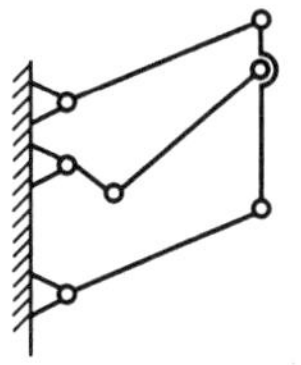	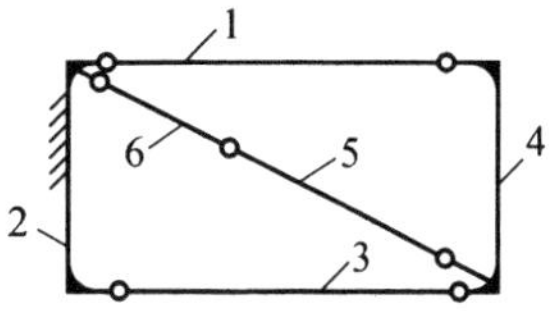	

　　表中方案 8 为日本 ETS-Ⅷ 卫星折展天线采用的基本单元的构型方案，方案 9 为 AstroMesh 卫星天线采用的构型。方案 4 和 7 无论是收拢时的体积还是展开后的体积都比较大，方案 6 收拢时比较小，但展开后的体积同样很小。综上，初步选取其余 6 种方案进一步对比评价和优选。

3. 基本单元构型方案的模糊综合评价

　　基本单元展开时必须以均匀且较低的速度缓慢展开，以防止展开速度变化过快对结构产生冲击。目前，多数展开天线采取的驱动控制方式是用弹簧提供展开动力，用电机带动拉索来控制展开速度。以滑块在机架上的滑动作为驱动源，对这 6 种方案分别添加驱动机构，如图 7.1 和图 7.2 所示。

　　基本单元的综合性能取决于多种不确定性因素的影响，而这种不确定性主要表现为模糊性，即通常这些因素难以被量化，使人们很难去全面认识一个事物。模糊综合评价法是模糊数学的一个分支，是评价一个模糊系统的有效方法和手段，具有系统性强、结果清晰的特点，因此可采用模糊综合评价法评价基本单元的综合性能。

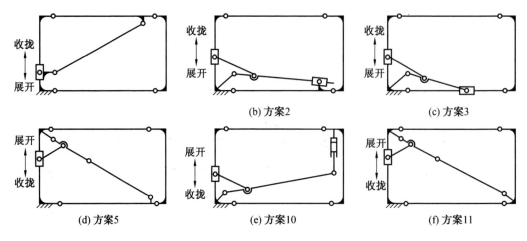

图 7.1　6 种方案添加驱动后的展开状态

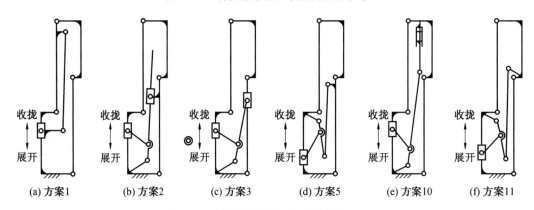

图 7.2　6 种方案添加驱动后的收拢状态

对 6 个方案进行模糊综合评价,首先要建立每个方案的评价数学模型,包括评价指标(因素)集 U、评语集 V、权重向量 A 及评价矩阵 R[2]。

基本单元构型的评价指标确定如下:

(1)展开可靠性(u_1):指基本单元由收拢状态展开时,机构是否具有较好的传力性能以保证顺利展开。

(2)结构稳定性(u_2):指基本单元展开后,结构内部的每个封闭运动链能够保持稳定的能力。

(3)设计经济性(u_3):指对基本单元进行设计、制造和试验等的成本估计。成本越低,经济性越好;反之,经济性越差。

(4)驱动便利性(u_4):指控制基本单元展开速度的难易性,包括需要驱动绳索的长度,以及为控制展开速度是否需要设计特定的装置。

(5)机械效率(u_5):指基本单元在展开过程中克服摩擦后得到有用功的能力。总功一定时,由构件间运动副引起的摩擦消耗的额外功越少,机械效率越高。

(6)机构复杂性(u_6):指基本单元中构件数目的多少及对该机构进行设计的难易程度。

由此可建立评价指标集

$$U = \{u_1, u_2, u_3, u_4, u_5, u_6\} \tag{7.1}$$

对某一评价指标分为好、较好、一般和差 4 个等级,则评语集为

$$V = \{v_1, v_2, v_3, v_4\} \tag{7.2}$$

由于各评价指标对事物的影响程度不相同,有些指标在总评价中影响程度可能大些,而有些则可能小些,因此在进行综合评价时必须给出各个指标在总评价中的重要程度,即权重向量

$$\boldsymbol{A} = [a_1, a_2, a_3, a_4, a_5, a_6] \tag{7.3}$$

式中　　$\sum\limits_{i=1}^{6} a_i = 1, 0 < a_i < 1$。

对某一方案按照评价指标集进行评价,可以建立其评价矩阵

$$\boldsymbol{R} = \begin{bmatrix} r_{11} & r_{12} & r_{13} & r_{14} \\ r_{21} & r_{22} & r_{23} & r_{24} \\ r_{31} & r_{32} & r_{33} & r_{34} \\ r_{41} & r_{42} & r_{43} & r_{44} \\ r_{51} & r_{52} & r_{53} & r_{54} \\ r_{61} & r_{62} & r_{63} & r_{64} \end{bmatrix} \tag{7.4}$$

式中　　r_{ij}——该方案对第 i 个评价指标的第 j 个评语的隶属度,$i=1,2,3,4,5,6$;$j=1,2,3,4$。

模糊评价的表达和衡量是用不同方案对评语集隶属度的高低来衡量,而隶属度可采用统计法或通过隶属度函数求得。由于影响方案优劣的因素较多,关系复杂,采用常用的几种模糊分布函数难以准确合理地确定 r_{ij} 指标,本书采用专家组评判法确定 r_{ij} 指标。

具体实施过程如下:

(1) 将要评价的方案及其具体内容进行整理,设计一个专家评价表;

(2) 请多位同行专家根据自己的经验,对各方案进行评价;

(3) 将各专家填写的评价表进行归纳,经过统计得到各方案的评价矩阵。

在请专家对方案进行评判之前,应尽量使选取的专家具有代表性和普遍性,以保证评价结果更客观、更合理。

最后通过矩阵运算,得到模糊综合评价结果向量

$$\boldsymbol{B} = \boldsymbol{A} \circ \boldsymbol{R} = [b_1 \quad b_2 \quad b_3 \quad b_4] \tag{7.5}$$

式中　　$\circ$——广义模糊合成运算,与综合评价模型算子有关。

根据最大隶属度原则,确定方案的模糊评价结论,从而确定优选方案。

6 个评价指标的重要程度依次降低,分为 6 个等级,等级最高的得 6 分,等级最低的得 1 分,对各等级进行归一化,则权重向量

$$\boldsymbol{A} = [0.286, 0.238, 0.191, 0.143, 0.095, 0.047] \tag{7.6}$$

根据基本单元的结构原理和工作特点,综合考虑各指标对机构性能的影响,将专家组对各指标的定性评价进行量化,得到 6 个方案的评价矩阵

$$\boldsymbol{R}_1 = \begin{bmatrix} 0.2 & 0.1 & 0.4 & 0.3 \\ 0.3 & 0.7 & 0 & 0 \\ 0.8 & 0.2 & 0 & 0 \\ 0 & 1 & 0 & 0 \\ 0.7 & 0.2 & 0.1 & 0 \\ 0.8 & 0.2 & 0 & 0 \end{bmatrix}, \boldsymbol{R}_2 = \begin{bmatrix} 0.1 & 0.3 & 0.6 & 0 \\ 0 & 0.3 & 0.4 & 0.3 \\ 0.1 & 0.2 & 0.1 & 0.6 \\ 0 & 1 & 0 & 0 \\ 0 & 0.2 & 0.3 & 0.5 \\ 0 & 0.3 & 0.4 & 0.3 \end{bmatrix}, \boldsymbol{R}_3 = \begin{bmatrix} 0.2 & 0.3 & 0.4 & 0.1 \\ 0 & 0.3 & 0.5 & 0.2 \\ 0.1 & 0.7 & 0.2 & 0 \\ 0 & 1 & 0 & 0 \\ 0 & 0.2 & 0.4 & 0.4 \\ 0.1 & 0.1 & 0.6 & 0.2 \end{bmatrix}$$

$$\boldsymbol{R}_5 = \begin{bmatrix} 0.8 & 0.1 & 0.1 & 0 \\ 0.9 & 0.1 & 0 & 0 \\ 0.6 & 0.4 & 0 & 0 \\ 1 & 0 & 0 & 0 \\ 0.1 & 0.7 & 0.2 & 0 \\ 0.1 & 0.9 & 0 & 0 \end{bmatrix}, \quad \boldsymbol{R}_{10} = \begin{bmatrix} 0 & 0.2 & 0.5 & 0.3 \\ 0 & 0.3 & 0.3 & 0.4 \\ 0 & 0.5 & 0.2 & 0.3 \\ 0 & 1 & 0 & 0 \\ 0 & 0.2 & 0.3 & 0.5 \\ 0 & 0.2 & 0.4 & 0.4 \end{bmatrix}, \quad \boldsymbol{R}_{11} = \begin{bmatrix} 0.6 & 0.3 & 0.1 & 0 \\ 0.7 & 0.3 & 0 & 0 \\ 0.6 & 0.4 & 0 & 0 \\ 1 & 0 & 0 & 0 \\ 0 & 0.8 & 0.2 & 0 \\ 0.1 & 0.9 & 0 & 0 \end{bmatrix}$$

$$(7.7)$$

对模糊综合评价模型进行计算的算子主要有主因素决定型、主因素突出 Ⅰ 型、主因素突出 Ⅱ 型和加权平均型。对于同一对象集，按照不同的模型算子进行计算可能得到不同的结果。

主因素决定型重点考虑对系统影响最大的因素，而其他次要因素则往往被忽略，该算法有时使评价结果难以分辨。主因素突出 Ⅰ 型和主因素突出 Ⅱ 型算法比主因素决定型算法运算精度稍高，当以单项指标作为评优准则时，适合采用这两种方法。由此可见，这三种算法适用于重点考虑主要因素的综合评价。加权平均型比较精确，适用于考虑整体因素的综合评价，因此这里采用加权平均型 $M(\cdot, +)$，其计算式为

$$b_j = \sum_{i=1}^{m} (a_i \cdot r_{ij}), \quad j = 1, 2, \cdots, n \qquad (7.8)$$

由此，可以得到每个方案的模糊综合评价结果向量为

$$\boldsymbol{B}_1 = \boldsymbol{A} \circ \boldsymbol{R}_1 = \begin{bmatrix} 0.386 & 0.405 & 0.124 & 0.086 \end{bmatrix}$$

$$\boldsymbol{B}_2 = \boldsymbol{A} \circ \boldsymbol{R}_2 = \begin{bmatrix} 0.048 & 0.372 & 0.333 & 0.248 \end{bmatrix}$$

$$\boldsymbol{B}_3 = \boldsymbol{A} \circ \boldsymbol{R}_3 = \begin{bmatrix} 0.081 & 0.458 & 0.338 & 0.124 \end{bmatrix} \qquad (7.9)$$

$$\boldsymbol{B}_5 = \boldsymbol{A} \circ \boldsymbol{R}_5 = \begin{bmatrix} 0.715 & 0.238 & 0.048 & 0 \end{bmatrix}$$

$$\boldsymbol{B}_{10} = \boldsymbol{A} \circ \boldsymbol{R}_{10} = \begin{bmatrix} 0 & 0.396 & 0.300 & 0.305 \end{bmatrix}$$

$$\boldsymbol{B}_{11} = \boldsymbol{A} \circ \boldsymbol{R}_{11} = \begin{bmatrix} 0.601 & 0.352 & 0.048 & 0 \end{bmatrix}$$

由式(7.9)可以得到总的评价矩阵为

$$\boldsymbol{R}_{\text{总}} = \begin{bmatrix} \boldsymbol{B}_1 \\ \boldsymbol{B}_2 \\ \boldsymbol{B}_3 \\ \boldsymbol{B}_5 \\ \boldsymbol{B}_{10} \\ \boldsymbol{B}_{11} \end{bmatrix}^{\text{T}} = \begin{bmatrix} 0.386 & 0.048 & 0.081 & 0.715 & 0 & 0.601 \\ 0.405 & 0.372 & 0.458 & 0.238 & 0.396 & 0.352 \\ 0.124 & 0.333 & 0.338 & 0.048 & 0.300 & 0.048 \\ 0.086 & 0.248 & 0.124 & 0 & 0.305 & 0 \end{bmatrix} \qquad (7.10)$$

评语集 4 个评语的重要程度依次降低，等级最高的得 4 分，等级最低的得 1 分，对各等

级进行归一化,则其权重向量

$$\boldsymbol{A}_1 = [0.4, 0.3, 0.2, 0.1] \tag{7.11}$$

总的综合评价结果向量为

$$\boldsymbol{B}_{总} = \boldsymbol{A}_1 \circ \boldsymbol{R}_{总} = [0.309 \quad 0.222 \quad 0.250 \quad 0.367 \quad 0.209 \quad 0.356] \tag{7.12}$$

　　根据最大隶属度原则,6 种构型方案的综合性能由优到劣的顺序依次为方案 5、方案 11、方案 1、方案 3、方案 2、方案 10。根据构型方案的模糊评价得出方案 5 为最优方案,以方案 5 的构型作为折展天线支撑桁架机构的基本折展单元构型,进行折展单元及天线支撑桁架机构的设计。

7.2.2　折展支撑桁架机构方案设计

　　根据优选的方案 5 的构型设计天线支撑桁架的折展单元方案,如图 7.3 所示。基本折展肋单元主要由中心杆、驱动弹簧、滑块、上支撑杆、下支撑杆、上弦杆、下弦杆、斜腹杆及外杆组成,反射网由张紧索固定于上弦杆上,通过改变张紧索的长度可调节反射网的精度,与外杆固结的连接杆主要起到模块间的互连、固定作用。滑块可以在弹簧力的作用下沿中心杆向上滑动,驱动机构展开。

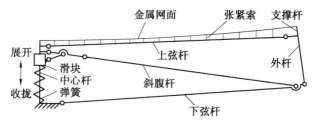

图 7.3　折展肋单元方案

　　如图 7.4 所示,将折展基本肋单元绕中心杆圆周方向阵列,通过 6 个基本肋单元构成六棱台折展模块,模块通过圆周上布置的斜拉索进行张紧以提高整个模块的结构刚度。将天线金属网反射面通过张紧索与模块构架相连便构成了一个折展天线模块,通过改变支撑杆及张紧索的长度可以调节反射面的形面精度。如图 7.5 所示,将不同数量的天线模块连接在一起便构成了不同口径的抛物面折展天线。

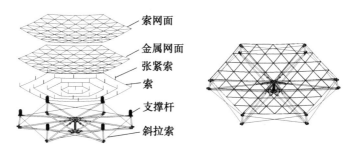

图 7.4　折展抛物面天线模块

　　为了使天线反射面成为抛物面,天线的支撑构架上的各节点空间位置所构成的空间曲面应尽可能地接近天线反射面所在的抛物面。采用球面逼近抛物面可使各模块几何尺

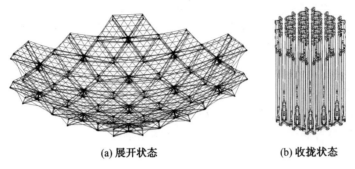

(a) 展开状态　　　　　(b) 收拢状态

图 7.5　多模块抛物面天线机构

寸完全一致,便于制造与集成,然而采用正六棱台模块构成球面状折展支撑桁架机构时,必然在正六棱台之间的连接部位出现连接偏差,如图 7.6 所示,如果不对模块进行调整,将导致模块与模块无法准确连接。因此本章提出基于等尺寸模块和不等尺寸模块两种空间折展桁架支撑机构几何建模方法,以及相应消除模块间连接偏差的有效措施。

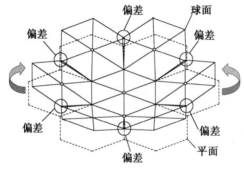

图 7.6　连接偏差示意图

7.3　折展支撑桁架机构的空间几何建模

折展支撑桁架由若干个基本折展模块组成,实现多模块的精准连接并且保证各个模块的顺利展开,以及保证天线支撑机构的形面精度等问题都是天线支撑机构设计所面临的难题,而建立模块化折展天线支撑机构的空间几何模型是对其进行分析与设计的基础。

为了减少支撑桁架中杆件的类型,简化设计过程,将天线支撑桁架设计成具有单一曲率的球面。通过布置在天线支撑机构和金属反射网之间的张紧索将两部分连接起来,调节张紧索的长度可以调节反射面的形面精度。为使张紧索的长度最小,天线支撑机构构成的球面必须最大限度地接近天线工作面的抛物面,因此首先要对天线工作表面进行拟合确定支撑桁架球面的直径,然后按照球面直径的要求对支撑桁架进行空间几何建模,最后确定各个模块的几何参数,确保各个模块之间准确的连接。

7.3.1　天线工作表面拟合方法

抛物面天线可分为正馈型和偏馈型两种。由于正馈型天线工作表面一少部分被馈源所遮挡,在天线口径、工作频率、制造精度相同的情况下,正馈天线的效率要低于偏馈天线,因此目前很多星载天线都采用偏馈型。本书只讨论偏馈型天线支撑桁架机构的设计。

支撑桁架位于工作表面的背部,是工作表面的支撑结构,支撑桁架各节点位于同一球面上,而工作表面为一抛物面,支撑桁架与工作表面的关系如图 7.7 所示。若使天线整体结构具有较高的稳定性,应尽量缩短连接金属反射面与支撑桁架的张紧索长度,因此需要保证两个曲面尽可能相接近,这就需要寻找一种合适的拟合方法来缩小两者的差异。

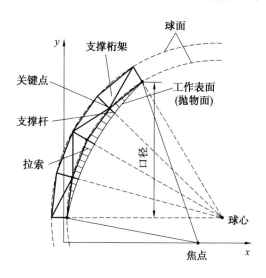

图 7.7　支撑桁架与工作表面关系

首先要求出工作表面的抛物面方程,再通过拟合的方法,求出支撑桁架关键点所在球面的球心坐标和半径。由于天线工作表面是一个具有对称性的旋转曲面,可以将问题简化成对抛物线的圆弧拟合。如图 7.8 所示,天线工作表面是由母抛物面截取所得,因此只需对母抛物面母线 $\overset{\frown}{OQ_0}$ 中的这一段工作表面母线 $\overset{\frown}{Q_1Q_2}$ 进行拟合。工作表面母线 $\overset{\frown}{Q_1Q_2}$ 的方程可通过图 7.9 所示的流程图求出。

采用最小二乘法对抛物线进行拟合,拟合曲线不但可以很好地反映出离散点的变化趋势,而且还能够保证拟合误差的平方和达到最小。如图 7.10 所示,设待拟合抛物线方程为 $y^2 = 4fx$, $Q_2 \leqslant x \leqslant Q_1$,其离散点坐标为 (x_i, y_i), $i = 1, 2, \cdots, n$。

设拟合圆的标准方程为

$$(x-a)^2 + (y-b)^2 = r^2 \tag{7.13}$$

拟合误差可表示为抛物线上某离散点到拟合圆弧中心的距离 r_i 与 r 之差,则离散点 i 的最小二乘圆弧误差为

$$\delta_i = r_i - r = \sqrt{(x_i-a)^2 + (y_i-b)^2} - r \tag{7.14}$$

由最小二乘法的计算原则可知,若需拟合误差的平方和最小,则可以得到方程组[3]

$$\frac{\partial \sum_{i=1}^{n} \delta_i^2}{\partial a} = \frac{\partial \sum_{i=1}^{n} \delta_i^2}{\partial b} = \frac{\partial \sum_{i=1}^{n} \delta_i^2}{\partial r} = 0 \tag{7.15}$$

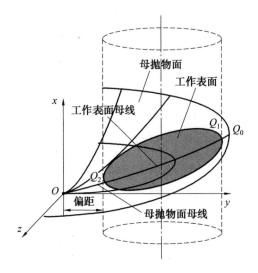

图 7.8　偏馈天线工作表面示意图

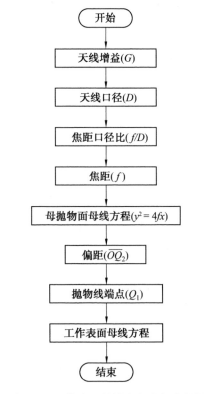

图 7.9　工作表面母线方程求解流程图

设步长为 1,在待拟合抛物线上取所有的离散点,通过式(7.14)和式(7.15)即可求出 a、b、r 三个参数的值,最后求得拟合球的球面方程。

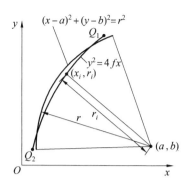

图 7.10　抛物线的圆弧拟合

7.3.2　等尺寸模块的几何建模

模块单元及其坐标系如图 7.11 所示，A_1、A_2、$\cdots$、A_6 分别为肋单元上球面顶点，$A_1{}'$、$A_2{}'$、$\cdots$、$A_6{}'$ 分别为肋单元下球面顶点，O_{11}、$O_{11}{}'$ 分别为中心杆上、下端顶点，点 O_{11} 及 A_1、A_2、$\cdots$、A_6 在拟合抛物面的球面上，点 $O_{11}{}'$ 及 $A_1{}'$、$A_2{}'$、$\cdots$、$A_6{}'$ 在另外一个同心球面上。球面中心为 O 点，球半径为 R，球半径 R 取决于抛物面天线口径 D 和焦距 f。6 根外杆 $A_1A_1{}'$、$A_2A_2{}'$、$\cdots$、$A_6A_6{}'$ 倾斜一定角度，其延长线通过球心 O，所有模块通过外杆相连构成球形折展支撑结构。由于采用等尺寸模块设计，所有上球面顶点 A_1、A_2、$\cdots$、A_6 在包络圆 S_{11} 上，设包络圆半径为 r，将坐标系原点建立在球心 O 处，z 轴沿中心杆轴线方向，x 轴在平面 $O_{11}O_{11}{}'A_1{}'A_1$ 内，y 轴则垂直于平面 $O_{11}O_{11}{}'A_1{}'A_1$。

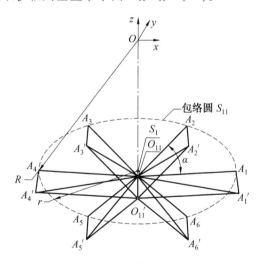

图 7.11　中心模块几何建模

通过连接相邻 3 个模块中的外杆可以将多个模块装配在一起，图 7.12 所示为含有 3 层模块的包络圆，每一层模块的 6 个肋单元上球面顶点均在半径相等的包络圆上。为了保证相邻 3 个模块的外杆能够无缝地连接在一起，外层模块肋单元之间的角度必须调整以补偿连接偏差。α_1、α_2 和 α_3 分别代表中心层、第 2 层、第 3 层模块肋单元之间的角度，每一层上需要调整的角度都不相同，但是由于轴对称性，在同一层上的模块具有相同的调整角度,调整后的肋单元上球面顶点依然在包络圆上,故 3 个模块之间的连接点也就是模块所在包络圆之间的交点。因此,通过确定包络圆交点及包络圆圆心的坐标,即可确定每个模块中肋单元的调整角度,进而建立桁架支撑结构的几何模型。

在第 n 层上的模块个数 $f(n)$ 可以表示为

$$f(n) = \begin{cases} 1 & n=1 \\ 6(n-1) & n=2,3,4,\cdots \end{cases} \tag{7.16}$$

因此,模块总数量为

$$F(n) = \begin{cases} 1 & n=1 \\ 1 + \sum_{i=2}^{n} 6(i-1) & n=2,3,4,\cdots \end{cases} \tag{7.17}$$

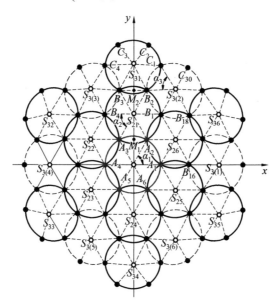

图 7.12　用模块包络圆表示 3 层模块连接关系

如图 7.13 所示,中心模块的包络圆是球 O 和平面 P_{11} 相交得到的,因此包络圆 S_{11} 的方程可以表示为

$$Eq_{S_{11}}: \begin{cases} O: x^2 + y^2 + z^2 = R^2 \\ P_{11}: z = -\sqrt{R^2 - r^2} \end{cases} \tag{7.18}$$

中心模块设计为标准模块,其肋单元角度不需要调整,通过调整外层模块肋单元的角度来与中心模块的肋单元相连。在包络圆上的顶点 $A_1 \sim A_6$ 的坐标可以表示为

$$\boldsymbol{A}_j = \mathrm{rot}[z,(j-1)\alpha_1] \cdot \boldsymbol{A}_1 \quad j=1,2,\cdots,6 \tag{7.19}$$

式中　　$\mathrm{rot}[z,(j-1)\alpha_1] = \begin{bmatrix} \cos(j-1)\alpha_1 & -\sin(j-1)\alpha_1 & 0 \\ \sin(j-1)\alpha_1 & \cos(j-1)\alpha_1 & 0 \\ 0 & 0 & 1 \end{bmatrix}$;

$\boldsymbol{a}_1 = \begin{bmatrix} r & 0 & -\sqrt{R^2 - r^2} \end{bmatrix}^{\mathrm{T}}$。

如图 7.14 所示,第 2 层模块包络圆 S_{21} 是球面 O 和平面 P_{21} 相交得到的,其方程可以

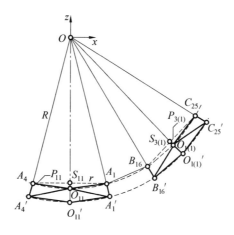

图 7.13　Oxz 截面视图

表示为

$$Eq_{S_{21}} : \begin{cases} O : x^2 + y^2 + z^2 = R^2 \\ P_{21} : B_{21}(y - y_{S_{21}}) + C_{21}(z - z_{S_{21}}) = 0 \end{cases} \tag{7.20}$$

其中，$S_{21}(x_{S_{21}} = 0, y_{S_{21}}, z_{S_{21}})$ 是包络圆 S_{21} 的圆心坐标，$\boldsymbol{n}_{21}(A_{21} = 0, B_{21}, C_{21})$ 是平面 P_{21} 的法向量，可以通过图中几何推导得到。第 2 层其他模块包络圆方程 $Eq_{S_{2j}}$ 可以通过包络圆 S_{21} 绕 z 轴旋转变换得到，即

$$Eq_{S_{2j}} : \begin{cases} O : x^2 + y^2 + z^2 = R^2 \\ P_{2j} : A_{2j}(x - x_{S_{2j}}) + B_{2j}(y - y_{S_{2j}}) + C_{2j}(z - z_{S_{2j}}) = 0 \\ \boldsymbol{S}_{2j}^{\mathrm{T}} = \mathrm{rot}(z, (j-1)\alpha_1) \cdot \boldsymbol{S}_{21}^{\mathrm{T}} \\ \boldsymbol{n}_{2j}^{\mathrm{T}} = \mathrm{rot}(z, (j-1)\alpha_1) \cdot \boldsymbol{n}_{21}^{\mathrm{T}} \end{cases} \tag{7.21}$$

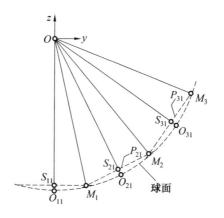

图 7.14　Oyz 截面视图

将第 3 层模块分为两组，其中模块 S_{31}、S_{32}、$\cdots$、S_{36} 为一组，该组中模块包络圆方程可以通过将包络圆 S_{31} 的方程 $Eq_{S_{3,1}}$ 绕 z 轴旋转变换得到。模块 $S_{3(1)}$、$S_{3(2)}$、$\cdots$、$S_{3(6)}$ 为另外一组，同样此组模块包络圆方程可以通过将包络圆 $S_{3(1)}$ 的方程 $Eq_{S_{3(1)}}$ 绕 z 轴旋转变换得

到。包络圆 S_{31} 的方程为

$$Eq_{S_{31}}:\begin{cases} O:x^2+y^2+z^2=R^2 \\ P_{31}:B_{31}(y-y_{S_{31}})+C_{31}(z-z_{S_{31}})=0 \end{cases} \tag{7.22}$$

同理,包络圆圆心坐标 $S_{31}(x_{S_{31}}=0,y_{S_{31}},z_{S_{31}})$ 及平面 P_{31} 的法向量 $\boldsymbol{n}_{31}(A_{31}=0,B_{31},$ $C_{31})$ 可以通过几何推导得到。因此第 1 组包络圆方程可以表示为

$$Eq_{S_{3j}}:\begin{cases} O:x^2+y^2+z^2=R^2 \\ P_{3j}:A_{3j}(x-x_{S_{3j}})+B_{3j}(y-y_{S_{3j}})+C_{3j}(z-z_{S_{3j}})=0 \\ \boldsymbol{S}_{3j}{}^T=\mathrm{rot}(z,(j-1)\alpha_1)\cdot\boldsymbol{S}_{31}{}^T \\ \boldsymbol{n}_{3j}{}^T=\mathrm{rot}(z,(j-1)\alpha_1)\cdot\boldsymbol{n}_{31}{}^T \end{cases} \tag{7.23}$$

包络圆 $S_{3(1)}$ 的方程可以表示为

$$Eq_{S(1)}:\begin{cases} O:x^2+y^2+z^2=R^2 \\ P_{3(1)}:A_{3(1)}(x-x_{S_{3(1)}})+C_{3(1)}(z-z_{S_{3(1)}})=0 \end{cases} \tag{7.24}$$

其中,包络圆圆心坐标 $S_{3(1)}(x_{S_{3(1)}},y_{S_{3(1)}}=0,z_{S_{3(1)}})$ 及平面 $P_{3(1)}$ 的法向量 $\boldsymbol{n}_{31}(A_{31},B_{31}=0,$ $C_{31})$ 可由图 7.13 得到,因此得到第二组包络圆方程为

$$Eq_{S_{3(j)}}:\begin{cases} O:x^2+y^2+z^2=R^2 \\ P_{3(j)}:A_{3(j)}(x-x_{S_{3(j)}})+B_{3(j)}(y-y_{S_{3(j)}})+C_{3(j)}(z-z_{S_{3(j)}})=0 \\ \boldsymbol{S}_{3(j)}{}^T=\mathrm{rot}(z,(j-1)\alpha_1)\cdot\boldsymbol{S}_{3(1)}{}^T \\ \boldsymbol{n}_{3(j)}{}^T=\mathrm{rot}(z,(j-1)\alpha_1)\cdot\boldsymbol{n}_{3(1)}{}^T \end{cases} \tag{7.25}$$

通过以上建模过程得到所有三层模块的包络圆方程后,将相邻的三个模块包络圆方程联立便可以求解得到包络圆交点坐标及模块肋单元连接点坐标,进一步便可以确定每个模块肋单元之间的夹角。根据计算结果对肋单元进行调整,便可以消除模块之间的连接偏差,保证模块之间的平滑连接。运用同样方法可以建立具有更多层模块的空间折展天线支撑桁架几何模型,然而对于大口径天线支撑结构而言,可以通过增大肋单元的结构尺寸来提高天线的口径,而不需要太多层模块。

7.3.3　不等尺寸模块的几何建模

等尺寸模块几何建模需要对外层模块肋单元角度进行调整,其调整角度值随着模块层数增加而增大。为满足未来空间科学任务对大口径折展天线的要求,同时保证模块间实现无缝连接,本节提出另外一种天线支撑桁架构建方法。该方法采用不等尺寸模块,适用于模块数量众多的大口径天线机构的几何建模。下面应用球面投影建立不等尺寸模块天线支撑桁架的几何模型。

如图 7.15 所示,首先用等尺寸正六边形模块在平面上构建各个模块之间的连接及位置关系,然后将平面上各个模块间连接点及各个模块中心点向需要拟合的球面上投影,可以得到在拟合球面上各个空间模块间连接点及模块中心点的实际位置,然后根据模块间连接点到模块中心点的长度设计模块中各个肋单元的尺寸。这样设计的肋单元虽然具有不同的几何尺寸,但是保证了模块之间准确的连接关系。支撑桁架的上、下表面分别在两个同心球面上,半径差为模块高度。因此,只需要建立模块上表面关键点的几何模型,便

可求得下表面关键点的模型。

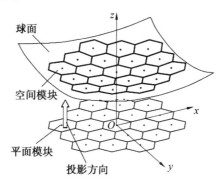

图 7.15　平面模块与空间模块的转换关系

首先,确定平面上各个模块之间连接点及模块中心点的位置。为了计算方便,将各层模块进行相应分类,如图 7.16 所示。建立坐标系 Oxy,以 O 为中心将模块群沿周向进行 6 等分,每等份的夹角为 60°。在等分中定义沿等分线排列的模块为正向模块,不在等分线上的模块为斜向模块,因此在第 2 层上无斜向模块,在第 3 层上有 6 个斜向模块,在第 4 层上有 12 个斜向模块,依此类推,在第 n 层上有 $6(n-2)$ 个斜向模块。只要计算出等份 1 中的所有模块节点坐标,其他等份中的对应节点坐标即可通过周向阵列得到。

模块数量与模块层数的关系为

$$S = 1 + 6 \times \sum_{i=0}^{N-1} i, \quad N \geqslant 1 \tag{7.26}$$

式中　　S——模块的数量;

　　　　N——模块的层数。

参照等尺寸模块的建模步骤,建模时可首先建立中心模块的几何模型,然后再逐层建立周边模块的几何模型,最后得到天线支撑桁架的几何模型。

如图 7.17 所示,在中心模块的中心建立坐标系 Oxy,x 轴与边 $\overline{P_1P_6}$ 垂直,由模块内部指向外部;y 轴通过点 P_2,指向外侧;z 轴与 x、y 轴构成右手系,设逆时针方向为正,模

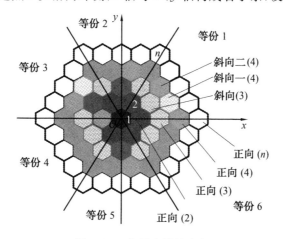

图 7.16　各层次模块定义

块的边长为 l。

根据几何关系，点 P_1 的齐次坐标为

$$\boldsymbol{P}_1 = \begin{bmatrix} l\cos 30° & l\sin 30° & 0 & 1 \end{bmatrix}^{\mathrm{T}} \qquad (7.27)$$

则模块顶点的坐标可表示为

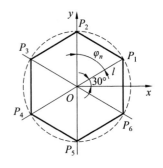

图 7.17　中心模块坐标系

$$\boldsymbol{P}_{n+1} = \mathrm{rot}(z, \varphi_n) \, \boldsymbol{P}_1 = \begin{bmatrix} \dfrac{\sqrt{3}}{2} l\cos \varphi_n - \dfrac{1}{2} l\sin \varphi_n \\[2mm] \dfrac{\sqrt{3}}{2} l\sin \varphi_n + \dfrac{1}{2} l\cos \varphi_n \\[2mm] 0 \\[1mm] 1 \end{bmatrix}$$

$$\varphi_n = \frac{n\pi}{3}, \quad n = 0, 1, \cdots, 5 \qquad (7.28)$$

式中　φ_n——线 $\overline{OP}$ 与 $\overline{OP_n}$ 之间的夹角。

从第 2 层开始，正向模块的数量沿 x 轴正向以 $\sqrt{3}\,l$ 的长度逐层增加，因此其变换矩阵为

$$\boldsymbol{T}_{q+1} = \begin{bmatrix} 1 & 0 & 0 & \sqrt{3}\,ql\cos \varphi_i \\ 0 & 1 & 0 & \sqrt{3}\,ql\sin \varphi_i \\ 0 & 0 & 1 & 0 \\ 0 & 0 & 0 & 1 \end{bmatrix} \qquad (7.29)$$

式中　q——模块所在层次，$q = 1, 2, \cdots, +\infty$。$q=1$ 时为第 2 层，$q=2$ 时为第 3 层，依此类推；

　　　φ_i——同一层上 x 轴上的模块与其他 5 个模块的夹角，$\varphi_i = \dfrac{i\pi}{3}, i = 0, 1, \cdots, 5$。

因此可得到正向模块的顶点坐标为

$$\boldsymbol{P}'_{n+1} = \boldsymbol{T}_{q+1} \mathrm{rot}(z, \varphi_n) \, \boldsymbol{P}_1 \qquad (7.30)$$

建立图 7.18 所示的任意斜向类型模块的模型。在第 1 层模块的中心建立总体坐标系 $\{O_0\}$，在该斜向类型的 6 个模块的中心建立坐标系 $\{O_k\}$，k 表示同一种斜向模块中各模块的序号，$k = 1, 2, \cdots$，6。α 为斜向第 1 个模块的中心和总体坐标系原点的连线 $\overline{O_1 O_0}$ 与 x_0 轴正向的夹角；β_i 为第 1 个模块与其他模块的夹角，$\beta_i = \dfrac{i\pi}{3}, i = 0, 1, \cdots, 5$；$L_m$ 为当斜向模块的种类数为 m 时，点 O_1 与点 O_0 之间的距离。

$\{O_1\}$ 到 $\{O_0\}$ 的变换矩阵为

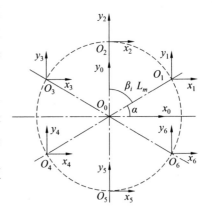

图 7.18　平面上斜向模块坐标系

$$\boldsymbol{T}_1 = \begin{bmatrix} 1 & 0 & 0 & L_m\cos\alpha \\ 0 & 1 & 0 & L_m\sin\alpha \\ 0 & 0 & 1 & 0 \\ 0 & 0 & 0 & 1 \end{bmatrix} \qquad\qquad (7.31)$$

$\{O_k\}$ 相对于 $\{O_0\}$ 的变换矩阵为

$$_{O_k^0}^{O_0}\boldsymbol{T}_m = \begin{bmatrix} 1 & 0 & 0 & L_m\cos(\beta_i+\alpha) \\ 0 & 1 & 0 & L_m\sin(\beta_i+\alpha) \\ 0 & 0 & 1 & 0 \\ 0 & 0 & 0 & 1 \end{bmatrix},\ k=1,2,\cdots,6 \qquad (7.32)$$

在式(7.32) 中，L_m 和 α 为 2 个未知参数，根据模块拓扑关系及正六边形的性质，可以得到

$$L_m = \sqrt{\left(\frac{2q-m}{2}\sqrt{3}\,l\right)^2 + \left(\frac{3m}{2}l\right)^2} \qquad\qquad (7.33)$$

$$\tan\alpha = \left(\frac{3m}{2}l\right)\Big/\left(\frac{2q-m}{2}\sqrt{3}\,l\right) = \sqrt{3}\,m/(2q-m)$$

$$q=1,2,\cdots,+\infty;\quad m=1,2,\cdots,q-1 \qquad\qquad (7.34)$$

坐标系 $\{O_1\}$、$\{O_2\}$、$\cdots$、$\{O_6\}$ 中任意一个关键点在 $\{O_0\}$ 中的坐标，即斜向模块顶点坐标为

$$\boldsymbol{P}''_{n+1} = {}_{O_k^0}^{O_0}\boldsymbol{T}_m\boldsymbol{R}(z,\varphi_n)\,\boldsymbol{P}_1 \qquad\qquad (7.35)$$

通过正向模块和斜向模块的组合，可以得到平面模块的几何模型为

$$\begin{cases} \boldsymbol{P}'_{n+1} = \boldsymbol{T}_{q+1}\boldsymbol{R}(z,\varphi_n)\,\boldsymbol{P}_1 \\ \boldsymbol{P}''_{n+1} = {}_{O_k^0}^{O_0}\boldsymbol{T}_m\boldsymbol{R}(z,\varphi_n)\,\boldsymbol{P}_1 \end{cases} \qquad\qquad (7.36)$$

将平面几何模型各模块顶点坐标及模块中心坐标向拟合球面投影，即得到空间模块的几何模型为

$$\begin{cases} \boldsymbol{P}_{n+1} = \boldsymbol{R}(z,\varphi_n)\,\boldsymbol{P}_1 \\ \boldsymbol{P}'_{n+1} = \boldsymbol{T}_{q+1}\boldsymbol{R}(z,\varphi_n)\,\boldsymbol{P}_1 \\ \boldsymbol{P}''_{n+1} = {}_{O_k^0}^{O_0}\boldsymbol{T}_m\boldsymbol{R}(z,\varphi_n)\,\boldsymbol{P}_1 \\ x^2 + y^2 + (z-R)^2 = R^2 \end{cases} \qquad\qquad (7.37)$$

7.3.4　模型的验证

根据 7.3.1 节所述的拟合方法，对图 7.19 所示的天线工作表面母线进行拟合，得到拟合的球面半径 $R=4\,701$ mm。经计算，平面正六边形模块的边长 $l=580$ mm。

通过上节等尺寸模块桁架几何建模方法计算得到含三层模块桁架各模块之间连接点的空间坐标，如图 7.20 所示。通过各模块连接点的坐标及模块中心坐标可得到空间模块肋单元之间的实际夹角，如果给定模块厚度便可得到折展桁架设计模型由 19 个六边形桁架单元构成，如图 7.20(b) 所示。

根据不等尺寸模块几何建模方法分别建立该支撑桁架上表面的正向模型和斜向模型，如图7.21(a) 和图 7.21(b) 所示。最后，将两个模型进行组合，即可得到 5 层支撑桁架

的上表面几何模型,如图 7.21(c) 所示。

　　分析表明:正向模块以第 1 层模块为中心呈辐射状增长,但模块的种类不随层次的增加而改变;斜向模块同样可以看作是辐射状增长,但模块的种类随层次的增加而增加。因此,采用这两种方式建立的模型能很好地衔接在一起,组合后能够保证模块间不存在连接偏差。

　　以上算例表明,采用本节提出的等尺寸模块与不等尺寸模块的几何建模方法能较好地建立支撑桁架的空间几何模型,并且解决模块之间连接偏差的问题。

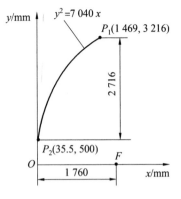

图 7.19　天线几何参数

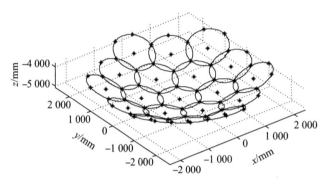

(a) 模块包络圆交点坐标计算

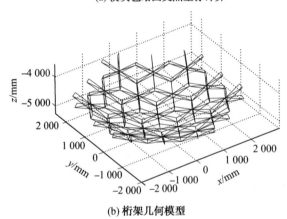

(b) 桁架几何模型

图 7.20　等尺寸模块折展桁架几何模型

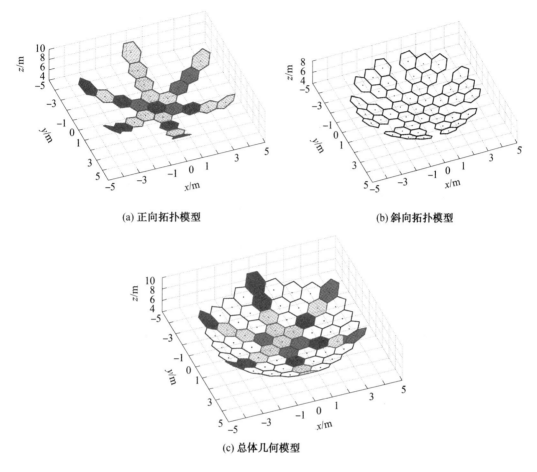

(a) 正向拓扑模型　　　　　　　　　　(b) 斜向拓扑模型

(c) 总体几何模型

图 7.21　5 层模块的几何模型

7.4　折展支撑桁架机构运动学分析

在实现模块间精准连接的基础上,为确定天线支撑机构的折展性能,需要对支撑机构的运动学进行研究,确保各个模块能够顺利展开,为天线支撑机构的结构设计奠定理论基础。

7.4.1　折展支撑桁架机构尺寸关系

图 7.22 所示为肋单元机构简图,图中 φ_1 为展开状态下外杆 DE 与中心杆 OH 的夹角,φ_2 为展开状态下 OT 与 y 轴之间的夹角,φ_3 为展开状态下斜腹杆 QN 与 y 轴之间的夹角,φ_4 为收拢状态下上支撑杆 JQ' 与 z 轴的夹角,φ_5 为收拢状态下斜腹杆 $Q'N'$ 与 z 轴的夹角,φ_6 为收拢状态下支撑杆 $K'M'$ 与 z 轴的夹角,φ_7 为展开状态下支撑杆 KM 与 z 轴的夹角,各杆件尺寸见表 7.2。

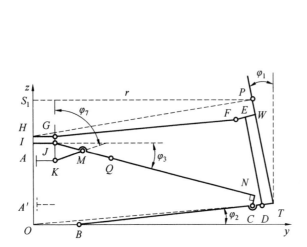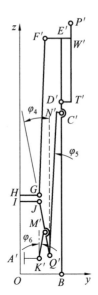

图 7.22 肋展开机构

表 7.2 各杆件尺寸   mm

R	l_{HP}	l_{OB}	l_{EF}	l_{IJ}	l_{NC}	l_{HI}	l_{OH}	l_{EW}	l_{HG}	l_{AK}	l_{CD}	l_{IA}	$l_{AA'}$
4 701	600	50	20	20	10.5	15	150	7.5	20	20	15	20	54

1. 下弦杆尺寸的确定

如图 7.22 所示，下弦杆 BD 的长度 l_{BD} 通过 B、D 两点坐标决定，而 B 点固定在机架上，其坐标是设定的，D 点坐标可表示为

$$\begin{cases} z_d = y_d \tan \varphi_2 \\ z_d - (R + l_{OH}) = y_d \tan(\dfrac{\pi}{2} + \varphi_1) \end{cases} \tag{7.38}$$

式中 $\varphi_1 = \arccos \dfrac{2R^2 - l_{HP}{}^2}{2R^2}$

       $\varphi_2 = \dfrac{1}{2}\varphi_1$

则下弦杆 BD 长 l_{BD} 计算式为

$$l_{BD} = \sqrt{(y_d - y_B)^2 + (z_d - z_B)^2} \tag{7.39}$$

2. 外杆与上弦杆尺寸的确定

根据已知条件得方程(7.40)，可求解出 E 点坐标和 F 点坐标，即

$$\begin{cases} y_E = y_d - l_{ED} \sin \varphi_1 \\ z_E = z_d - l_{ED} \cos \varphi_1 \\ y_F = y_E - l_{EF} \cos \varphi_1 \\ z_F = z_E - l_{EF} \sin \varphi_1 \\ (y_F - y_G)^2 + (z_F - z_G)^2 = (y_B - l_{EF} - y_G)^2 + (l_{BD} + l_{ED} - z_G)^2 \end{cases} \tag{7.40}$$

则外杆 DE 的长度及上弦杆 GF 的长度分别为

$$l_{DE} = \sqrt{(y_E - y_d)^2 + (z_E - z_d)^2} \tag{7.41}$$

$$l_{GF} = \sqrt{(y_F - y_G)^2 + (z_F - z_G)^2} \tag{7.42}$$

3. 斜腹杆及上支撑杆尺寸的确定

根据公式(7.43)可求得 φ_3 的值,即

$$l_{NC} \sqrt{1 + \tan^2(\pi - \varphi_3)} = z_C - y_C \tan(\pi - \varphi_3) + y_J \tan(\pi - \varphi_3) - z_J \tag{7.43}$$

φ_4 和 φ_5 可由式(7.44)求得,即

$$\begin{cases} y_J + l_{JQ}\sin\varphi_4 + l_{QN}\sin\varphi_5 + l_{NC}\cos\varphi_5 - y_C{'} = 0 \\ z_J - l_{JQ}\cos\varphi_4 + l_{QN}\cos\varphi_5 - l_{NC}\sin\varphi_5 - z_C{'} = 0 \\ l_{JQ} + l_{QN} = l_{JN} \end{cases} \tag{7.44}$$

4. 下支撑杆尺寸的确定

根据已知尺寸可得方程组(7.45),从而求出 l_{JM}、l_{KM}、φ_6、φ_7 的值,进而求出下支撑杆 KM 的尺寸,其中 φ_4 为已知量,即

$$\begin{cases} y_J + l_{JM}\sin\varphi_4 = y_K{'} + l_{KM}\sin\varphi_6 \\ z_J - l_{JM}\cos\varphi_4 = z_K{'} + l_{KM}\cos\varphi_6 \\ y_J + l_{JM}\cos\varphi_3 = y_K + l_{KM}\sin\varphi_7 \\ z_J - l_{JM}\sin\varphi_3 = z_K + l_{KM}\cos\varphi_7 \end{cases} \tag{7.45}$$

通过上述方程组求解,即可得到肋折展机构中所有杆的尺寸,为折展天线支撑机构运动学分析提供依据。

7.4.2　折展肋单元展开运动学分析

由于折展肋单元是整个折展支撑机构中最基本的展开单元,所以要了解整个天线支撑机构的展开收拢运动学特性,需从最基础的折展肋单元进行分析。由于肋单元杆件数量较多,整体分析较复杂,因此将其拆分为 3 个四杆机构分别进行分析,如图 7.23 所示,再根据其内部参数间的联系,建立整体的关系。

1. 机构拆分

(1)拆分机构一。如图 7.24 所示,拆分机构一是一个由中心杆、滑块、上支撑杆、下支撑杆组成的四杆机构,建立位移矢量方程(7.46),整理得式(7.47),给定滑块位移,可以得到 θ_1、θ_2 值。

$$\overrightarrow{IA} + \overrightarrow{AK} + \overrightarrow{KM} = \overrightarrow{IJ} + \overrightarrow{JM} \tag{7.46}$$

$$\begin{cases} f_1(\theta_1, \theta_2) = l_{IJ} + l_{JM}\cos\theta_1 - l_{AK} - l_{KM}\cos\theta_2 = 0 \\ f_2(\theta_1, \theta_2) = l_{AI} - l_{JM}\sin\theta_1 - l_{KM}\sin\theta_2 = 0 \end{cases} \tag{7.47}$$

(2)拆分机构二。如图 7.25 所示,拆分机构二是一个由中心杆、上支撑杆、斜腹杆、下弦杆组成的四杆机构,建立矢量方程(7.48),整理得式(7.49),可以得到 θ_3、θ_4 的值。

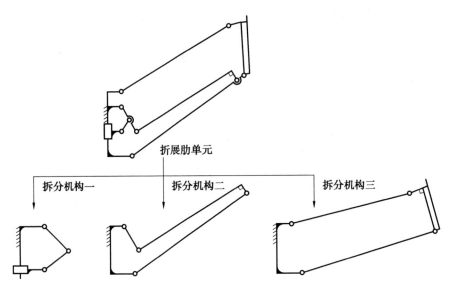

折展肋单元

拆分机构一　　拆分机构二　　拆分机构三

图 7.23　肋单元拆分示意图

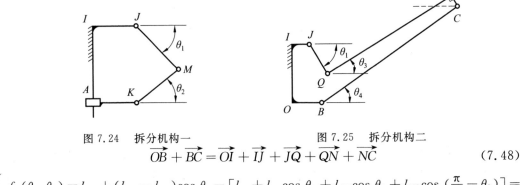

图 7.24　拆分机构一　　　　　　图 7.25　拆分机构二

$$\vec{OB} + \vec{BC} = \vec{OI} + \vec{IJ} + \vec{JQ} + \vec{QN} + \vec{NC} \tag{7.48}$$

$$\begin{cases} f_1(\theta_3,\theta_4) = l_{OB} + (l_{BD} - l_{CD})\cos\theta_4 - \left[l_{IJ} + l_{JQ}\cos\theta_1 + l_{QN}\cos\theta_3 + l_{NC}\cos\left(\frac{\pi}{2} - \theta_3\right)\right] = 0 \\ f_2(\theta_3,\theta_4) = (l_{BD} - l_{CD})\sin\theta_4 - \left[(l_{HO} - l_{HI}) - l_{JQ}\sin\theta_1 + l_{QN}\sin\theta_3 - l_{NC}\sin\left(\frac{\pi}{2} - \theta_3\right)\right] = 0 \end{cases}$$
$$\tag{7.49}$$

（3）拆分机构三。如图 7.26 所示，拆分机构三是一个由中心杆、下弦杆、上弦杆、外杆组成的四杆机构，建立矢量方程（7.50），整理得式（7.54），可以得到 θ_5、θ_6 的值。

$$\vec{OB} + \vec{BD} + \vec{DE} = \vec{OH} + \vec{HG} + \vec{GF} + \vec{FE} \tag{7.50}$$

$$\begin{cases} f_1(\theta_5,\theta_6) = l_{OB} + l_{BD}\cos\theta_4 - \left(l_{HG} + l_{GF}\cos\theta_5 + l_{EF}\cos\left(\theta_6 - \frac{\pi}{2}\right) + l_{ED}\cos(\pi - \theta_6)\right) = 0 \\ f_2(\theta_5,\theta_6) = l_{BD}\sin\theta_4 - \left(l_{OH} + l_{GF}\sin\theta_5 + l_{EF}\sin\left(\theta_6 - \frac{\pi}{2}\right) - l_{ED}\sin(\pi - \theta_6)\right) = 0 \end{cases}$$
$$\tag{7.51}$$

根据以上 3 个拆分机构的运动关系，输入滑块位置即可唯一确定各个角度，通过对上述角度的表达式进行求导便可以得到各个杆件转动角速度、角加速度与滑块位移的关系，

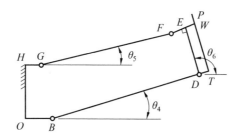

图 7.26　拆分机构三

限于篇幅关系,详细推导过程省略。

　　肋机构的展开位置随滑块位移的变化如图 7.27 所示,圆圈处为铰链,从图中可以看出,机构可以连续运动,当滑块沿中心杆匀速向上运动时,机构的展开速度由快变慢。给定滑块速度为 1 mm/s,$\theta_1 \sim \theta_6$ 随滑块移动的角位移变化曲线如图 7.28 所示,由图可知,各角度在整个展开过程中变化比较平缓。展开过程中各铰接点的角速度如图 7.29 所示,角加速度如图 7.30 所示。

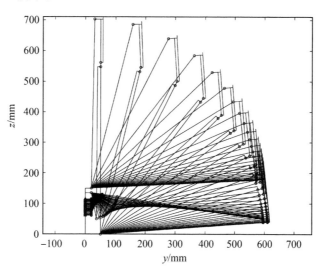

图 7.27　肋单元的运动线图

2. 单模块运动学分析

　　单个模块由 6 个绕中心杆均布的肋单元组成,将肋各个节点坐标写入位置矩阵 $\boldsymbol{\Gamma}$ 中,如公式(7.52)。模块肋与肋之间夹角均为 $\alpha_1 = \pi/3$,模块所有 6 个肋的节点坐标表示为 $\boldsymbol{\Gamma}_n$,则旋转坐标变换矩阵

$$\boldsymbol{\Gamma} = \begin{bmatrix} x_O & x_A & x_E & \cdots & x_K \\ y_O & y_A & y_E & \cdots & y_K \\ z_O & z_A & z_E & \cdots & z_K \end{bmatrix} \tag{7.52}$$

$$\boldsymbol{\Gamma}_n = \mathrm{rot}[z, (n-1)\alpha_1]\boldsymbol{\Gamma} \tag{7.53}$$

式中,变换矩阵 $\mathrm{rot}[z, (n-1)\alpha_1]$ 可表示为

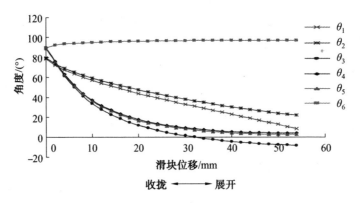

图 7.28　角位移随滑块位移变化曲线

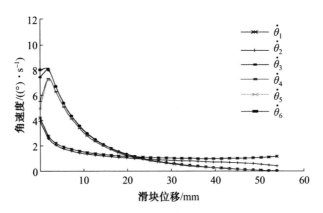

图 7.29　各铰接点角速度变化曲线

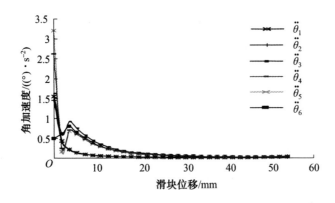

图 7.30　各铰接点角加速度变化曲线

$$\text{rot}[z,(n-1)\alpha_1] = \begin{bmatrix} \cos(n-1)\alpha_1 & -\sin(n-1)\alpha_1 & 0 & 0 \\ \sin(n-1)\alpha_1 & \cos(n-1)\alpha_1 & 0 & 0 \\ 0 & 0 & 1 & 0 \\ 0 & 0 & 0 & 1 \end{bmatrix}$$

通过式(7.53)可以得到滑块在任意位置时模块的展开状态,单模块在完全收拢状态下呈圆筒状,便于模块间的连接,收纳率高。模块的展开过程如图 7.31(a) ～ (d) 所示。

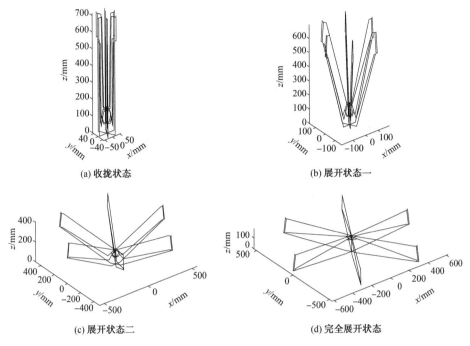

图 7.31　单模块展开过程

3. 多模块联动运动学分析

通过上述分析,建立了单模块的运动学模型,对于由多模块组成的折展支撑机构,其展开运动比单个模块的运动要复杂得多,下面进行多模块联动的运动学模型建立。

当模块连接扩展到两层,即模块数量达到 7 个时,如图 7.32 所示。除去需要进行调整的肋,即肋 3 和肋 4,中心模块与第 2 层模块关于面 B 对称,面 B 为过相邻两肋连接杆

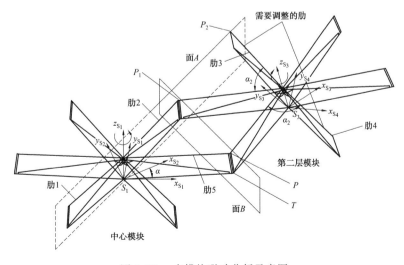

图 7.32　多模块联动分析示意图

TP、T_1P_1 所建立的平面。根据结构对称性,可知第 2 层模块需要调整肋连接杆外端点 P_2 在过肋 1 和肋 2 所建立的平面 A 内。设中心模块上任意点 $\sigma(x_\sigma、y_\sigma、z_\sigma)$,其关于面 B 的对称点为 $\sigma'(x_\sigma'、y_\sigma'、z_\sigma')$,则根据几何关系,可建立方程组(7.54)。如果 σ 坐标已知,则可根据此方程组求得其对称点 σ' 坐标。

$$\begin{cases} \begin{vmatrix} \dfrac{x_\sigma + x_\sigma'}{2} - x_T & \dfrac{y_\sigma + y_\sigma'}{2} - y_T & \dfrac{z_\sigma + z_\sigma'}{2} - z_T \\[2mm] x_P - x_T & y_P - y_T & z_P - z_T \\[1mm] x_{P_1} - x_T & y_{P_1} - y_T & z_{P_1} - z_T \end{vmatrix} = 0 \\[8mm] \dfrac{\dfrac{x_\sigma + x_\sigma'}{2} - x_\sigma}{\begin{vmatrix} y_P - y_T & z_P - z_T \\ y_{P_1} - y_T & z_{P_1} - z_T \end{vmatrix}} = -\dfrac{\dfrac{y_\sigma + y_\sigma'}{2} - y_\sigma}{\begin{vmatrix} x_P - x_T & z_P - z_T \\ x_{P_1} - x_T & z_{P_1} - z_T \end{vmatrix}} \\[8mm] \dfrac{\dfrac{x_\sigma + x_\sigma'}{2} - x_\sigma}{\begin{vmatrix} y_P - y_T & z_P - z_T \\ y_{P_1} - y_T & z_{P_1} - z_T \end{vmatrix}} = \dfrac{\dfrac{z_\sigma + z_\sigma'}{2} - z_\sigma}{\begin{vmatrix} x_P - x_T & y_P - y_T \\ x_{P_1} - x_T & y_{P_1} - y_T \end{vmatrix}} \end{cases} \tag{7.54}$$

设中心杆下端点 O 为坐标系 $\{S_1\}$ 的原点,z_{S_1} 轴方向沿中心杆下端点 O 指向上端点 H,x_{S_1} 轴与 z_{S_1} 轴所成平面包含肋 5,O 点、H 点在坐标系 $\{S_1\}$ 下的坐标均已知,用方程组(7.54)可求解出与 OH 关于面 B 对称的第二层模块中心杆 O_1H_1,OH 与 O_1H_1 所成夹角为 κ;坐标系 $\{S_1\}$ 绕 z_{S_1} 轴逆时针旋转 $\pi/6$ 得到坐标系 $\{S_2\}$,则 O_1、H_1、P_1 在坐标系 $\{S_2\}$ 中的坐标 ^{S_2}O、^{S_2}H、$^{S_2}P_1$ 可表示为

$$^{S_2}O = \mathrm{rot}(z, -\frac{\pi}{6})\,^{S_1}O \tag{7.55}$$

$$^{S_2}H = \mathrm{rot}(z, -\frac{\pi}{6})\,^{S_1}H \tag{7.56}$$

$$^{S_2}P_1 = \mathrm{rot}(z, -\frac{\pi}{6})\,^{S_1}P_1 \tag{7.57}$$

根据 ^{S_2}O、^{S_2}H 坐标可求出 OH 与 O_1H_1 所成夹角

$$\kappa = \arctan\frac{x^{S_2}O - x^{S_2}H}{z^{S_2}H - z^{S_2}O} \tag{7.58}$$

设第 2 层模块中心杆下端点 O_1 为坐标系 $\{S_3\}$ 的原点,z_{S_3} 轴方向沿中心杆下端点 O_1 指向上端点 H_1,x_{S_3} 轴与 z_{S_3} 轴所成面与 x_{S_1} 轴与 z_{S_1} 轴所成面重合,则 $\{S_2\}$ 相对于 $\{S_3\}$ 的齐次变换矩阵为

$$^{S_3}_{S_2}T = \begin{bmatrix} ^{S_3}_{S_2}R & ^{S_3}P_{S_2} \\ 0 & 1 \end{bmatrix} = \begin{bmatrix} ^{S_2}_{S_3}R^{\mathrm{T}} & -^{S_2}_{S_3}R^{\mathrm{T}\,S_2}P_{S_3} \\ 0 & 1 \end{bmatrix} = \begin{bmatrix} \cos\kappa & 0 & \sin\kappa & -x^{S_2}O \\ 0 & 1 & 0 & y^{S_2}O \\ -\sin\kappa & 0 & \cos\kappa & z^{S_2}O \\ 0 & 0 & 0 & 1 \end{bmatrix} \tag{7.59}$$

$$^{S_3}P_1 = {}^{S_3}_{S_2}T\,^{S_2}P_1 \tag{7.60}$$

其中 $^{S_3}_{S_2}R$ 是 $\{S_2\}$ 相对于 $\{S_3\}$ 的旋转变换矩阵,$^{S_3}P_{S_2}$ 是 $\{S_2\}$ 相对于 $\{S_3\}$ 的平移变换矩

阵。根据旋转坐标变换

$$^{S_4}\boldsymbol{P}_2 = {}^{S_3}\boldsymbol{P}_1 \tag{7.61}$$

$$^{S_3}\boldsymbol{P}_2 = \mathrm{rot}(z, -\alpha_2)^{S_4}\boldsymbol{P}_2 \tag{7.62}$$

$$^{S_2}\boldsymbol{P}_2 = \mathrm{rot}(y, -\kappa)^{S_3}\boldsymbol{P}_2 \tag{7.63}$$

$$^{S_1}\boldsymbol{P}_2 = \mathrm{rot}(z, \frac{\pi}{6})^{S_2}\boldsymbol{P}_2 \tag{7.64}$$

P_2 点在面 A 内,则满足平面方程

$$y^{S_1}\boldsymbol{P}_2 = x^{S_1}\boldsymbol{P}_2 \tan\frac{\pi}{3} \tag{7.65}$$

根据以上推导过程,以滑块位移为已知条件,得到任意时刻 7 模块联合展开状态图,如图 7.33 所示。

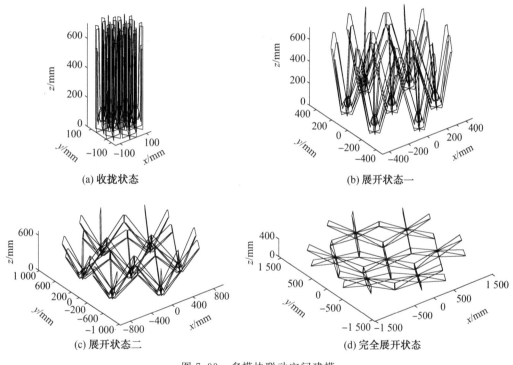

(a) 收拢状态　　　　　　　　　(b) 展开状态一

(c) 展开状态二　　　　　　　　(d) 完全展开状态

图 7.33　多模块联动空间建模

7.5　折展支撑桁架机构动力学分析

模块化折展天线支撑桁架由刚性桁架和柔性拉索组成,属于刚柔耦合的多体系统。天线展开后,锁紧装置将支撑桁架锁定,整个支撑桁架变成一个稳定的结构。但由于天线展开口径大、刚度低,在姿态调整和在轨运行等阶段要经历复杂的动力学环境,可能会产生许多动力学问题,因此对天线支撑结构进行动力学分析,有利于掌握天线系统的动力学特性,从而为天线结构的优化及设计、展开过程的控制、驱动系统的设计等提供重要的依据。支撑桁架机构振动基频与模态是空间折展机构设计的主要要求之一,因此天线支撑

桁架机构模态分析是空间折展机构动力学分析的重要内容之一[4]。

7.5.1　有限元建模及模态分析

目前,有限元动力学建模方法已经是比较成熟的结构动力学分析方法,在航天工程领域具有广泛的应用。本书采用有限元方法对折展支撑桁架机构进行动力学建模与模态分析。为了快速计算支撑桁架机构的载荷应力、应变和振型等力学参数,建立简化的支撑桁架机构有限元分析模型,简化过程如下:

(1)天线完全展开后,锁紧机构将各铰链锁死,天线变成一个稳定的结构,因此认为各杆件间为刚性连接。用 Beam188 单元模拟各种杆件,Beam188 单元考虑了剪切效应和大变形效应,具有更强的非线性分析能力。

(2)各杆通过盘型铰链连接在中心杆的上、下关键点处及滑块上,分别用集中质量单元 Mass21 模拟这 3 个位置的铰链。

(3)用 Link10 单元模拟交叉拉索。Link10 单元具有独一无二的双线性刚度矩阵,设置其仅能承受轴向拉伸载荷。

支撑桁架中杆件材料为铝合金 2A12,弹性模量 $E=70$ GPa,密度为 2 840 kg/m³,泊松比为 0.31;中心杆的管外径×壁厚为 $\phi12$ mm×1 mm,上弦杆、下弦杆、竖杆和斜腹杆均为 $\phi8$ mm×1 mm,由于上弦杆和下弦杆受力形式相同,因此将它们作为一类杆件进行分析,统称为弦杆;3 个铰链的质量均为 0.02 kg;斜拉索直径为 $\phi1.5$ mm,弹性模量 $E=$ 150 GPa,预紧力为 200 N;采用全约束对模块 2 与模块 3 连接的竖杆固定。模块边长为 600 mm,模块高度为 150 mm,天线展开后包络矩形的尺寸为 3 000 mm×3 118 mm。

运用 7.3.2 节建立的等尺寸模块的支撑桁架几何模型,计算出各关键点的空间坐标,建立支撑桁架的有限元模型,如图 7.34 所示。

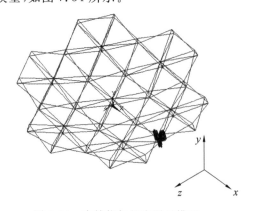

图 7.34　支撑桁架的有限元模型

7.5.2　支撑桁架机构的模态分析

运用子空间法对支撑桁架进行模态分析,得到前 10 阶固有频率及振型描述见表7.3。图 7.35 给出了前 10 阶固有频率对应的模态振型。

表 7.3　支撑桁架的前 10 阶固有频率

阶次	1	2	3	4	5	6	7	8	9	10
频率/Hz	0.768	4.063	13.496	27.958	38.115	53.321	54.928	55.011	55.898	57.589
振型描述	整体绕 y 轴弯曲	整体绕 z 轴弯曲	整体扭转	整体绕 z 轴弯曲	整体扭转	局部模态	整体扭转	局部模态	局部模态	局部模态

从表 7.3 及图 7.35 可以看出,支撑桁架固有频率各阶数间分布比较密集,存在密频模态,如 7、8、9 阶频率。结构的前 5 阶振型表现为整体的弯曲或扭转,单个模块的变形不大,但从第 6 阶振型起,支撑桁架基本单元的变形增大,开始出现局部模态,但整体结构基本保持原状。也就是说天线支撑桁架在低阶模态时表现为整体振动,高阶模态表现为局部振动。

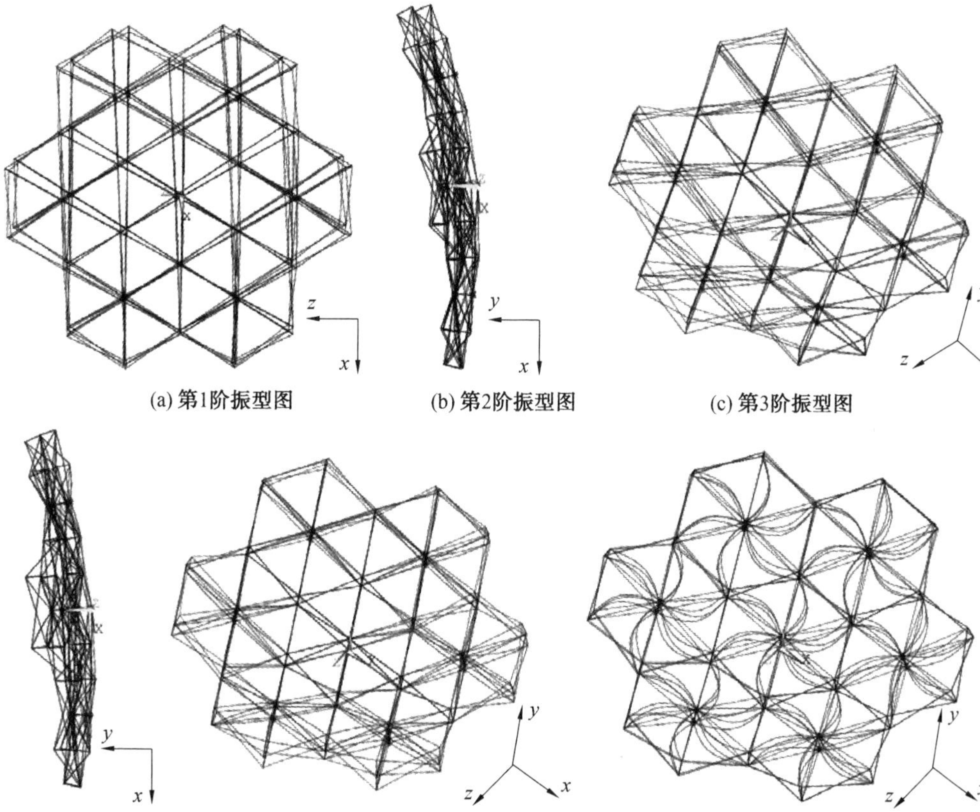

(a) 第1阶振型图　　　　(b) 第2阶振型图　　　　(c) 第3阶振型图

(d) 第4阶振型图　　　　(e) 第5阶振型图　　　　(f) 第6阶振型图

图 7.35　天线支撑桁架的前 6 阶振型图

7.5.3　支撑桁架机构的谐响应分析

谐响应分析主要用于分析持续的周期载荷在结构系统中产生持续的周期响应,以及确定线性结构承受随时间按正弦规律变化的载荷稳态响应。谐响应分析只计算结构的稳态受迫振动,而不考虑发生在激励开始时的瞬态振动。分析的目的是检验结构在受迫振动下能否克服共振、疲劳及其他有害的影响。

采用与上述相同的分析模型,对支撑桁架进行谐响应分析,计算支撑桁架在不同频率的正弦载荷作用下的幅频曲线,预测结构的持续动力特性。选取支撑桁架中3个比较有代表性的节点,分别为离约束最远的支撑桁架的边缘节点505、离约束最远的肋单元内的节点1972和整个支撑桁架的中心节点1,3个节点的位置如图7.36所示。

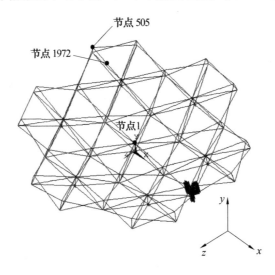

图 7.36　支撑桁架模型中的检测点

在支撑桁架的最前端,即节点505处施加+y向幅值为10 N的正弦载荷简谐激励,频率范围为0~60 Hz。谐响应分析的方法通常有完全法、缩减法和模态叠加法3种。完全法采用完整的系统矩阵计算谐响应,矩阵可以是对称的或非对称的,不必关心如何选取主自由度或振型,允许有非对称矩阵,是3种方法中最容易使用的。选取完全法进行分析,取1 000个子步,得到3个节点的响应曲线,如图7.37所示。

由图7.37可见,3个节点的位移响应在支撑桁架的自振频率处会放大。节点505对第2阶、第4阶、第6阶和第7阶固有频率比较敏感,尤其在y方向支撑桁架的位移最大;节点1在x和y方向的位移对上述4阶频率同样敏感,而z方向的位移则对其他几阶频率比较敏感,尤其是低阶频率;节点1972的响应情况与节点505类似。以上分析表明,当外界正弦载荷频率接近或者达到支撑桁架的固有频率时,支撑桁架振动明显加剧,并且这些频率响应曲线和模态分析的结果是相符的,从而也证明了模态分析是正确的。

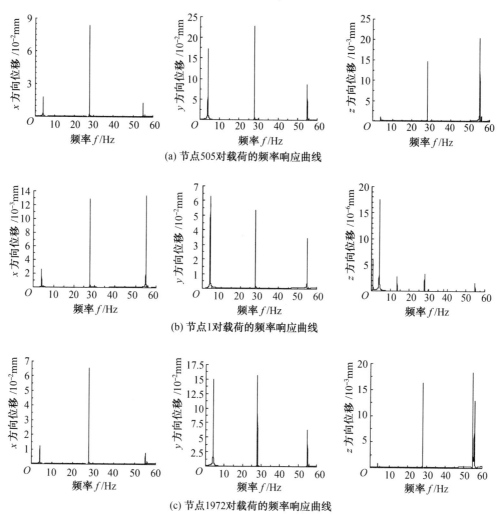

(a) 节点505对载荷的频率响应曲线

(b) 节点1对载荷的频率响应曲线

(c) 节点1972对载荷的频率响应曲线

图 7.37　节点对载荷的频率响应曲线

7.5.4　固有频率影响因素分析

支撑桁架的结构参数,如中心杆、弦杆、斜腹杆、竖杆、拉索直径和拉索预紧力等,都会影响支撑桁架的固有频率和动力学行为。分析这些因素对支撑桁架固有频率的影响可以得到增加支撑桁架刚度和提高固有频率的有效措施,为支撑桁架结构的动力学优化设计提供依据。

1. 拉索和周边节点质量块对频率的影响

分析拉索和周边节点质量块对固有频率的影响,考虑无索无质量块、无索有质量块、有索无质量块和有索有质量块 4 种情况。得到每种情况的固有频率见表 7.4,相应的柱状图如图 7.38 所示。

表7.4　4种情况下各阶固有频率　　　　　　　　　　Hz

频率阶次	无索无质量块	无索有质量块	有索无质量块	有索有质量块
1	0.785	0.756	0.794	0.768
2	3.753	3.615	4.201	4.063
3	5.570	5.355	13.890	13.496
4	10.048	9.761	28.679	27.958
5	11.570	11.385	38.881	38.115
6	11.712	11.575	53.363	53.321
7	13.023	12.913	55.470	54.928
8	13.078	13.076	55.747	55.011
9	13.206	13.206	56.317	55.898
10	13.593	13.314	57.600	57.589

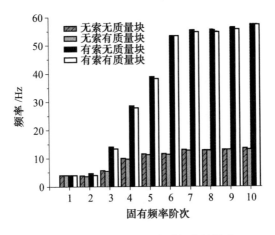

图 7.38　拉索和质量块对频率的影响

　　从图 7.38 中可以看出,拉索和质量块对前两阶固有频率影响较小,第 1 阶固有频率的变化率最大仅为 5.03%,第 2 阶的变化率为 16.21%。从第 3 阶开始,拉索对固有频率的影响变得越来越明显,与无拉索情况相比,固有频率增大的范围为 159.38% ~ 326.45%。而有拉索时,有无质量块对固有频率影响的最大变化率为 2.58%。由此可见,对支撑桁架进行模态分析时,拉索对固有频率的影响不可忽略,而质量块的影响在要求不是很高的情况下可以忽略。为更加准确地分析各种因素的影响,以下分析中均考虑了拉索和质量块。

2. 结构尺寸参数对频率的影响

　　支撑桁架中杆件类型较多,每种杆件对固有频率的影响不尽相同,本节着重讨论具有不同结构参数的杆件对固有频率的影响规律。改变有限元模型的结构参数见表7.5。改变某一参数值进行计算时,其他参数保持不变,材料选择铝合金 2A12,仍计算支撑桁架的前 10 阶频率,得到图 7.39～7.44。

表 7.5　结构的不同参数值

基准值	中心杆直径/mm	弦杆直径/mm	斜腹杆直径/mm	竖杆直径/mm	拉索直径/mm	拉索预紧力/N
	12	8	8	8	1.5	200
变化值	10	6	6	6	1.5	100
	12	8	8	8	2.5	200
	14	10	10	10	3.5	300
	16	12	12	12	4.5	400
	18	14	14	14	5.5	500

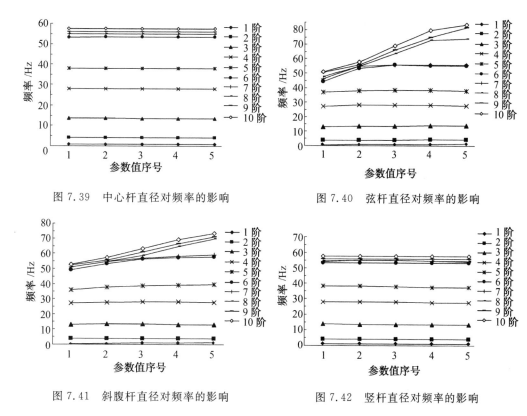

　　图 7.39　中心杆直径对频率的影响　　　　　图 7.40　弦杆直径对频率的影响

　　图 7.41　斜腹杆直径对频率的影响　　　　　图 7.42　竖杆直径对频率的影响

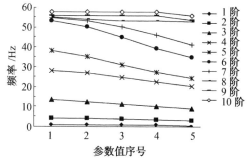

　　图 7.43　拉索直径对频率的影响　　　　　图 7.44　拉索预紧力对频率的影响

从图 7.39 可以看出,当中心杆直径从 10 mm 增加到 18 mm 后,支撑桁架的各阶固有频率变化不大,最大变化率仅为 0.65%。从图 7.40 可以看出,随弦杆直径的增大,支撑桁架的固有频率逐渐提高,固有频率增大范围为 2.54%～120.13%。由图 7.41 可知,斜腹杆直径增加,结构固有频率增加,但是低阶频率增加较小,高阶频率增加较明显。由图 7.42 可知,竖杆直径对固有频率的影响较小。由图 7.43 可知,支撑桁架的固有频率随拉索直径增大而减小,固有频率的变化范围为 -2.89%～-36.28%,其原因可能是天线完全展开后,锁紧机构将支撑桁架锁死,整个支撑桁架变成一个相对稳定的结构,增大拉索直径相当于对支撑桁架的质量矩阵产生了影响,而刚度矩阵变化不大,因此固有频率逐渐降低。由图 7.44 可知,当天线锁定为一个结构时,拉索预紧力对刚度矩阵的贡献是很小的,因此拉索预紧力对固有频率无明显影响。

通过以上固有频率影响因素分析可知,弦杆、斜腹杆和拉索直径对结构的固有频率影响较大,适当增大弦杆和斜腹杆的直径,减小拉索的直径,可提高支撑桁架的基频。

7.6 折展支撑桁架机构参数设计

空间结构与地面结构最大的不同是,质量和能耗具有严格的限制,轻质量、低能耗的航天机构是永恒的设计目标。尽管采用许多新材料、新工艺可以大大减小结构质量,但是同时结构的柔性也越来越大,而较大的柔性会直接影响空间结构的定位精度或者形面精度,导致空间结构的性能降低。可见,空间折展机构质量与刚度之间存在着矛盾,但它们又是衡量折展机构性能的两个重要参数。为寻求质量与刚度之间的最优匹配值,需要对天线折展支撑桁架机构进行结构参数优化设计。折展支撑桁架机构是一个刚柔耦合的复杂系统,很难直接建立设计变量与刚度和质量之间的解析表达式,这给优化设计带来了很大的难度,因此建立设计变量与目标函数的映射关系是进行优化的前提和基础。神经网络具有通过学习逼近任意非线性映射的能力,可以不受非线性模型的限制,是非线性系统建模与应用的一个重要方法。本节采用遗传算法并结合 BP 神经网络对模块化折展支撑桁架机构进行优化设计。运用 ANSYS 软件对支撑桁架的结构参数进行数值模拟,得到与设计变量对应的目标函数值,通过正交试验设计,构建用于神经网络训练和检验的样本集,采用 BP 神经网络对样本进行训练,可预测任意设计变量组合对应的目标函数值,采用遗传算法对预测模型进行优化,确定支撑桁架各杆件的设计参数。

7.6.1 结构参数的优化模型

优化问题通常是指追求最优目标的数学问题,优化问题的数学模型包含设计变量、约束条件及目标函数三个要素。按其有无约束条件可分为无约束优化问题和约束优化问题,按约束函数和目标函数是否同时为线性函数可分为线性规划问题和非线性规化问题,支撑桁架结构设计参数的优化问题属于具有不等式约束的非线性规化问题。

确定结构的一阶固有频率 f_1 最大及结构的质量 m 最小作为优化目标,选取弦杆直径 x_1、斜腹杆直径 x_2、拉索直径 x_3、中心杆直径 x_4 和竖杆直径 x_5 等 5 个设计参数作为设计变量,将各设计变量的取值变化范围作为约束条件。支撑桁架结构设计参数的优化是

一个多目标优化的问题,其目标函数的数学表达式为

$$\max[f_1(x_1,x_2,x_3,x_4,x_5)]\ \&\ \min[m(x_1,x_2,x_3,x_4,x_5)]$$

$$s.t.\quad\begin{cases}6\ \text{mm}\leqslant x_1\leqslant14\ \text{mm}\\6\ \text{mm}\leqslant x_2\leqslant14\ \text{mm}\\1\ \text{mm}\leqslant x_3\leqslant5\ \text{mm}\\10\ \text{mm}\leqslant x_4\leqslant18\ \text{mm}\\6\ \text{mm}\leqslant x_5\leqslant14\ \text{mm}\end{cases}\qquad(7.66)$$

7.6.2　结构优化参数预测模型

神经网络的输入层节点数和输出层节点数分别由输入参数和输出参数的个数决定。将弦杆直径、斜腹杆直径、拉索直径、中心杆直径和竖杆直径 5 个设计变量作为神经网络的输入,故输入层节点数为 5。将结构的一阶固有频率及质量 2 个目标函数作为网络的输出,故输出层节点数为 2。采用 3 层神经网络构建预测模型[6],如图 7.45 所示。

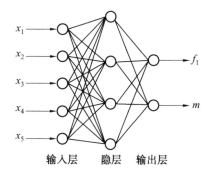

图 7.45　神经网络预测模型

上述 5 个因素各有 9 个水平,若进行全面试验,需要做 $9^5=59\ 049$ 次,显然工作量是很庞大的,且需要花费大量的时间。为了保证训练样本能够具有一定的遍历性、致密性和容错性,采用正交试验设计方法能有效处理这种多因素多水平试验,它是利用正交表科学地安排与分析多因素试验的方法,能够大幅度减少试验次数,而且不会降低试验可行度。

正交表具有两个重要性质[7]:

(1)每一列中,不同的数字出现的次数相等;

(2)在任意两列中,将同一行的两个数字看成有序数对时,每种数对出现的次数是相等的。

以上两点充分体现了正交表的两大优越性,即"均匀分散,整齐可比"。

试验的因素及其水平值见表 7.6。

表 7.6　试验因素和水平

水平	因素				
	x_1/mm	x_2/mm	x_3/mm	x_4/mm	x_5/mm
1	6	6	1	10	6
2	7	7	1.5	11	7
3	8	8	2	12	8
4	9	9	2.5	13	9
5	10	10	3	14	10
6	11	11	3.5	15	11
7	12	12	4	16	12
8	13	13	4.5	17	13
9	14	14	5	18	14

根据试验的因素数和水平数,构造了一个 $L_{81}(9^5)$ 正交表安排试验方案,共得到 81 组样本,见表 7.7。

表 7.7　正交试验设计

试验序号	列号					试验序号	列号				
	1	2	3	4	5		1	2	3	4	5
	x_1/mm	x_2/mm	x_3/mm	x_4/mm	x_5/mm		x_1/mm	x_2/mm	x_3/mm	x_4/mm	x_5/mm
1	1(6)	1(6)	1(1)	1(10)	1(6)	11	3(8)	5(10)	7(4)	3(12)	9(14)
2	1(6)	2(7)	2(1.5)	2(11)	2(7)	12	3(8)	6(11)	8(4.5)	4(13)	1(6)
3	1(6)	3(8)	3(2)	3(12)	3(8)	13	3(8)	7(12)	9(5)	5(14)	2(7)
4	1(6)	4(9)	4(2.5)	4(13)	4(9)	14	3(8)	8(13)	1(1)	6(15)	3(8)
5	1(6)	5(10)	5(3)	5(14)	5(10)	15	3(8)	9(14)	2(1.5)	7(16)	4(9)
6	1(6)	6(11)	6(3.5)	6(15)	6(11)	16	4(9)	1(6)	4(2.5)	7(16)	7(12)
7	1(6)	7(12)	7(4)	7(16)	7(12)	17	4(9)	2(7)	5(3)	8(17)	8(13)
8	1(6)	8(13)	8(4.5)	8(17)	8(13)	18	4(9)	3(8)	6(3.5)	9(18)	9(14)
9	1(6)	9(14)	9(5)	9(18)	9(14)	19	4(9)	4(9)	7(4)	1(10)	1(6)
10	2(7)	1(6)	2(1.5)	9(18)	3(8)	20	4(9)	5(10)	8(4.5)	2(11)	2(7)

续表 7.7

试验序号	列号 1 x_1/mm	2 x_2/mm	3 x_3/mm	4 x_4/mm	5 x_5/mm	试验序号	列号 1 x_1/mm	2 x_2/mm	3 x_3/mm	4 x_4/mm	5 x_5/mm
21	2(7)	2(7)	3(2)	1(10)	4(9)	52	6(11)	7(12)	3(2)	2(11)	8(13)
22	2(7)	3(8)	4(2.5)	2(11)	5(10)	53	6(11)	8(13)	4(2.5)	3(12)	9(14)
23	2(7)	4(9)	5(3)	3(12)	6(11)	54	6(11)	9(14)	5(3)	4(13)	1(6)
24	2(7)	5(10)	6(3.5)	4(13)	7(12)	55	7(12)	1(6)	7(4)	4(13)	4(9)
25	2(7)	6(11)	7(4)	5(14)	8(13)	56	7(12)	2(7)	8(4.5)	5(14)	5(10)
26	2(7)	7(12)	8(4.5)	6(15)	9(14)	57	7(12)	3(8)	9(5)	6(15)	6(11)
27	2(7)	8(13)	9(5)	7(16)	1(6)	58	7(12)	4(9)	1(1)	7(16)	7(12)
28	2(7)	9(14)	1(1)	8(17)	2(7)	59	7(12)	5(10)	2(1.5)	8(17)	8(13)
29	3(8)	1(6)	3(2)	8(17)	5(10)	60	7(12)	6(11)	3(2)	9(18)	9(14)
30	3(8)	2(7)	4(2.5)	9(18)	6(11)	61	7(12)	7(12)	4(2.5)	1(10)	1(6)
31	3(8)	3(8)	5(3)	1(10)	7(12)	62	7(12)	8(13)	5(3)	2(11)	2(7)
32	3(8)	4(9)	6(3.5)	2(11)	8(13)	63	7(12)	9(14)	6(3.5)	3(12)	3(8)
33	4(9)	6(11)	9(5)	3(12)	3(8)	64	8(13)	1(6)	8(4.5)	3(12)	6(11)
34	4(9)	7(12)	1(1)	4(13)	4(9)	65	8(13)	2(7)	9(5)	4(13)	7(12)
35	4(9)	8(13)	2(1.5)	5(14)	510)	66	8(13)	3(8)	1(1)	5(14)	8(13)
36	4(9)	9(14)	3(2)	6(15)	6(11)	67	8(13)	4(9)	2(1.5)	6(15)	9(14)
37	5(10)	1(6)	5(3)	6(15)	9(14)	68	8(13)	5(10)	3(2)	7(16)	1(6)
38	5(10)	2(7)	6(3.5)	7(16)	1(6)	69	8(13)	6(11)	4(2.5)	8(17)	2(7)
39	5(10)	3(8)	7(4)	8(17)	2(7)	70	8(13)	7(12)	5(3)	9(18)	3(8)
40	5(10)	4(9)	8(4.5)	9(18)	3(8)	71	8(13)	8(13)	6(3.5)	1(10)	4(9)
41	5(10)	5(10)	9(5)	1(10)	4(9)	72	8(13)	9(14)	7(4)	2(11)	5(10)
42	5(10)	6(11)	1(1)	2(11)	5(10)	73	9(14)	1(6)	9(5)	2(11)	8(13)
43	5(10)	7(12)	2(1.5)	3(12)	6(11)	74	9(14)	2(7)	1(1)	3(12)	9(14)
44	5(10)	8(13)	3(2)	4(13)	7(12)	75	9(14)	3(8)	2(1.5)	4(13)	1(6)
45	5(10)	9(14)	4(2.5)	5(14)	8(13)	76	9(14)	4(9)	3(2)	5(14)	2(7)
46	6(11)	1(6)	6(3.5)	5(14)	2(7)	77	9(14)	5(10)	4(2.5)	6(15)	3(8)
47	6(11)	2(7)	7(4)	6(15)	3(8)	78	9(14)	6(11)	5(3)	7(16)	4(9)
48	6(11)	3(8)	8(4.5)	7(16)	4(9)	79	9(14)	7(12)	6(3.5)	8(17)	5(10)
49	6(11)	4(9)	9(5)	8(17)	5(10)	80	9(14)	8(13)	7(4)	9(18)	6(11)
50	6(11)	5(10)	1(1)	9(18)	6(11)	81	9(14)	9(14)	8(4.5)	1(10)	7(12)
51	6(11)	6(11)	2(1.5)	1(10)	7(12)						

　　编写 ANSYS 软件的命令流程序,分别计算每组试验方案下的 1 阶固有频率和质量,计算结果见表 7.8。将这些输入输出参数作为神经网络的训练样本。

表 7.8 试验方案计算结果

试验序号	频率/Hz	质量/kg	试验序号	频率/Hz	质量/kg	试验序号	频率/Hz	质量/kg	试验序号	频率/Hz	质量/kg
1	0.556	4.302	22	0.672	8.724	43	1.087	7.959	64	0.997	12.071
2	0.575	4.863	23	0.680	9.862	44	1.108	8.636	65	0.953	13.440
3	0.600	5.539	24	0.704	10.830	45	1.127	9.427	66	1.276	8.176
4	0.628	6.331	25	0.720	12.199	46	0.886	9.217	67	1.256	8.737
5	0.659	7.238	26	1.074	6.935	47	0.849	10.355	68	1.260	9.128
6	0.691	8.261	27	1.122	7.496	48	0.819	11.608	69	1.239	9.920
7	0.723	9.399	28	0.746	7.109	49	0.797	12.976	70	1.222	10.827
8	0.973	10.652	29	0.725	8.016	50	1.107	7.712	71	1.211	11.767
9	1.055	12.020	30	0.711	9.039	51	1.119	8.191	72	1.199	12.904
10	0.612	5.178	31	0.719	9.808	52	1.125	8.867	73	1.049	13.671
11	0.642	5.771	32	0.717	11.062	53	1.133	9.659	74	1.387	8.407
12	0.678	6.563	33	0.721	12.430	54	1.160	10.281	75	1.384	8.683
13	0.724	7.470	34	1.052	7.166	55	0.943	10.586	76	1.350	9.360
14	0.779	8.493	35	1.088	7.728	56	0.901	11.839	77	1.318	10.151
15	0.686	9.630	36	1.121	8.404	57	0.868	13.208	78	1.288	11.059
16	0.710	10.883	37	0.810	8.248	58	1.181	7.944	79	1.262	12.081
17	0.746	11.967	38	0.795	8.985	59	1.173	8.505	80	1.240	13.219
18	1.133	6.703	39	0.771	10.123	60	1.167	9.182	81	1.225	14.389
19	0.681	6.086	40	0.755	11.376	61	1.186	9.605			
20	0.670	6.878	41	0.749	12.662	62	1.180	10.513			
21	0.669	7.702	42	1.066	7.398	63	1.177	11.535			

设置网络的训练误差为 0.001，为保证建立的网络模型具有较好的预测精度，应在训练过程中着重注意网络的收敛性。

影响神经网络收敛性的主要环节有最大训练步数、训练算法和隐层节点数等[8]。最大训练步数决定训练空间的大小。当误差满足规定要求时，即使未达到最大步数也将停止训练，返回训练结果；反之，即使网络本身具有收敛性，但由于最大步数设置过小，训练在达到最大步数时也将被迫停止，因此通常应给定足够大的训练步数。训练算法对网络的收敛速度有较大影响，通常的算法有标准 BP 算法、带动量的梯度下降算法、学习速率可变算法和 L-M(Leven berg-Marquardt) 算法等。L-M 算法是建立在一种优化方法基础上的训练算法，与其他算法相比，L-M 算法的优点在于网络权值数目较少时收敛非常迅速，因此采用 L-M 算法来训练网络。隐层节点数通常会对训练误差、训练时间和泛化能力等产生较大影响。隐层节点数过少时,学习的容量有限,网络难以描述样本中蕴含的复杂关系;而过多的隐层节点不仅增加了训练时间,还可能把样本中非规律性的内容存储起来,出现过拟合的现象。一般采取的方法是试凑法。

经过 15 次训练误差达到 0.000 17,远小于 0.001 的设定误差值,满足要求,误差曲线如图 7.46 所示。

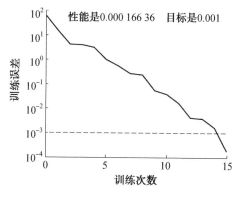

图 7.46 误差曲线

训练后的神经网络是否具有实际意义及应用价值,主要看其是否具有良好的泛化能力,即对训练样本以外的样本是否能够做出较准确的预测。

在输入变量的整个取值范围内将其随机组合,选取其中的 15 组作为检验样本,用检验样本对训练好的神经网络进行泛化能力测试,得到频率和质量的预测值,将二者分别与有限元数值模拟结果进行对比,如表 7.9 和图 7.47 所示。在对一阶固有频率进行预测时,除第 3 个和第 4 个样本的预测误差较大外,其余各样本的误差准确率在 94.39% 以上;神经网络对质量的预测能力优于对 1 阶固有频率的预测能力,最大的预测误差仅有 2.41%。可见,该预测模型能够较真实地反映设计变量与目标函数之间的映射关系。

表 7.9 网络预测结果与有限元结果对比

试验序号	检验样本					一阶固有频率 /Hz			质量 /kg		
	x_1 /mm	x_2 /mm	x_3 /mm	x_4 /mm	x_5 /mm	有限元结果	网络预测结果	相对误差	有限元结果	网络预测结果	相对误差
1	6	7	1	12	8	0.592	0.594	0.34%	4.616	4.613	0.07%
2	7	10	2	16	9	0.769	0.802	4.29%	6.522	6.534	0.18%
3	8	8	4.5	13	14	0.569	0.736	29.35%	10.388	10.231	1.51%
4	9	6	5	11	13	0.576	0.762	32.29%	11.420	11.164	2.24%
5	10	9	3	14	10	0.869	0.863	0.69%	8.808	8.951	1.62%
6	11	11	2.5	10	7	1.065	1.066	0.09%	8.955	9.042	0.97%
7	12	13	1.5	15	6	1.293	1.297	0.31%	8.961	8.898	0.70%
8	13	14	3.5	17	11	1.242	1.230	0.97%	12.127	12.092	0.29%

续表 7.9

试验序号	检验样本					一阶固有频率 /Hz			质量 /kg		
	x_1 /mm	x_2 /mm	x_3 /mm	x_4 /mm	x_5 /mm	有限元结果	网络预测结果	相对误差	有限元结果	网络预测结果	相对误差
9	14	12	2	14	9	1.394	1.400	0.43%	10.119	9.875	2.41%
10	7	13	2.5	12	8	0.951	0.902	5.15%	7.668	7.547	1.58%
11	8	9	1.5	14	10	0.802	0.847	5.61%	6.350	6.493	2.25%
12	9	10	1	11	12	0.940	0.942	0.21%	6.779	6.812	0.49%
13	10	11	3	12	13	0.934	0.960	2.78%	9.348	9.470	1.31%
14	11	12	4	13	8	0.975	0.982	0.72%	11.495	11.750	2.22%
15	12	10	2	16	12	1.146	1.153	0.61%	8.868	8.968	1.13%

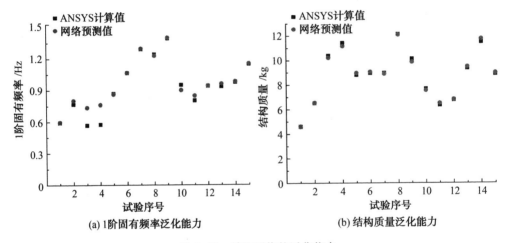

(a) 1阶固有频率泛化能力　　　　　　(b) 结构质量泛化能力

图 7.47　神经网络的泛化能力

7.6.3　优化设计结果分析

对于相互之间存在矛盾的多目标优化问题,通常的做法是将各个分目标函数构造成一个评价函数,即用统一目标法将多目标优化问题转变成单目标优化问题。常用的转化方法有理想点法、平方和加权法、极大极小法、分目标乘除法及线性加权和法等。分目标乘除法适用于在全部 t 个分目标函数中,有 s 个分目标函数希望函数值越小越好,另外 $(t-s)$ 个分目标函数希望函数值越大越好,则统一目标函数为[9]

$$F(x) = \frac{\sum\limits_{j=1}^{s} \omega_j F_j(x)}{\sum\limits_{j=s+1}^{t} \omega_j F(x)} \rightarrow \min \tag{7.67}$$

式中　ω_j——各分目标的加权系数。

分目标乘除法可满足质量与固有频率同时达到优化的要求,因此采用这种方法进行优化,将结构质量作为分子,将一阶固有频率作为分母,两个分目标同等重要,即权重相

同,则

$$F(x) = m/f_1 \tag{7.68}$$

当求得的 $F(x)$ 为最小值时,其对应的结构质量和 1 阶固有频率即为最优解。

采用浮点编码形式对种群和个体进行编码。用向量 $\boldsymbol{X}_i(t) = [x_{1i}, x_{2i}, x_{3i}, x_{4i}, x_{5i}]$, $(i = 1, 2, \cdots, n; t = 0, 1, 2, \cdots)$ 表示第 t 代种群中的第 i 个个体,n 为种群规模;x_{1t}, x_{2t}, x_{3t}, x_{4t} 和 x_{5t} 分别表示第 t 代种群中的第 i 个个体的弦杆直径、斜腹杆直径、拉索直径、中心杆直径和竖杆直径,即每个个体由 5 个设计变量组成。取初始种群规模 $n = 20$,交叉概率取 0.8,变异概率取 0.2,迭代次数为 100。经过 54 次迭代,得到优化结果为:$x_1 = 13.546$ mm,$x_2 = 9.890$ mm,$x_3 = 1.053$ mm,$x_4 = 12.676$ mm,$x_5 = 6.003$ mm,$m/f_1 = 4.865$。考虑到结构加工的工艺性,对优化结果进行圆整,得到各构件最终的设计尺寸为:$x_1 = 14$ mm,$x_2 = 10$ mm,$x_3 = 1$ mm,$x_4 = 13$ mm,$x_5 = 6$ mm。由此,可以得到一阶固有频率为 1.471 Hz,结构质量为 8.703 kg。

从优化的结果可以看出,弦杆和斜腹杆的直径接近其变化范围的上限,而拉索、中心杆和竖杆的直径接近其变化范围的下限,表明在进行优化时,弦杆和斜腹杆对结构刚度贡献较大,而其余 3 个参数的贡献较小,这样的优化结果保证了在提高刚度的同时也降低了结构的质量。在对固有频率进行影响因素分析时也得到类似的结论。

7.7　折展支撑桁架机构设计

在折展支撑桁架机构设计之前,首先应确定单肋展开机构的驱动形式及驱动位置。由于所设计的支撑机构为模块化形式,所以必须在每个模块上安装独立驱动,但考虑到单模块体积小、质量小,所加驱动装置不应为模块引入相对过大的质量,因此不宜采用电机绳索驱动、电机丝杠驱动等质量较大、耗能较多的驱动形式,而应选择弹簧、扭簧、片簧等轻质储能元件作为主要驱动形式。利用仿真软件 ADAMS 对单肋折展机构进行分析,通过受力变化趋势分析施加驱动力位置的优劣,不计铰链间摩擦力。在考虑存在重力的情况下,对选取的 5 个适合安装驱动的位置进行分析,测得铰链受力、位移情况随时间的变化曲线,如图 7.48 所示。只有位置一为滑动副,可以安装压缩弹簧驱动,所需驱动力较小,其余能够安装驱动的位置均为转动副,只能安装扭簧或片簧驱动,且旋转角度较大,安装空间较小。由图 7.49 中受力与位移变化曲线可知,驱动位置二、四、五、六铰链所受转矩相近,驱动二安装驱动空间相对较大。综上所述,选取位置一安装压缩弹簧作为主驱动,在相对安装空间较大的位置二处加装片簧作为冗余设计,有助于整个天线支撑机构在初期的展开运动。

模块单元在展开过程中,滑块受到展开阻力作用,通过分析阻力大小分析模块所需的展开力,主驱动弹簧力要大于滑块受力,如图 7.50 所示。

当模块完全展开时,由于上支撑杆与斜腹杆成一直线,每个肋都被分为两个稳定的三角形结构,理论上此时不需要外力作用,整个模块将处于自锁定,但考虑到展开过程中各铰链存在摩擦,且防止由于实际中存在的微小扰动或天线自身的振动使整个机构处于不稳定状态,所以在展开动作进行完毕时,弹簧仍应保留一部分能量。最后取滑块受力最大

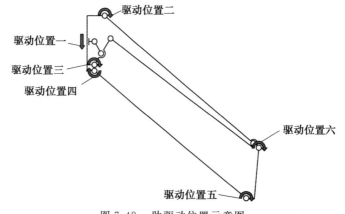

图 7.48　肋驱动位置示意图

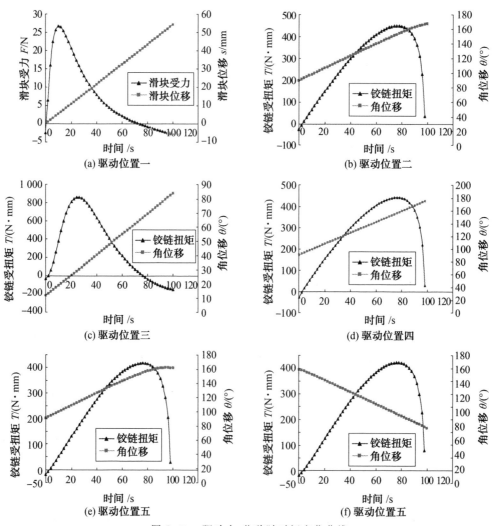

图 7.49　驱动力、位移随时间变化曲线

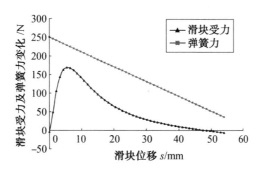

图 7.50　滑块受力及弹簧力变化曲线

值的 1.5 倍设计弹簧。

将弹簧加入模块中进行仿真分析,不控制展开速度,在机构完全展开瞬间,机构要承受冲击力的作用,其冲击加速度如图 7.51 所示。如果不对展开速度进行控制,机构中的杆件及铰链将承受非常大的冲击力,容易造成机构破坏,因此必须对展开速度进行控制。

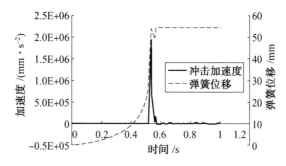

图 7.51　弹簧展开瞬间机构受到的冲击加速度

天线支撑机构主要包括 7 个模块,每个模块由中心杆、上弦杆、下弦杆、斜腹杆、上支撑杆、下支撑杆、外杆、滑块、斜拉索、作为主驱动的压缩弹簧及加装的驱动用片簧组成,模块间连接还需要模块连接组件,图 7.52 所示为模块三维设计图。

中心杆主要由底盘、中心连接杆、上连接块组成,所有驱动用元件均安装在中心杆上,必须满足高强度、高精度、耐磨损等要求,因此中心连接杆的材料选为钢,表面经磨削后,还需要进行调质处理。上连接块和底盘均采用硬铝合金材料,为保证底盘和上连接块的对中精度,设计中心连接杆时,在其与上连接块连接处设计止口,与底盘连接处设计定位销,使上连接块与底盘定位,图 7.53 所示为中心杆结构设计图。

由于天线支撑机构主要由两层 7 模块组合而成,根据前面分析,在设计第 2 层上模块时,应考虑由于需要保证准确连接而引入的偏角,如图 7.54 所示。所以在设计第 2 层模块中心杆时,应与第 1 层模块中心杆相区别,设计出偏角值,并预留出足够间隙,保证展开过程中,偏角的变化经过计算可知 $\tau_1 = 1.22°$。同时,为保证展开过程的平稳性,以及天线的重复展开精度,此预留间隙不能过大。

外杆除需满足机构展开收拢要求外,还承担着斜拉索的固定和模块间的连接功能,其设计的优劣关系到该天线支撑机构的整体刚度及形面精度的高低。如图 7.52 所示,模块收拢后,外杆和下弦杆成一条直线,既能保证模块连接后有最小的体积,又能确保天线在

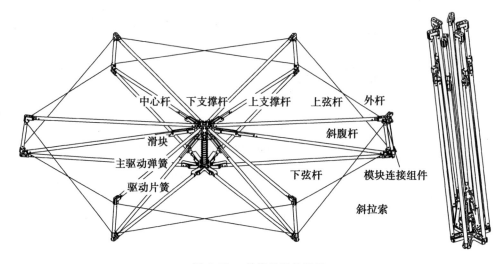

图 7.52　单模块结构设计

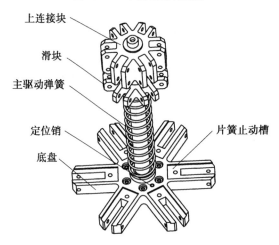

图 7.53　中心杆结构设计图

收拢后,模块间空隙小,避免了由于在收拢状态下对天线捆绑时造成天线损坏。外杆上下接头都有斜拉索安装孔,并由螺钉压紧的钢珠固定,防止螺钉剪断斜拉索,这种固定斜拉索的方式简单,便于拆装,如图 7.55 所示。接头外表面成 120°角,并有凹凸槽设计,用于模块连接时的定位,确保安装精度,上接头的上表面预留了用于安装反射金属网的螺纹孔,在调节模块与模块对接位置时,也能起到定位作用。

为控制天线支撑机构的展开速度,在中心模块底部安装了绕线缓释装置,如图 7.56 所示,绕线器上共缠绕 6 根钢索,分别连接到第 2 层 6 个模块的底部。控制第 2 层模块的展开速度,再由第 2 层的展开速度限制第 1 层展开速度,进而达到控制整个天线缓慢展开的目的。

利用仿真软件 ADAMS 对两个模块联合展开运动进行分析,可得到展开绳索上的缓释力随展开运动的变化规律,为绕线器的设计、缓释电机及绳索的选择提供理论依据,仿真模型如图 7.57 所示。当中心模块和第 2 层模块的驱动滑块匀速下滑时,可得到中心模

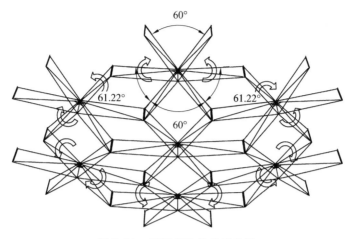

图 7.54　两层模块连接示意图

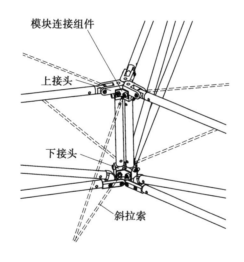

图 7.55　模块连接三维设计图

块与第 2 层模块之间距离的变化曲线。与 7.4.1 节中理论计算进行对比,发现结果非常吻合,验证了理论的正确性,如图 7.58 所示。随滑块的位移,两模块间距离是逐步增加的,但对计算和仿真数据进行分析发现,在展开完毕的最后时刻之前,在一段极短的时间内,两模块之间的距离会减小。这表明,在展开最后时刻,缓释绳索并不能阻止机构最后受到的冲击,但是由于缓释绳索对展开速度的限制,最后机构受到的冲击会有较大幅度的减小,而具体值则与展开速度相关,展开速度越低,冲击越小。

　　通过前面对折展天线支撑机构的详细设计,结合仿真软件 ADAMS,对两层共 7 个模块的折展天线支撑机构三维模型的展开进行仿真,验证了相关理论及设计的合理性,展开过程如图 7.59 所示。

　　研制的 7 模块抛物面天线支撑桁架机构样机如图 7.60 所示,天线支撑机构主要性能参数见表 7.10。

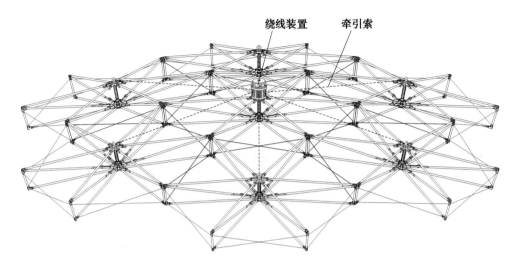

图 7.56　绕线缓释装置位置布置图

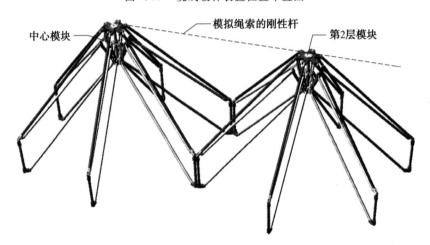

图 7.57　缓释索模拟仿真图

表 7.10　天线支撑机构主要性能参数表

名称	参数值
质量 /kg	13.7
收拢高度 /m	0.8
收拢直径 /m	0.3
收拢体积 /m³	0.057
展开高度 /m	0.51
展开直径 /m	3.2
展开体积 /m³	4.1
收展体积比	72:1

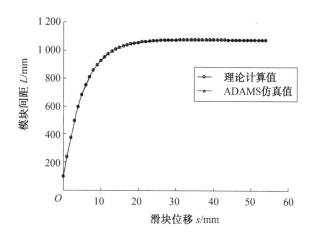

图 7.58　模块间距理论与仿真对比曲线

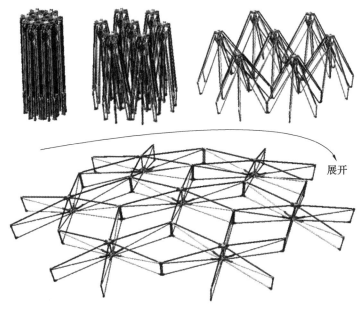

图 7.59　折展天线支撑机构三维模型展开过程仿真

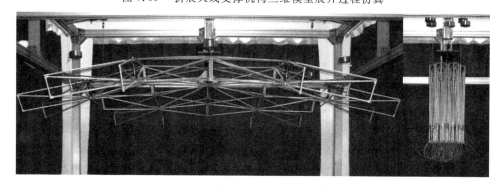

图 7.60　抛物面天线机构原理样机

7.8　本章小结

　　本章对模块化折展天线支撑桁架进行了系统的设计与分析。首先,针对天线工作表面与支撑桁架形状差异的问题,基于最小二乘法,提出抛物面型天线工作表面的球面拟合方法。其次,提出了基于等尺寸模块和不等尺寸模块两种构建天线支撑桁架的空间几何建模方法。基于基本肋单元的几何关系推导,建立了折展肋单元运动学模型,分析了肋单元展开过程中,各铰接点的角位移、角速度、角加速度变化曲线。通过旋转坐标变换和几何关系模型,建立了单模块和多模块支撑桁架机构运动学模型,对天线支撑桁架机构展开过程运动学进行了分析。

　　建立了模块化折展天线支撑桁架机构展开状态有限元动力学模型,运用子空间法对其进行了模态分析,分析表明支撑桁架结构具有低频、密频的大挠性特点。分析了中心杆、弦杆、斜腹杆、竖杆和拉索等结构参数对支撑桁架固有频率的影响,从而给出了提高一阶模态的方法。以结构的 1 阶固有频率及质量作为目标函数,以弦杆直径、斜腹杆直径和拉索直径等 5 个参数作为设计变量建立了支撑桁架机构优化设计模型,基于神经网络和遗传算法进行了优化设计,得到了支撑桁架中机构件的设计参数。最终,研制了含有 7 个等尺寸模块的抛物面天线支撑桁架机构原理样机,样机可以顺利、平滑展开与收拢,验证了理论分析的正确性。

参考文献

[1] UCHIMARU K, NAKAMURA K, TSUJIHATA A, et al. Large deployable reflector on ETS-VIII. II[C]//18th AIAA International Communications Satellite Systems Conference and Exhibit. Oakland, CA: AIAA, 2000: 275-284.

[2] 李所军. 月球探测车摇臂悬架设计参数优化及折展实验研究[D]. 哈尔滨:哈尔滨工业大学,2009.

[3] 乐英,韩庆瑶,王璋奇. 数控加工中非圆曲线的最小二乘圆弧逼近[J]. 华北电力大学学报,2006, 33(6):102-104.

[4] 陈烈民. 航天器结构与机构[M]. 北京:中国科学技术出版社,2005.

[5] 商跃进. 有限元原理与 ANSYS 应用指南[M]. 北京:清华大学出版社,2006.

[6] 彭熙伟,杨会菊. 液压泵效率特性建模的神经网络方法[J]. 机械工程学报,2009,45(8):106-111.

[7] 李云雁,胡传荣. 试验设计与数据处理[M]. 北京:化学工业出版社,2005.

[8] 薛定宇,陈阳泉. 高等应用数学问题的 MATLAB 求解[M]. 北京:清华大学出版社,2004.

[9] 郭仁生. 基于 MATLAB 和 Pro/ENGINEER 优化设计实例解析[M]. 北京:机械工业出版社,2007.

第8章　折展机构主要功能装置

8.1　概　　述

空间折展机构为了完成发射阶段的可靠压紧和入轨后的释放与展收等功能,通常需要若干不同功能的装置完成特定的功能,主要功能装置包括驱动装置、传动装置、压紧与释放装置、关节铰链装置等。驱动装置通常与传动装置配合使用,例如电机与减速器配合使用,为折展机构的展收运动提供驱动力(矩),并且控制展收运动速度,而弹簧驱动则不需要传动装置。空间折展机构在发射阶段处于收拢状态,到达预定轨道后展开,压紧与释放装置主要保证在发射阶段处于收拢状态的折展机构与航天器能够可靠压紧,到达预定轨道后能够可靠解锁释放。关节铰链是实现折展机构展开与收拢运动的基本装置,用于连接具有相对运动的结构件。本章主要阐述以上空间折展机构主要功能装置的原理、分类与特点,介绍大力矩驱动与传动装置、冗余传动装置、高刚度铰链与柔性关节铰链等功能装置。

8.2　驱动与传动装置

空间折展机构的展开与收拢离不开驱动与传动装置,它们是空间折展机构的重要组成部分。驱动装置的作用是为空间折展机构的展开和收拢提供动力,常用的驱动装置有电机、弹簧、记忆合金等。传动装置的作用是将驱动装置的动力传递到折展机构需要驱动的位置,主要传动方式有齿轮传动、谐波传动、绳传动等。

8.2.1　驱动装置

驱动装置是实现空间折展机构在轨展开和收拢的重要保证。空间折展机构的种类根据任务需求不同分为在轨一次性展开机构和多次可重复展收机构,因此不同空间折展机构所需的驱动装置的种类也各不相同。空间折展机构主要采用的驱动装置有以下几种。

1. 电机

电机是空间折展机构中应用最为广泛的一种驱动装置,可以满足空间折展机构长期在轨工作和多次重复展收的要求。电机驱动的优点是可控性强,能够控制折展机构的展开速度,实现机构的同步展开或异步展开,电机驱动时展开过程平稳,展开到位时的冲击小;缺点是由于电机驱动装置通常要配合使用传动装置,使折展机构的体积增大,结构复杂。驱动电机一般多采用步进电机、有刷直流电机和无刷直流电机三种形式。

(1)步进电机。

步进电机是一种感应电机,通过将输入的电脉冲信号转换成角位移或线位移实现电机的增量位移或步进运动。当步进电机驱动器接收到一个电脉冲信号时,它就驱动步进电机按设定的方向转动一个固定的角度,这个角度即为步进角。做非连续步进运动时,可以通过控制脉冲个数控制角位移量,从而达到准确定位的目的;做连续步进运动时,可以通过控制脉冲频率控制电机转动的速度,从而达到调速的目的。按转矩产生的原理不同可将步进电机分为永磁式、反应式和混合式[1] 3 种,如图 8.1 所示。永磁式步进电机的转动和定位是通过转子上安装的永久磁铁和定子之间的电磁引力与磁铁磁力共同作用的,可实现较大的驱动转矩和步距角。反应式步进电机的转动是通过改变电动机的定子和转子的软钢齿之间的电磁引力来实现的,结构简单,步距角小。混合式步进电机综合了永磁式步进电机和反应式步进电机的优点,采用永久磁铁提高电机的转矩,采用细密的极齿来减小步距角。

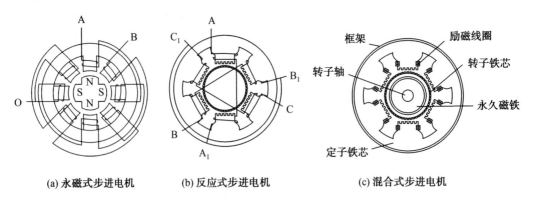

(a) 永磁式步进电机   (b) 反应式步进电机   (c) 混合式步进电机

图 8.1　步进电机的三种形式

步进电机不产生累积误差,具有较高的定位精度,可采用开环控制,适用于对驱动功率要求不高、展开速度低的空间折展机构中。

(2) 有刷直流电机。

有刷直流电机的主磁极和电刷安装在定子上,电枢绕组和换向器安装在转子上,直流电通过电刷和换向器进入电枢绕组产生电枢电流,最终通过电枢电流产生的磁场与主磁场相互作用产生驱动转矩。

有刷直流电机具有质量小、尺寸小、成本低、过载能力强等优点,但是由于电刷和换向器的存在,具有结构复杂、可靠性差、电刷易磨损、寿命低的特点,换向时电刷与换向器之间易产生火花和电磁干扰,因此制约了其在空间机构中的应用。有刷直流电机可用于一次性展开的空间折展机构。

(3) 无刷直流电机。

无刷直流电机是指无电刷和换向器的电机,采用电子方式来改变绕组内的电流方向。与有刷直流电机不同,电枢绕组安装在电机定子上,永磁体安装在电机转子上。电机内装有位置传感器,通过位置传感器检测转子磁场相对于定子绕组的相对位置,将检测信号传送到控制器控制电机的正反转。

与有刷直流电机相比,无刷直流电机取消了机械方式换向,克服了电刷易磨损、可靠性低、寿命短的缺点,具有调速范围广、过载能力强、效率高、稳定性好等优点。无刷直流电机可用于要求驱动扭矩大、多次重复展收的空间折展机构中。

2. 弹簧驱动装置

弹簧驱动装置作为一种无源驱动方式广泛应用在空间折展机构的展开驱动中。弹簧驱动装置一般由驱动弹簧及其导向件、安装支座组成。弹簧驱动主要依靠释放弹簧存储的弹性势能使机构展开,因此其工作特点主要取决于弹簧的特性。根据承载特点,弹簧驱动装置采用的弹簧种类有压缩弹簧、拉伸弹簧、扭转弹簧和蜗卷弹簧[2]。拉伸和压缩弹簧主要提供轴向驱动力,扭转弹簧和蜗卷弹簧主要提供绕轴向的驱动扭矩。

压缩弹簧多采用圆形截面圆柱螺旋形式,力-位移曲线成线性,刚度稳定,结构简单,制造方便。为防止压缩弹簧失稳,应用时通常将其安装在导向柱上或者导向筒内,以保证弹簧力输出方向。

拉伸弹簧为圆柱螺旋形式,其性能和特点与圆形截面圆柱螺旋压缩弹簧相同,不同的是拉伸弹簧不存在失稳问题,因此不需要配合导向柱或者导向筒使用。

扭转弹簧的扭矩特性曲线呈线性,体积小,质量小,安装方便,驱动角度最大可达到180°。

蜗卷弹簧一般采用平面螺旋线形状,其扭矩特性曲线也为线性,但输出力矩随转角的变化幅度小于扭转弹簧。平面蜗卷弹簧的安装可分为内端固定、外端旋转和外端固定、内端旋转两种方式,可以提供数圈的转动范围。平面蜗卷弹簧的典型应用是安装在卫星太阳翼的回转铰链上,以驱动太阳翼展开。

弹簧驱动作为一种无源驱动,在空间折展机构中得到广泛应用。弹簧驱动具有在机构中布置灵活、占用空间小、质量小、可靠性高等优点,缺点是展开到位后冲击较大,一般要配合电机缓释装置或阻尼装置控制展开速度,以减少展开到位后的冲击。另外,弹簧驱动只能用在一次性展开的机构中。图 8.2 和图 8.3 所示分别是用圆柱压缩弹簧和平面蜗卷弹簧展开天线支撑桁架的应用实例,展开弹簧除了用于驱动折展机构展开外,还广泛应用在折展机构的锁紧装置中,用于压紧或者约束锁紧销(钩)。

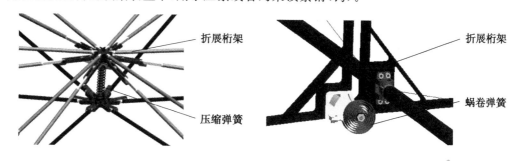

　　　图 8.2　压缩弹簧的应用实例　　　　　　图 8.3　平面蜗卷弹簧的应用实例

3. 其他驱动方式

空间折展机构中除了单独采用电机或者弹簧作为驱动外,还经常将电机与弹簧混合使用。以电机驱动为主,弹簧作为辅助驱动安装在一些重要关节铰链处,以降低系统对电机驱动力矩的要求,同时弹簧作为辅助驱动有利于机构的展开和锁定。

形状记忆合金、形状记忆聚合物复合材料、压电陶瓷、磁致伸缩材料等新型智能材料也可以作为空间折展机构的驱动。其中记忆合金是一种具有形状记忆效应,并能将热能转换成机械能的新型功能材料,具有较好的应用前景。目前利用记忆合金输出驱动力或位移的驱动装置已经应用在一些空间机构中,利用形状记忆合金或形状记忆聚合物复合材料制成的关节铰链可以驱动空间折展机构的展开。

此外,还可以利用高弹性材料作为空间折展机构的驱动,例如盘压杆式伸展臂、缠绕肋式折展天线、自回弹折展天线等均是利用材料的大弹性变形实现展开与收拢的。

8.2.2　传动装置

空间折展机构中最常用的传动形式为行星齿轮传动、谐波传动、绳传动和丝杠传动等。传动装置的作用是增大电机输出扭矩、降低电机转速,最终将动力传递给需要驱动的部件,另外还可以利用传动装置实现折展机构的同步或者异步展开。行星齿轮传动、谐波传动具有体积和质量小、传动比大、传动效率高、承载能力大、运行平稳等优点,因此在这种机构中得到广泛应用。

1. 行星齿轮传动

图 8.4 所示的行星轮系由中心轮 1、行星轮 2、中心轮 3 及系杆 H 组成。图 8.4(a) 表示中心轮 1 被固定,通过中心轮 3 输入,由系杆 H 输出;图 8.4(b) 表示中心轮 3 固定,通过中心轮 1 输入,由系杆 H 输出,周转轮系还常根据基本构件的不同来分类。设以 K 表示中心轮,以 H 表示杆系,则图 8.4 所示的周转轮系可称为 2K-H 周转轮系,行星齿轮传动最基本的形式是 2K-H 型[3]。

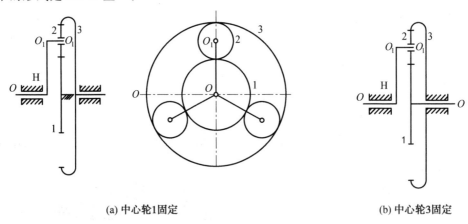

(a) 中心轮1固定　　　　　　　　　　　　　(b) 中心轮3固定

图 8.4　行星齿轮传动的不同形式

当中心轮 1 固定时,其传动比为

$$i_{3H}^1 = 1 + \frac{z_1}{z_3} \tag{8.1}$$

式中　z_1, z_2——分别为中心轮 1、中心轮 3 的齿数。

当中心轮 3 固定时,其传动比为

$$i_{1H}^3 = 1 + \frac{z_3}{z_1} \tag{8.2}$$

由基本行星齿轮传动可以演化出多种不同传动比、不同结构的行星齿轮传动形式。

（1）多级行星轮系串联。

图 8.5 所示为由 3 级基本行星轮系串联组成的行星传动轮系。输入轴与中心齿轮 1 连接，齿轮 3 固定，由系杆 H 输出，同时系杆 H 又与下一级的中心齿轮连接作为第 2 级行星齿轮的输入。按照如此传动顺序将动力逐级传动，实现较大的传动比。

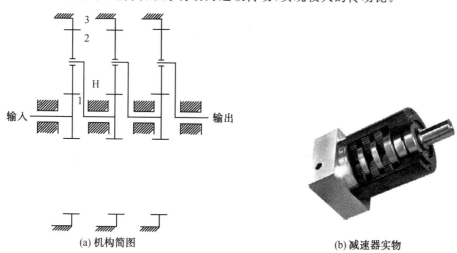

(a) 机构简图　　　　　　　　　　　　(b) 减速器实物

图 8.5　三级串联行星轮系

单级行星轮系传动比为

$$i_{1H} = 1 + \frac{z_3}{z_1} \tag{8.3}$$

当有 n 级行星齿轮串联时，如果各级轮系对应的齿数完全相同，则总传动比为

$$i = i_{1H}^n = \left(1 + \frac{z_3}{z_1}\right)^n \tag{8.4}$$

为了获得更大的传动比，只需增加串联的行星轮系的数目，因此只增加轴向方向尺寸，不改变径向尺寸。该方案具有径向尺寸小、质量小、减速比大等优点，在许多空间机构上都有应用，但是各级行星轮系精度要求高，安装难度大，效率低。

（2）少齿差行星传动。

渐开线少齿差行星传动的基本原理如图 8.6 所示。齿轮 1 与齿轮 2 的齿数差只有 1 个或几个齿。通常内齿中心轮 1 固定，系杆 H 为输入轴，输出轴 V 与行星轮 2 用等角速度与机构 3 相连接，所以 V 的转速就是行星轮 2 的绝对转速。因为这种传动只有一个中心轮、一个系杆和一个输出机构的输出轴 V，故一般称为 K-H-V 型行星轮系。

这种轮系的传动比为

$$\frac{\omega_2 - \omega_H}{\omega_1 - \omega_H} = \frac{\omega_2 - \omega_H}{0 - \omega_H} = \frac{z_1}{z_2} \tag{8.5}$$

解得

$$i_{2H} = 1 - \frac{z_1}{z_2} = -\frac{z_1 - z_2}{z_2} \tag{8.6}$$

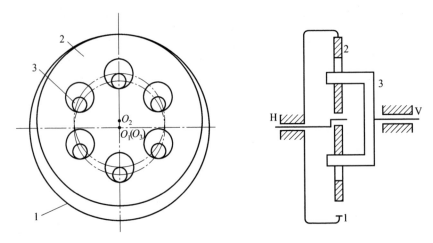

图 8.6　渐开线少齿差行星传动原理图

所以传动比为

$$i_{HV} = i_{H2} = \frac{1}{i_{2H}} = -\frac{z_2}{z_1 - z_2} \qquad\qquad (8.7)$$

由式(8.7)可知,两轮齿数差越少,传动比越大。当齿数差为 1 时,称为一齿差行星传动,这时的传动比出现最大值

$$i_{HV} = i_{H2} = -z_2 \qquad\qquad (8.8)$$

需要注意的是:少齿差行星传动输入轴和输出轴的转向相反。为保证一齿差行星传动的内、外齿轮装配,渐开线齿廓的行星轮和内齿轮均需要变位,以避免产生干涉而不能传动。少齿差行星传动常采用销孔输出机构作为等角速比机构,使输出轴 V 绕固定轴线转动。

2. 谐波传动

谐波传动一出现就显示了其优越性,具有传动比大、传动平稳、承载能力高、体积和质量小等优点,且齿面磨损小而均匀,传动效率高,传动精度高,回差小并可实现零侧隙传动,可以保证向密闭空间传递运动。因其众多的优越性,谐波传动在空间机构中得到了广泛的应用,国外已经将谐波减速器成功应用在了通信卫星、空间天线、空间机械臂、月球探测车、火星探测车等场合。

谐波传动是利用柔性元件可控的弹性变形传递运动和动力,它包括三个基本构件(简称三大件):波发生器、柔轮、刚轮。其结构示意图如图 8.7 所示。

三个构件可任意固定一个,其余两个一为主动、一为从动,可实现减速或增速,也可变换成两个输入、一个输出,组成差动传动。最为常用的一种是刚轮固定,波发生器为主动,柔轮为从动,柔轮在椭圆凸轮作用下产生变形,啮合原理如图 8.8 所示。在波发生器长轴两端处的柔轮轮齿与刚轮轮齿完全啮合;在短轴两端处的柔轮轮齿与刚轮轮齿完全脱开;在波发生器长轴与短轴的区间,柔轮轮齿与刚轮轮齿有的处于半啮合状态,称为啮入,有的则逐渐退出啮合处于半脱开状态,称为啮出。由于波发生器的连续转动,使得啮入、完全啮合、啮出、完全脱开这 4 种情况依次变化,循环不已。对于常规的双波传动来说,由于

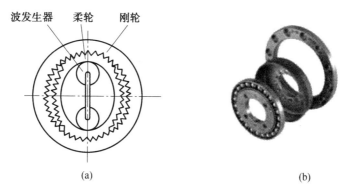

图 8.7 三大件结构示意图

柔轮比刚轮的齿数少 2,所以当波发生器转动一周时,柔轮向相反方向转过两个齿的角度,从而实现了大的减速比[4]。

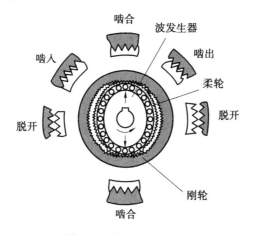

图 8.8 谐波传动原理图

3. 绳索传动

绳索传动可以用于折展机构的驱动传动与联动传动中,典型的应用是卫星太阳翼的绳索联动传动。

太阳翼绳索联动装置如图 8.9 所示。其中,绳索环绕着左右两个联动轮 a、b 形成了一个闭合的环形,因此联动装置也称闭索环装置(Closed Cable Loop,CCL)。在该装置中,铰链与联动轮 a、b 相连,而太阳板则分别与两端的铰链相连。

绳索联动系统的一个主要功能为:在展开过程中,使各太阳板连接架和各板间保持平行,在将展开运动简化为单自由度运动的同时,实现太阳翼的同步展开并且避免发生干涉和碰撞。此外,绳索联动装置的另一个功能就是传递各转动轴线之间的驱动扭矩。当一条转动轴线上一个甚至两个铰链的弹簧失效时,依靠从其他转动轴线上传递的驱动扭矩,仍有可能把太阳翼展开,这对提高太阳翼展开可靠性大有好处[5]。

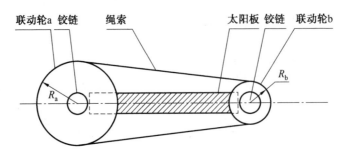

图 8.9　太阳翼绳索联动装置

8.2.3　驱动与传动一体化装置

随着空间折展机构向大型化、复杂化、高刚度趋势发展,空间折展机构要求驱动装置具有低速、大驱动扭矩等特点。为了实现驱动与传动装置的小型化、轻量化,需要将驱动与传动进行一体化设计,将驱动电机与传动机构封装在一起构成驱动与传动组件。

如图 8.10 所示,驱动与传动部件由电机驱动部分与谐波齿轮传动部分组成。电机部分主要由电机定子、转子、转子支撑架、电机壳体、电机端盖、旋转变压器、电机轴及轴承组成,其中决定电机电磁性能的关键部件为电机定子与转子结构。由于电机为低速运行,定子采用多槽多极结构,这样可以保证电机力矩波动小,运行平稳。定转子之间间隙为0.4 mm,目的在于增加气隙磁场密度,以减小电机体积。转子采用钕铁硼永磁体,该种永磁体剩磁高,矫顽力强,适用于较高温差变化及较大过载转矩。旋转变压器嵌入转子支架内部,减小了整个系统的体积。采用谐波齿轮传动实现电机转速的减速和力矩放大作用。电机转子轴与谐波减速器的波发生器连接,刚轮与壳体固定连接,柔轮与输出轴连接,最后通过柔轮将转矩输出。

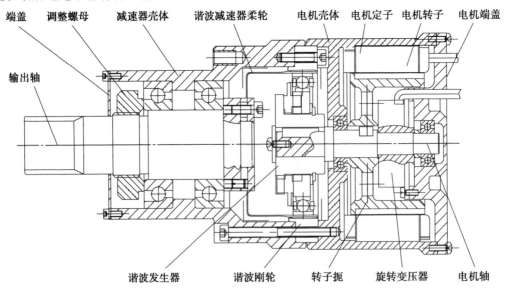

图 8.10　驱动与传动一体化装置示意图

此外,为了实现更大的传动比和驱动力矩,采用行星减速器与谐波减速器串联使用,如图 8.11 所示,实现小体积、低速大扭矩输出,可以满足结构质量大的空间折展机构的展开驱动、指向调整等大负载驱动的要求。

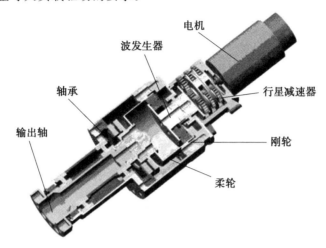

图 8.11　一体化设计的驱动与传动组件

8.2.4　冗余驱动装置

为了提高折展机构在轨展开的可靠性,往往采用冗余驱动技术,即除了完成折展功能必不可少的驱动外,还附加一套驱动作为备份。当两套驱动可以同时工作时,称为热备份,一套驱动出现故障并不会影响另外一套驱动正常工作;只有一套驱动工作,而另一套驱动只在第一套驱动出现故障时才工作,称为冷备份。常用的冗余驱动有双绕组电机驱动和差动传动驱动。

1. 双绕组电机驱动

由于空间、体积、质量的限制,空间折展机构的驱动可以采用双绕组电机驱动,图8.12所示为"Y"型双绕组、分体式永磁同步直流电动机,两套绕组的电角度空间相差 θ,共用一个电机转子。

双绕组结构电机可以工作在冷备份模式,即工作时,仅有一套绕组工作,另外一套绕组及驱动控制系统不上电,工作在开路状态;也可以工作在热备份模式,即两套绕组同时供电工作。

2. 差动传动驱动

差动传动驱动主要采用二自由度圆柱齿轮差动机构,具有两路独立输入、一路输出,因此可以采用两个电机作为驱动源,两个电机可以同时工作,亦可以单独工作。差动传动机构的形式有圆柱齿轮差动机构、锥齿轮差动机构和复合轮系传动机构 3 种。

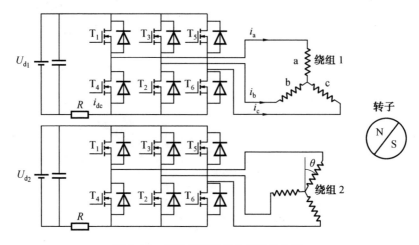

图 8.12 "Y"型双绕组永磁同步电机

（1）圆柱齿轮差动机构。

图 8.13 所示为二自由度差动机构，动力可分别由输入 1 和输入 2 输入，由输出轴输出；也可由输入 1、输入 2 同时输入，由输出轴输出。该机构的优点是传动简单，齿数少，结构较紧凑；其缺点是输入 1 和输入 2 结构不对称，两个单输入下的传动效率相差较大，对机构运行平稳性影响较大。

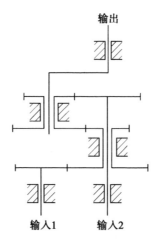

图 8.13 圆柱齿轮差动机构

（2）锥齿轮差动机构。

图 8.14 所示为采用锥齿轮传动的差速机构原理图。锥齿轮传动适用于高速传动，但航天展开机构所需的转速一般并不大。缺点是锥齿轮传动产生轴向力，对系统运行稳定性影响较大，并且锥齿轮安装和间隙调整困难，难以保障机构运行的高精度和平稳性。

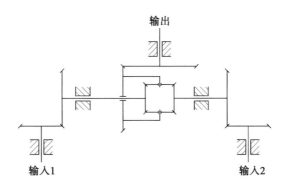

图 8.14　锥齿轮差速传动机构

（3）复合轮系传动机构。

该方案采用复合轮系传动，机构原理如图 8.15 所示。该复合轮系由定轴轮系和周转轮系构成，有两个独立输入、一个输出，是二自由度传动系统。当一个输入固定时，系统演变为单自由度系统，但输出速度降低，输入 1 和输入 2 既可以同时工作，又可以仅一个工作。当一个驱动发生故障时，另一个驱动仍然可以使系统正常工作，从而实现了动力备份的目的。此方案输入输出结构形式对称，各个齿轮承载较均匀，两个输入的传动效率相近。

将图 8.15 所示的定轴轮系改为两圆柱齿轮直接传动，就变成了图 8.16 所示的形式。省掉了内齿轮可以减小质量，但是输入输出结构不对称，产生的径向力较大，两个输入的传动效率相差较大，不利于动力备份的平稳性要求。

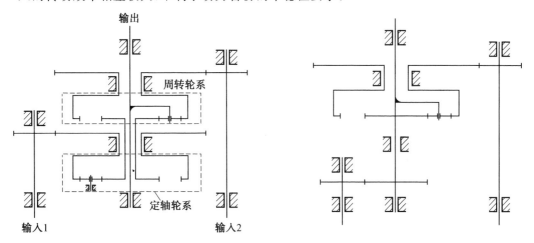

图 8.15　复合轮系传动机构　　　　　　　图 8.16　复合轮系传动机构变形形式

二自由度差动传动机构的两个输入可以同时工作，也可以单独工作，当采用单轴输入时需要将另外一个输入轴锁定。锁定机构可以采用带有自锁功能的蜗轮蜗杆传动、电磁制动器等。采用蜗轮蜗杆传动结构可靠，但是比较复杂，且蜗轮与蜗杆轴线垂直，输入输出轴结构难于布置；电磁制动器结构简单，但需要综合考虑航天应用环境等。

图 8.17 所示为加拿大空间机械臂（Canadarm2）差动传动机构，为了提升机械臂运动的可靠性，驱动关节内部运用了差动传动机构，采用两套独立的电机及其驱动系统。运用

直齿轮减速器与复合行星齿轮减速器进行减速传动,降低了电机转速,提高了输出力矩。

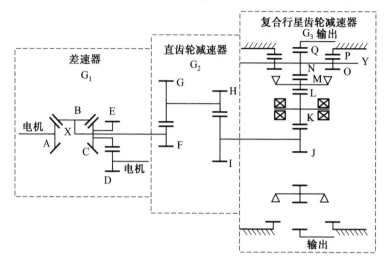

图 8.17　加拿大空间机械臂(Canadarm2)差动传动机构

8.3　压紧释放装置

卫星太阳能帆板、展开天线等折展机构在火箭发射阶段处于收拢状态,为避免发射冲击振动对空间折展机构的影响,要将机构牢固、可靠地压紧在卫星平台或航天器上。在到达预定轨道后受控释放展开,因此压紧与释放装置在空间折展机构发射任务中必不可少。

8.3.1　火工压紧释放装置

当前航天器主要采用火工品压紧释放装置,包括爆炸螺栓、切割器、火工锁等[6]。火工品压紧释放装置依靠火药爆炸或者燃烧产生的巨大动能来推动机构工作,其内部运动元件在极短的时间内由静止加速到每秒数十米甚至上百米的速度,而后又在极短的时间内由运动变为静止,整个运动状态的变化一般在 10 ms 至数十毫秒内完成。此类装置能够较好满足压紧释放的大部分需求,并且质量稳定、分离力大、分离速度快,缺点为易燃、易爆,不便于储藏、运输和操作,且只能使用一次,可靠性难以保证[2,3]。

1. 爆炸螺栓

爆炸螺栓是兼有连接功能的释放装置,它利用炸药燃烧、爆炸时产生的压力效应使螺栓特定部位断裂完成释放功能。爆炸螺栓的优点是承载能力大、尺寸小、质量小、结构组成简单、工作可靠、使用方便;缺点是由于释放时需要的分离力大于连接力,因此要采用较大的爆炸能,释放时造成的冲击较大。

目前主要有切槽式爆炸螺栓、剪切式爆炸螺栓及无污染式爆炸螺栓三种。对于切槽式爆炸螺栓,承载能力与切槽的截面和尺寸有关,设计时需要计算断裂面的尺寸,保证在给定载荷的条件下螺栓不能破坏。同时在火药爆燃形成的高压气体作用下,螺栓必须从切口处断裂,即释放(断裂)力必须超过连接力。对于剪切销式爆炸螺栓,承载能力与剪切销的尺寸和销孔配合性质有关。剪切销式与切槽式爆炸螺栓的区别在于:剪切销式爆炸螺栓通过剪切销连接,它的承载能力较小,但连接力比较容易控制,因为剪切销的尺寸和公差远比螺栓切槽的尺寸和公差容易控制。另外,剪切销被剪断之前,在拉伸载荷的作用下,可能产生一定的剪切变形而造成螺栓的伸长,使得爆炸之前两个被连接件的连接处可能会产生缝隙。

　　切槽式和剪切销式爆炸螺栓的装药量较多,断裂时产生的局部冲击和噪声较大,会造成相当大的干扰;另外,螺栓断裂时有废气排出,还可能生成碎片和电离子气体,造成环境污染。无污染式爆炸螺栓如图 8.18 所示,当需要释放时,主装药燃气的压力推动活塞顶杆,顶杆的推力将切槽拉断,爆炸螺栓断开。由于气体压力通过活塞顶杆间接做功,所以产生的冲击力较小。又因活塞是密封的,火药气体泄漏较少,所以污染很小。

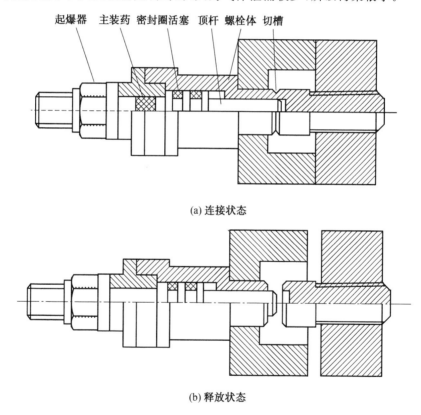

(a) 连接状态

(b) 释放状态

图 8.18　无污染式爆炸螺栓构造

2. 火工螺母

　　火工螺母(或称解锁螺母、分离螺母)一般用分成两半的开合螺母与连接螺母连接,通过燃气作用打开螺母释放螺栓与螺母之间的连接关系。火工螺母目前主要分套筒式火工螺母和活塞式火工螺母两种。套筒式火工螺母主要通过燃气推动套筒移动实现连接件之间的连接释放。对于带缓冲垫的新型活塞式火工螺母,如图 8.19 所示,当起爆器工作时,点燃主装药并产生燃气,燃气推动柱体左移,带动锁紧环左移,当柱体移动到一定距离后,将开合螺母释放,此时柱体内腔中的空气通过壳体侧壁上的阻尼孔向外排放;与此同时,燃气推动活塞右移,活塞前面为球形,将开合螺母胀开,由此螺栓连接被脱开而实现了两个被连接件的连接释放。另外,在火工螺母壳体内壁设置了一个缓冲垫,用于吸收柱体对壳体的冲击能量,因此释放时冲击较小。

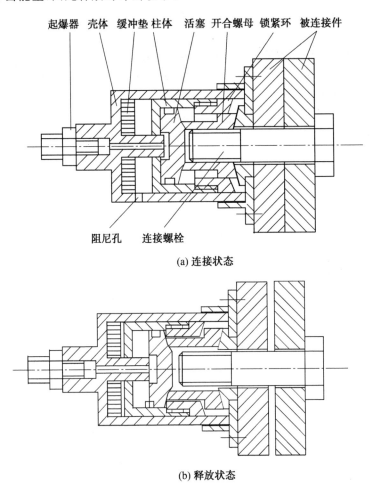

图 8.19　活塞式火工螺母的构造

3. 火工锁

与爆炸螺栓相似,火工锁是具有连接功能的释放装置。火工锁的特点是以爆炸或燃烧产生的压力作为动力,推动活塞运动,使火工锁中相关的连接部分脱开,从而实现火工锁原有连接的释放功能。

与爆炸螺栓相比,火工锁最大的特点是释放所需的力比其连接力小得多,因此火工锁所用药量比爆炸螺栓少得多,在释放过程中产生的冲击也比爆炸螺栓小得多,而且一般不产生碎片。但是,火工锁的活动部件较多,其结构要比爆炸螺栓复杂得多。另外,活塞在冲程末段突然减速(制动),也会产生较严重的局部冲击,为了避免冲击,一般需要在火工锁内设置专门的缓冲组件。

目前火工锁主要有折断式、钢球式、剪切碟式、楔块式、爆炸螺栓式和滑块式六种。钢球式火工锁具有连接、释放和分离三重功能,适用于轴向载荷为几十千牛顿的连接。这种火工锁的优点是释放时无碎片产生,对结构的冲击很小;缺点是结构比较复杂,可靠性较低,因此使用时一般都采取相应的冗余措施;剪切碟式火工锁由于采用专门的连接件实现连接,而把剪切销和剪切碟作为限位件,因此可以承受较大的载荷;楔块式火工锁由于用平面接触的楔块代替了钢球,因此相对于钢球式火工锁可承受大载荷,同时它也具有连接、释放和分离三种功能。滑块式火工锁也具有很高的承载能力。

图 8.20 所示为折断式火工锁。火工锁的壳体具有拧入到下框内的连接螺纹部分,把上、下框连接在一起,壳体周向开有多个开口削弱槽,其内表面留有一圈突起,连接状态如图 8.20(a) 所示。当起爆器工作时,带活塞的顶杆向下运动,它前面的锥体斜面与对应的突起相作用,最后使被削弱的部分变形而折断,如图 8.20(b) 所示。此时,壳体的螺纹部分留在下框内,壳体的上面部分被留在上框内,从而释放了上、下框之间的连接关系。

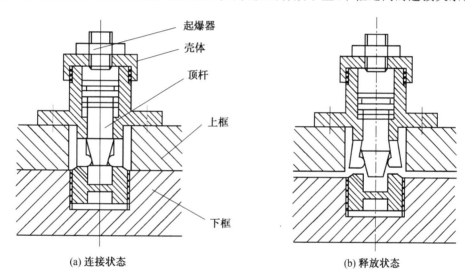

(a) 连接状态　　　　　　　　　　　　　　　　(b) 释放状态

图 8.20　折断式火工锁构造

火工品压紧释放装置工作时产生较大的冲击,如爆炸螺栓适用于不超过 200 kN 的连接载荷,其冲击超过 5 000 g,而改进的火工锁等适用于 10～50 kN 的连接载荷,其冲击约在 1 000～3 000 g[5]。

4. 切割器

切割器是切割一个目标物的火工装置,目标物起到连接作用,依靠切断目标物实现连接释放功能。切割器仅具有释放功能,本身不直接参与连接,因此不需承受大的载荷。

根据所切割目标物的不同,可把切割器分为两类:一类是切割不均匀目标物的切割器,用于切割电缆束、降落伞绳、照相胶片和各种导管等;另一类是切割均匀单目标物的切割器,用于切割单根的杆、螺杆和带等。

切割器的设计要根据被切割目标物的性质而定,以便合理确定刀片和刀砧的材料和形状,以及切割器本身的固定方式。

8.3.2 记忆合金压紧释放装置

为了克服火工品的不足,满足航天技术更严苛多变的要求,世界各国纷纷研究了各种非火工品压紧释放装置[7],主要类型根据驱动源不同可分为电驱卷轴、热切割、聚合物驱动及形状记忆合金驱动等[8,9]。其中因为形状记忆合金(Shape Memory Alloy,SMA)具有可回复变形量大、回复能力强并可重复使用的特点,在航天领域得到了越来越多的应用[10-12]。国外从 20 世纪 80 年代起,已开展了多种形状记忆合金压紧释放装置的设计及研究,并已取得不菲成就,其中有些已应用于工程,取得了良好的效果。

1. 摩擦式 SMA 直接驱动压紧释放装置

摩擦式 SMA 直接驱动压紧释放装置工作原理如图 8.21 所示。该装置利用 SMA 棒通电加热收缩,减少螺母预紧力到一定程度时,驱动弹簧的回复力将大于分离螺母与固定环间的摩擦力,从而将固定环顶开,复位弹簧推动分离螺母张开,并释放螺栓。通过弹簧和斜面结构的配合,该装置可以将固定环重新压下至回复原位,故能被重复使用[13]。因为可以逐步减少螺栓预紧力,释放时冲击较小,但采用 SMA 棒直接通电驱动,所需能量远高于火工品装置,解锁时间也较长。

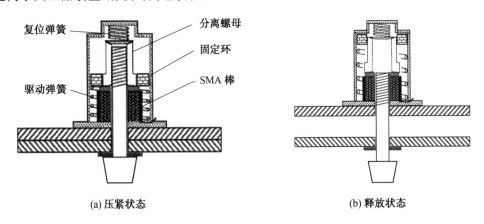

(a) 压紧状态　　　　　　　　　　　(b) 释放状态

图 8.21　摩擦式 SMA 直接驱动压紧释放装置

2. 直动式 SMA 分离螺母压紧释放装置

直动式 SMA 分离螺母压紧释放装置主要由三瓣式的分离螺母、套筒、碟簧垫片和 SMA 驱动筒等组成,如图 8.22 所示。分离螺母安装在套筒内,套筒可以沿轴向移动,并由垫片支持。压紧状态下,螺栓与分离螺母紧密连接,它们之间的作用力使螺母向下运动,进而压紧套筒和垫片,垫片受压而变形。当施加启动信号和电流时,贴在 SMA 驱动筒旁的加热片通电产生热量,SMA 受热伸长后对套筒施加作用力,套筒将作用力传递给垫片,从而将预加载荷从螺栓上转移走,完成卸除预载荷的动作。垫片具有预紧力指示功能,当 SMA 驱动筒作用一定时间或移动一定距离时,给出一个信号,让处于分离螺母之间的处于松弛状态的 SMA 启动弹簧伸长,推动分离螺母分离,继而释放螺栓。为了提高升温效率,第一级 SMA 驱动筒上有多个加热线路且内外均可受热。3 个 SMA 启动弹簧之中任两个加热作动,都可以将螺母分离。

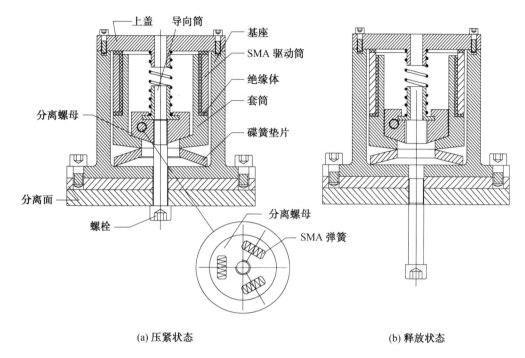

(a) 压紧状态　　　　　　　　　　　　　　(b) 释放状态

图 8.22　直动式 SMA 分离螺母压紧释放装置原理图

此方案通过两个不同的 SMA 组件来完成装置的压紧释放,首先将螺栓上的预加载荷移走,然后从分离螺母中释放螺栓,从而可以实现低冲击和可重复使用。而且 SMA 驱动筒直接作动,具有驱动力大、承载力强的特点。

3. 旋转式 SMA 分离螺母压紧释放装置

旋转式 SMA 分离螺母压紧释放装置主要由分瓣螺母、螺栓、滚轮、滚柱、卡销、挡块、弹簧和 SMA 丝等组成,其压紧状态与释放状态如图 8.23 所示。工作原理为:SMA 丝和压簧共同连接到压块上,压紧状态时压块约束住卡销,阻止转轮旋转。此时收容于保持架中的滚针与转轮上的凹槽脱离,压住分离螺母,使其紧密靠拢,形成完整的螺纹副与螺栓配合,通过螺栓的拧紧在螺栓与螺母之间产生一定预紧力。由于螺纹有一定的牙型角,作用在螺母上的预紧力分解为轴向力和径向力。最终轴向力传递到基座上,而径向力传递到滚针和转轮上,压紧释放装置与被连接件固结,此时所有的力都能传递到航天器结构上。

释放时,SMA 丝通电收缩,拉动压块绕着装置轴向转动,解除压块对卡销的约束,继而解除卡销对转轮的约束。此时,在偏置压缩弹簧的作用下,转轮旋转。当转轮转至一定位置时,解除了对滚针的径向约束,滚针掉入转轮上的凹槽中,解除了对分离螺母的约束。分离螺母在自身径向分离力或辅助结构的作用下分离,解除与螺栓的螺纹连接关系,释放螺栓。取消 SMA 丝通电,手动旋转转轮使其复位,则卡销和压块可以在压簧作用下回复原位,实现压紧释放装置的可重复使用功能。

本方案不采用依靠外力直接推动分离螺母使其分离,而采用滚针滚动的方式,可以极大地减少摩擦阻力,使得压簧能推动转轮,这是其中的一套增力机构。并且通过 SMA 拉

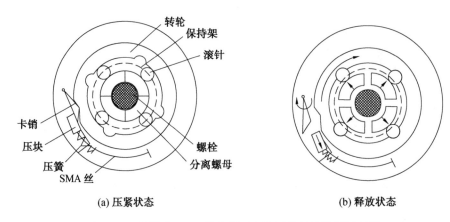

(a) 压紧状态　　　　　　　　　　(b) 释放状态

图 8.23　旋转式 SMA 分离螺母空间压紧释放装置原理图

动旋臂,释放卡销并控制压簧的动作,这是另一套增力机构。双重增力机构的设计,可以非常显著地减少对 SMA 回复力的要求。因此可以实现直接对 SMA 通电加热使其升温相变的功能,对卫星电源功率需求也相应降低,同时该方案释放速度快、冲击小、功耗低并可重复使用。另外,为了保证释放的可靠性,采用了两根 SMA 丝并联驱动的冗余设计,实际工作中只要任何一根通电加热,压紧释放装置均可正常分离。

8.4　关节铰链

8.4.1　弹簧铰链

1.柱销-锁紧槽式铰链

图 8.24 所示为柱销-锁紧槽式铰链,其依靠蜗卷弹簧中存储的弹性势能驱动空间机构展开。连接展开机构的两个活动部件绕中间的转轴转动,展开过程无需外部驱动力矩,由铰链中的扭簧提供展开过程中所需的驱动力矩,并利用偏心螺钉与锁定叉形成的三角形来锁定。铰

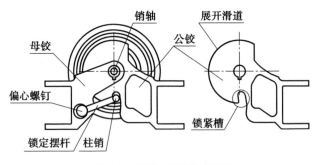

图 8.24　柱销-锁紧槽式铰链

链展开到位后,锁定摆杆在扭簧的作用下带动柱销转动,柱销落入锁紧槽后实现锁定。公铰和母铰之间的夹角可以通过锁定摆杆转轴处的偏心螺钉调节,但在地面试验中,注意锁紧槽的曲线必须与其他运动参数匹配,否则可能会出现柱销无法出槽的现象[14]。

这类铰链由于采用蜗卷弹簧,铰链驱动力矩与扭转角是简单的线性关系,具有较高的储存能量体积比,并且便于铰链调整展开角度。但其制造成本较高,加工工艺复杂,摩擦阻力矩和铰链质量比较大。

2. 蜗卷弹簧-锁钩式铰链

如图 8.25 所示,当铰链处于展开状态时,安装在公铰上的锁定钩在扭簧的作用下顶在圆头螺钉上。在折展天线或太阳帆板展开过程中,母铰链组件上的锁轴与锁定钩逐渐接触,锁轴推动锁定钩转动,当平头螺钉与圆头螺钉接触后锁轴停止运动,锁定钩在扭簧的作用下钩住锁钩,并且能保持自锁,从而实现锁定。铰链锁定时,公铰组件上的圆头螺钉和母铰链组件上的平头螺钉相接触并顶紧,调整圆头螺钉的高度即可实现铰链锁定后角度的调整。

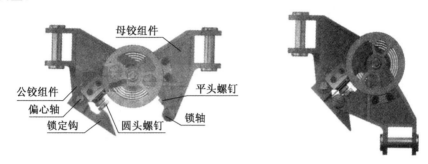

图 8.25　蜗卷弹簧-锁钩式铰链

锁钩式铰链与柱销式铰链相比具有刚度高、结构简单、加工和装配难度低的优点,同时,它也具有摩擦阻力矩大、对储藏要求较高的缺点。

8.4.2　高精度铰链

如图 8.26、8.27 所示,高精度铰链由舌柄、销钉、U 形柄及轴承等元件组成。这种铰链和传统的滑动铰链不同,用预压角接触轴承替代传统轴承的销钉,由于只用了 4 个相当简单的部件(舌柄、U 形柄及一对轴承),这种铰链制造较为简单,成本低,能获得较高的回转精度。在 1994 年,搭载在航天飞机上的激光雷达在轨技术试验(Lidar In-space Technology Experiment,LITE)任务中,激光雷达卫星(LidarTechSat)的主反射器由很多反射器瓣组成,而这些反射器瓣的展开精度决定了卫星的观测性能[10],因此莱利研究中心专门为这项任务设计了这种高精度铰链。这种铰链也可应用于其他高精度折展机构上。

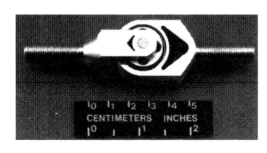

图 8.26　LaRC 铰链外形

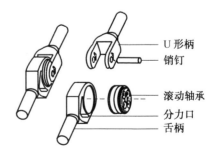

图 8.27　LaRC 铰链组成

图 8.28 所示为高精度锁紧关节铰链,锁紧关节由锥形滚珠轴承瓣、锁定装置、耳锁瓣组成[12]。未锁定时,锁定装置可以在耳锁瓣凸起的耳形环转动,当耳锁瓣和锥形滚珠轴

承瓣之间相对转动到一定角度后,锁定装置转出耳锁瓣上凸起的耳形环,这时锁定装置上的两块锁定块在弹簧的作用下弹出,并和耳形环相接触,耳锁瓣和锥形滚珠轴承瓣之间无法继续转动,完成锁定。这种锁定关节虽然具有较高的锁定精度,但其锁定刚度较低,承载能力较弱。

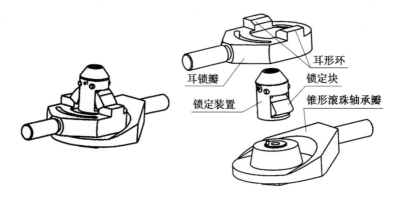

图 8.28　高精度锁紧关节铰链

8.4.3　高刚度铰链

　　星载平面雷达天线需要折展桁架机构支撑以保证其高刚度、高精度的工作性能,而欧空局对地观测卫星 ENVISAT 上的先进合成孔径雷达天线(ASAR)是一种无背架支撑机构的平面折展天线,如图 8.29 所示。发射时 5 块天线面板折叠在一起,卫星到达预定位置后展开成一个 10 m×1.5 m 的平面,天线质量高达 850 kg。每对天线面板间两侧安装有高刚度回转铰链,铰链提供面板间的相对回转功能,天线面板完全展开后通过高刚度铰链锁紧装置将两个面板锁定。天线的刚度和精度由天线面板间的高刚度铰链保证[15]。

(a) ENVISAT卫星

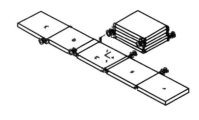

(b) ASAR天线

图 8.29　ASAR 天线结构

　　每个铰链包含两部分:展开铰链装置和展开预加载锁紧装置。展开铰链装置对称布置于天线板的两侧,由支架支撑在天线板上,如图 8.30 所示。

　　展开预加载锁紧装置则嵌入天线板铰内,分为主动部分和从动部分,如图 8.31 所示。当相邻的两块天线板展开后,主动部分上的锁紧装置被触发,主动部分上的钩子和从动部分上的钩子啮合,并由预加载机构将天线板紧紧压在一起,实现两块天线板的锁定。锁紧装置动作顺序如图 8.32 所示,图 8.32(a) 表示当天线展开末端两块天线板间距离达

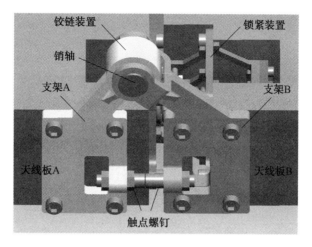

图 8.30　铰链布置结构图

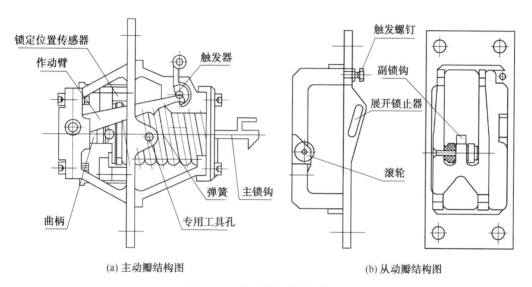

(a) 主动瓣结构图　　　　　　　　　　(b) 从动瓣结构图

图 8.31　展开预加载锁紧装置

到一定值后,一侧天线板上的主锁钩通过变形捕获到另一侧天线板上的副锁钩,两钩运动到预啮合位置;图 8.32(b) 表示两天线面板继续转动,从动瓣上的触发螺钉推动主动瓣上的触发器,触发器触发时主锁钩与副锁钩之间有一定的距离,触发器触发后作动臂从触发器中脱开,从而解除了对主动瓣后部凸轮机构的锁定限位,此时两天线板触点螺钉接触,天线板被限位;图 8.32(c) 表示凸轮回转后,在预压缩弹簧压力作用下将主锁钩向左侧拉回,此时主锁钩与副锁钩靠弹簧力紧紧啮合,两块天线板被弹簧的预紧力紧紧压在一起实现锁定。每个锁紧装置的预加载力大约为 1 000 N,质量小于 1 kg,释放力不到锁紧力的1.5%。 这种组合结构由于预加载力大,理论上当外力小于弹簧预紧力时,锁紧装置刚度是无穷大的,所以能使天线展开后获得较高的刚度,而且重复展开精度较高。

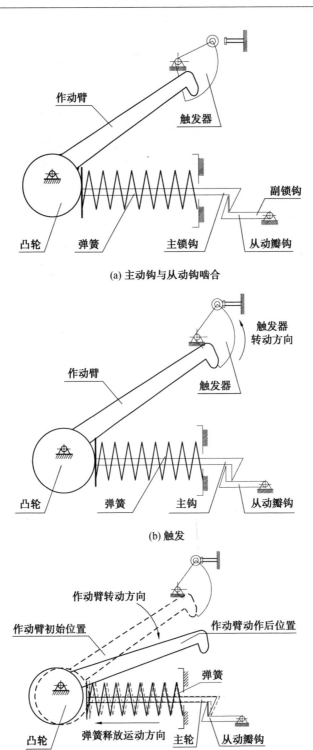

(a) 主动钩与从动钩啮合

(b) 触发

(c) 锁紧

图 8.32 主动瓣和从动瓣锁紧过程

8.4.4　柔性铰链

关节铰链在空间折展机构中广泛使用,传统铰链只具有回转功能,需要外加驱动源对折展机构进行驱动,往往结构复杂、质量大。而柔性铰链是利用超弹性或者记忆型材料实现关节和驱动复合功能[16],能够大大降低折展机构的质量、复杂程度及发射成本等。柔性铰链根据其展开依靠的驱动方式,分为结构型铰链和记忆型铰链。结构型铰链是指其依靠自身形变储存的应变能展开,常用的材料有超弹性记忆合金、复合材料、铍青铜、弹簧钢等;记忆型铰链是指依靠材料自身的记忆性能,通过合适的温度或应力改变引起固态相变,从而恢复应变实现展开和折叠的,常用材料有记忆合金及记忆型复合材料。

1. 结构型铰链

（1）薄壁管开槽式柔性铰链。

如图 8.33 所示,超薄复合材料圆管通过开槽形成柔性铰链[17],铰链可在开槽口处实现折叠,利用复合材料的弹性实现铰链展开。薄壁管开槽式铰链具有质量刚度比低、折叠性能好、结构简单、成本较低、便于制造、展开后能自锁定等优点。

图 8.33　薄壁管开槽式柔性铰链

薄壁管开槽式柔性铰链在诺斯洛普格鲁曼公司火星地下与电离层探测先进雷达 MARSIS 天线[1] 上得到了应用,如图 8.34 所示。此外,还应用在波音移动卫星系统 MSAT、追踪和数据中转卫星 H I 和 J 的折展机构中。但该铰链在一个折叠展开过程后,总是由于黏弹性而出现明显的爬行现象[2]。

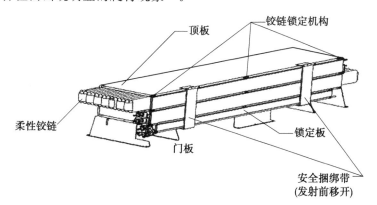

图 8.34　含有柔性铰链的 MARSIS 天线

（2）多连接点式柔性铰链。

十字柔性铰链[3] 如图 8.35 所示,利用刚性镶嵌件将相对的弹性壳曲面连接在一起,该柔性铰链具有 4 个连接点,可实现折展机构中交叉杆件的连接。展开时铰链在所有自由度上均可提供刚度,根据折展机构展开形状的需要,可以设计不同连接点数的柔性铰链。

图 8.35 十字柔性铰链

(3) 木工带式柔性铰链。

木工带式柔性铰链如图 8.36 所示,由带簧片和夹持器组成,其展开状态如图 8.36(a)所示,折叠状态如图 8.36(b)所示。木工带柔性铰链材料可采用铍青铜、弹簧钢、钛镍记忆合金、树脂基复合材料等,具有结构简单、可靠性高、重复精度高、刚度高、质量轻、成本低等优点,缺点是展开速度快,冲击大。

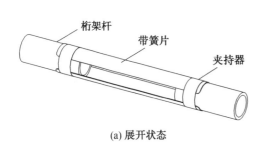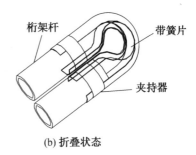

(a) 展开状态　　　　　　　　　　　　　(b) 折叠状态

图 8.36 木工带式柔性铰链

日本火星探测卫星 PLANET-B 号使用了铍青铜木工带柔性铰链展开热等离子分析仪,如图 8.37 所示[18]。

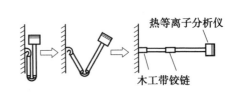

图 8.37 日本 PLANET-B 号卫星使用的木工带铰链

美国喷气推进实验室(JPL)在先进雷达技术项目中曾使用镍铬合金带做成木工带柔性铰链展开太阳能帆板[5],如图 8.38 所示。

SAUSAGE 高级设计实验室团队[19]设计的含有柔性铰链的低成本太阳能帆板及其部分展开原型如图 8.39 所示。

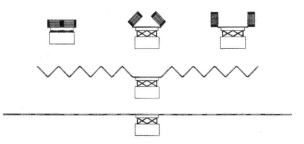

图 8.38　木工带柔性铰链展开太阳能帆板(一)

图 8.39　木工带柔性铰链展开太阳能帆板(二)

(4) 改进型木工带式柔性铰链。

Watt 和 Pellegrino 提出了改进型木工带柔性铰链[7],如图 8.40 所示,在木工带柔性铰链的两侧有两对开有钢丝槽的滚轮,在钢丝的作用下,两对滚轮可以相互滚动而又不会分离。该铰链又称为 TSR(Tape-Spring Rolling) 铰链[8],具有低成本、自展开、无需润滑、自锁定、展开冲击较小等优点。但是由于展开精度有限,只能应用于如太阳翼等对展开精度要求不高的场合。

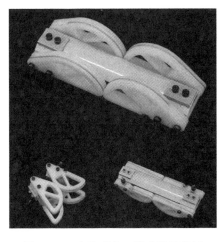

图 8.40　改进型木工带式柔性铰链

由 3 个带簧片组成的改进型木工带柔性铰链如图 8.41 所示,法国发射的用于军事探测的蜂群卫星 ESSAIM 的天线展开机构、CNES 微卫星太阳能展开阵列和 DEMETER 任务型号中的 IMSC 传感器展开杆上[9] 都使用了这种形式的柔性铰链。

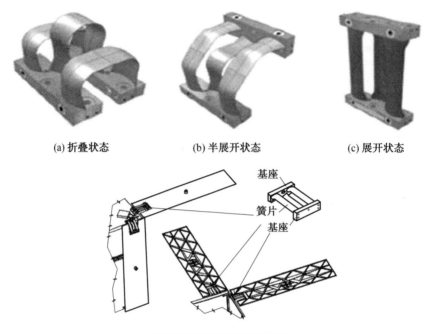

(a) 折叠状态　　　　　(b) 半展开状态　　　　　(c) 展开状态

(d) 木工带柔性铰链安装位置

图 8.41　改进型木工带铰链及其应用

欧洲空间研究公司、英国航空公司、谢菲尔德大学的地球碳演变研究中心和剑桥大学折展机构实验室共同提出了一种在大型可折叠天线(FLATS)中使用的带簧结构[14]，如图 8.42 所示。该结构适用于大型低频天线，能够平坦折叠，利用折叠时储存的弹性能展开，且展开可控。

(a) 折叠状态　　　　　　　　　　　　(b) 展开状态

图 8.42　FLATS 天线

2. 记忆型铰链

(1) 记忆合金型铰链。

形状记忆效应最早于 1932 年被科学家们发现，形状记忆合金(SMA)具有在一定温度条件下能恢复原来形状的特性。最初由英国人提出将形状记忆合金应用于空间折展机构，使用镍钛合金扭转软管释放卫星仪器杆。后来美国国家航天局(NASA)也考虑使用

SMA 丝和线张开网状天线[21]，并进行了 SMA 铰链的试验论证。图 8.43 所示为采用记忆合金带的柔性铰链，记忆合金带处于弯曲状态时，铰链折叠；当铰链通电时记忆合金温度升高缓慢恢复到初始伸直状态，铰链展开。SMA 柔性铰链相对于其他铰链主要的优势是其质量较小，元件少，便于制造和装配，展开可控且冲击小。

美国空军研究实验室的轻质柔性太阳能帆板项目中，关键技术之一就是 SMA 铰链[13]，如图 8.44 所示。

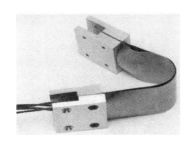

图 8.43　形状记忆合金铰链　　　　图 8.44　含有 SMA 铰链的轻质柔性太阳能帆板

（2）记忆复合材料型铰链。

形状记忆聚合物复合材料（EMC）按增强相的种类大致分为颗粒填充复合材料、短纤维增强复合材料、纤维增强复合材料三类。其特点类似于形状记忆合金，具有记忆性能，在通电加热时能够恢复到另外形状，具有可回复应变大、变形回复输出力较大、可靠性高、低密度、高刚度、高强度和低成本等优点，因此可以利用形状记忆聚合物复合材料制作柔性铰链。如图 8.45 所示，由两个形状记忆复合材料制成的圆弧片背对背安装，两圆弧片初始处于弯曲状态，此时铰链折叠；当给铰链通电后，两圆弧片恢复到立直状态，铰链展开。与 SMA 铰链相比，EMC 铰链采用热固性形状记忆树脂，使其极限应变更高，质量更小，在低温范围内刚度更高。

(a) 折叠状态　　　　　　　　　　　　　　(b) 展开状态

图 8.45　EMC 铰链

EMC 铰链可应用在太阳能帆板和其他大型折展机构的展开中[15]，如美国空军学院研制的 FalconSat-3 航天器、美国 DiNOSat 卫星，自重 2 g 的 EMC 铰链在地球重力场下带载 60 g，展开如图 8.46 所示。

另外一种应用于展开天线上的混合铰链，采用弹性材料带簧和形状记忆合金管构成，如图 8.47 所示。该铰链有效地结合了木工带柔性铰链和形状记忆合金铰链的优点，能够避免带簧展开不可控问题，降低在展开结束时对其他设备的冲击，精度、重复性高，具有较

图 8.46　EMC 铰链原型带载展开示意图

强的展开刚度,可应用于大型折展天线的支撑桁架展开中。

(a) 混合铰链设计概念图

(b) 天线展开过程示意图

图 8.47　带有混合铰链的天线展开过程示意图

3. 木工带柔性铰链设计

(1) 不考虑末端效应时的最大输出力矩。

带簧片简化力矩旋转性能曲线如图8.48所示,从直线结构开始,反向线性弯曲带簧直至带到最大力矩,突然翻转之后像恒值力矩弹簧一样;正向线性弯曲带簧稳定之后表现出恒值力矩弹簧性能,$M_+^{\max}$、M^+、M^- 分别为反向最大输出力矩、反向稳定力矩、同向稳定力矩。

如图 8.49 所示,带簧片的计算模型是稍有扭曲的轴对称圆柱壳体。通过对带簧整个

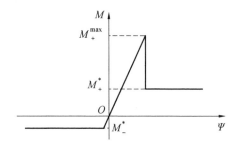

图 8.48　带簧片输出力矩曲线

横截面横轴积分力矩得到最终力矩 ,该公式适用于长带簧,因其未考虑固定带簧的夹持器引起的末端效应。

$$M_+^{\max} = \int_{-s/2}^{s/2} (M_1 - N_1 w)\, \mathrm{d}y = sD\left[k_1 + \frac{v}{R} - v\left(\frac{1}{R} + vk_1\right)F_1 + \frac{1}{k_1}\left(\frac{1}{R} + vk_1\right)^2 F_2\right]$$

(8.9)

式中,s 为带簧宽度,M_1 为单位长度的弯曲力矩,N_1 为单位长度的轴向力;w 为垂直面外的挠度,带簧纵向为 y 轴,D 为弯曲刚度,t 为带簧厚度,E 为弹性模量,v 为泊松比,R 为簧片横向初始半径,θ 为初始中心角,k_1 为纵向弯曲曲率。

s、D、F_1 和 F_2 的计算式分别为

$$s = 2R\sin(\theta/2)$$

(8.10)

$$D = \frac{Et^3}{12(1 - v^2)}$$

(8.11)

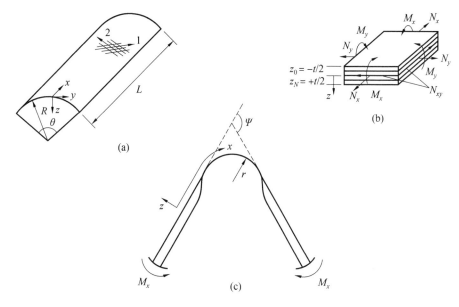

图 8.49　簧片计算模型

$$F_1 = \frac{2}{\lambda} \frac{\cosh \lambda - \cos \lambda}{\sinh \lambda + \sin \lambda} \tag{8.12}$$

$$F_2 = \frac{F_1}{4} - \frac{\sinh \lambda \sin \lambda}{(\sinh \lambda + \sin \lambda)^2} \tag{8.13}$$

$$\lambda = \frac{\sqrt[4]{3(1-v^2)}\, s}{\sqrt{t/k_1}} \tag{8.14}$$

材料相同、簧片横截面弧长相等时,带簧片厚度、纵向曲率及截面中心角对 $M_+^{\max}$ 的影响如图 8.50 所示。中心角相同时,随着厚度的增加,最大输出力矩显著增加;厚度相同时,中心角越大,最大输出力矩越大,但变化程度不大。中心角相同时,当曲率小于 0.025 mm^{-1} 时,随着曲率增加,最大输出力矩显著增加,之后随着曲率增加,最大输出力矩趋于稳定;当曲率等于 0.08 时,最大输出力矩达到峰值;当曲率小于 0.08 时,中心角越大,最大输出力矩越大;当曲率大于 0.08 时,中心角越小,最大输出力矩越大,但增加不明显,可忽略其影响。

保持截面弧长相等,材料参数对 $M_+^{\max}$ 的影响曲线如图 8.51 所示。弹性模量和泊松比越大,最大输出力矩越大,但泊松比相对弹性模量对最大输出力矩的影响较大。

在相同材料和相同截面参数下,带簧片长度和中心角与最大输出力矩关系曲线如图 8.52 所示。在相同长度时,截面中心角越大,最大输出力矩越大;相同截面中心角时,长度增加,最大输出力矩降低,这表明在实际应用中末端效应对簧片反向弯曲最大输出力矩的增强作用随其长度的增加而降低,实际应用的长度应尽可能短。对于有限短的簧片,末端效应对刚度的增强作用使其在相同厚度时的最大输出力矩有一定量的增加。

(2)考虑末端效应时的最大输出力矩。

带簧片组成柔性铰链之后,通过夹持器与其他部件连接,而夹持器对簧片截面的约束

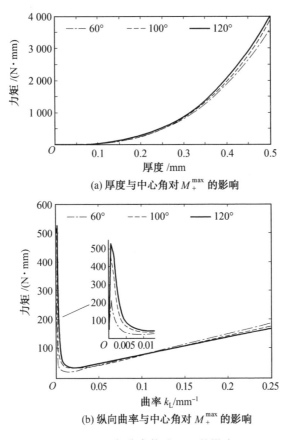

(a) 厚度与中心角对 $M_+^{\max}$ 的影响

(b) 纵向曲率与中心角对 $M_+^{\max}$ 的影响

图 8.50　部分参数对 $M_+^{\max}$ 的影响

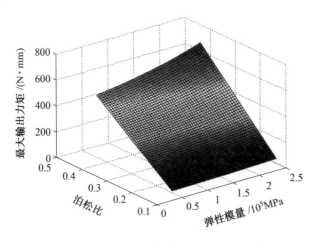

图 8.51　不同材料参数对 $M_+^{\max}$ 的影响

有增强其刚度的作用,Steffen[21]于 1997 利用 ABAQUS 对不同参数的簧片进行非线性分析,再利用拟合的方法推导出簧片反向弯曲考虑末端效应时的最大输出力矩的公式为

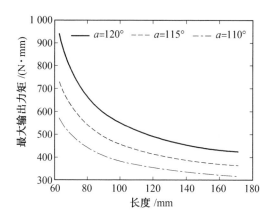

图 8.52　长度与中心角对 $M_+^{\max}$ 的影响曲线

$$M_+^{\max}=D \cdot \frac{R}{t} \cdot \left[\frac{1.152}{10^3}-\frac{2.210}{10^3 l}+\left(\frac{-2.061}{10^9}+\frac{7.096}{10^6 l^4}\right) \cdot \left(\frac{R}{t}\right)^2\right]^{\frac{1}{2}} \cdot$$

$$\theta\left[2.840+\frac{18.17}{l^2}+\left(\frac{-2.281}{10^3}+\frac{6.809}{10^2 l}-\frac{0.245}{l^2}\right) \cdot \frac{R}{t}\right] \tag{8.15}$$

式中　　D——弯曲刚度,(N・m)/rad;

　　　　R——簧片截面半径,m;

　　　　t——簧片厚度,m;

　　　　θ——簧片截面中心角,rad;

　　　　l——簧片长度 L 与截面弧长的比值,$l=L/R\theta$。

不考虑末端效应和考虑末端效应时带簧厚度对反向弯曲的最大输出力矩的影响曲线,如图 8.53 所示。当考虑末端效应时,计算得到的带簧片最大输出力矩大。

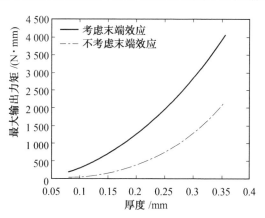

图 8.53　末端效应对 $M_+^{\max}$ 的影响

(3)带簧折叠稳定力矩。

假定带黄片完全折叠时,其中心变形区域呈圆形,如图 8.49(c)所示,以此模型计算稳定力矩 M_+^* 和 M_-^*。在同向和反向弯曲中折叠半径等于初始横向半径,$r=R=1/kt$,单位长度弯曲力矩与曲线在纵向和横向的变化关系为

$$m = D(\Delta k_1 + \nu \Delta k_t) \tag{8.16}$$

折叠簧片经历的曲率变化为纵向 $\Delta k_1 = \pm 1/R$，正负号分别表示反向和正向弯曲；横向 $\Delta k_t = 1/R$；代入式(8.14)，并乘以带簧长度 $R\theta$ 得到稳定力矩，即

$$M_+^* = (1 + \nu)D\theta \tag{8.17}$$

$$M_-^* = -(1 - \nu)D\theta \tag{8.18}$$

8.5　本章小结

　　本章主要围绕空间折展机构应用的驱动与传动装置、压紧与释放装置、关节铰链三大类主要功能装置进行了系统的介绍。提出了基于行星轮系的大传动比传动装置、二自由度冗余传动装置等设计方案。对大力矩驱动与传动装置进行了一体化设计，该装置具有输出扭矩大、结构紧凑、质量小等特点，能够满足大型折展机构的展开驱动。介绍了几种典型火工品和记忆合金压紧释放装置的工作原理与特点。记忆合金压紧与释放装置具有冲击小、承载力大、可重复使用等优点，是未来压紧与释放装置的主要发展趋势，有望在空间折展机构中得到广泛应用。介绍了高精度铰链结构形式，着重给出了新型高刚度铰链的工作原理和结构特点。介绍了结构型和记忆型柔性铰链的结构形式、特点，对木工带型柔性铰链进行了设计计算与分析。

参考文献

[1] 于登云，杨建中. 航天器机构技术[M]. 北京：中国科学技术出版社，2011.

[2] 闻邦椿. 机械设计手册[M]. 北京：机械工业出版社，2010.

[3] 王知行，邓宗全. 机械原理[M]. 2版. 北京：高等教育出版社，2006.

[4] 李志刚. 谐波齿轮传动短杯柔轮的有限元分析及结构优化设计研究[D]. 哈尔滨：哈尔滨工业大学，2008.

[5] 李委托. 太阳翼联动装置预置张力设计及分析[J]. 中国空间科学技术，2006(2)：52-57.

[6] 陈烈民. 航天器结构与机构[M]. 北京：中国科学技术出版社，2005.

[7] LUCYM H，BUEHRLE R D. Comparision of separation shock for explosive and nonexplosive release actuations on a small spacecraft panel[J]. NASA Technical Memorandum，1996：2-6.

[8] 白志富，果琳丽，陈岱松. 新型非火工星箭连接分离技术[J]. 导弹与航天运载技术，2009，38(1)：31-37.

[9] GALLK R，LAKE M S. Development of a shockless thermally actuated release nut using elastic memory composite material[C]//44th AIAA/ASME/ASCE/AHS Structures，Structural Dynamics，and Materials Conference. Norfolk，Virginia：AIAA，2003：7-10.

[10] HARTLD J，LAGOUDAS D C. Aerospace applications of shape memory alloys[J]. Aerospace Engineering，Part G，2007(221)：536-548.

[11] 高滨. 形状记忆合金在航天器分离机构上的应用[J]. 航天返回与遥感，2005，26(1)：49-52.

[12] HUANG Weimin. Aerospace applications of shape memory alloys and their application to actuatiors for deployable structures[D]. Cambridge：Dissertation submitted to the University of Cambridge for the degree of Doctor of Philosophy，2007.

[13] TUSZYNSKI A. Alternatives to pyrotechnics-nitinol release mechanisms[C]// Proceedings of the 36th Aerospace Mechanisms Symposium. Carpinteria, CA: TRW Astro Aerospace, 2002: 137-139.

[14] 杨巧龙，濮海玲，杨宝宁. 太阳翼铰链锁紧槽的设计研究[J]. 航天器工程，2010(3)：57-61.

[15] COMPOSTIZO C, DOMINGO M, URGOITI E. Low release force and high direct preload latches, ASAR-DEM[C]// 7th European Space Mechanisms and Tribology Symposium. The Netherlands: ESTEC, 1997: 61-66.

[16] MALLIKARACHCHI H M, PELLEGRINO S. Quasi-static folding and deployment of ultrathin composite tape-spring hinges[J]. Journal of Spacecraft and Rockets, 2011, 48(1): 187-198.

[17] BRENNAN S, ENGLISH M, LAMBETH M, et al. SAUSGE-Space applications using solar array generated energy[R]. University of Colorado at Boulder: Department of Aerospace Engineering, 1997.

[18] ISAS. Planet-B prelaunch report[R]. Kanagawa:Institute of Space and Astronantical Science, SES Data Center SES-TD-98-002, 1998.

[19] 范叶森，王三民，袁茹，等. 大转角柔性铰链的结构设计及转动刚度研究[J]. 机械科学与技术，2007(8)：1093-1096.

[20] HARTL D J,LAGOUDAS D C. Aerospace applications of shape memory alloys[J]. Journal of Aerospace Engineering,2007,221(4):535-552.

[21] STEFFENK A, PELLEGRINO S. Deployment of a rigid panel by tape-spring[R]. Cambridge: University of Cambridge, 1997.

第9章　折展机构地面模拟试验

9.1　概　　述

为了验证折展机构的工作性能,保证折展机构在太空轨道可靠地工作,对折展机构进行地面模拟试验是非常重要的,也是必不可少的。折展机构工作在太空环境下,因此要在地面模拟微重力、热真空等环境对折展机构的展收功能进行验证。此外,折展机构的重复展开精度是决定天线、雷达等有效载荷工作性能好坏的重要因素,因此需要在地面模拟微重力环境下将折展机构多次展开与收拢,测试折展机构的重复展开精度。为了验证折展机构收拢状态能否承受火箭发射过程中的冲击振动,以及在轨展开状态的固有频率是否达到要求,折展机构的动力学试验也是地面模拟试验的重要组成部分。本章主要阐述折展机构地面模拟微重力环境、精度测量及动力学试验测试方法,并给出折展机构的地面测试实例。

9.2　微重力模拟试验

9.2.1　试验方法

空间折展机构在太空微重力环境下展收和工作,因此在地面对其进行展开与收拢试验测试时,要对重力进行平衡和补偿,消除重力对折展机构折展运动过程的影响。模拟微重力环境的方法有自由落体运动、飞机沿抛物线飞行、利用平衡力抵消重力等。落塔或落管依靠一定的竖直高度和自由落体运动得到较精确的微重力环境,精度高达 $10^{-5}g$,产生微重力环境时间较短,一般在 10 s 以内。失重飞机是利用飞机做抛物线飞行来创造短时间的微重力环境,精度可达到 $10^{-3}g$,持续时间在数十秒钟以内。前两种模拟微重力环境的方法精度高,但是持续时间短,成本高,实现难度大。利用气浮法、悬挂法等平衡重力的方法提供微重力试验环境是目前空间折展机构地面试验广泛采用的方法。

1. 气浮法

气浮法是利用气体的浮力原理实现对重力的平衡,气浮平台就是采用调节气体气压产生与物体重力相同的气浮力[1],由气膜浮起物体模拟微重力环境的。气浮台模拟微重力试验环境降低了因重力产生的摩擦力作用,具有较高的精度,但是利用气浮台平衡的机构只允许在二维空间内运动。

如图 9.1 所示,加拿大 Radarset 卫星天线支撑机构利用气浮台进行低重力环境的模拟,将若干个气足安装在天线支撑机构的下面,通过高压气体使平台与气足之间产生气浮力抵消天线支撑机构的重力。

(a) 展开状态　　　　　　　　　　　　　　　　(b) 收拢状态

图 9.1　利用气浮台模拟低重力环境的天线展收试验

此外,用填充相对密度小于空气的氢气、氮气等气体的气球悬挂在折展机构上平衡机构重力,模拟微重力环境对其进行展开与收拢试验测试,如图 9.2 所示。当机构质量较大时,需要气球体积特别大,在机构运动过程中空气阻力影响不可忽略,因此模拟精度较差。

图 9.2　气球法模拟微重力环境

2. 悬挂法

悬挂法即悬挂式重力平衡方法,是空间折展机构地面模拟试验中广泛采用的微重力环境模拟方法[2-3]。悬挂式重力平衡系统一般由吊丝、滑轮、滑动小车和导轨等组成,有主动重力平衡和被动重力平衡两种形式。根据折展机构展开过程运动轨迹的不同,悬挂式平衡系统可满足空间一维、二维、三维折展机构展收过程重力平衡的需要。图 9.3 所示为利用吊丝重力平衡系统进行微重力环境模拟,分别对伸展臂、太阳能帆板、抛物面天线进行微重力条件下的展收试验。

被动重力平衡系统中,滑动小车在折展机构运动的拉动下沿导轨运动,被动跟踪折展机构运动,保证吊丝处于竖直状态,吊丝拉力通过悬挂配重块或者拉簧的方式保持始终与被平衡机构重力大小相等,配重块的质量根据滑轮组确定。由于滑动小车与导轨之间存在摩擦力会影响系统精度,因此要尽可能减小摩擦和惯性,悬挂式重力平衡系统重力补偿

(a) 伸展臂微重力展收试验

(b) 太阳能帆板微重力展收试验　　　　　　(c) 抛物面天线微重力展收试验

图 9.3　悬挂式重力平衡法

精度可达 95%。

　　与被动重力平衡系统不同,主动重力平衡系统采用电机来驱动,滑动小车的运动抵消被测对象的重力。滑动小车可精确跟踪折展机构的运动,通过控制电机释放或者收紧吊丝使其拉力保持恒定,平衡机构的重力。

　　被动重力平衡系统的优点是设备简单、可行性强、成本低,适用于准静态、低速展开和收拢过程,但是由于引入了绳索、配重块的质量,在加速运动时附加惯性力和摩擦力对微重力模拟精度影响较大,摩擦力使滑动小车运动滞后,出现"爬行"等现象,这些是被动重力平衡系统需要解决的问题。主动重力平衡系统为消除附加质量产生的惯性力和摩擦干扰等问题,通过控制电机来驱动滑动小车对机构的跟踪运动,实时调节绳索竖直拉力抵消被平衡机构重力,微重力模拟精度高、系统复杂、成本高。根据空间折展机构的运动范围、运动速度及对微重力模拟精度的要求不同,选择合适的重力平衡方法。对于多模块折展机构的运动,往往需要多根吊丝分别平衡每个模块的重力。

9.2.2　伸展臂微重力模拟测试

　　第 6 章系统论述了索杆铰接式伸展臂的结构及驱动原理、静力学、性能参数、结构参数设计方法及动力学分析,本节将在自行研制的索杆铰接式伸展臂及其驱动机构原理样机上进行综合试验研究。设计并研制索杆铰接式伸展臂重力平衡装置,对伸展臂在重力平衡装置下进行地面模拟零重力重复展开和收拢试验,验证伸展臂及其驱动机构、根部锁紧装置及压杆机构的功能和可靠性,测量索杆铰接式伸展臂的重复展开精度和定位精度。通过对不同长度索杆铰接式伸展臂的动力学试验,验证索杆铰接式伸展臂有限元模型及伸展臂等效连续梁模型的正确性。

索杆铰接式伸展臂主要应用在微重力的太空环境中,在地面对伸展臂进行展开收拢模拟试验时需要平衡伸展臂自身重力和负载重力。伸展臂及负载的重力通过一套吊丝式重力平衡装置来平衡。图 9.4 所示为被动吊丝式重力平衡装置原理图,在伸展臂长度方向上设计几处悬吊点,通过吊丝悬挂在伸展臂不同吊点处平衡伸展臂及负载的重力。吊丝上端连接在导向架的滑轮车上,伸展臂展开、收拢过程中吊丝可以在伸展臂带动下一起沿着导向架被动移动。吊丝中间通过弹簧连接,允许伸展臂在展开和收拢过程中产生一定的扰动或偏摆,提高重力平衡装置的精度。

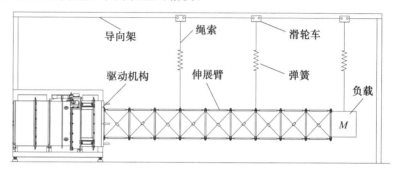

图 9.4　重力平衡装置原理图

索杆铰接式伸展臂原理样机在重力平衡装置吊挂下重复展开和收拢,如图 9.5 所示。

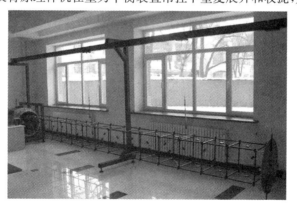

图 9.5　伸展臂在重力平衡下展开

9.2.3　天线支撑桁架机构微重力模拟测试

为验证模块化抛物面折展天线支撑机构的设计是否合理,能否顺利展开,需要对原理样机进行展开功能试验。

如图 9.6 所示,为了抵消重力对天线展开造成的不利影响,最大限度地模拟外层空间环境,设计了天线支撑机构可移动式吊挂,其主要组成如下:

(1)铝型材框架。用铝型材搭建天线吊挂框架,具有良好的刚度和稳定性,便于利用

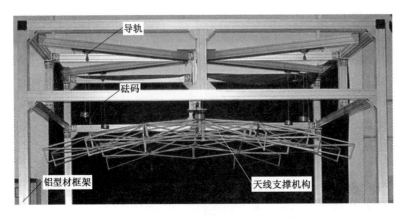

图 9.6　天线支撑机构可移动式吊挂

激振器法或锤击法测量天线支撑机构的动力学响应,天线通过绕线器底部的接口与铝型材框架相连接。

（2）导轨。6 根导轨在铝型材框架顶部均匀分布,每根导轨上都安装摩擦力很小的滑块,便于悬挂连接砝码与天线的钢丝绳。

（3）砝码。每个砝码的质量与单模块质量相等,砝码通过钢丝绳连接于第二层模块,天线支撑机构在展开过程中,砝码随安装在导轨上的滑块移动而向外移动。

支撑桁架在零重力试验装置吊挂下展开过程如图 9.7 所示,对折展天线支撑桁架机构进行了多次重复展收试验,展开过程平稳顺畅。

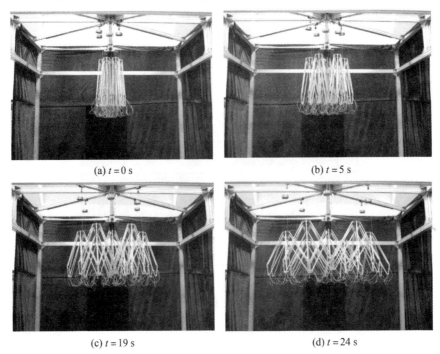

(a) $t = 0$ s　　　　　　　　　　　　(b) $t = 5$ s

(c) $t = 19$ s　　　　　　　　　　　　(d) $t = 24$ s

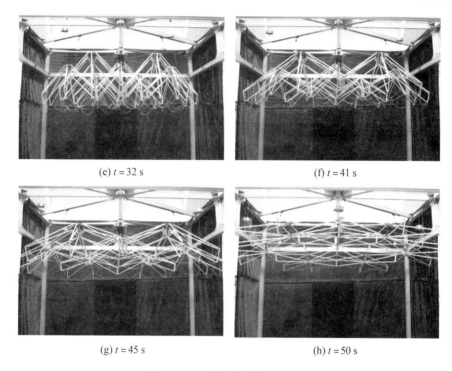

(e) $t = 32$ s　　　　　　　　(f) $t = 41$ s

(g) $t = 45$ s　　　　　　　　(h) $t = 50$ s

图 9.7　天线支撑机构展开过程

9.3　精度测量试验

9.3.1　测量方法

空间伸展臂、天线支撑桁架机构主要作为合成孔径雷达、阵面天线的展开、支撑与定位机构,折展机构展开到位的形面精度及重复展收精度对雷达天线的性能影响十分重大,因此要对折展机构进行精度测量,验证精度是否满足要求。空间折展机构精度的测量主要包括重复展收精度和展开到位后形面精度的测量。为了尽可能提高测量的准确性,测量系统应满足以下几点基本要求:

(1) 测量方式应为非接触测量,保证支撑桁架在最自然的状态下被测量;

(2) 系统应具有较高的测量精度,以减小外界因素对关键点误差的影响;

(3) 测量范围尽可能大,以较少的次数测量整个支撑桁架的外包络空间;

(4) 测量系统应具有灵活、机动的特点,不受或少受场地的影响。

主要的测量方法有摄影测量法、三坐标测量法、经纬仪测量法、激光跟踪仪测量法、全站仪测量法和激光扫描测量法。

1. 摄影测量法

图 9.8 所示为摄影测量原理图,用两台或两台以上摄像机从不同的位置同时摄取被测物体,或者一台摄像机从不同位置依次摄取被测物体。被测点分别成像在两个或多个

像面上,利用不同像面上的成像差异,通过特征点匹配等方法确定被测点深度信息,采用适当的图像处理方法,求得目标在计算机图像坐标系下的准确二维坐标,即可得到目标点在摄像机坐标系中的三维坐标[4,5]。

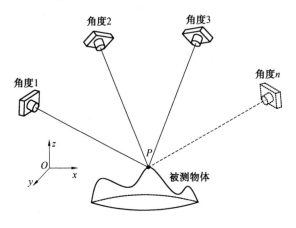

图 9.8　摄影测量原理图

摄影测量法操作流程如图 9.9 所示,首先建立测量所需的像平面坐标系、摄影测量坐标系等多个坐标系;然后使用相机在距被测物体一定距离处,从多个角度对被测物体进行拍照,以得到一定数量的不同视角下的影像;最后根据物点、投影中心和像点三点共线的关系,建立构像方程式,从方程式中得到物点精确的三维坐标。摄影测量的特点是获取测量数据快,受环境影响小,可测量形变和运动物体,缺点是实时性和测量精度有待提高。

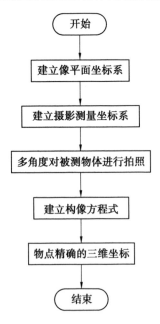

图 9.9　摄影测量法操作流程

2. 三坐标测量法

三坐标测量法是传统通用三维坐标测量仪器的代表,通过测头沿导轨的直线运动实现精确的坐标测量。它的优点是测量准确、效率高、通用性好;其不足是属于接触式测量方式,不易对准特征点,对测量环境要求高,不便携带,测量范围小。

3. 经纬仪测量法

经纬仪测量系统是由两台以上的高准确度电子经纬仪构成的空间角度前方交会测量系统,是在大尺寸测量领域应用最早和最多的一种系统。

经纬仪测量系统主要由数台经纬仪(最少两台)和一台计算机组成,另外所需的附件有标准尺、可粘贴标记或激光目标发生器、固定支座等。其测量原理是定基线前方交会测量法。设两台经纬仪的三轴中心分别为 1 和 2,首先建立图 9.10 所示的空间直角坐标系,$O(1)$ 为坐标系原点,1、2 连线在水平方向的投影为 x 轴,过 1 点的铅垂方向为 z 轴,由右手法来确定 y 轴。

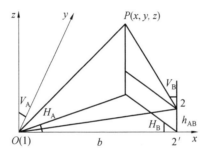

图 9.10　经纬仪测量原理

当两台经纬仪同时对准空间一点 $P(x,y,z)$ 时,可以得到两个水平角和两个天顶距为 H_A、H_B 和 V_A、V_B。若已知 1、$2'$ 的水平间距 b 和 2、$2'$ 的垂直高度差 h_{AB},即可由式 (9.1)～(9.3)计算出点 P 的三维坐标,即

$$X = \frac{b\sin H_B\cos H_A}{\sin(H_A+H_B)} \tag{9.1}$$

$$Y = \frac{b\sin H_B\sin H_A}{\sin(H_A+H_B)} \tag{9.2}$$

$$Z = \frac{\dfrac{b(\sin H_B\cot V_A+\sin H_A\cot V_B)}{\sin(H_A+H_B)}+h_{AB}}{2} \tag{9.3}$$

经纬仪测量系统的优点是测量范围较大(2 m 至几十米),是光学的、非接触式测量方式,测量准确度比较高,在 20 m 范围内的测量误差可达 ± 10 μm/m。

4. 激光跟踪仪测量法

激光跟踪仪是一种先进的尺寸精度测量系统,它集激光干涉测距技术、光电检测技术、精密机械技术、计算机及控制技术、现代数值计算理论等于一体,可对空间运动目标进行跟踪并实时测量运动目标的空间三维坐标,坐标形式可以是球坐标、柱坐标或笛卡儿坐标。它具有安装快捷、操作简便、实时扫描测量、测量精度及效率高等优点,被誉为"便携式 CMM"。激光跟踪仪机动性强,基本原理是:在被测点上加一个逆反射器,当目标移动时,跟踪头自动调整光束方向跟踪反射器,反射光由检测系统接收,根据测量系统测得的长度值,或者与跟踪机构给出的角度变化值相结合,给出目标的三维坐标。根据跟踪头数量的不同,激光跟踪系统分为单站球坐标法、双站三角法和多站距离交会法三种。使用激光跟踪仪进行测量时,被测尺寸范围可从 1 m 到几百米,跟踪头到被测目标点的最大距离为 35 m,测量精度可达 $\pm 5 \times 10^{-6}$,测量效率可比传统的大型 CMM、经纬仪测量系统和摄影测量系统等提高数倍。目前,生产激光跟踪仪的有美国 API 公司、Faro 公司和德国 Leica 公司,其技术指标见表 9.1。

表 9.1　各公司激光跟踪仪的性能指标

生产激光跟踪仪的公司	API	Faro	Leica
水平范围 /(°)	±235	±360	±235
垂直范围 /(°)	±50	±45	±45
角分辨率 /(″)	0.3	0.06	0.14
干涉仪分辨率 /μm	1	0.2	1.3
空间测量精度 /10 μm	10 L/1 000	2 L/1 000	(10 ~ 20) L/1 000
绝对距离测量范围 /m	0 ~ 50	0 ~ 50	0 ~ 50
质量 /kg	13	16	33

注:L 为测量长度,单位为 mm。

5. 全站仪测量法

全站仪是一种兼有电子测角和电子测距的测量仪器,其坐标测量原理最为简单,基于空间极(球)坐标测量原理,是测绘行业应用最广和最通用的一种"坐标测量机"。全站仪坐标测量系统只需单台仪器即可测量,因此仪器设站非常方便和灵活,测程较远,特别适合测量范围大的情况,TDA5005 构成的系统在 120 m 范围内使用精密角偶棱镜(CCR)的测距误差能达到 ± 0.3 mm。日本 SOKKIA 公司推出了 MON-MOS 全站仪测量系统,采用 NET1200 全站仪在 100 m 范围内对反射片的测量误差为 ± 0.7 mm。

除上述测量方法外,还有激光扫描测量、关节式坐标测量、室内 GPS 等测量方法。近年来,随着我国国民经济的快速发展,在航空、航天、电子、汽车、造船、通信、核工业、水利水电、武器装备等行业和领域的生产和工程中都已对大尺寸测量提出了期望和明确要求,如飞船推进舱测量($\approx \phi$3 m)、飞机桁架测量(20 m 以上)、导弹总装测量(7 ~ 10 m)、大型水轮机座环测量($\approx \phi$12 m)、大型天线测量(10 ~ 50 m)等。相对于国外比较成熟的研究、开发和应用,国内在大尺寸三坐标测量技术和方法的研究、开发及商品化方面还处于滞后发展阶段,因此对大尺寸展开结构精度测量技术的研究具有重要现实意义。

9.3.2　天线支撑桁架机构展开精度测量

天线的形面精度是衡量天线工作性能的一项重要指标,它与天线的工作频段有密切关系,会对天线的工作效率产生重要影响,而天线形面精度的高低主要由支撑桁架的展开精度来保证,因此对支撑桁架进行展开精度测量十分必要。三坐标测量仪要求被测物体必须固定在测试平台上,而支撑桁架处于悬挂状态,不满足灵活性测量要求。全站仪和关节臂每次只能进行单点测量,对于支撑桁架上较多的关键点而言,测量工作量较大,测试过程较复杂。数字跟踪仪测量时需要在被测物体上安放反射器,不满足非接触测量的要求。摄影测量是将拍摄得到的影像经过分析处理以获得被测物体位置、大小、形状等信息的一门科学。摄影测量系统是利用交会测量原理,通过单台或多台相机在不同的角度对被测物体进行非接触测量,经过计算机数字图像处理来得到准确的被测物体的三维坐标。由此可见,摄影测量系统能满足天线形面精度的测量要求。

本试验使用的是美国 GSI 公司生产的 V-STARS(Video-Simultaneous Triangulation and Resection System) 摄影测量系统,该系统测量精度高、测量速度快,能在较苛刻的环境中工作,是目前世界上最成熟的商业化工业摄影测量产品。V-STARS 系统又分为智能单相机系统 V-STARS/S、经济型单相机系统 V-STARS/E 和智能多相机系统 V-STARS/M。

试验使用的具体型号为智能单相机系统 V-STARS/S8,该系统主要包括 1 台智能数码相机 INCA3、1 台包含系统软件的笔记本电脑、1 根定向棒、1 套基准尺和 1 组标志点等。系统的核心部分是 INCA3 智能数码相机,如图 9.11 所示。该相机采用高分辨率的 CCD 传感器,内置单片机可以实时地进行像片的无损压缩、标志点识别等工作,稳固的机身可满足工业现场的使用要求。相机的主要技术参数见表 9.2。

图 9.11　INCA3 智能数码相机

表 9.2　相机的技术参数

指　　标	参　　数
分辨率 / 像素	800 万
CCD 尺寸	35 mm × 23 mm
像素 /μm	10
焦　　距 /mm	21
视场角	77° × 56°
处理器	Intel 500 MHz Pentium II CPU
内　　存 /MB	512
像片压缩比	> 10 : 1

支撑桁架上表面与金属反射网相连接,其精度会在宏观上对天线形面精度产生直接

的影响。若上表面误差较大,则很难保证天线工作时所需的形面精度,因此保证上表面关键点的准确性显得尤为重要。

支撑桁架展开精度试验主要分三个阶段进行,分别是测量前期准备、测量过程、数据处理与分析。测量前期准备工作主要包括标志点、编码点的粘贴,定向棒、基准尺位置的选取与固定等内容。为便于测量与分析,以模块为单位,按照逆时针方向对关键点进行编号,如图 9.12 所示。

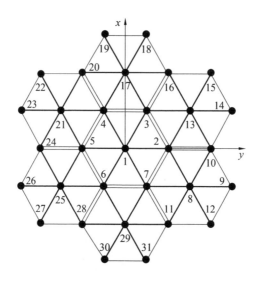

图 9.12　支撑桁架上表面关键点分布

由图 9.12 可见,剔除重合的关键点后,支撑桁架上表面共有 31 个关键点。建立一套摄影测量系统,如图 9.13 所示。

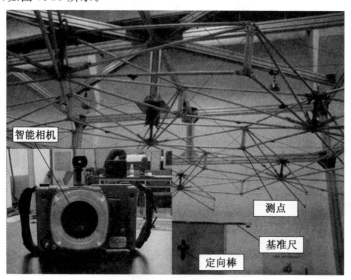

图 9.13　支撑桁架精度试验现场

本试验对支撑桁架共进行了 10 次展开试验,在支撑桁架完全展开后,保证支撑桁架静止时再进行拍照,共进行了 10 次测量,每次测量时拍摄 35 张照片。本试验中的展开精度分析包括展开的形面精度分析、重复展开精度分析和关键点误差分析三个方面。

1. 形面精度分析

根据试验的测量结果及第 7 章天线工作表面的拟合方法,通过编程计算得到支撑桁架各次测量的均方根误差和拟合球半径,见表 9.3。本试验中支撑桁架的理论球面半径为 4 701 mm。

表 9.3　均方根误差及拟合球半径

测量次数	RMS/mm	拟合球半径/mm	拟合值与理论值相对误差/%
1	3.050	4 784.944	1.786
2	3.010	4 784.812	1.783
3	3.117	4 783.611	1.757
4	3.114	4 781.560	1.714
5	3.076	4 784.113	1.768
6	3.110	4 780.672	1.695
7	3.130	4 784.461	1.775
8	3.045	4 784.282	1.772
9	3.109	4 782.282	1.729
10	3.068	4 784.510	1.776

从表 9.3 可以看出,10 次展开试验测量得到的 RMS 算数平均值为 3.083 mm,表明支撑桁架的形面精度较高,曲面比较平滑,关键点的离散性较小。拟合的球面半径与理论值的相对误差最大仅为 1.786%,表明拟合的球面半径与设计尺寸相差很小,从而也证明了设计的天线支撑桁架的形状与理想曲面非常接近。

2. 重复展开精度分析

通过摄影测量方法测试可以得到折展天线 31 个关键点的重复展开精度,如图 9.14 所示,列举了对天线中心模块上关键点 7 进行 10 次重复展开的位置误差。

从各个关键点的重复展开精度测试结果得出:在 x 和 y 方向的展开精度优于 z 方向的展开精度。x 方向展开误差最大的是关键点 22,其值为 0.828 mm;y 方向展开精度最差的是关键点 28,其值为 0.967 mm;z 方向展开误差最大的是关键点 26,其值为 1.136 mm。

天线支撑桁架的重复展开精度试验是在重力平衡装置上进行测量的,支撑桁架在展开过程及展开结束后都会受到向下的力,而配重、吊丝等会对这个力产生不确定的影响,z 轴是受影响最直接的方向,因此该方向上的展开精度要略差于其他两个方向。但从以上的试验结果可以看出,在多次的展开试验中,支撑桁架仍能保持高的重复展开精度。

3. 关键点误差分析

通过建立的等尺寸支撑桁架的空间几何模型,可以得到折展天线上表面所有关键点

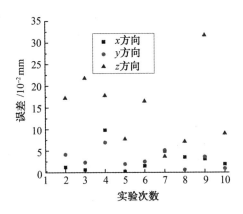

图 9.14　关键点 7 的重复展开精度

的空间坐标,通过试验测量可以得到各个关键点的实际空间坐标。将理论计算结果和试验结果进行对比分析,可以得到关键点试验值与理论值之间的绝对误差和相对误差。绝对误差较大的关键点出现在点 9、点 15、点 19 和点 31 等位置,它们均处于支撑桁架的最边缘,误差较大是由于支撑桁架铰链较多,由中心模块向外安装时误差累积所致。

9.4　动力学试验

固有频率是评价空间折展机构动力学特性的一项重要特征参数,取决于折展机构系统质量、刚度及其分布情况。折展机构是一个由杆件、柔性索、铰链、锁紧装置等组成的复杂系统,建立折展机构精确的动力学模型是十分困难的。因此,需要对折展机构进行动力学试验,通过试验测试与分析获得较精确的固有频率及振型结果。

9.4.1　测试方法

1. 固有频率测试

振型系统固有频率的测试方法有简谐力激振法、锤击法、自谱分析法等。空间折展机构固有频率的测试最常采用的方法是共振法,即通过振动台或激振器对系统进行简谐力激振,引起系统共振,通过测试系统的幅频响应找到系统的各阶固有频率。锤击法,即用力锤产生冲击力激振,通过输入的力信号和输出的响应信号进行传递函数分析,得到系统各阶固有频率[7]。

（1）简谐力激振法。

简谐力激振法是在简谐力作用下的强迫振动,系统动力学方程为

$$\boldsymbol{M}\ddot{x} + \boldsymbol{C}\dot{x} + \boldsymbol{K}x = \boldsymbol{F}_0 \sin \omega_e t \tag{9.4}$$

式中　$\boldsymbol{M}$——被测系统质量矩阵;

$\boldsymbol{C}$——被测系统阻尼矩阵;

$\boldsymbol{K}$——被测系统刚度矩阵;

$\boldsymbol{F}_0$——简谐激励力幅值;

ω——简谐激励振动频率;

x——系统振动幅值。

对于单自由度,系统强迫振动稳态位移为

$$x = A\sin(\omega t - \varphi) \tag{9.5}$$

式中

$$A = \frac{F_0}{k\sqrt{\left[\left(1-\frac{\omega}{\omega_n}\right)^2\right]^2 + 4\xi^2\left(\frac{\omega}{\omega_n}\right)^2}} \tag{9.6}$$

$$\varphi = \arctan\frac{A_2}{A_1} = \arctan\left(\frac{2\omega_e\varepsilon}{\omega^2 - \omega_e^2}\right) \tag{9.7}$$

系统的速度、加速度表达式分别为

$$\dot{x} = A\omega\cos(\omega t - \varphi) \tag{9.8}$$

$$\ddot{x} = -A\omega^2\sin(\omega t - \varphi) \tag{9.9}$$

当强迫振动频率和系统固有频率相等时,振幅和相位都有明显变化,通过对这两个参数进行测量,我们可以判别系统是否达到共振动点,从而确定出系统的各阶振动频率。

当激振力幅值 F_0 不变、激振频率 ω 由低到高变化时,系统的位移幅值 A、速度幅值 $A\omega$、加速度幅值 $A\omega^2$ 都将随之变化。当激振频率达到系统固有频率时,系统振动幅值达到极值,因此可以通过系统幅频响应曲线的极值点确定系统的各阶固有频率。当采用幅值共振法确定系统固有频率时,系统共振频率会受到系统阻尼的影响,例如位移、速度、加速度共振频率分别为 $\omega_n\sqrt{1-2\xi^2}$、ω_n、$\omega_n\sqrt{1+2\xi^2}$,采用相位共振法可以排除阻尼因素的影响。

(2)锤击法。

通常我们认为振动系统为线性系统,用一特定已知的激振力,以可控的方法激励结构,同时测量输入和输出信号,通过传递函数分析,得到系统固有频率。

响应与激振力之间的关系可用导纳表示为

$$Y = \frac{1/k}{\sqrt{(1-u^2)^2 + 4u^2D^2}}e^{j\omega} \tag{9.10}$$

$$\varphi = \arctan\left(\frac{-2Du}{1-u^2}\right) \tag{9.11}$$

Y 的意义就是幅值为 1 的激励力所产生的响应。研究 Y 与激励力之间的关系,即可得到系统的频响特性曲线。在共振频率下的导纳值迅速增大,从而可以判别各阶共振频率。

(3)自谱分析法。

系统做自由衰减振动时包括了各阶频率成分,时域波形反映了各阶频率下自由衰减波形的线性叠加,通过对时域波形做 FFT 转换即可得到其频谱图,从而可从频谱图中各峰值处得到系统的各阶固有频率。

2. 试验模态分析

试验模态分析是指用试验的方法,通过人为对被测系统施加激励,利用测得的试验数据,分析处理后获得系统模态参数的方法。模态试验的目的是通过试验将采集的系统输人与输出信号经过参数识别获得模态参数,得到系统各阶模态的固有频率、模态质量、模态刚度、阻尼比和模态振型。通常需要对空间折展机构进行模态试验分析,获得机构准确的模态阻尼系数和主振型。

模态试验的步骤:首先对被测系统进行人为激振;其次测量激振力与系统响应;然后对激振力及响应进行快速傅里叶变换(FFT)分析,得到传递函数;最后,运用模态分析理论对传递函数的曲线进行拟合,识别出被测系统的模态参数,从而建立被测系统的模态模型。根据模态叠加原理,在已知各种载荷时间历程的情况下,即可计算被测系统实际振动的响应历程或响应谱。

对于一个 n 自由度的系统,其含阻尼项的运动微分方程为

$$\boldsymbol{M}\ddot{\boldsymbol{x}}(t)+\boldsymbol{C}\dot{\boldsymbol{x}}(t)+\boldsymbol{K}\boldsymbol{x}(t)=\boldsymbol{F}(t) \tag{9.12}$$

由傅里叶变换可得

$$(\mathrm{j}\omega)^2\boldsymbol{M}\boldsymbol{x}(\omega)+\mathrm{j}\omega\,\boldsymbol{C}\boldsymbol{x}(\omega)+\boldsymbol{K}\boldsymbol{x}(\omega)=\boldsymbol{F}(\omega) \tag{9.13}$$

则位移响应向量 $\boldsymbol{x}(t)$ 和激振力 $\boldsymbol{F}(t)$ 的傅里叶变换分别为

$$\boldsymbol{x}(\omega)=\int_{-\infty}^{+\infty}\boldsymbol{x}(t)\,\mathrm{e}^{-\mathrm{j}\omega t}\,\mathrm{d}t \tag{9.14}$$

$$\boldsymbol{F}(\omega)=\int_{-\infty}^{+\infty}\boldsymbol{F}(t)\,\mathrm{e}^{-\mathrm{j}\omega t}\,\mathrm{d}t \tag{9.15}$$

则系统的传递函数矩阵为

$$\boldsymbol{H}(\omega)=\frac{\boldsymbol{x}(\omega)}{\boldsymbol{F}(\omega)}=\frac{1}{(-\omega^2\boldsymbol{M})+\mathrm{j}\omega\,\boldsymbol{C}+\boldsymbol{K}} \tag{9.16}$$

若对结构的点 a 进行激励,并测量点 b 的响应,即得传递函数矩阵的 a 行 b 列元素

$$H_{ab}(\omega)=\sum_{i=1}^{n}\frac{\varphi_{bi}\varphi_{ai}}{-\omega^2 M_i+\mathrm{j}\omega C_i+K_i} \tag{9.17}$$

其中 φ_{bi}、φ_{ai} 是第 i 阶模态下点 b、a 的振型;M_i、K_i 和 C_i 分别为模态质量、模态刚度和模态阻尼。

模态试验测试系统包含激振系统、测量系统、数据采集系统和信号处理分析系统等。激振系统作用是用振动台、激振器或力锤等激振设备对被测系统或机构施加一定动态激励,使系统产生振动。测量系统作用是用力、位移、速度、加速度传感器等测量被测系统所受的激振力及被测系统的动态响应。数据采集系统作用是记录并处理由力传感器与运动传感器测试得到的信号数据。最后通过数据处理分析系统对测试得到的传递函数通过曲线拟合确定固有频率、阻尼比、振型等模态参数。根据激励方法不同,相应模态识别方法也不同,目前主要有单输入单输出、单输入多输出和多输入多输出三种方法。

9.4.2　伸展臂动力学试验

1. 测试系统及测试原理

索杆铰接式伸展臂动力学试验测试系统组成如图 9.15 所示。该系统主要由 4 部分组成,即振动台、加速度传感器、动态信号采集处理系统和数据的处理显示系统,采用加速度幅值共振法测试伸展臂的各阶固有频率。将伸展臂的根部固定在振动台的工作台面上,通过振动台给伸展臂施加简谐激励力,使伸展臂产生强迫振动。然后连续改变振动台激励力的频率,使伸展臂发生共振,通过安装在伸展臂上被测点的加速度传感器测试伸展

臂在激励下的加速度响应曲线,通过曲线找到加速度幅值最大处对应的频率即得到伸展臂的各阶固有频率。由于幅频特性曲线是用正弦扫描法所得,因此振动台激励为恒定的加速度值。 本试验使用的振动台为东菱振动试验台,最大推力为 6 t,最大振幅为 ±25.5 mm,振动频率为 3 ～ 3 000 Hz,工作台面为 1 m×1 m;加速度传感器采用美国 PCB 公司的 ICP 加速度计;振动台的控制与数据采集采用美国 Spectral Dynamics (SD) 公司的 PUMA 振动控制和分析系统。

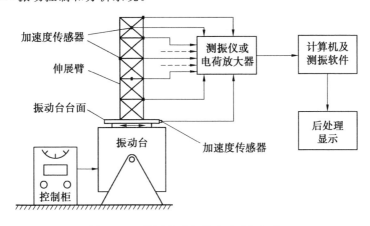

图 9.15　伸展臂动力学试验系统组成

2. 伸展臂固有频率测试

运用振动试验台分别对不同长度的伸展臂(1、3、5、7、10 个桁架单元)进行正弦扫频试验。如图 9.16 所示,将伸展臂的根部固定在振动台工作台面上,端部自由形成悬臂结构,在振动台激励下正弦振动。一个伸展臂桁架单元试验时振动台扫描频率范围为5 ～ 600 Hz,多单元试验时振动台扫描频率范围为 0 ～ 300 Hz,振动台激励加速度幅值为 0.2 g。

如图9.17所示,加速度传感器分别安装在横杆中点、锁紧块及角块上。y向为激励方向,z向在水平方向上垂直激励方向,x向为平行伸展臂轴线的竖直方向。

对不同长度的伸展臂进行动力学试验,得到典型振动频率测试曲线如图 9.18 所示。

通过对不同长度的伸展臂进行振动试验,得到了伸展臂各阶振动频率。同时建立了不同长度伸展臂有限元分析模型,对伸展臂进行有限元仿真,得到了伸展臂振动频率。不同长度伸展臂振动频率试验与仿真结果见表9.4。

(a) 1个单元

(b) 5个单元

(c) 7个单元

(d) 10个单元

图 9.16　伸展臂振动试验现场照片

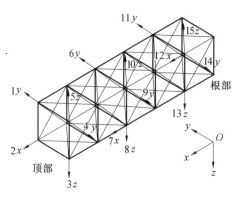

图 9.17　加速度传感器在伸展臂上的安装位置(5个单元)

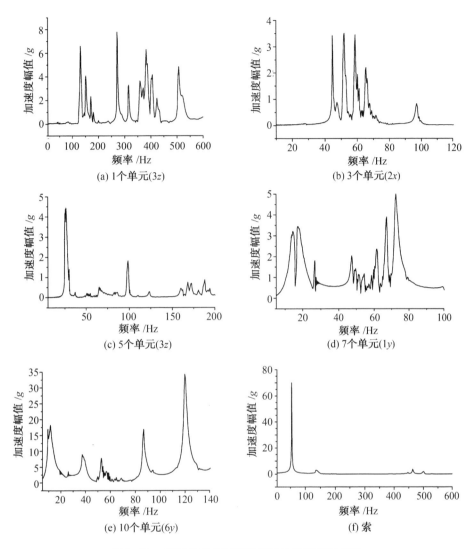

图 9.18　不同长度伸展臂及索振动频率测试曲线

表 9.4　不同长度伸展臂振动频率试验与仿真结果

单元数		1 阶	2 阶	3 阶	4 阶	5 阶
1	试验	135.65	152.14	171.51	272.02	316.02
	仿真	137.20	148.17	161.37	275.91	317.05
3	试验	46.46	52.27	58.5	65.49	71.81
	仿真	48.84	51.36	58.2	65.38	76.53
5	试验	27.26	64.48	82.47	96.67	161.38
	仿真	31.28	62.06	82.76	98.42	154.88

续表9.4

单元数		1 阶	2 阶	3 阶	4 阶	5 阶
7	试验	15.28	26.71	61.58	67.19	72.55
	仿真	16.10	27.70	57.47	67.40	77.47
10	试验	9.89	36.89	64.82	86.81	119.88
	仿真	9.07	38.66	64.67	87.98	114.50

试验测试结果与仿真分析结果进行对比如图9.19所示,通过对比说明试验结果与有限元仿真结果吻合较好。

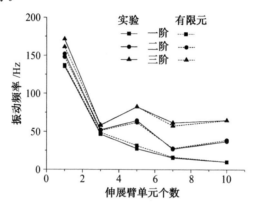

图 9.19　不同单元数目伸展臂前三阶振动频率试验与有限元分析对比

3. 索张力对伸展臂动力学特性的影响

分别对200 N、300 N、400 N、500 N 4种不同索张力的伸展臂桁架单元进行正弦扫频振动试验。对索和桁架单元的振动频率进行测量,并且对测量的加速度响应曲线进行对比,如图9.20、9.21所示。

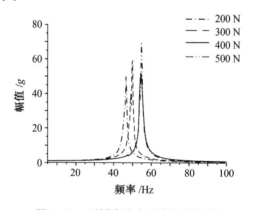

图 9.20　不同索张力下索振动频率

测量频率结果表明,随着索张力的提高,伸展臂单元索一阶振动频率增大;伸展臂桁架单元一阶振动频率随着索张力值的增加而增大,但是增幅较小。表9.5列出了原桁架单元的第一阶固有频率在不同索张力下的测试结果。

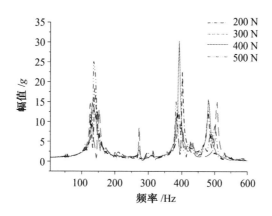

图 9.21　不同索张力下伸展臂桁架单元振动频率

表 9.5　不同索张力下伸展臂单元振动频率

索张力 /N	200	300	400	500
索频率 /Hz	46.43	49.87	54.23	54.66
桁架频率 /Hz	127.12	127.64	131.61	135.65

　　由此可见,虽然存在一个最优的索张力值能够使伸展臂固有频率达到最大值,但是索张力的大小对伸展臂的振动频率增大效果并不显著。另外,索张力的增大势必增加伸展臂驱动机构的驱动功率,同时较大的索张力又给预紧力的加载和伸展臂的装配带来较大的难度,因此不能采用增大索张力的方法来提高伸展臂的固有频率。

9.5　模态试验

9.5.1　伸展臂模态试验

　　以 7 个模块的伸展臂桁架为试验对象进行模态试验。如图 9.22、9.23 所示,该试验系统主要由 5 部分构成,即 7 个模块的支撑臂及固定底座、力锤、加速度传感器、信号采集和模态分析软件。

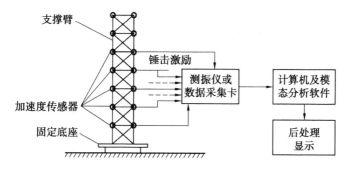

图 9.22　支撑臂模态试验系统组成

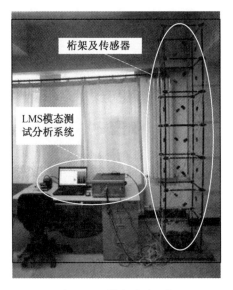

图 9.23　模态试验现场

　　锤击法测试模态需要选择合适的力锤,主要是锤头帽的选择。锤头帽是直接与被测结构接触的部分,锤头帽越硬,冲击碰撞的时间越短,冲击力信号的频带越宽。针对本书介绍的桁架结构,经过测试,发现橡胶锤头帽的冲击效果较好,如图 9.24 所示。

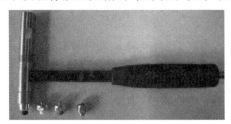

图 9.24　激振用力锤

　　选择好力锤并布置好传感器后,按如下步骤进行试验。

　　(1) 建立桁架的几何模型。

　　利用 LMS Test.lab 进行模态试验,首先在 Geometry 模块中创建桁架的几何模型,如图 9.25 所示。

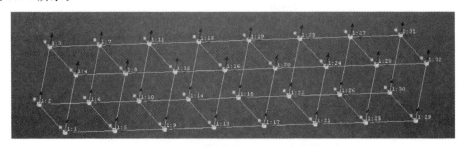

图 9.25　LMS 中桁架几何模型及坐标

（2）加速度传感器布置。

几何模型建好后，进行传感器布置。如图 9.26 所示，上述几何模型共有 32 个节点，其中固定端 4 个节点无需测量，认为固定端为刚性连接，响应为零。剩余 28 个节点，每个节点需测量 x、y 两个方向（z 轴沿桁架长度，x、y 按右手定则确定），因此共需测量自由度 56 个。本试验采用美国 PCB 公司的 ICP 加速度计，加速度传感器数量为 7 个，因此需要分 8 次测量，下图中桁架节点上箭头方向表示需要测量的自由度，在相应的节点和相应的方向上布置传感器，锤击点为节点 18 处，锤击方向在 xy 平面内与 x 轴成 $-45°$，目的是更好地激励扭转模态。

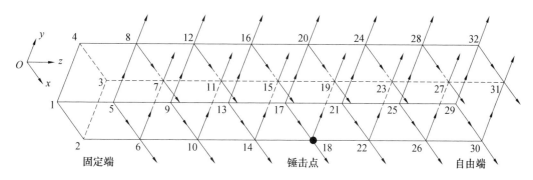

图 9.26   传感器布置及锤击点位置

（3）通道设置。

在 Channel setup 模块中进行通道参数设置。将力锤的输出通道作为参考通道，然后选取传感器对应的测试通道，设置传感器灵敏度值，见表 9.6，力锤的灵敏度系数为 2.40 mV/N。 在 Point 中建立传感器通道与几何模型中节点自由度的对应关系，并选择测量方向。

表 9.6   PCB 加速度传感器及力锤灵敏度系数

传感器	1	2	3	4	5	6	7
灵敏度系数 /(mV · g^{-1})	9.65	9.28	9.4	9.72	9.1	9.14	9.23

（4）锤击示波和锤击设置。

在 Impact scope 模块中定义软件窗口示波的带宽及频率分辨率，通过多次锤击设置通道增益。然后在 Impact setup 模块中，通过多次锤击，进行触发级和窗的选取，加指数窗以提高测量信噪比。锤击力近似脉冲激励，如图 9.27 所示。桁架上某点的时域响应如图 9.28 所示。

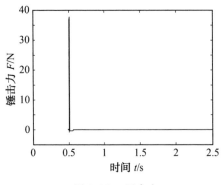

图 9.27　锤击力

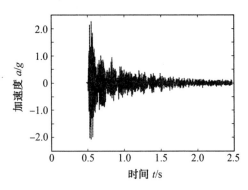

图 9.28　节点 31 的时域响应

（5）测量。

　　完成上述设置后，便可进行测量。设置测量的平均次数为 8 次，然后连续进行 8 次有效锤击（对于激励过载或传感器过载的锤击拒绝接受，可重新锤击）取平均值。若只关注前 6 阶模态，锤击点及桁架自由端节点频响曲线如图 9.29 和图 9.30 所示。

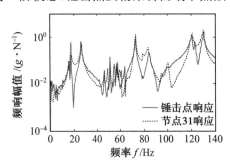

图 9.29　节点 31、锤击点频响曲线

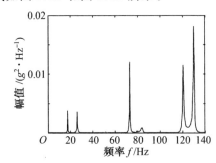

图 9.30　自由端节点 31 的功率谱密度

　　完成一次 7 个自由度的测量后，再重复 7 次步骤（2）～（5），完成全部 56 个自由度的测试。

9.5.2　模态试验结果分析

　　将试验数据用 LMS 后处理软件处理后得出桁架固有频率和振型，与仿真模型进行对比，见表 9.7。

表 9.7　LMS 桁架振动试验数据

模态	试验频率/Hz	振型	模态刚度/(kg · s⁻²)	模态质量/kg	模态阻尼/(kg · s⁻¹)	阻尼比	理论频率/Hz
1	17.44	弯	0.007 6	6.33e−007	8.06e−007	0.58%	18.00
2	26.13	扭	0.033 2	1.23e−006	5.12e−006	1.27%	27.26
3	72.96	弯	0.015 7	7.48e−008	1.96e−007	0.29%	65.35
4	83.98	扭	0.012 1	4.34e−008	4.45e−007	0.97%	81.26
5	120.19	弯	0.036 5	6.39e−008	6.13e−007	0.64%	119.57
6	129.87	扭	0.032 4	4.87e−008	3.33e−007	0.42%	133.52

如图 9.31 所示，将理论建模求得的前 6 阶振型与模态试验求得的振型进行对比，左侧为理论振型，右侧为试验振型。

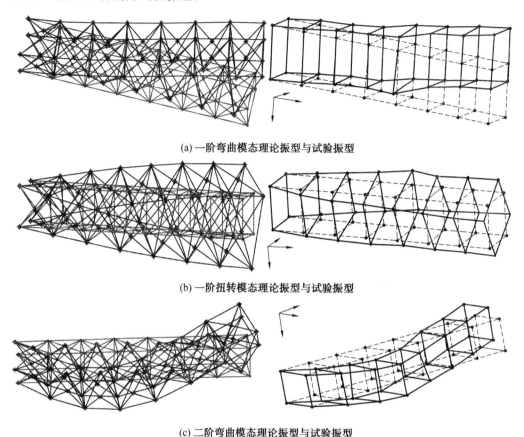

(a) 一阶弯曲模态理论振型与试验振型

(b) 一阶扭转模态理论振型与试验振型

(c) 二阶弯曲模态理论振型与试验振型

图 9.31　仿真振型(左)与试验振型(右)对比(前 2 阶)

所得试验振型中第 4 个模块中有一点变形较大，原因是该点是锤击点，此处布置的传感器测得的信号显然要比其他位置强。上述试验测得前 6 阶振型与 MATLAB 仿真振型完全一致，两者所得固有频率除第二阶弯曲模态误差较大外，其他模态固有频率误差均在 5% 以内。

9.5.3　天线支撑桁架机构动力学试验

本试验为天线支撑桁架机构在自由状态下的模态分析，其动力学试验测试系统组成如图 9.32 所示。

该测试系统主要由激振器、功率放大器、加速度传感器、信号采集与数据分析系统、橡皮绳等部分组成。采用橡皮绳悬吊的方式模拟自由边界条件，用柔性较好的橡皮绳将支撑桁架悬吊于零重力试验装置上，这样可以排除外界物体振动对支撑桁架的干扰与影响。采用单点输入多点输出的方式进行模态试验，将传感器放置在不同位置进行测试，确定将支撑桁架的中心作为激振点，方向为垂直于地面向上，信号为白噪声的随机信号。测

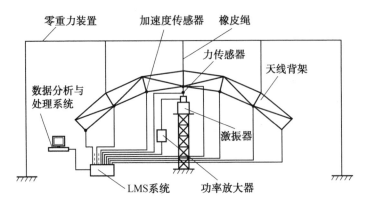

图 9.32　天线支撑桁架机构模态试验测试系统

试现场如图 9.33 所示。

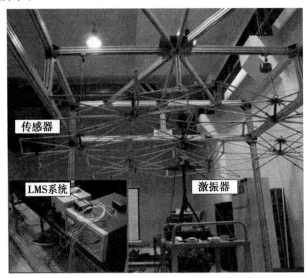

图 9.33　天线支撑机构模态试验测试现场

通过对 LMS 系统采集到的数据进行分析和处理,得到支撑机构的 4 阶固有频率依次为 32.781 Hz、58.003 Hz、66.396 Hz 和 74.170 Hz。采用 ANSYS 软件计算支撑桁架的自由模态,得到结构的前 5 阶固有频率为 29.643 Hz、29.644 Hz、58.027 Hz、68.461 Hz 和 72.133 Hz,其前 4 阶振型分别如图 9.34 所示。

试验中得到的两个模态振型如图 9.35 所示。

通过对固有频率及振型的比较,表明实测的 4 阶固有频率分别对应于有限元分析的第 1、3、4 和 5 阶固有频率,见表 9.8。

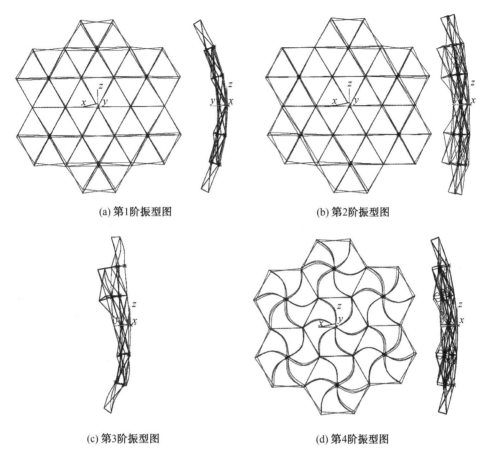

(a) 第1阶振型图

(b) 第2阶振型图

(c) 第3阶振型图

(d) 第4阶振型图

图 9.34 有限元分析得到的振型图

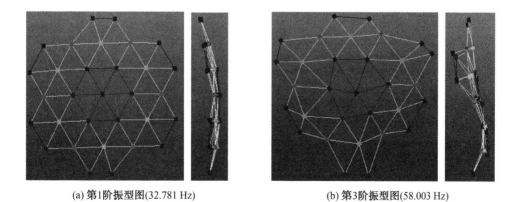

(a) 第1阶振型图(32.781 Hz)

(b) 第3阶振型图(58.003 Hz)

图 9.35 试验中得到的振型图

表 9.8　有限元结果与试验结果比较

阶次	有限元结果 /Hz	试验结果 /Hz	相对误差 /%
1	29.643	32.781	9.59%
2	29.644	—	—
3	58.027	58.003	0.41%
4	68.461	66.396	3.02%
5	72.133	74.170	2.82%

9.6　本章小结

　　本章主要介绍了空间折展机构的地面模拟试验测试方法,包括地面模拟微重力环境的方法、折展机构精度测量方法、动力学测试方法等。结合研制的伸展臂及天线支撑桁架机构进行了相关地面试验测试。采用吊挂法模拟微重力环境对伸展臂、抛物面天线支撑桁架机构进行了多次展收试验。采用摄影法对抛物面天线支撑桁架机构进行了重复展开精度与形面精度的测量,结果表明天线支撑机构具有较高的重复展开精度与形面精度。采用振动试验台对伸展臂进行了正弦扫频试验,得到了伸展臂桁架的固有频率;分别利用力锤和激振器对伸展臂桁架、天线支撑桁架机构进行激励,对多点加速度响应进行测量,经过模态分析得到伸展臂桁架、天线支撑桁架机构的固有频率和振型。

参考文献

[1] 韦娟芳. 空间 4～10 米可展开天线的动力耦合分析及实验技术[D]. 杭州:浙江大学,2002.

[2] TSUNODA H, HARIU K, KAWAKAMI Y, et al. Deployment test methods for a large deployable mesh reflector[J]. Journal of Spacecraft and Rockets, 1997, 34(6):811-816.

[3] TSUNODA H, HARIU K, KAWAKAMI Y, et al. Structural design and deployment test methods for a large deployable mesh reflector[C] // AIAA/ASME/ASCE/ AHS/ ASC Structures, Structural Dynamics and Materials Conference. Kissimmee, FL, USA: AIAA, 1997:2963-2971.

[4] 卢成静,黄桂平,李广云. V-STARS 工业摄影三坐标测量系统精度测试及应用[J]. 红外与激光工程,2007,36(S1):245-249.

[5] 王保丰,李广云,李宗春,等. 应用摄影测量技术检测大型天线工作状态的研究[J]. 中国电子科学研究院学报,2006,1(5):435-439.

[6] 王晋疆,金素坤,邸旭,等. 经纬仪测量系统在工业测量中的应用[J]. 光电工程,2003(1):52-56.

[7] 刘礼华,欧珠光. 动力学实验[M]. 武汉:武汉大学出版社,2006.

名词索引

A

Alouette 卫星 ················· 1.3.1
ANSYS ················· 1.3.1,7.6
ADAMS ················· 3.4.3,7.7

B

Bennett 机构 ········· 3.5.2,4.3.3,4.4.1
闭环机构················· 3.5.1
Bricard 机构 ········· 3.6.3,4.3.3,4.4.4

C

CFRP 材料 ················· 1.3.1,6.3.3
重复展开精度········· 9.1,9.3.1,9.3.2
充气反射面天线 ················· 1.3.3
传动装置················· 8.2.2

D

DAISY 折展天线 ················· 1.3.3
D-H 参数 ················· 3.6.1,5.2.2
D-H 模型 ················· 4.2
等效模型················· 6.4.1,6.4.2,6.4.4
动力学 ······ 1.4,5.2.3,6.4.2,7.5.1,9.4.2
多目标优化········· 5.3,7.6.1,7.6.3

E

EGS 天线 ················· 1.3.3
Euler 公式 ················· 3.2.1

F

傅里叶级数················· 5.2.3
非线性················· 5.2.3
复合材料················· 8.4.4

G

刚度矩阵················· 5.2.3
GF 综合法················· 3.1
刚体模型················· 5.2.3
构型综合········· 1.4,3.1,3.2.3,7.2.1
关联度················· 3.4.1
关联度码················· 3.4.1
关联矩阵················· 2.2.1
固有频率················· 7.5.4
广义坐标列阵················· 5.2.3
广义速度列阵················· 5.2.3
广义力列阵················· 5.2.3

H

桁架单元················· 6.2.3

I

ISS 空间站················· 1.3.1

J

机构拓扑图················· 2.2.2
几何建模················· 7.3.2,7.3.3

铰链····················· 5.2.3,8.4.1

剪叉机构······················ 4.3.3

静力学······················ 6.3.2

记忆合金····················· 8.3.2

K

空间环境······················ 1.1

开环运动链··············· 3.5.1,4.3.3

L

拉格朗日法···················· 5.2.3

LLSBR 天线··················· 1.3.2

邻接矩阵··············· 2.2.1,3.4.2

李代数······················ 2.4.2

李群························· 2.4.2

李子群······················ 2.4.2

粒子群······················· 5.3

螺旋理论······················ 3.1

螺旋矩阵······················ 2.3

M

MEA 折展天线················· 1.3.3

面折叠比····················· 5.2.1

模块················ 7.3,7.3.2,7.3.3

模块单元······················ 1.1

模块化··················· 1.1,7.2.1

模态························· 6.4.3

模态分析····················· 7.5.2

模态试验····················· 9.5.1

模型算子····················· 7.2.1

Myard 机构·········· 3.6.3,4.2,4.4.3

N

NASA ······················ 1.3.1

牛顿-欧拉法··················· 5.2.3

O

耦合·························· 7.6

欧几里得群···················· 2.4.1

P

帕雷托······················· 5.3

抛物面天线····· 1.3.3,7.1,7.3.1,9.2.3

频率················ 6.4.3,7.5.2,9.4.1

平面型折展天线················· 1.3.2

Q

驱动机构····················· 6.2.3

驱动装置····················· 8.2.1

群论························· 2.4

R

冗余驱动····················· 8.2.4

柔性铰链····················· 8.4.4

Runge-Kutta 法················ 5.2.3

S

SAR 天线···················· 1.3.2

伞形机构····················· 4.4.2

神经网络······················ 7.6

伸展臂··········· 1.2,1.3.1,6.2,9.2.2

收拢状态····················· 4.4.4

SSDA 天线··················· 1.3.3

锁紧机构····················· 6.2.3

Sunflower 折展天线············· 1.3.3

T

弹性动力学模型·················· 5.2.3
体积折叠比······················ 5.2.1
同构判别························· 3.4
图论····················· 2.2,3.1,3.2
图谱····························· 3.3.2
拓扑图····················· 3.2.1,7.2.1

U

V

Voyager 卫星···················· 1.3.1

W

位移李群························· 3.1
微重力··························· 9.2.1

X

线性变换法······················ 3.1

相控阵··························· 1.3.2
形面精度·················· 9.3.1,9.3.2
旋量····························· 3.5.1
旋量空间·················· 3.5.1,3.5.2

Y

压紧释放装置···················· 8.3.1
遗传算法························· 7.6
有限元模型················· 5.2.3,6.4.4
运动链环路······················ 3.1
运动学················ 1.4,5.2.2,7.4.2

Z

展开形貌························· 3.6.2
展开状态············· 3.6.2,3.6.3,4.4.4
折叠比············ 1.2,5.2.1,6.2,6.3.1
折叠状态················· 3.6.2,3.6.3
折展机构················ 1.1,8.2,9.1
振动基频························· 7.5
正定矩阵························· 5.2.3
质量矩阵························· 5.2.3
自由度··························· 3.5.1